前　言

　　本书是国家职业教育机械设计与制造专业教学资源库课程"SolidWorks 培训及考证"的配套教材,内容涵盖基础建模、高级建模、参数化设计等,主要针对 SolidWorks 的官方认证培训 CSWA 证书(SolidWorks 全球认证助理工程师)的认证考试。

　　SolidWorks 认证考试是 DS SolidWorks 公司推出的全球性认证考试项目,主要考察 SolidWorks 的使用水平以及解决问题的能力。该证书被国际制造企业视为 CAD 应用工程师的能力凭证,在美国、加拿大、日本、欧盟等大部分国家和地区得到了广泛的认可,并从 2006 年开始通过中国设置的各个 CTSP 中心进行相关认证考试工作。在 SolidWorks 系列考证日渐普及的趋势下,为方便广大初学者能够在短期内熟悉软件功能架构,掌握基本建模方法,并提前熟悉软件认证的方式、题型结构、应试流程,为后续的进一步培训及考证做好充分的准备,特组织本书的编写。本书内容适合于应用型本科院校、高等职业院校及社会企业中学习和使用 SolidWorks 软件的用户。

　　本书以 SolidWorks 2017 软件作为应用背景,相关课程具有丰富的一线教学应用经验及资源积累,具有完善的标准、大纲、授课计划、PPT 教案及培训材料等,还包括微课、视频、练习模型及相关项目等,教学效果良好。该课程已同步至智慧职教平台(https://www.icve.com.cn)上线,课程名称为"SolidWorks 培训及考证",并开通了 MOOC。用户可以在使用本书的同时,在智慧职教平台注册账号,全方位进行线上线下同步学习。

　　本书开发团队来自深圳信息职业技术学院、知吾工坊(深圳)科技教育服务有限公司、佛山职业技术学院以及广州达客软件科技有限公司,团队中学校人员具备丰富的教学及应用研究经验,企业人员具有丰富的资源开发及企业应用经验。项目团队举办过多次 SolidWorks 应用及考证培训,先后共 2 000 多人次考取了 CSWA/CSWP 证书。

　　本书由刘明俊、陈尧担任主编,贾晓丽、陈建平、李明担任副主编,参加编写人员有黄壮岳、褟永俊、孟川、李思丹、刘畅迪、龙跃、方钦源、谢培蓬、杨登科、温志斌、李武略、陈明晖、黄建华、王铮、张钊钳、钟相龙、张宇、周子康、谢捷思、陈伟隆、郑凯斌、郑非繁、钟志辉、黄健泽、陈嘉涛、刘锦元、张玉彬、曾国龙。本书已经多次校对,但疏漏难免,恳请广大读者予以指正。电子邮箱地址为 826156720@qq.com。

编　者
2021 年 3 月

国家职业教育机械设计与制造专业
教学资源库配套教材

高等职业教育机械类
新形态一体化教材

SolidWorks
三维造型实训教程

（CSWA）

▶主编　刘明俊　陈尧
▶副主编　贾晓丽　陈建平 李明

高等教育出版社·北京

内容提要

本书为国家职业教育机械设计与制造专业教学资源库课程"SolidWorks 培训及考证"的配套教材。

本书内容共包括十二章，使用 SolidWorks 2017 版本。第一章：SolidWorks 概述，第二章：草图基本绘制与编辑，第三章：参考几何体，第四章：拉伸与旋转特征建模，第五章：附加特征，第六章：基本特征操作，第七章：特征管理及修复，第八章：系列化零件设计，第九章：扫描和放样特征建模，第十章：工程图设计，第十一章：装配特征，第十二章：CSWA 考证考点。

本书配套智慧职教平台相关资源，弥补当前市面上有关 SolidWorks 培训认证资源的不足，为不同层次及类别用户提供学习参考。

授课教师如需本书配套的教学课件资源，可发送邮件至邮箱 gzjx@pub.hep.cn 索取。

图书在版编目（CIP）数据

SolidWorks 三维造型实训教程：CSWA/ 刘明俊，陈尧主编 . -- 北京：高等教育出版社，2021.7
　　ISBN 978-7-04-055171-6

　　Ⅰ.①S… Ⅱ.①刘… ②陈… Ⅲ.①机械设计－计算机辅助设计－应用软件－高等职业教育－教材 Ⅳ.①TH122

中国版本图书馆 CIP 数据核字（2020）第 202289 号

SolidWorks 三维造型实训教程（CSWA）
SolidWorks SANWEI ZAOXING SHIXUN JIAOCHENG（CSWA）

策划编辑 张 璋	责任编辑 张 璋	封面设计 王 洋	版式设计 童 丹
插图绘制 邓 超	责任校对 刘 莉	责任印制 刘思涵	

出版发行	高等教育出版社	网　　址	http://www.hep.edu.cn
社　　址	北京市西城区德外大街 4 号		http://www.hep.com.cn
邮政编码	100120	网上订购	http://www.hepmall.com.cn
印　　刷	佳兴达印刷（天津）有限公司		http://www.hepmall.com
开　　本	850mm×1168mm　1/16		http://www.hepmall.cn
印　　张	25.25		
字　　数	640 千字	版　　次	2021 年 7 月第 1 版
购书热线	010-58581118	印　　次	2021 年 7 月第 1 印刷
咨询电话	400-810-0598	定　　价	59.80 元

本书如有缺页、倒页、脱页等质量问题，请到所购图书销售部门联系调换
版权所有　侵权必究
物 料 号　55171-00

配套资源索引

续表

续表

目　录

第一章　SolidWorks 概述

本章提要：

　　随着计算机辅助设计（Computer Aided Design, CAD）技术的快速发展和普及，越来越多的工程设计师使用 SolidWorks 软件进行产品设计和开发。在目前市场上所见到的三维 CAD 解决方案中，SolidWorks 是设计操作比较简便而方便的软件之一。

内容要点：

- SolidWorks 安装
- SolidWorks 软件特点
- 软件模块
- SolidWorks 工作界面
- 文件管理操作
- 视图操作、快捷键设置

1.1   SolidWorks 介绍

1.1.1   SolidWorks 简介

SolidWorks 是一款在 Windows 环境下进行机械设计的软件,是以设计功能为主的三维 CAD 软件,其界面操作完全使用 Windows 风格,具有人性化的操作界面。设计师使用 SolidWorks 能快速地按照其设计思想绘制草图,尝试运用各种特征与不同尺寸,最终生成三维模型和详细的二维工程图。

1.1.2   SolidWorks 的安装

安装 SolidWorks 2017 的操作步骤如下:

步骤一:将安装光盘放入光驱内(如果已经将系统安装文件复制到硬盘上,则双击安装目录下的 setup.exe 文件);

步骤二:等待片刻后,选择"单机安装(在此计算机上)",然后单击【下一步】按钮;

步骤三:在弹出的对话框中输入 SolidWorks 序列号,然后单击【下一步】按钮;

步骤四:进行 SolidWorks 2017 安装功能和安装目录等设置,设置完成后,选中"我接受 SolidWorks 条款",然后单击【现在安装】按钮;

步骤五:系统显示软件正在安装中,等待片刻后,在弹出的对话框中选择"以后提醒我"选项,其他参数使用系统默认值,然后单击【完成】按钮,完成 SolidWorks 2017 的安装。

1.1.3   SolidWorks 软件特点

SolidWorks 是基于 Windows 系统下的原创三维设计软件,具有功能强大、易学易用和技术创新三大特点,使得 SolidWorks 成为领先的、主流的三维 CAD 解决方案。SolidWorks 能够提供不同的设计方案,减少设计过程中的错误并提高产品质量。SolidWorks 不仅能提供强大的设计功能,同时对每个工程师和设计者来说,操作简单方便、易学易用。

对于熟悉微软 Windows 系统的用户,更容易用 SolidWorks 来做设计。SolidWorks 的拖拽功能,使用户在比较短的时间内可完成大型装配设计。SolidWorks 资源管理器是同 Windows 资源管理器一样的 CAD 文件管理器,用它可以方便地管理 CAD 文件。使用 SolidWorks,用户能在比较短的时间内完成更多的工作,能够更快地将高质量的产品投放市场。在目前市场上所见到的三维 CAD 解决方案中,SolidWorks 是设计过程比较简单而方便的软件之一。

1.1.4   软件模块

SolidWorks 2017 建模包含三大模块,分别为零件模块、装配模块和工程图模块,通过学习这些模块,能够快速了解 SolidWorks 的主要功能。

1. 零件模块

SolidWorks 的零件模块可以实现实体建模、曲面建模、模具设计、钣金设计及焊件设计等。

(1) 实体建模

SolidWorks 提供了十分强大的、基于特征的实体建模功能,通过使用拉伸特征、旋转特征、放样特征、特征的阵列以及打孔等操作来实现产品的设计。通过对特征和草图的动态修改,用拖拽的方式实现实时的设计修改。SolidWorks 提供了三维草图功能,该功能可为扫描、放样等特征生成三维草图路径,也可为管道、电缆线和管线生成路径。

(2)曲面建模

通过带控制线的扫描曲面、放样曲面、边界曲面以及拖动可控制的相切操作,产生非常复杂的曲面,并可以直观地对已存在的曲面进行修剪、延伸、缝合和圆角等操作。

(3)模具设计

SolidWorks 使用内置模具设计工具,可以自动创建型芯及型腔。

在整个模具的生成过程中,可以使用一系列的工具加以控制。SolidWorks 2017 模具设计主要过程包括以下部分:

1)分型线的自动生成;

2)关闭曲面的自动生成;

3)分型面的自动生成;

4)型芯 – 型腔的自动生成。

(4)钣金设计

SolidWorks 提供了顶端、全相关的钣金设计技术,可以直接使用各种类型的法兰、薄片等特征,正交切除、角处理以及边线切口等,使钣金操作变得非常容易。SolidWorks 2017 钣金设计环境中,可以直接在折叠的钣金零件的边界添加焊缝,以改进焊接状态下的图形。当展开钣金零件时,焊接将被压缩。

(5)焊件设计

SolidWorks 提供了在单个零件文档中设计结构焊件和平板焊件的功能。焊件工具主要包括:

• 圆角焊缝;

• 结构构件库;

• 角撑板;

• 焊件切割;

• 顶端库;

• 剪裁和延伸结构构件。

2. 装配模块

SolidWorks 提供了非常强大的装配功能,其优点如下:

• 在 SolidWorks 的装配环境中,可以方便地设计及修改零部件。

• SolidWorks 可以动态地观察整个装配体中的所有运动,并且可以对运动的零部件进行动态的干涉检查及间隙检测。

• 对于由上千个零部件组成的大型装配体,SolidWorks 的功能也可以得到充分发挥。

• 镜像零部件是 SolidWorks 技术的一个巨大突破,通过镜像零部件,用户可以由现有的对称设计创建出新的零部件及装配体。

• 在 SolidWorks 中,可以用捕捉配合的智能化装配技术进行快速的总体装配,智能化装配技术可以自动地捕捉并定义装配关系。

• 使用智能零件技术可以自动完成重复的装配设计。

3. 工程图模块

SolidWorks 的工程图模块具有如下优点：

• 可以从零件的三维模型（或装配体）中自动生成工程图，包括各个视图及尺寸的标注等。

• SolidWorks 提供了可生成完整的、生产过程认可的详细工程图的工具。工程图是完全相关的，当用户修改图样时，零件模型、所有视图及装配体都会自动被修改。

• 使用交替位置显示视图可以方便地表现出零部件的不同位置，以便了解运动的顺序。交替位置显示视图是专门为具有运动关系的装配体所设计的、独特的工程图功能。

• 增强了详细视图及剖视图的功能，包括生成剖视图、支持零部件的图层设置、二维草图功能以及视图中的属性管理。

1.2　SolidWorks 工作界面

SolidWorks 2017 工作界面如图 1.2.0.1 所示，主要包括菜单栏、标准工具栏、绘图区、状态栏、任务窗格和 FeatureManager 设计树等。

微课
SolidWorks 工作界面介绍

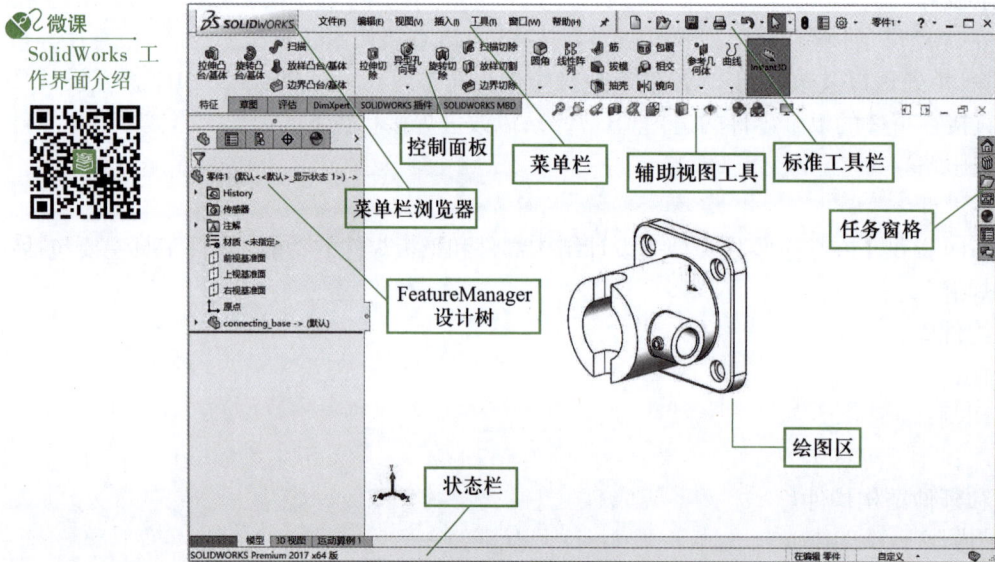

图 1.2.0.1　SolidWorks 工作界面

1. 菜单栏

系统默认下的菜单栏是隐藏的，单击菜单栏中的图标 后，菜单栏就可以保持可见，如图 1.2.0.2 所示。SolidWorks 2017 菜单栏包括【文件】【编辑】【视图】【插入】【工具】【窗口】和【帮助】。

图 1.2.0.2　菜单栏

下面介绍各个菜单命令：

【文件】包括新建、打开、保存和打印等命令。

【编辑】包括剪切、复制、粘贴、删除、压缩、解除压缩等命令。

【视图】包括显示控制的相关命令。

【插入】包括凸台 / 基体、切除、特征、阵列 / 镜像等命令。

【工具】包括草图工具、几何关系、测量、质量属性和检查等。

【窗口】包括视口、新建窗口、层叠等命令。

【帮助】可提供各种信息查询和帮助文件等。

2. 标准工具栏

标准工具栏中的工具按钮用来对文件执行最基本的操作，如新建、打开、保存、打印等。其中 （重建模型命令）为 SolidWorks 2017 所特有的，单击该按钮，可以根据所进行的更改重建模型。

3. 状态栏

状态栏位于 SolidWorks 界面底端的水平区域，提供当前窗口中正在编辑的内容的状态，以及指针位置坐标、草图状态等信息。

4. 任务窗格

任务窗格包括【SolidWorks 资源】、【设计库】、【文件探索器】、【视图调色板】、【外观、布景和贴图】和【自定义属性】等功能，通过任务窗格可以更方便和快捷地利用 SolidWorks 进行工程设计。

5. FeatureManager 设计树

FeatureManager 设计树和绘图区是动态链接的，可以用来组织和记录模型中的各个要素及要素之间的参数信息和互相关系，以及模型、特征和零件之间的约束关系等，几乎包含了所有的设计信息。FeatureManager 设计树如图 1.2.0.3 所示。

FeatureManager 设计树的功能主要有以下几个方面：

• 以名称来选择模型中的项目，即可通过在模型中选择其名称来选择特征、草图、基准面及基准轴。该功能与 Windows 系统操作类似，例如，在选择的同时按住 Shift 键，可以选取多个连续项目；在选择的同时按住 Ctrl 键，可以选取多个非连续项目。

• 确认和更改特征的生成顺序，在 FeatureManager 设计树中通过拖动项目可以重新调整特征的生成顺序，这将更改重建模型时特征重建的顺序。

• 单击特征的名称，可以显示特征的尺寸。

• 如要更改特征的名称，在名称上缓慢连续单击两次以选择该名称，然后输入新的名称即可，如图 1.2.0.4 所示。

• 右击清单中的特征，然后选择【父子关系】，可以方便地查看父子关系。

熟练操作 FeatureManager 设计树是应用 SolidWorks 的基础，也是应用 SolidWorks 的重点。由于其功能众多，在此不一一列举，在后面章节中会多次用到。只有在学习过程中熟练应用 Feature Manager 设计树的功能，才能加快建模速度，提高工作效率。

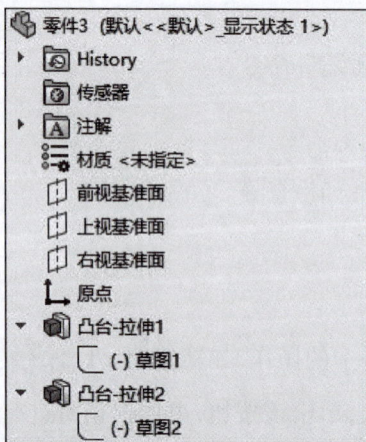

图 1.2.0.3   FeatureManager 设计树

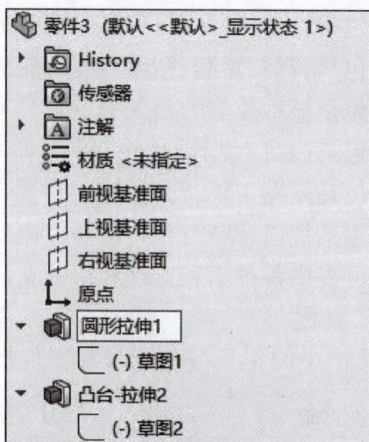

图 1.2.0.4   更改特征的名称

1.3   SolidWorks 基本操作

1.3.1   文件管理操作

1. 打开文件

在 SolidWorks 2017 中，可以打开已存储的文件，对其进行相应的编辑和操作。打开文件的操作步骤如下：

步骤一：选择菜单栏中的【文件】→【打开】命令，或者单击标准工具栏中的【打开】 按钮，弹出如图 1.3.1.1 所示的"打开"对话框。

步骤二：选取文件后，单击【打开】按钮，就可以打开选择的文件，对其进行编辑和操作。

提示：在图 1.3.1.1 所示的"文件类型"中，不仅可以选择 SolidWorks 自带文件类型，还可以选择其他文件类型，如 ProE、Catia、UG 等。

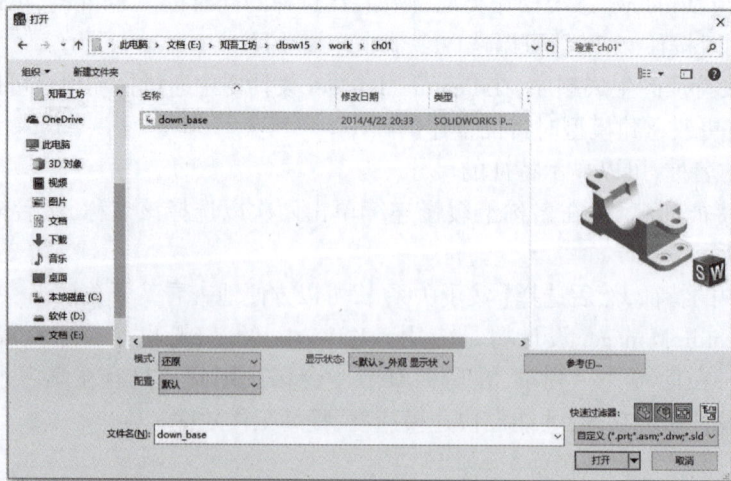

图 1.3.1.1   "打开"对话框

2. 保存文件

已编辑的图形在保存后,才能在需要时再次打开该文件,对其进行相应的编辑和操作。保存文件的操作步骤如下:

步骤一: 选择菜单栏中的【文件】→【保存】命令,或者单击标准工具栏中的【保存】 按钮,弹出如图 1.3.1.2 所示的"另存为"对话框。

步骤二: 选择文件存放的位置,然后在"文件名"中输入要保存文件的文件名称。

步骤三: 在"保存类型"下拉列表中选择保存文件的类型,单击【保存】按钮。

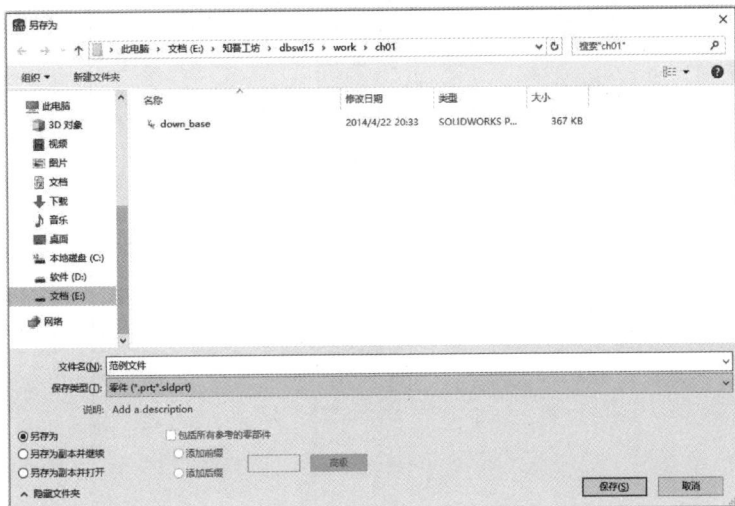

图 1.3.1.2 "另存为"对话框

3. 退出 SolidWorks 2017

在文件编辑并保存后,就可以退出 SolidWorks 2017 软件了。

选择菜单栏中的【文件】→【退出】命令,或者单击系统界面右上角的【关闭】 × 按钮,即可退出。

如果退出前对文件进行了编辑而没有保存,或者在操作过程中不小心执行了退出命令,则会弹出"提示"对话框,如图 1.3.1.3 所示。如果要保存对文件的修改,则单击【全部保存】按钮,系统就会保存修改后的文件,并退出 SolidWorks 软件;如果不保存对文件的修改,则单击【不保存】按钮,系统将不会保存对文件的修改,并退出 SolidWorks 软件;单击【取消】按钮,则取消退出操作,回到原来的操作界面。

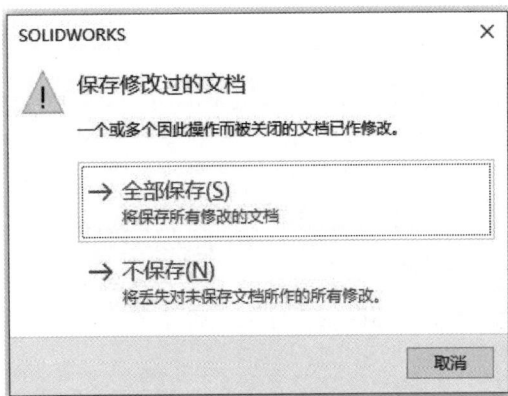

图 1.3.1.3 "提示"对话框

1.3.2 视图操作

在使用 SolidWorks 绘制实体模型的过程中,视图操作是不可或缺的一部分。

常见的视图操作命令包括视图定向、整屏显示全图、局部放大、动态放大 / 缩小、旋转、平移、滚转、上一视图,相应命令集中在【视图】→【修改】子菜单中,如图 1.3.2.1 所示。下面将逐一讲解常用命令。

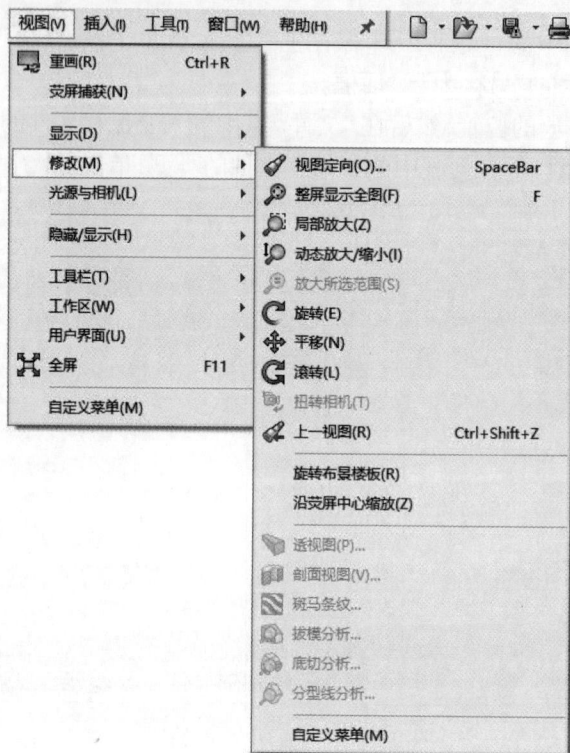

图 1.3.2.1　视图操作命令

1. 视图定向

选择模型显示方向。

下面介绍 4 种方式来执行此命令:

· 选择菜单栏中的【视图】→【修改】→【视图定向】命令,如图 1.3.2.1 所示。

· 按空格键。

· 右击,在弹出的快捷菜单中选择【视图定向】命令,如图 1.3.2.2 所示。

· 在【标准视图】工具栏中单击【视图定向】按钮,如图 1.3.2.3 所示。

选择【视图定向】命令后,弹出"方向"对话框,如图 1.3.2.4 所示。

在该对话框中单击选择所需视图方向,实体模型转换到指定视图方向,如图 1.3.2.5 所示。

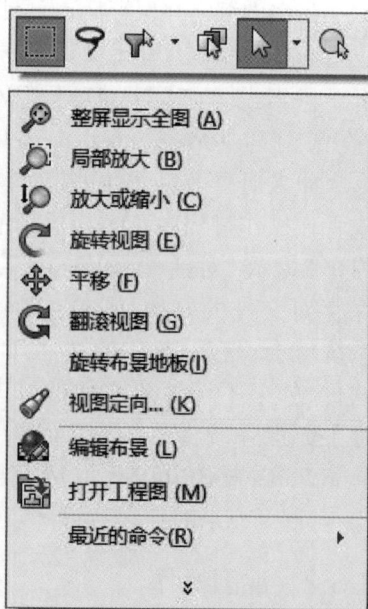

图 1.3.2.2　快捷菜单

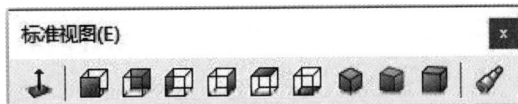

图 1.3.2.3 【标准视图】工具栏

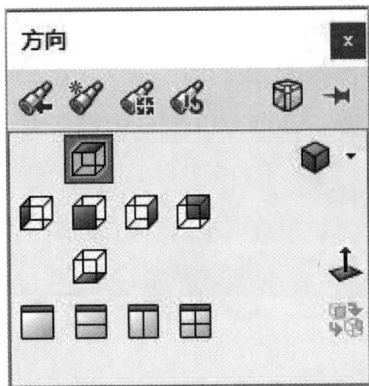

图 1.3.2.4 "方向"对话框

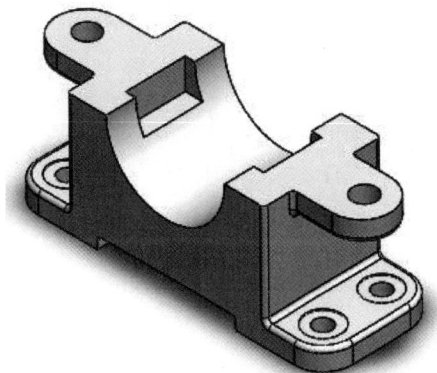

图 1.3.2.5 等轴测方向

2. 整屏显示全图

缩放模型以套合所有可见项目。

下面介绍三种方式来执行此命令:

- 选择菜单栏中的【视图】→【修改】→【整屏显示全图】命令,如图 1.3.2.1 所示。
- 在绘图区上方单击【整屏显示全图】 图标,如图 1.3.2.6 所示。
- 右击,在弹出的快捷菜单中选择【整屏显示全图】命令,如图 1.3.2.2 所示。

图 1.3.2.6 绘图区图标

3. 局部放大

放大所选的局部区域。

下面介绍 4 种方式来执行此命令:

- 选择菜单栏中的【视图】→【修改】→【局部放大】命令,如图 1.3.2.1 所示。
- 在绘图区上方单击【局部放大】 图标,如图 1.3.2.6 所示。
- 右击,在弹出的快捷菜单中选择【局部放大】命令,如图 1.3.2.2 所示。

使用此命令,可放大局部模型,如图 1.3.2.7 所示。

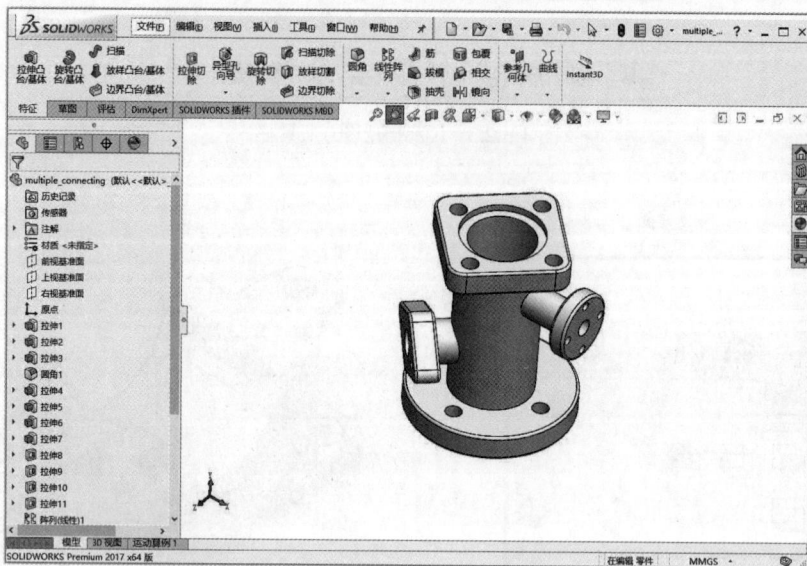

(a) 放大前

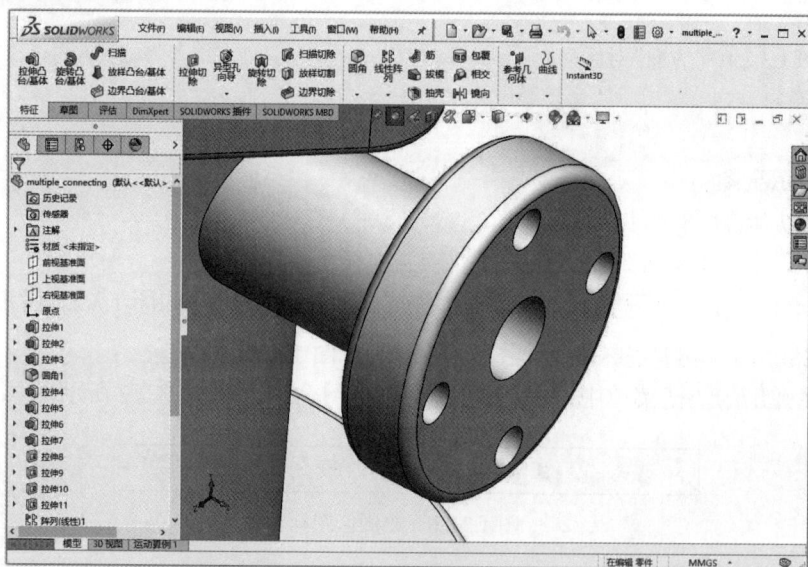

(b) 放大后

图 1.3.2.7   局部放大

4. 动态放大 / 缩小

动态地调整模型放大与缩小。

选择菜单栏中的【视图】→【修改】→【动态放大 / 缩小】命令，如图 1.3.2.1 所示。在绘图区出现 🔍 图标后，按住鼠标左键，向上拖动放大模型，向下拖动缩小模型，如图 1.3.2.8 所示。

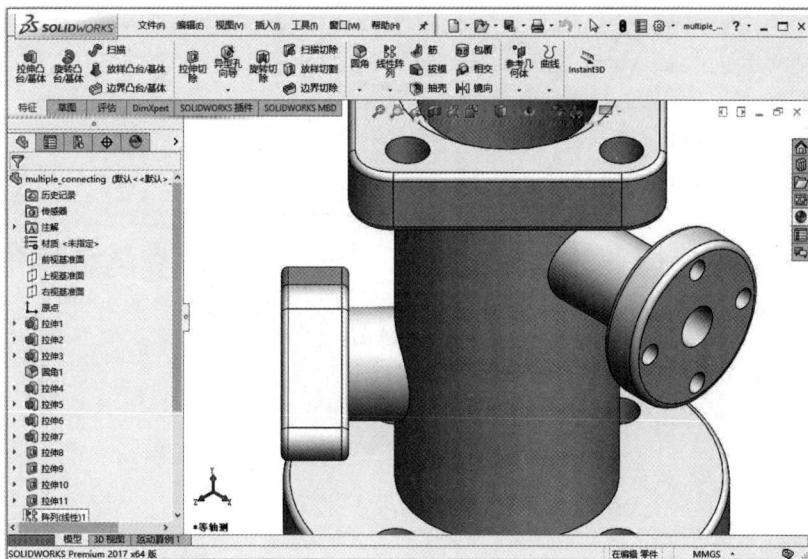

(a) 放大

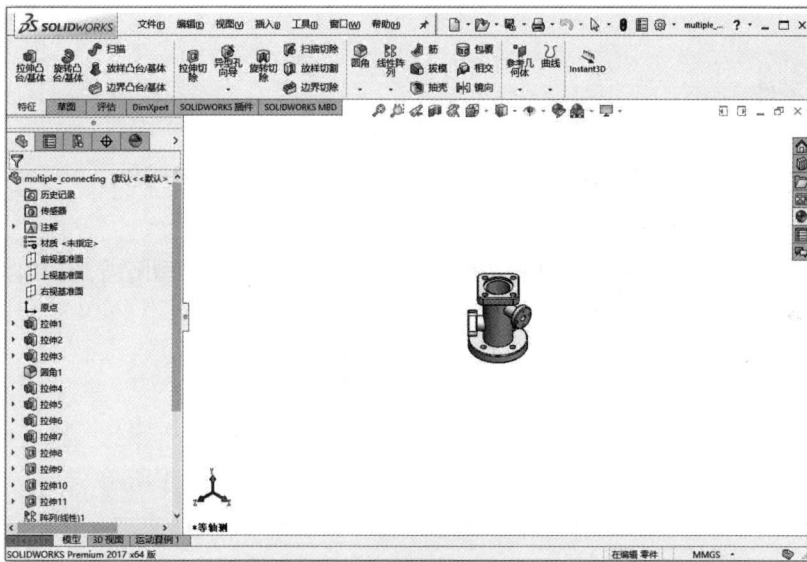

(b) 缩小

图 1.3.2.8　动态放大 / 缩小

5. 旋转

旋转模型视图方向。

下面介绍两种方式来执行此命令:

· 选择菜单栏中的【视图】→【修改】→【旋转】命令,如图 1.3.2.1 所示。

· 右击,在弹出的快捷菜单中选择【旋转视图】命令,如图 1.3.2.2 所示。

在绘图区出现 ⟳ 图标后,将图标放在模型上,按住鼠标左键,向不同方向拖动光标,模型随之旋转,如图 1.3.2.9 所示。

图 1.3.2.9　旋转

6. 平移

移动模型零件。

下面介绍两种方式来执行此命令：

• 选择菜单栏中的【视图】→【修改】→【平移】命令，如图 1.3.2.1 所示。

• 右击，在弹出的快捷菜单中选择【平移】命令，如图 1.3.2.2 所示。

在绘图区出现✥图标，将图标放置在模型上，按住鼠标左键，模型随着光标向不同方向拖动而移动。

7. 滚转

绕基点旋转模型。

下面介绍两种方式来执行此命令：

• 选择菜单栏中的【视图】→【修改】→【滚转】命令，如图 1.3.2.1 所示。

• 右击，在弹出的快捷菜单中选择【翻滚视图】命令，如图 1.3.2.2 所示。

在绘图区出现 G 图标，按住鼠标左键，模型随着光标向不同方向拖动而翻滚。

8. 上一视图

显示上一视图，使用此命令可将视图返回到上一个视图。

下面介绍两种方式来执行此命令：

• 选择菜单栏中的【视图】→【修改】→【上一视图】命令，如图 1.3.2.1 所示。

• 在绘图区上方单击【上一视图】图标，如图 1.3.2.6 所示，即可返回到上一视图。

1.3.3　快捷键设置

SolidWorks 软件允许用户通过自行设置快捷键的方式来执行命令，其操作步骤如下：

步骤一：在工具栏区域右击，在弹出的快捷菜单中选择【自定义】命令，打开"自定义"对话框。

步骤二: 选择【键盘】选项卡,如图 1.3.3.1 所示。

步骤三: 在"类别"下拉列表中选择【文件】选项,然后在下面的"显示"下拉列表中选择【带键盘快捷键的命令】选项。

步骤四: 在"搜索"文本框中输入要设置的快捷键,如之前未被使用,则输入的快捷键就会出现在"快捷键"栏中。

步骤五: 单击【确定】按钮,快捷键设置成功。

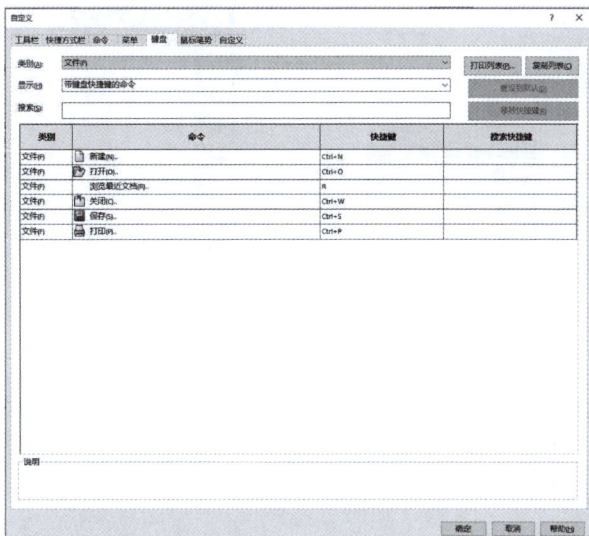

图 1.3.3.1 快捷键设置

1.3.4 鼠标笔势

鼠标笔势是一个随工作环境变化并且完全可自定义的功能。鼠标笔势强大的用途是给快捷工具栏设置一个鼠标笔势,为完全自定义工作环境开启了新思路,慢慢熟悉之后,这将有效提高设计效率。

1. 启用 / 关闭鼠标笔势

选择菜单栏中的【工具】→【自定义】命令,选择【鼠标笔势】选项卡,选中"启用鼠标笔势"复选框(若关闭,则取消选中"启用鼠标笔势"复选框即可),如图 1.3.4.1 所示。

2. 设置鼠标笔势

SolidWorks 提供了 32 个预先指派给鼠标笔势的工具,每个工具都分别与工程图、零件、装配体及草图的 8 个鼠标笔势方向对应。其操作步骤如下:

步骤一: 选择菜单栏中的【工具】→【自

图 1.3.4.1 启用 / 关闭鼠标笔势

定义】命令,打开"自定义"对话框,选择【鼠标笔势】选项卡。

步骤二:找到想要指派到鼠标笔势的工具或宏的行,然后单击行与相应列相交的单元格。

例如,在工程图中指派到零件列表,单击"从零件制作工程图"行和"零件"列相交的单元格。如果对话框右上角"启用鼠标笔势"选择的是"4 笔势",那么下面的列表就是 4 个方向的选择,如图 1.3.4.2 所示。

如果为"8 笔势",那么就有 8 个方向可以选择,如图 1.3.4.3 所示。

图 1.3.4.2　4 笔势

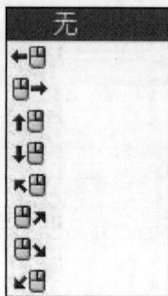

图 1.3.4.3　8 笔势

步骤三:从列表中选择想要指派的鼠标笔势方向,刚将该鼠标笔势方向重新指派到该工具,且其图标显示在单元格中。

步骤四:单击【确定】按钮,完成设置。

3. 使用鼠标笔势

首先在图形区域中,按照工具或命令对应的笔势方向按住鼠标右键,然后向右拖动鼠标指针,在绘图区就会出现鼠标笔势选择视图,笔势方向所对应的工具或命令就会高亮显示,不要松开鼠标右键,直接选择需要的选项即可。例如打开草图后,先按住鼠标右键,然后向右上方拖动鼠标指针,将其拖向高亮显示的【智能尺寸】图标,此时就可以直接标注尺寸了,如图 1.3.4.4所示。

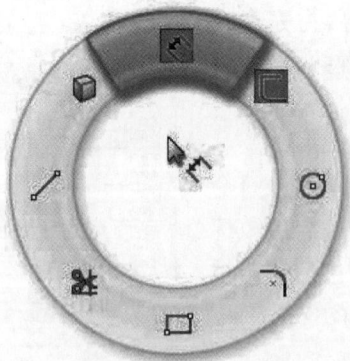

图 1.3.4.4　使用鼠标笔势功能

第二章　草图基本绘制与编辑

本章提要：

草图一般是由点、线、圆弧和抛物线等基本图形构成的封闭或不封闭的几何图形，是三维实体建模的基础。SolidWorks 中的大部分特征都是从 2D 草图绘制开始的，草图绘制在软件的使用过程中占据着重要的地位。本章将详细介绍草图的基本绘制与编辑方法。

内容要点：

- 草图绘制基本知识
- 草图绘制方式
- 草图编辑工具
- 草图尺寸标注
- 草图几何关系

2.1　草图绘制基础知识

　　草图是一个平面轮廓,用于定义特征二维界面形状、尺寸和位置。通常,SolidWorks 的模型创建都是从绘制二维草图开始的,然后生成基体特征,并在模型上添加更多的特征。所以,能够熟练地使用草图绘制工具绘制草图是一件非常重要的事。

2.1.1　进入与退出草图设计环境

　　要绘制二维草图,必须进入草图绘制状态。草图应在平面上绘制,这个平面可以是基准面,也可以是三维模型上的平面。

　　进入草图绘制状态的操作步骤如下:

　　步骤一:启动 SolidWorks 2017 软件,选择菜单栏中的【文件】→【新建】命令,系统会弹出如图 2.1.1.1 所示的"新建 SolidWorks 文件"对话框,选择【零件】模板,单击【确定】按钮,系统将自动进入零件建模环境。

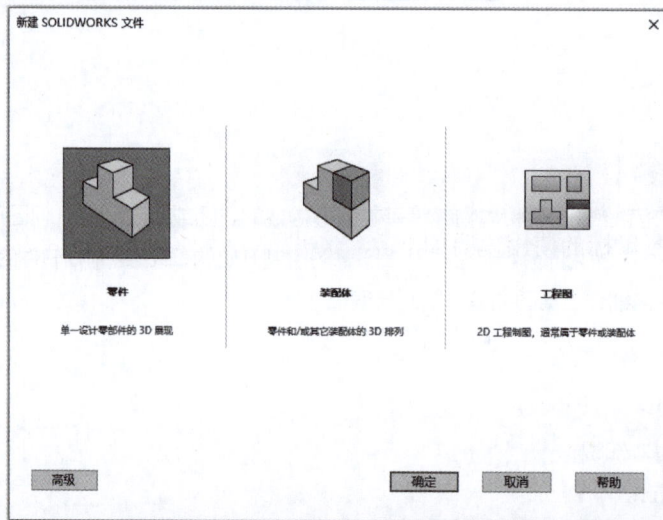

微课
进入与退出草
图设计环境

图 2.1.1.1　"新建 SolidWorks 文件"对话框

　　步骤二:选择菜单栏中的【插入】→【草图绘制】命令,或者单击【草图】工具栏中的【草图绘制】 ![按钮] 按钮,然后选择绘图区中的三个基准面之一作为草图基准面,系统自动进入草图设计环境,如图 2.1.1.2 所示。

　　退出草图绘制状态的方式主要有以下三种:

　　• 在绘制草图的过程中,单击【草图】工具栏中的【退出草图】 ![按钮] 按钮,退出草图绘制状态。

　　• 在绘制草图的过程中,绘图区的右上角会出现如图 2.1.1.3 所示的提示图标,单击绘制草图中右上角 ![图标] 图标,退出草图绘制状态。

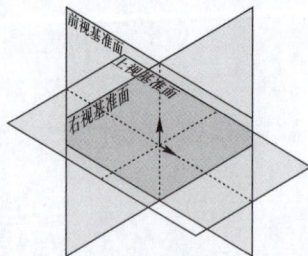

图 2.1.1.2　草图设计环境

单击绘图区右上角 ✖ 图标,会弹出"提示"对话框,提示是否丢弃对草图所作的更改,如图2.1.1.4 所示。若丢弃对草图所作的更改,则单击【丢弃更改并退出】按钮,即可直接退出草图绘制状态。

图 2.1.1.3　绘图区右上角图标

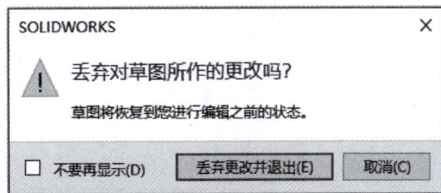

图 2.1.1.4　"提示"对话框

• 在绘图区中右击,在弹出的快捷菜单中选择【退出草图】 ⤶ 命令,退出草图绘制状态。

以上是常用的退出草图的三种方式,草图绘制完毕后,可以建立特征,也可以退出草图后再建立特征。

2.1.2　草图绘制

绘制草图时,先从草图设计环境中的工具栏按钮区或【工具】下拉菜单中选取一个绘图命令,然后通过在图形区中选取点来创建草图。

在绘制草图的过程中,当移动鼠标指针时,系统会自动确定可添加的约束并将其显示。

绘制草图后,用户可通过"约束定义"对话框继续添加约束。

草图设计环境中,鼠标的使用说明如下:

• 草图绘制时,单击鼠标,在图形区选择点。

• 当不处于绘制元素状态时,按住 Ctrl 键单击,可选取多个项目。

2.1.3　草图工具

SolidWorks 提供了草图工具以方便绘制草图实体,如图 2.1.3.1 所示为【草图】工具栏。

图 2.1.3.1　【草图】工具栏

并非所有的草图工具对应的按钮都会出现在【草图】工具栏中,如果要重新安排【草图】工具栏中的工具按钮,可进行以下操作:

1)选择菜单栏中的【工具】→【自定义】命令,打开"自定义"对话框。

2)选择【命令】选项卡,在"类别"列表框中选择【草图】,如图 2.1.3.2 所示。

3)选择要使用的按钮,将其拖动到控制面板中。

4)若要删除控制面板中的按钮,需将其从控制面板中拖动回"按钮"列表中。

5)更改完成后,单击【确定】按钮,关闭"自定义"对话框。

微课
草图工具

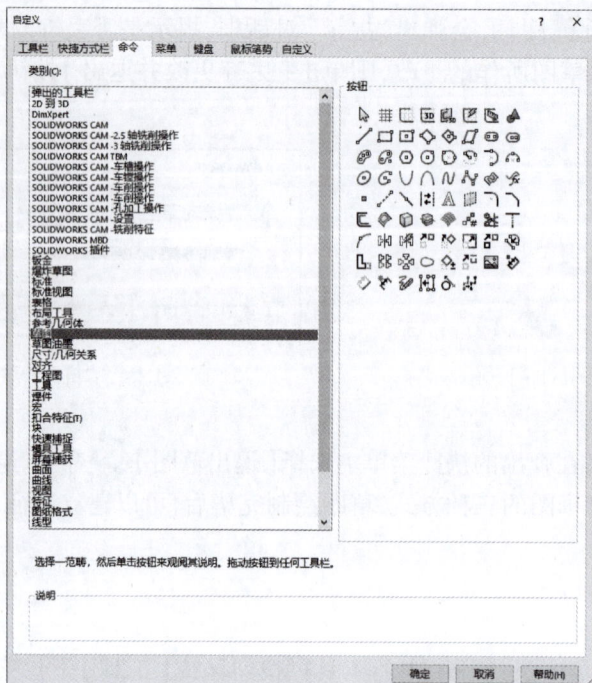

图 2.1.3.2　"自定义"对话框

2.2　草图绘制方式

2.2.1　绘制直线

　　在图形的所有实体中,直线是最简单的。如果要绘制一条直线,可以进行以下操作。

　　使用直线命令的两种方式:

- 单击【草图】工具栏中的【直线】  按钮。
- 选择菜单栏中的【工具】→【草图绘制实体】→【直线】命令。

　　选择直线命令后,系统左侧会出现"直线"属性管理器。绘制直线的操作步骤如下:

步骤一:在图形区中的任意位置单击,选择直线的起始点。

步骤二:将鼠标指针拖动到直线的终点,单击确定位置,形成一条直线。

步骤三:重复步骤一和步骤二,可创建一系列连续的线段。

步骤四:结束直线绘制。可以直接按 Esc 键,或者再次选择【直线】命令,直接结束直线的绘制。

　　如果对所绘制的直线进行修改,可以用以下方式来完成:

- 选择一个端点,拖动此端点来延长或缩短直线。
- 选择整条直线来移动直线的位置。
- 选择一个端点并拖动,改变直线角度,如图 2.2.1.1 所示。

图 2.2.1.1　改变直线角度

2.2.2 绘制中心线

中心线用于生成对称的草图特征、镜像草图和旋转特征,或作为一种构造线,并不是真正存在的直线。中心线的绘制过程与直线的绘制过程完全一致,只是中心线显示为点画线。

2.2.3 绘制矩形

矩形的四条边是单独的直线,可以分别对其进行编辑。

使用矩形命令的两种方式:

• 单击【草图】工具栏中的【边角矩形】按钮或【中心矩形】按钮或【3点边角矩形】按钮或【3点中心矩形】按钮。

• 选择菜单栏中的【工具】→【草图绘制实体】→【边角矩形】或【中心矩形】或【3点边角矩形】或【3点中心矩形】命令。

矩形对于绘制拉伸、旋转的横断面草图都十分有用,可省去绘制4条直线的麻烦。

1. 绘制方法一:边角矩形

步骤一:单击【草图】工具栏中的【边角矩形】按钮。

步骤二:定义矩形的第一个对角点。在图形区某位置单击,放置矩形的一个对角点,然后将该矩形拖至所需大小。

步骤三:定义矩形的第二个对角点。再次单击,放置矩形的另一个对角点。此时,系统即在两个对角点间绘制一个矩形,如图2.2.3.1所示。

步骤四:按Esc键,结束矩形的绘制。

2. 绘制方法二:中心矩形

步骤一:单击【草图】工具栏中的【中心矩形】按钮。

步骤二:定义矩形的中心点。在图形区所需位置单击,放置矩形的中心点,然后将该矩形拖至所需大小。

步骤三:定义矩形的一个角点。再次单击,放置矩形的一个角点。

步骤四:按Esc键,结束矩形的绘制,如图2.2.3.2所示。

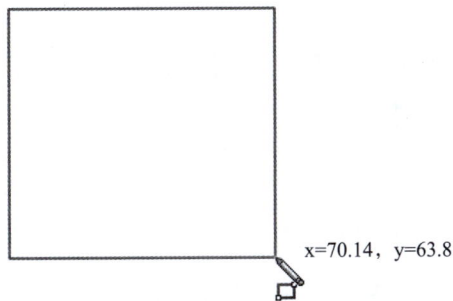

图 2.2.3.1 边角矩形

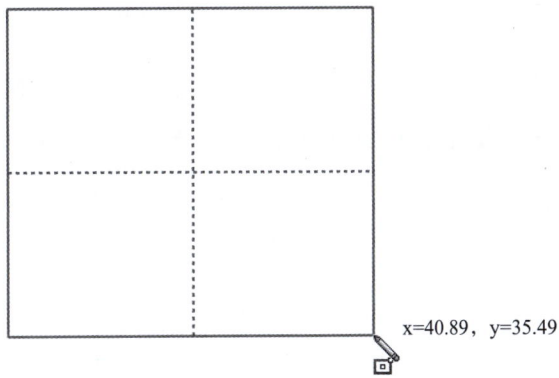

图 2.2.3.2 中心矩形

3. 绘制方法三:3 点边角矩形

步骤一:单击【草图】工具栏中的【3 点边角矩形】◇按钮。

步骤二:选择矩形的第一个角点。在图形区所需位置单击,放置矩形的第一个角点,然后拖至所需宽度,如图 2.2.3.3(a)所示。

步骤三:选择矩形的第二个角点。再次单击,放置矩形的第二个角点。此时,绘制出矩形的一条边线,向此边线的法线方向拖动至所需的大小,如图 2.2.3.3(b)所示。

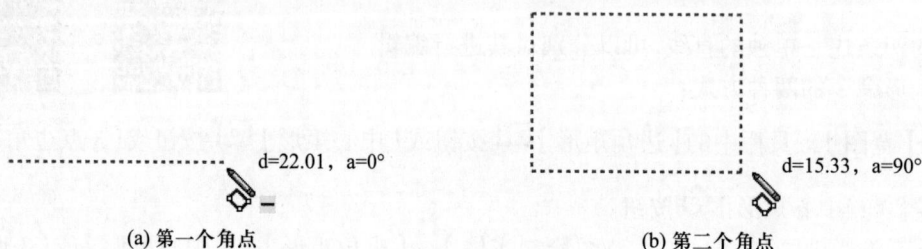

d=22.01，a=0°

d=15.33，a=90°

(a) 第一个角点

(b) 第二个角点

图 2.2.3.3　选择角点

步骤四:选择矩形的第三个角点。再次单击,放置矩形的第三个角点。此时,系统即在第一角点、第二角点和第三角点间绘制一个矩形。

步骤五:按 Esc 键,结束矩形的绘制。

4. 绘制方法四:3 点中心矩形

步骤一:单击【草图】工具栏中的【3 点中心矩形】◈按钮。

步骤二:选择矩形的中心点。在图形区所需位置单击,放置矩形的中心点,然后将该矩形拖至所需大小,如图 2.2.3.4 所示。

d=19.45，a=0°

图 2.2.3.4　选择矩形中心点

步骤三:选择矩形的第一个角点。再次单击,完成矩形的第一个角点,然后将该矩形拖至所需大小,如图 2.2.3.5 所示。

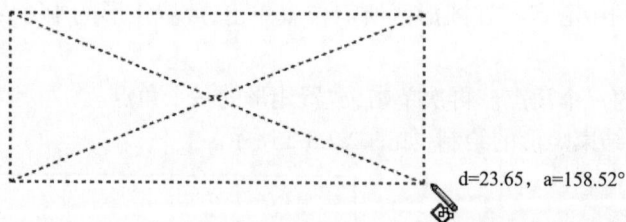

d=23.65，a=158.52°

图 2.2.3.5　选择第一个角点

步骤四:选择矩形的第二个角点。再次单击,放置矩形的第二个角点,如图 2.2.3.6 所示。

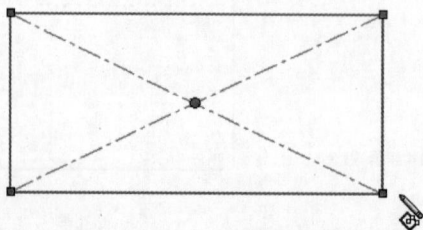

图 2.2.3.6　选择第二个角点

步骤五:按 Esc 键,结束矩形的绘制。

2.2.4　绘制平行四边形

平行四边形命令既可以生成平行四边形,也可以生成边线与草图网络线不平行或不垂直的矩形。

使用平行四边形命令的两种方式:

- 单击【草图】工具栏中的【平行四边形】▱按钮。
- 选择菜单栏中的【工具】→【草图绘制实体】→【平行四边形】命令。

绘制平行四边形的步骤如下:

步骤一:单击【草图】工具栏中的【平行四边形】▱按钮。

步骤二:选择角点 1。在图形区所需位置单击,放置平行四边形的第一个角点,如图 2.2.4.1 所示。

图 2.2.4.1　选择角点 1

步骤三:选择角点 2。拖动鼠标指针,单击以放置平行四边形的第二个角点,如图 2.2.4.2 所示。

步骤四:选择角点 3。将该平行四边形拖至所需大小,再次单击,放置平行四边形的第三个角点。此时,系统会立即绘制一个平行四边形,如图 2.2.4.3 所示。

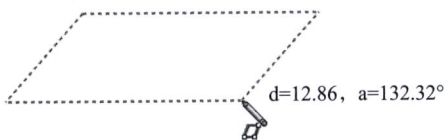

图 2.2.4.2　选择角点 2

图 2.2.4.3　选择角点 3

2.2.5　绘制多边形

绘制多边形对于绘制截面十分有用,可省去绘制多条线的麻烦,还可以减少约束。

使用多边形命令的两种方式:

- 单击【草图】工具栏中的【多边形】⬡按钮。
- 选择菜单栏中的【工具】→【草图绘制实体】→【多边形】命令。

绘制多边形的步骤如下:

步骤一:单击【草图】工具栏中的【多边形】⬡按钮,系统弹出"多边形"属性管理器,如图 2.2.5.1 所示。

步骤二:定义创建多边形的方式。在"参数"区域选择【内切圆】或【外接圆】选项作为绘制多边形的方式。

步骤三:定义边数。在"参数"区域的"边数"文本框中输入多边形的边数。

步骤四：设置多边形的属性，如内切圆/外接圆、圆直径、角度。

步骤五：单击【√】按钮，完成多边形的绘制。

2.2.6 绘制圆

微课
绘制圆

圆也是草图绘制中经常使用的图形实体。使用圆命令的两种方式：

- 单击【草图】工具栏中的【圆】 按钮。
- 选择菜单栏中的【工具】→【草图绘制实体】→【圆】命令。

圆的绘制有以下两种方法。

1. 绘制方法一：中心/半径——通过定义中心点和半径来创建圆

步骤一：单击【草图】工具栏中的【圆】 按钮，系统弹出如图 2.2.6.1 所示的"圆"属性管理器。

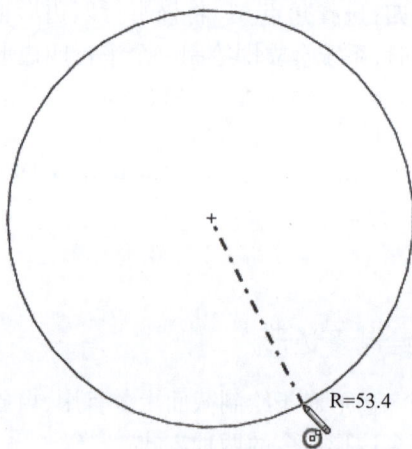

步骤二：定义圆的圆心及半径。在所需位置单击，放置圆的圆心，拖动鼠标设置半径，如图 2.2.6.2 所示，将该圆拖至所需大小并单击。

步骤三：单击【√】按钮，完成圆的绘制。

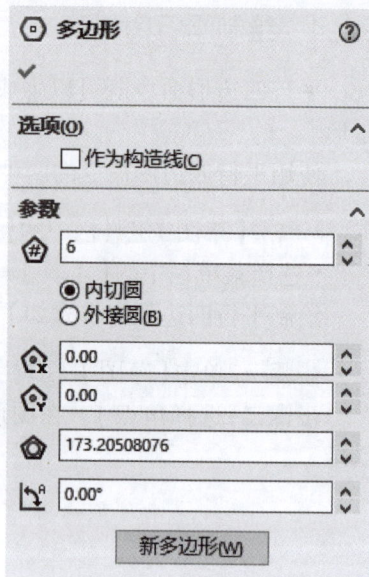

图 2.2.5.1 设置多边形属性

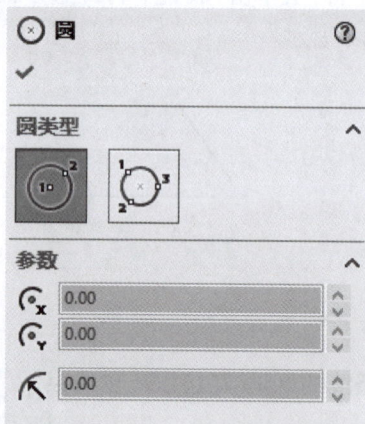

图 2.2.6.1 "圆"属性管理器

图 2.2.6.2 绘制圆

2. 绘制方法二：通过选取圆上的三个点来创建圆

步骤一：选择菜单栏中的【工具】→【草图绘制实体】→【周边圆】命令，系统弹出"圆"属性管理器。

步骤二：定义圆上的 3 点。在某位置单击，放置圆上的第一点；在另一位置单击，放置圆上的第二点；然后将该圆拖至所需大小，如图 2.2.6.3 所示。

步骤三：单击确定圆上第三点，完成绘制。

2.2.7　绘制圆弧

圆弧是圆的一部分。SolidWorks 提供了三种绘制圆弧的方法,即圆心 / 起 / 终点画弧、切线弧和 3 点圆弧。

使用圆弧命令的两种方式:

· 单击【草图】工具栏中的【圆心 / 起 / 终点画弧】![icon]按钮或【切线弧】![icon]按钮或【3 点圆弧】![icon]按钮。

· 选择菜单栏中的【工具】→【草图绘制实体】→【圆心 / 起 / 终点画弧】或【切线弧】或【3 点圆弧】命令。

绘制圆弧共有三种方法。

1. 绘制方法一:圆心 / 起 / 终点画弧——即由圆心、起点和终点来创建圆弧

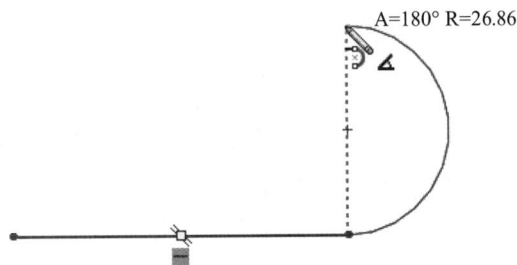

图 2.2.6.3　绘制周边圆

步骤一:单击【草图】工具栏中的【圆心 / 起 / 终点画弧】![icon]按钮。

步骤二:定义圆弧的中心点。在某位置单击,确定圆弧中心点,然后将圆拉至所需大小。

步骤三:定义圆弧端点。在图形区单击两点,以确定圆弧的两个端点。

2. 绘制方法二:切线弧——确定圆弧的一个切点和弧上的一个附加点来创建圆弧

步骤一:在图形区绘制一条直线。

步骤二:单击【草图】工具栏中的【切线弧】![icon]按钮。

步骤三:在直线的端点处单击,放置圆弧的一个端点。

步骤四:拖动鼠标指针至所需形状,如图 2.2.7.1 所示。

步骤五:单击鼠标,放置圆弧的另一个端点,完成圆弧的绘制。

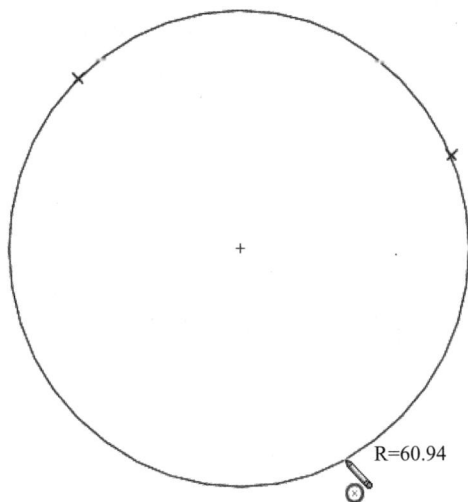

图 2.2.7.1　绘制切线弧

说明:如果想要在直线和圆弧之间切换而不回到直线、圆弧或曲线的端点处,操作时按 A 键即可。

3. 绘制方法三:3 点圆弧——确定圆弧的两个端点和弧上的一个附加点来创建一个 3 点圆弧

步骤一:单击【草图】工具栏中的【3 点圆弧】![icon]按钮。

步骤二：在图形区某位置单击，放置圆弧的一个端点；在另一位置单击，放置圆弧的另一个端点。

步骤三：拖动鼠标指针，设置圆弧半径。

步骤四：在合适的位置单击，完成圆弧的绘制，如图 2.2.7.2 所示。

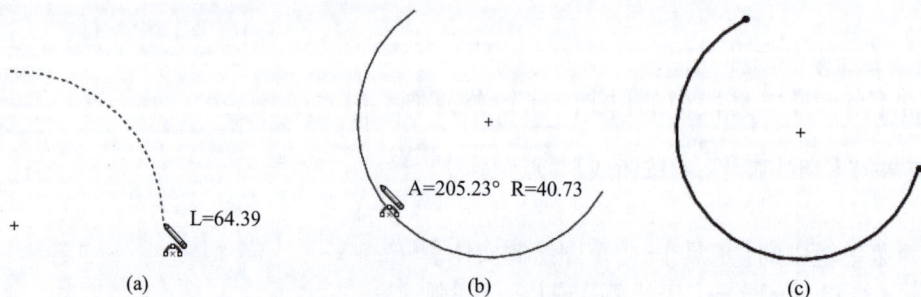

(a)　　　　　　　　(b)　　　　　　　　(c)

图 2.2.7.2　绘制 3 点圆弧

2.2.8　绘制椭圆 / 部分椭圆

微课
绘制椭圆 / 部分椭圆

使用椭圆命令的两种方式：

- 单击【草图】工具栏中的【椭圆】◎按钮或【部分椭圆】◎按钮。
- 选择菜单栏中的【工具】→【草图绘制实体】→【椭圆】或【部分椭圆】命令。

1. 绘制椭圆

绘制椭圆的步骤如下：

步骤一：单击【草图】工具栏中的【椭圆】◎按钮。

步骤二：定义椭圆中心点。在图形区的某位置单击，放置椭圆的中心点。

步骤三：定义椭圆的长轴。在图形区的某位置单击，定义椭圆的长轴和方向。

步骤四：定义椭圆的短轴。移动鼠标指针，将椭圆拉至所需形状并单击，以定义椭圆的短轴。

步骤五：单击【√】按钮，完成椭圆的绘制。

2. 绘制部分椭圆

绘制部分椭圆的步骤如下：

部分椭圆是椭圆的一部分，绘制方法与绘制椭圆的方法基本一致，需指定部分椭圆的两端点。

步骤一：单击【草图】工具栏中的【部分椭圆】◎按钮。

步骤二：定义部分椭圆中心点。在图形区的某位置单击，放置部分椭圆的中心点。

步骤三：定义部分椭圆的第一轴。在图形区的某位置单击，定义部分椭圆的长轴 / 短轴的方向。

步骤四：定义部分椭圆的第二轴。拖动鼠标指针，将椭圆拉至所需的形状并单击，定义部分椭圆的第二轴。

步骤五：定义部分椭圆的另一端点。沿要绘制椭圆的边线拖动到部分椭圆的端点处单击，如图 2.2.8.1 所示。

步骤六：单击【√】按钮，完成部分椭圆的绘制。

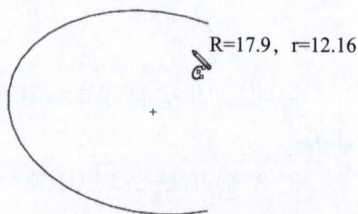

图 2.2.8.1　绘制部分椭圆

2.2.9　绘制样条曲线

样条曲线是通过任意多个点的平滑曲线,经常用于精确地表示对象的造型。在 SolidWorks 2017 中,最少需两个点就可以绘制出一条样条曲线,还可以在其端点指定相切的几何关系。

使用样条曲线命令的两种方式:

🖱 微课
绘制样条曲线

- 单击【草图】工具栏中的【样条曲线】 ∿ 按钮。
- 选择菜单栏中的【工具】→【草图绘制实体】→【样条曲线】命令。

绘制样条曲线的步骤如下:

步骤一:单击【草图】工具栏中的【样条曲线】∿ 按钮。

步骤二:定义样条曲线的控制点。选择放置样条曲线的第一个点,然后拖动鼠标指针出现第一段曲线,单击终点,然后拖动出第二段曲线,如图 2.2.9.1 所示。

步骤三:重复以上步骤,直到完成样条曲线的绘制。

选中样条曲线,此时控标出现在样条曲线上,如图 2.2.9.2 所示。

图 2.2.9.1　绘制样条曲线　　图 2.2.9.2　样条曲线上的控标

若要改变样条曲线,可以使用以下方式:

- 通过拖动控标来改变样条曲线的形状。
- 通过添加或移除样条曲线上的点来改变样条曲线的形状。右击样条曲线,在弹出的快捷菜单中选择【插入样条曲线型值点】命令,然后曲线上单击一个或多个点即可。若要删除曲线上的点,只需选中点后,按 Delete 键即可。
- 右击样条曲线,单击【显示控制多边形】 ⌐ 按钮,通过移动方框操控样条曲线的形状,如图 2.2.9.3 所示。

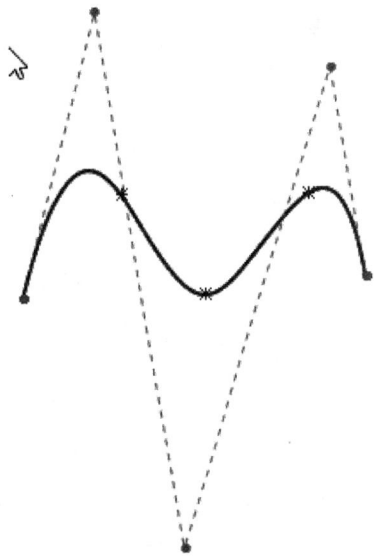

2.2.10　创建点

在设计曲面时,点的创建会起到很大的作用。

使用点命令的两种方式:

- 单击【草图】工具栏中的【点】▪ 按钮。
- 选择菜单栏中的【工具】→【草图绘制实体】→【点】命令。

绘制点的步骤如下:

步骤一:单击【草图】工具栏中的【点】▪ 按钮。

步骤二:在图形区的某位置单击,放置该点。

图 2.2.9.3　通过【显示控制多边形】操控样条曲线

2.2.11　将一般元素变成构造元素

SolidWorks 2017中构造线的作用是作为辅助线,构造线以点画线显示。草图中的直线、圆弧、样条曲线等实体都可以转化为构造线。具体方法如下:将草图中的直线、圆弧、样条曲线等选中,在绘图区左侧的属性管理器中,选择选项卡中的"作为构造线"。

2.2.12　在草图设计环境中创建文本

微课
在草图设计环境中创建文本

SolidWorks 可以在一个零件上通过"拉伸切除"命令生成文字。

使用文字命令的两种方式:

· 单击【草图】工具栏中的【文字】 🅰 按钮。

· 选择菜单栏中的【工具】→【草图绘制实体】→【文本】命令。

绘制步骤如下:

步骤一:选择命令。单击【草图】工具栏中的【文字】 🅰 按钮,系统弹出图 2.2.12.1 的"草图文字"属性管理器。

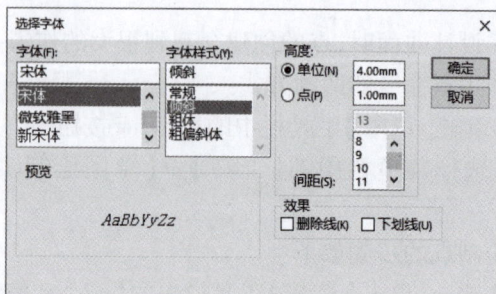

步骤二:输入文本。在"文字"区域的文本框中输入 ABC。

步骤三:设置文字属性。

设置文本方向。在"文字"区域中单击【AB】按钮。

设置文本字体属性:

1) 在"文字"区域中取消选中"使用文档字体"复选框,单击【字体】按钮,系统弹出图 2.2.12.2 所示的"选择字体"对话框。

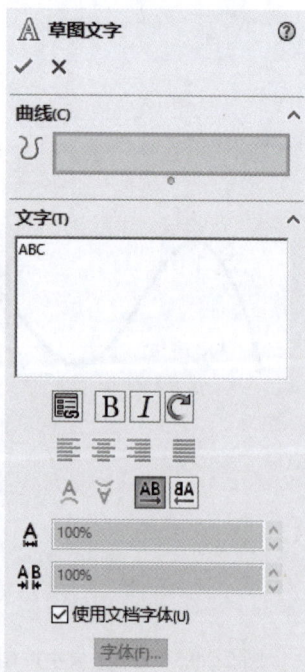

图 2.2.12.1　"草图文字"属性管理器   图 2.2.12.2　"选择字体"对话框

2）在"选择字体"对话框的"字体"区域选择【宋体】选项，在"字体样式"区域选择【倾斜】选项，在"高度"区域选择【单位】，并在文本框中输入 4，如图 2.2.12.2 所示。

3）单击【确定】按钮，完成文本的字体设置。

步骤四：定义放置位置。图形的任意位置单击，以确定文本的放置位置。

步骤五：在"草图文字"属性管理器中单击【√】按钮，完成文本的创建。

若要改变文字的位置或方向，可使用以下方法：

• 用鼠标拖动文字。

• 通过在草图中为文字定位点标注尺寸或添加几何关系定位文字。

拉伸 / 切除文字的方法：

• 若拉伸文字，单击【特征】工具栏中的【拉伸凸台 / 基体】按钮，通过"凸台 – 拉伸"属性管理器设置拉伸特征，效果如图 2.2.12.3 所示。

• 若切除文字，单击【特征】工具栏中的【拉伸切除】按钮，通过"切除 – 拉伸"属性管理器来设置切除特征，效果如图 2.2.12.4 所示。

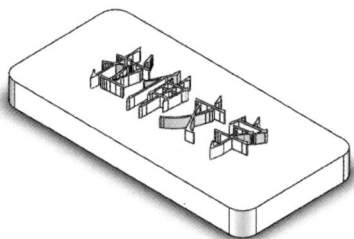

图 2.2.12.3　拉伸文字效果　　　　　　　　图 2.2.12.4　切除文字效果

2.3　草图编辑工具

微课
删除实体

微课
绘制倒角

2.3.1　删除实体

步骤一：在图形区域，单击要删除的草图实体。

步骤二：按 Delete 键，可以把草图实体删除，也可以采用以下两种方法删除草图实体。

• 鼠标指针移到要删除的草图实体后右击，在弹出的快捷菜单中选择【删除】命令。

• 选取需要删除的草图实体，选择菜单栏中的【编辑】→【删除】命令。

2.3.2　绘制倒角

绘制倒角工具是将倒角应用到相邻的草图实体中，此工具在 2D 和 3D 草图中均可使用。倒角的选取方法与圆角相同。"绘制倒角"属性管理器中提供了倒角的两种设置方式，分别是"角度距离"和"距离 – 距离"，如图 2.3.2.1 所示。

下面以图 2.3.2.2 为例，说明绘制倒角的一般操作步骤。

步骤一：单击【草图】工具栏中的【绘制倒角】按钮。

步骤二：设置"角度距离"与"距离 – 距离"倒角方式。

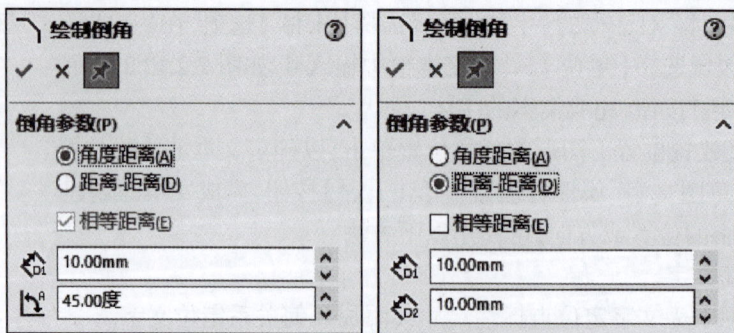

图 2.3.2.1　"角度距离"和"距离 – 距离"倒角设置方式

1）设置"角度距离"倒角方式。在"绘制倒角"属性管理器中选择【角度距离】选项，在 文本框中输入距离值 10，在 文本框中输入角度值 45，然后选择直线 1 和直线 2。

2）设置"距离 – 距离"倒角方式。在"绘制倒角"属性管理器中选择【距离 – 距离】选项，在 文本框中输入距离值 10，在 文本框中输入距离值 10，然后选择直线 3 和直线 4。

步骤三：单击【√】按钮，完成倒角的绘制。

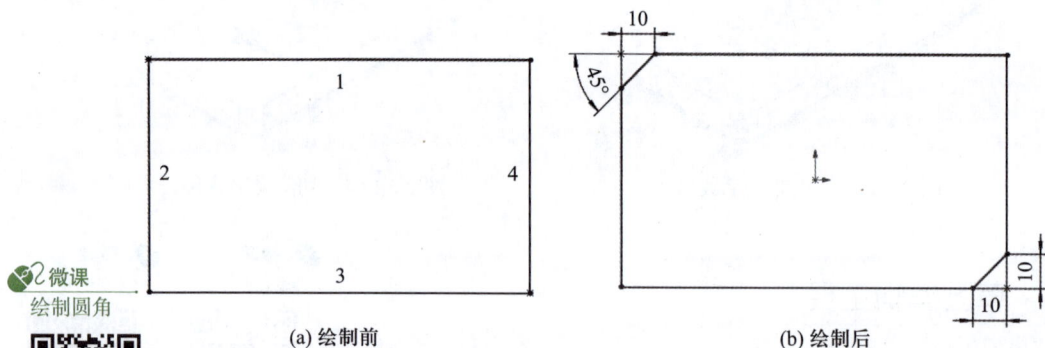

(a) 绘制前

(b) 绘制后

图 2.3.2.2　绘制倒角

2.3.3　绘制圆角

绘制圆角工具是将两个草图实体的交叉处裁剪角度，生成一个与两个草图实体都相切的圆弧。

下面以图 2.3.3.2 为例，说明绘制圆角的一般操作步骤。

步骤一：单击【草图】工具栏中的【绘制圆角】按钮，系统弹出图 2.3.3.1 所示的"绘制圆角"属性管理器。

步骤二：在"绘制圆角"属性管理器中设置圆角的半径。若顶点具有尺寸或几何关系，选中"保持拐角处约束条件"复选框，将保留虚拟交点。若不选中此复选框，且若顶点具有尺寸或几何关系，将会询问是否想在生成圆角时删除这些几何关系。

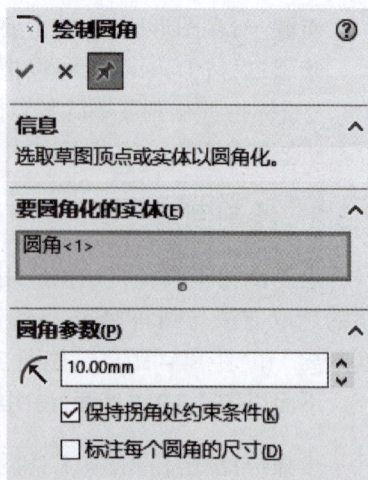

图 2.3.3.1　"绘制圆角"属性管理器

步骤三：选择图 2.3.3.2(a)中的直线 1 和 2、直线 2 和 3、直线 3 和 4、直线 4 和 1。

步骤四：单击【√】按钮，完成圆角的绘制，如图 2.3.3.2(b)所示。

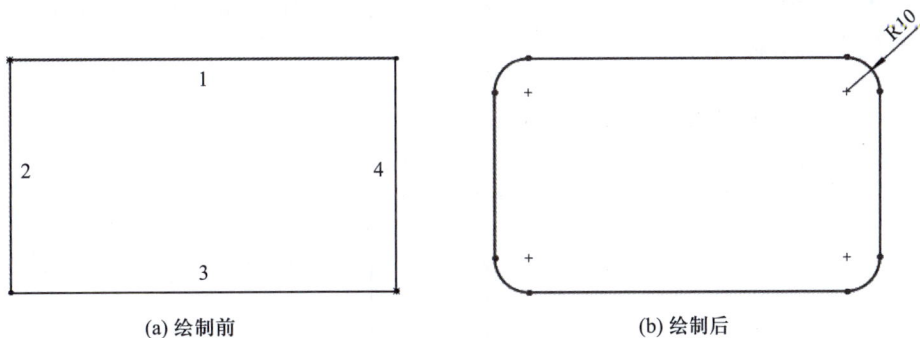

(a) 绘制前　　　　　　　　　　　　　(b) 绘制后

图 2.3.3.2　绘制圆角

2.3.4　转换实体引用

转换实体引用可以将其他草图或模型的边线等转换引用到当前草图中，通过这种方式，可以在草图基准面上生成一个或多个草图实体。使用此命令时，若引用的实体发生更改，那么转换的草图实体也会相应地改变。

下面以图 2.3.4.1 为例，说明转换实体引用的操作步骤。

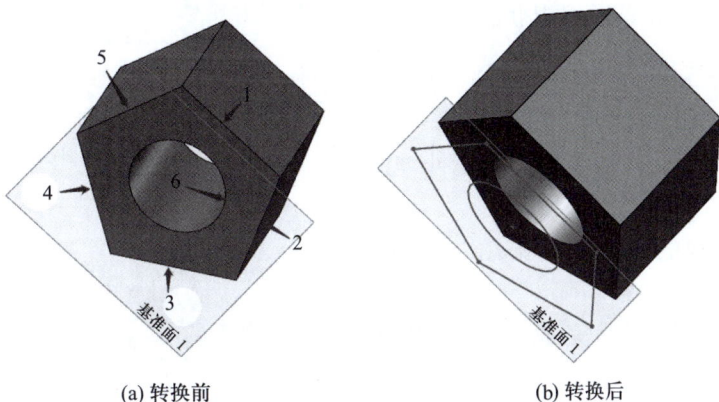

(a) 转换前　　　　　　　　　　　　　(b) 转换后

图 2.3.4.1　转换实体引用

微课
转换实体引用

步骤一：打开配置文件【实例 2.3.4.SLDPRT】，如图 2.3.4.1(a)所示。

步骤二：创建基准面。选择添加草图的基准面，在左侧的 FeatureManager 设计树中选择基准面 1，然后单击【草图】工具栏中的【草图绘制】 按钮，进入草图绘制状态。

步骤三：选择边线。按住 Ctrl 键，选取如图 2.3.4.1(a)所示的边线 1、2、3、4、5 以及圆弧 6。

步骤四：单击【草图】工具栏中的【转换实体引用】 按钮，完成草图转换实体引用，如图 2.3.4.1(b)所示。

2.3.5 剪裁草图

剪裁实体是常用的草图编辑命令,可以剪裁或延伸草图实体,也可以删除草图实体。
使用剪裁草图的两种方式:

- 单击【草图】工具栏中的【剪裁实体】按钮。
- 选择菜单栏中的【工具】→【草图工具】→【剪裁实体】命令。

下面以图 2.3.5.1 为例,说明剪裁草图的操作步骤。

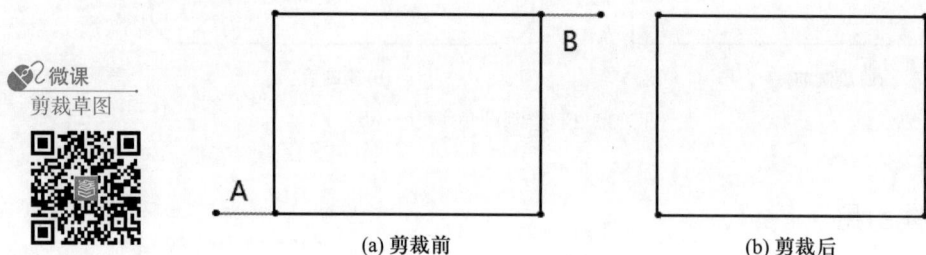

(a) 剪裁前　　　　(b) 剪裁后

图 2.3.5.1 剪裁草图

步骤一:打开配置文件【实例 2.3.5.SLDPRT】,如图 2.3.5.1(a)所示。

步骤二:执行命令。在草图编辑状态下单击【草图】工具栏中的【剪裁实体】按钮,系统左侧弹出"剪裁"属性管理器,如图 2.3.5.2 所示。

步骤三:设置剪裁模式。选择"剪裁"属性管理器中的【剪裁到最近端】模式。

步骤四:选择剪裁的直线。单击图 2.3.5.1(a)中的 A、B 处。

步骤五:单击【√】按钮,完成草图实体的剪裁,如图 2.3.5.1(b)所示。

关于"剪裁"属性管理器的选项说明:

- 强劲剪裁:通过将鼠标指针拖过每个草图实体来剪裁草图实体。若想延伸实体,按住 Shift 键,在实体上拖动鼠标指针。
- 边角:剪裁两个草图实体,直到它们在虚拟边角处相交。
- 在内剪除:选择两个边界实体,然后选择要剪裁的实体,剪裁位于两个边界实体外的草图实体。
- 在外剪除:剪裁位于两个边界实体内的草图实体。
- 剪裁到最近端:将草图实体剪裁到最近端交叉实体。

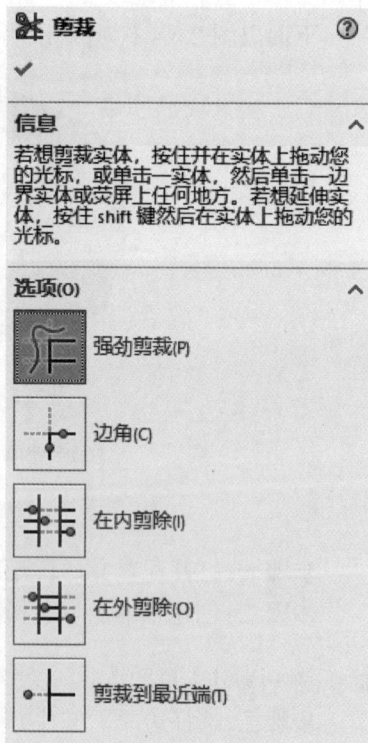

图 2.3.5.2 "剪裁"属性管理器

2.3.6 延伸实体

草图延伸是常用的草图编辑命令。利用该工具可以将草图实体延伸至另一个草图实体。
使用草图延伸的两种方式：

- 单击【草图】工具栏中的【延伸实体】 按钮。
- 选择菜单栏中的【工具】→【草图工具】→【延伸实体】命令。

下面以图 2.3.6.1 为例，说明草图延伸的操作步骤。

步骤一：打开配置文件【实例 2.3.6.SLDPRT】，如图 2.3.6.1（a）所示。

步骤二：执行命令。在草图编辑状态下单击【草图】工具栏中的【延伸实体】 按钮，进入草图延伸状态。

步骤三：选择需要延伸的直线。单击图 2.3.6.1（a）中的直线 A。

步骤四：确认延伸的直线。按 Esc 键退出延伸实体状态，结果如图 2.3.6.1（b）所示。

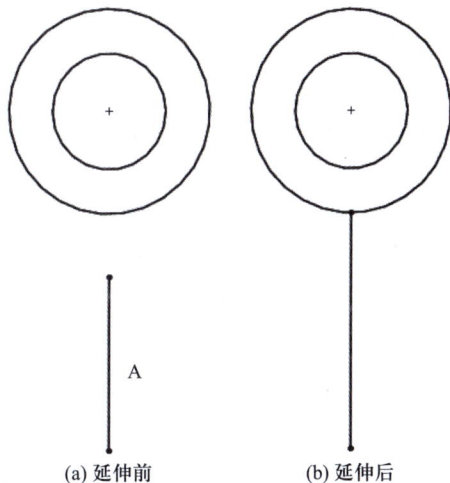

(a) 延伸前　　　(b) 延伸后

图 2.3.6.1　延伸草图

2.3.7 分割实体

分割实体是将连续的草图实体分割为两个草图实体，也可以删除一个分割点，将两个草图实体合并成一个单一的草图实体。

使用分割实体的两种方式：

- 单击【草图】工具栏中的【分割实体】 按钮。
- 选择菜单栏中的【工具】→【草图工具】→【分割实体】命令。

下面以图 2.3.7.1 为例，说明分割草图实体的操作步骤。

步骤一：打开配置文件【实例 2.3.7.SLDPRT】，如图 2.3.7.1（a）所示。

步骤二：执行命令。在草图编辑状态下选择【工具】→【草图工具】→【分割实体】命令，进入分割实体状态。

步骤三：添加分割点。单击图 2.3.7.1（a）所示圆弧的合适位置，添加一个分割点。

步骤四：确认添加分割点。按 Esc 键退出分割实体状态，结果如图 2.3.7.1（b）所示。

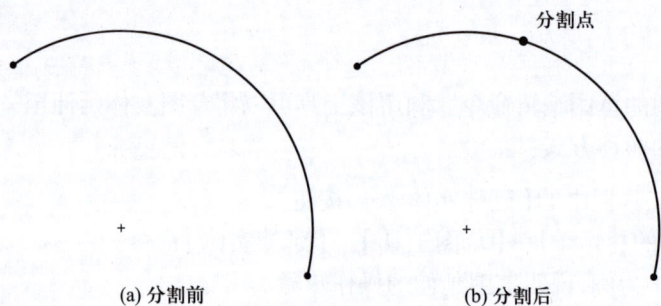

(a) 分割前　　　　　　　　　(b) 分割后

图 2.3.7.1　分割实体

2.3.8　移动实体

移动实体是将一个或者多个草图实体进行移动。

使用移动实体的两种方式：

- 单击【草图】工具栏中的【移动实体】按钮。
- 选择菜单栏中的【工具】→【草图工具】→【移动】命令。

下面以图 2.3.8.1 为例，说明移动草图实体的操作步骤。

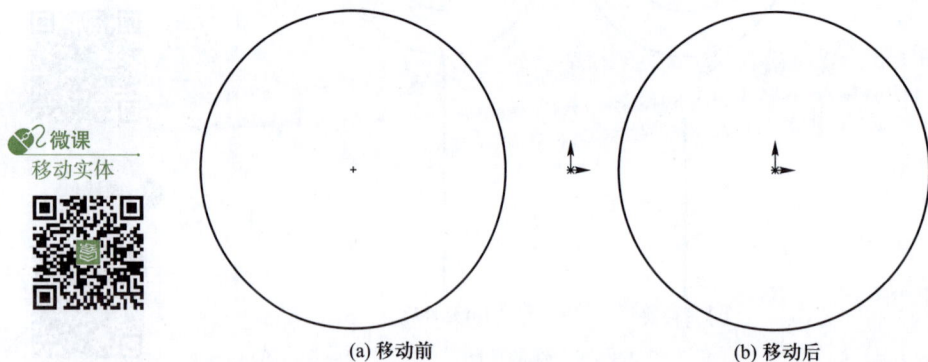

微课
移动实体

(a) 移动前　　　　　　　　　(b) 移动后

图 2.3.8.1　移动实体

步骤一：打开配置文件【实例 2.3.8.SLDPRT】，如图 2.3.8.1（a）所示。

步骤二：执行命令。单击【草图】工具栏中的【移动实体】按钮，系统左侧弹出图 2.3.8.2 所示的"移动"属性管理器。

步骤三：选择要移动的实体。

步骤四：选择【从 / 到】，选取图 2.3.8.1（a）中的圆心，然后拖动至目标位置后单击，按 Esc 键退出移动实体状态，结果如图 2.3.8.1（b）所示。

关于"移动"属性管理器的选项说明：

- 保留几何关系："移动"或"复制"操作不会生成新的几何关系。当选中"保留几何关系"复选框时，所选草图实体在移动或复制过程

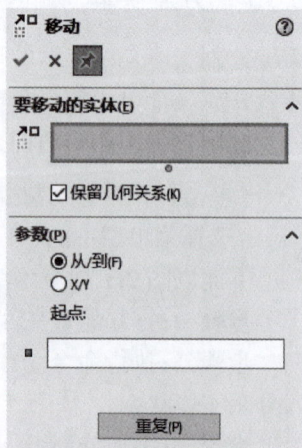

图 2.3.8.2　"移动"属性管理器

中将保留现有的几何关系;如果取消选中"保留几何关系"复选框,则所选草图实体和未被选择的草图实体之间的几何关系将被断开,而所选草图实体之间的几何关系仍被保留。

- 从 / 到:用于指定移动的开始点和目标点,是 个相对参数。
- X/Y:在新的对话框中输入相应的参数值可以生成相应的目标。

2.3.9　复制实体

复制实体是将一个或者多个草图实体进行复制。

使用复制实体的两种方式:

- 单击【草图】工具栏中的【复制实体】按钮。
- 选择菜单栏中的【工具】→【草图工具】→【复制】命令。

执行命令时,系统会出现类似图 2.3.8.2 所示的"复制"属性管理器,"复制"属性管理器中的参数与"移动"属性管理器中的参数意义以及"复制"与"移动"的操作步骤相同,在此不再叙述。

2.3.10　旋转实体

旋转实体是通过选择旋转中心及要旋转的度数来旋转草图实体。

使用旋转实体的两种方式:

- 单击【草图】工具栏中的【旋转实体】按钮。
- 选择菜单栏中的【工具】→【草图工具】→【旋转】命令。

下面以图 2.3.10.1 为例,说明旋转实体的操作步骤。

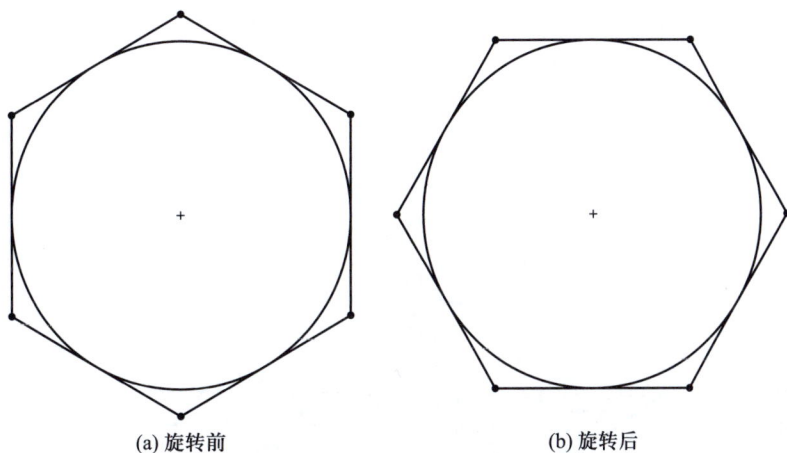

(a) 旋转前　　　　　　　　(b) 旋转后

图 2.3.10.1　旋转实体

步骤一:打开配置文件【实例 2.3.10.SLDPRT】,如图 2.3.10.1(a)所示。

步骤二:执行命令。在草图编辑状态下单击【草图】工具栏中的【旋转实体】按钮,进入旋转实体状态,此时系统会出现如图 2.3.10.2 所示的"旋转"属性管理器。

步骤三:设置"旋转"属性管理器。在"要旋转的实体"栏中选取如图 2.3.10.1(a)所示的图形,在"旋转中心"栏选取圆的圆心,"角度"栏设置为 90°。

步骤四:确定旋转的草图实体。单击【√】按钮,完成"旋转"属性管理器的修改,按 Esc 键退出旋转实体的状态,结果如图 2.3.10.1(b)所示。

2.3.11 缩放实体比例

缩放实体比例是通过基准点和比例因子对草图实体进行缩放,也可以根据需要在保留原缩放对象的基础上缩放草图。

使用缩放实体比例的两种方式:

• 单击【草图】工具栏中的【缩放实体比例】按钮。

• 选择菜单栏中的【工具】→【草图工具】→【缩放比例】命令。

下面以图 2.3.11.1 为例,说明缩放实体比例的操作步骤。

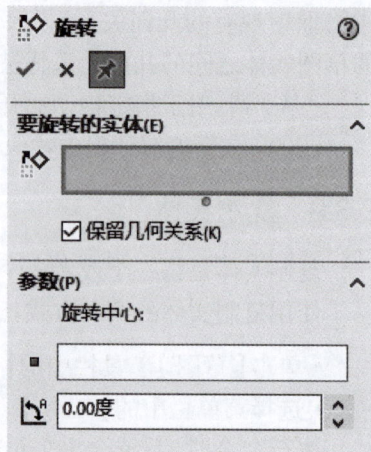

图 2.3.10.2   "旋转"属性管理器

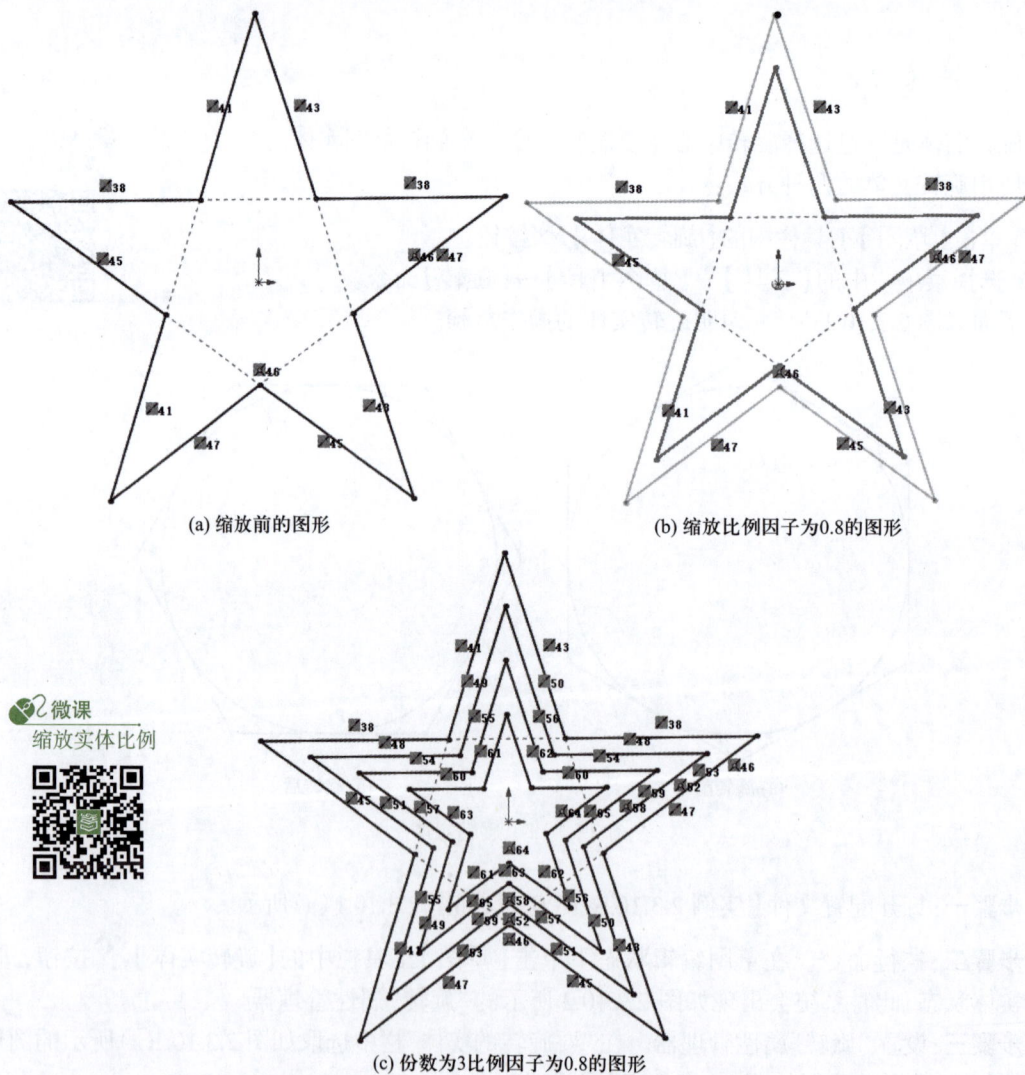

(a) 缩放前的图形

(b) 缩放比例因子为0.8的图形

微课
缩放实体比例

(c) 份数为3比例因子为0.8的图形

图 2.3.11.1   缩放实体比例

步骤一:打开配置文件【实例 2.3.11.SLDPRT】,如图 2.3.11.1(a)所示。

步骤二:执行命令。在草图编辑状态下单击【草图】工具栏中的【缩放实体比例】按钮,进入缩放实体比例状态,此时系统左侧出现"比例"属性管理器,如图 2.3.11.2 所示。

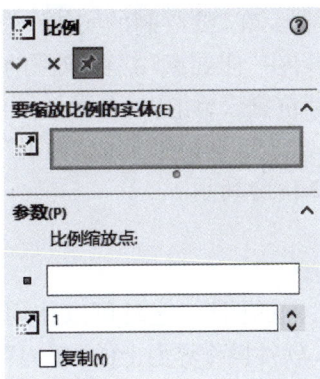

图 2.3.11.2　"比例"属性管理器

步骤三:设置"比例"属性管理器。

• 在"要缩放比例的实体"栏中选取如图 2.3.11.1(a)所示的图形,在"比例缩放点"栏选取坐标系原点,在"比例因子"栏输入值 0.8,结果如图 2.3.11.1(b)所示。

• 选中"比例"属性管理器中的"复制"复选框,在"份数"栏输入值 3,结果如图 2.3.11.1(c)所示。

步骤四:确定缩放的草图实体。单击【√】按钮,完成"比例"属性管理器的修改,按 Esc 键退出缩放实体比例的状态。

2.3.12　伸展实体

伸展实体是通过基准点和坐标点对草图实体进行伸展。

使用伸展实体的两种方式:

• 单击【草图】工具栏中的【伸展实体】按钮。

• 选择菜单栏中的【工具】→【草图工具】→【伸展实体】命令。

下面以图 2.3.12.1 为例,说明伸展实体的操作步骤。

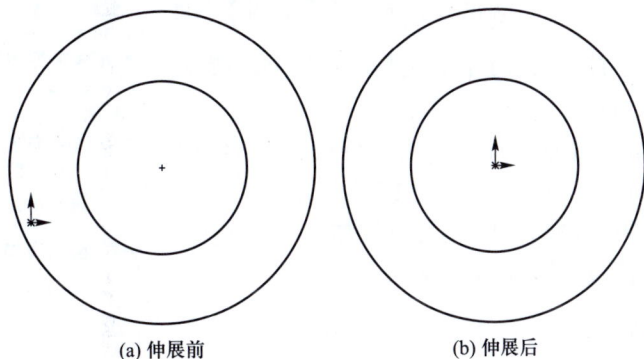

微课
伸展实体

(a) 伸展前   (b) 伸展后

图 2.3.12.1　伸展实体

步骤一:打开配置文件【实例2.3.12.SLDPRT】,如图2.3.12.1(a)所示。

步骤二:执行命令。在草图编辑状态下单击【草图】工具栏中的【伸展实体】按钮,此时系统左侧出现"伸展"属性管理器,如图2.3.12.2所示。

步骤三:设置"伸展"属性管理器。在"要绘制的实体"栏中选取如图2.3.12.1(a)所示的图形,在"伸展点"栏选取圆的圆心,然后拖动伸展草图实体至目标位置后单击。

步骤四:确定伸展草图实体。单击【√】按钮,完成"伸展"属性管理器的修改,结果如图2.3.12.1(b)所示。

2.3.13 镜像实体

在绘制草图时,经常要绘制对称的图形,这时可以使用"镜像实体"命令来实现(SolidWorks 软件操作界面上的"镜向"代表"镜像",本书统一使用"镜像")。

使用镜像实体的两种方式:

- 单击【草图】工具栏中的【镜像实体】按钮。
- 选择菜单栏中的【工具】→【草图工具】→【镜像】命令。

下面以图2.3.13.1为例,说明镜像实体的操作步骤。

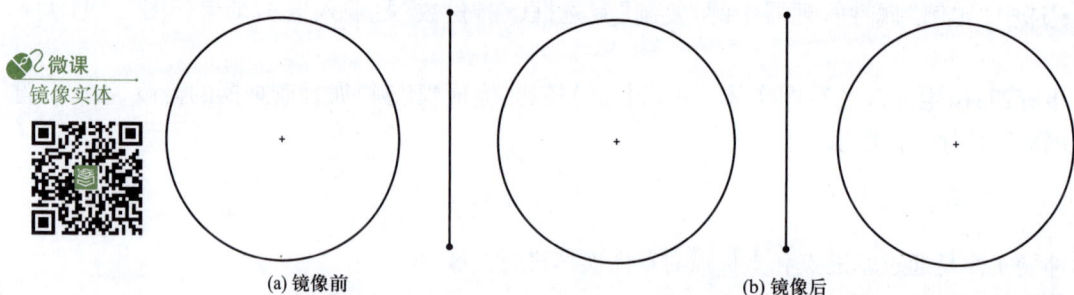

图 2.3.12.2   "伸展"属性管理器

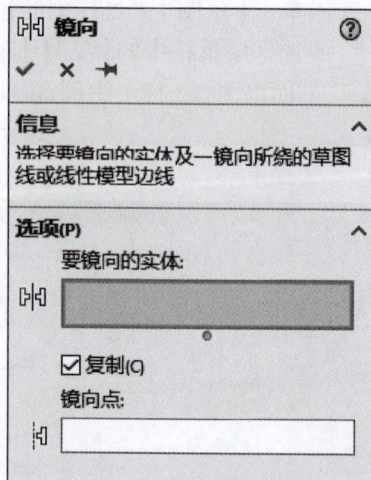

(a) 镜像前   (b) 镜像后

图 2.3.13.1   镜像实体

步骤一:打开配置文件【实例2.3.13.SLDPRT】,如图2.3.13.1(a)所示。

步骤二:执行命令。在草图编辑状态下单击【草图】工具栏中的【镜像实体】按钮,此时系统左侧出现"镜像"属性管理器,如图2.3.13.2所示。

步骤三:设置"镜像"属性管理器。在"要镜像的实体"栏中选取如图2.3.13.1(a)所示的圆,在"镜像点"栏选取直线。

步骤四:确定镜像的实体。单击【√】按钮,完成"镜像"属性管理器的修改,结果如图2.3.13.1(b)所示。

2.3.14 线性草图阵列

线性草图阵列就是将草图实体沿一个或两个轴复制生成

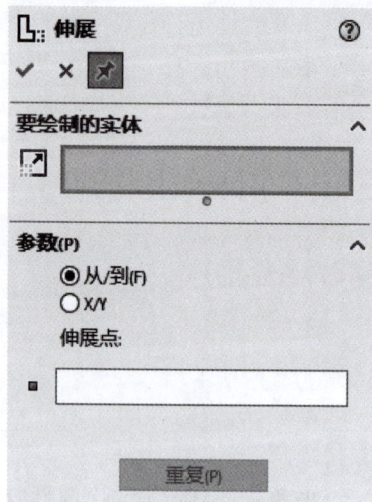

图 2.3.13.2   "镜像"属性管理器

多个排列图形。

使用线性阵列的两种方式:

- 单击【草图】工具栏中的【线性草图阵列】按钮。
- 选择菜单栏中的【工具】→【草图工具】→【线性阵列】命令。

下面以图 2.3.14.1 为例,说明线性草图阵列的操作步骤。

微课
线性草图阵列

微课
圆周草图阵列

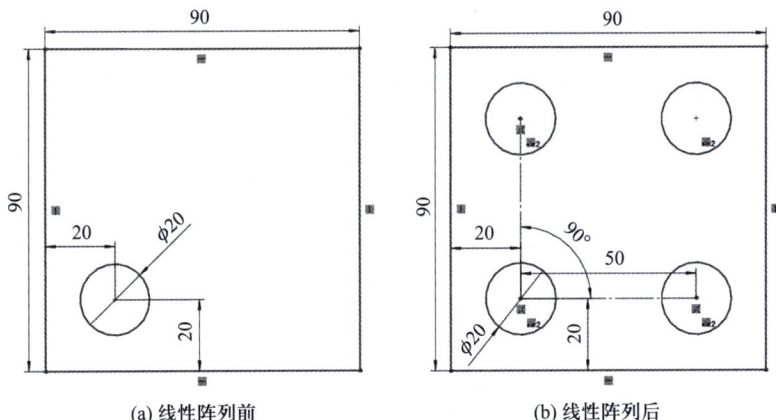

图 2.3.14.1　线性草图阵列

步骤一:打开配置文件【实例 2.3.14.SLDPRT】,如图 2.3.14.1(a)所示。

步骤二:执行命令。在草图编辑状态下单击【草图】工具栏中的【线性草图阵列】按钮,此时系统左侧出现"线性阵列"属性管理器,如图 2.3.14.2 所示。

步骤三:设置"线性阵列"属性管理器。在"要阵列的实体"栏中选取如图 2.3.14.1(a)所示的圆,X- 轴间距设置为 50mm,实例数设置为 2,角度为 0°,Y- 轴实例数设置为 2,间距设置为 50 mm,角度为 90°。

步骤四:确定阵列的实体。单击【√】按钮,完成"线性阵列"属性管理器的修改,结果如图 2.3.14.1(b)所示。

2.3.15　圆周草图阵列

圆周草图阵列可以将草图实体沿 1 个指定大小的圆弧进行环状阵列。

使用圆周草图阵列的两种方式:

- 单击【草图】工具栏中的【圆周草图阵列】按钮。
- 选择菜单栏中的【工具】→【草图工具】→【圆周阵列】命令。

下面以图 2.3.15.1 为例,说明圆周草图阵列的操作步骤。

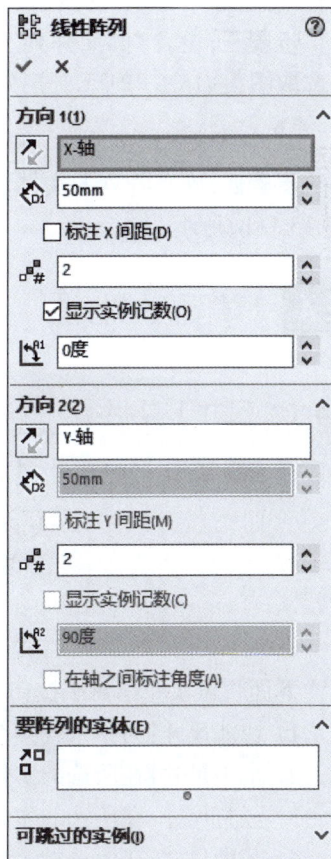

图 2.3.14.2　"线性阵列"属性管理器

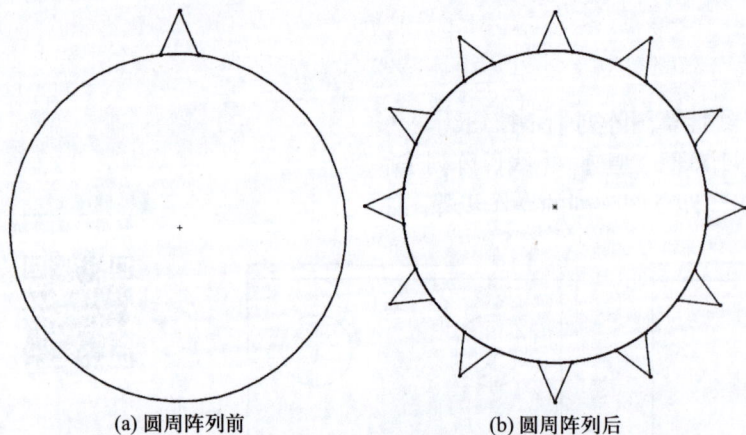

(a) 圆周阵列前　　　　　(b) 圆周阵列后

图 2.3.15.1　圆周草图阵列

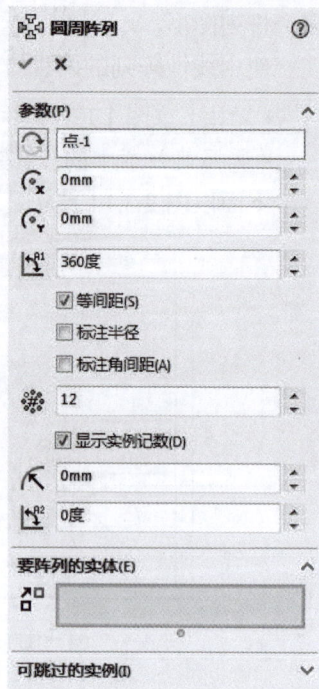

图 2.3.15.2　"圆周阵列"
属性管理器

步骤一：打开配置文件【实例 2.3.15.SLDPRT】，如图 2.3.15.1(a)所示。

步骤二：执行命令。在草图编辑状态下单击【草图】工具栏中的【圆周草图阵列】按钮，此时系统左侧出现"圆周阵列"属性管理器，如图 2.3.15.2 所示。

步骤三：设置"圆周阵列"属性管理器。在"要阵列的实体"中选取图 2.3.15.1(a)所示圆形外的两条直线，在"参数"第一栏"反向"中选取图形的圆心，在"实例数"中输入值 12。

步骤四：确定阵列的实体。单击【√】按钮，完成"圆周阵列"属性管理器的修改，结果如图 2.3.15.1(b)所示。

2.4　草图尺寸标注

2.4.1　尺寸工具栏

在 SolidWorks 2017 中，【尺寸/几何关系】工具栏如图 2.4.1.1 所示。

图 2.4.1.1　【尺寸/几何关系】工具栏

下面将依次介绍每个按钮的功能：
1) 智能尺寸：为一个或多个所选实体进行尺寸标注。
2) 水平尺寸：在所选的实体中生成一个水平的尺寸。
3) 竖直尺寸：在所选的实体中生成一个竖直的尺寸。
4) 基准尺寸：在所选的实体中生成参考尺寸。

5) 尺寸链:在工程图或者草图中生成从零坐标开始测量的一组尺寸。

6) 水平尺寸链:在工程图或者草图中生成坐标尺寸,从第一个开始所选择的实体开始水平测量。

7) 竖直尺寸链:在工程图或者草图中生成坐标尺寸,从第一个开始所选择的实体开始竖直测量。

8) 角度运行尺寸:在工程图或草图中的圆弧或圆形创建角度运行尺寸。

9) 路径长度尺寸:在草图中创建所画的草图路径总长度尺寸。

10) 倒角尺寸:在工程图中生成倒角尺寸。

11) 完全定义草图:通过应用几何关系和尺寸的组合来完全定义草图。

12) 添加几何关系:在草图中添加约束几何。

13) 自动几何关系:开启或关闭自动添加几何关系功能。

14) 显示 / 删除实体的几何关系:在草图中显示和删除几何约束关系。

15) 搜索相等关系:搜索草图中有相同长度和半径的尺寸,在相同长度或者半径中的草图尺寸设定等长的几何关系。

2.4.2　设置尺寸标注格式

设置尺寸标注的格式和属性在草图绘制中有重要的地位。

下面介绍尺寸标注格式和尺寸标注属性的设置方法:选择菜单栏中的【工具】→【选项】命令,选择【文档属性】选项卡。

1. 设置【尺寸】选项

1) 选择【尺寸】选项,系统弹出如图 2.4.2.1 所示的"文档属性 – 尺寸"对话框。在"箭头"栏,可以设置箭头的样式和放置位置。

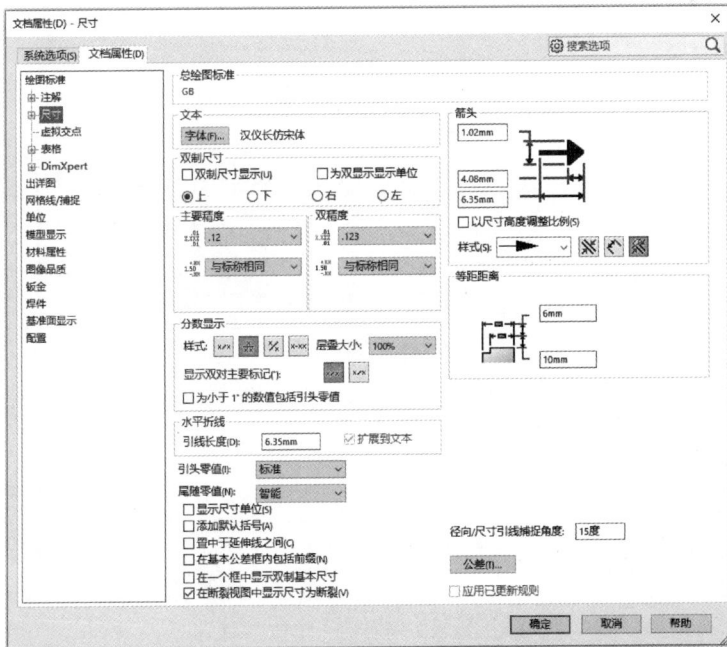

图 2.4.2.1　"文档属性 – 尺寸"对话框

2）在"文本"栏中单击【字体】按钮，可以设置尺寸字体的标注样式，如图 2.4.2.2 所示。

3）在"主要精度"和"双精度"栏，可以设置尺寸精度的标注格式。

4）在"水平折线"栏，可以设置引线长度。

5）单击"文档属性 – 尺寸"对话框的【公差】按钮，可以详细地设置尺寸公差的标注格式，如图 2.4.2.3 所示。

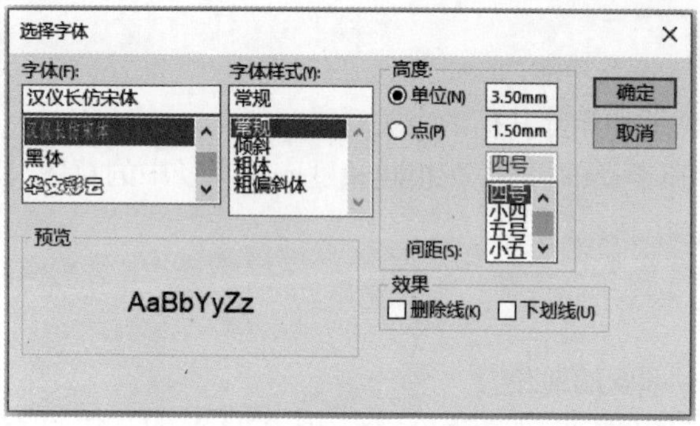

图 2.4.2.2　"选择字体"对话框

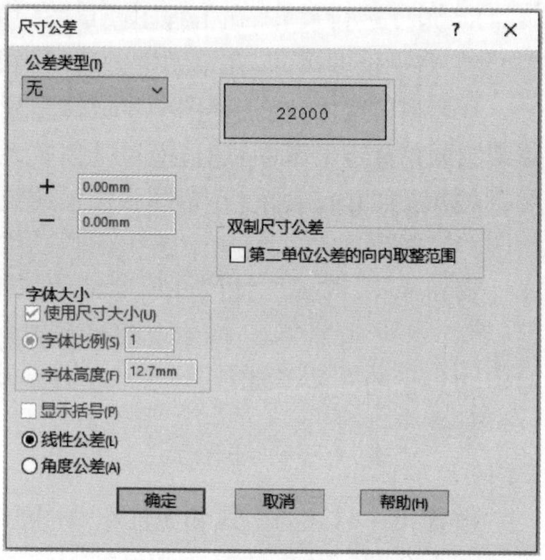

图 2.4.2.3　"尺寸公差"对话框

2. 设置【单位】选项

选择【单位】选项，系统弹出如图 2.4.2.4 所示的"文档属性 – 单位"对话框，可以设置标注尺寸单位的使用样式。

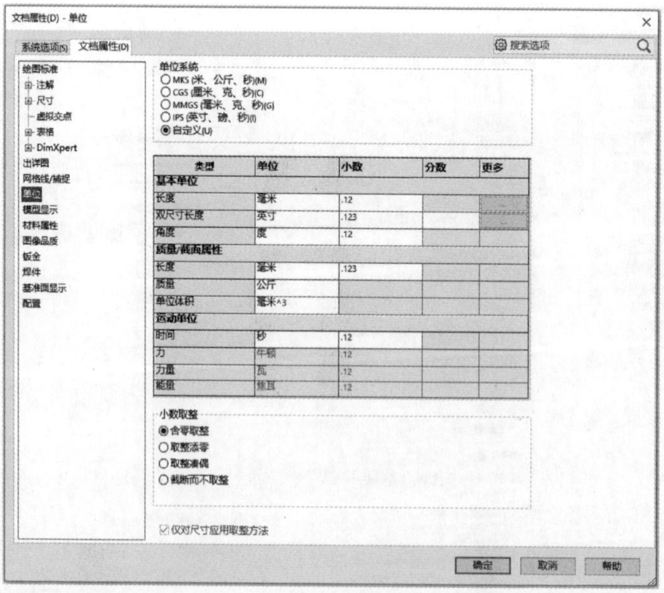

图 2.4.2.4　"文档属性 – 单位"对话框

2.4.3 尺寸标注

在 SolidWorks 中,主要有线性尺寸标注、角度尺寸标注、圆弧尺寸标注与圆尺寸标注等标注类型。

使用尺寸标注的三种方式:

• 单击【草图】面板中的【智能尺寸】 按钮。

• 选择菜单栏中的【工具】→【尺寸】→【智能尺寸】命令。

• 在草图绘制状态下右击,在弹出的快捷菜单中选择【智能尺寸】命令,如图 2.4.3.1 所示。

在尺寸标注模式下,指针变为 。退出尺寸标注有三种方式:第一种是按 Esc 键;第二种是单击【草图】工具栏中的【智能尺寸】 按钮;第三种是右击,在弹出的快捷菜单中选择【智能尺寸】命令。

下面分别介绍 4 种尺寸标注类型。

1. 线性尺寸标注

标注直线长度的方法:在标注模式下,单击直线,根据移动指针的不同位置,完成直线的水平形式标注、垂直形式标注和平行形式标注,如图 2.4.3.2 所示。

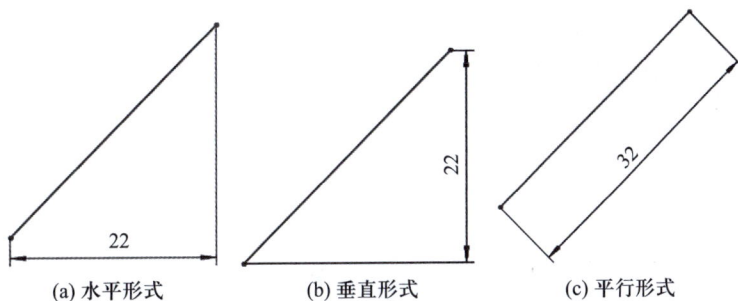

图 2.4.3.1　快捷菜单

(a) 水平形式　　(b) 垂直形式　　(c) 平行形式

图 2.4.3.2　线性尺寸标注

微课
尺寸标注

下面以图 2.4.3.3 为例,说明线性尺寸标注的操作步骤。

步骤一:打开配置文件【实例 2.4.3.SLDPRT】,如图 2.4.3.3 所示。

步骤二:执行命令。在草图编辑状态下单击【草图】工具栏中的【智能尺寸】 按钮。

步骤三:设置标注实体。单击左边圆弧圆心,移动指针至右边圆弧中心,单击出现视图中标注的尺寸。

步骤四:设置标注位置。移动指针,放置尺寸至合适的位置,单击,出现如图 2.4.3.4 所示“修改”对话框,输入要标注的尺寸值。

步骤五:确定修改值。单击“修改”对话框中的【√】按钮,或者按 Enter 键,完成修改。

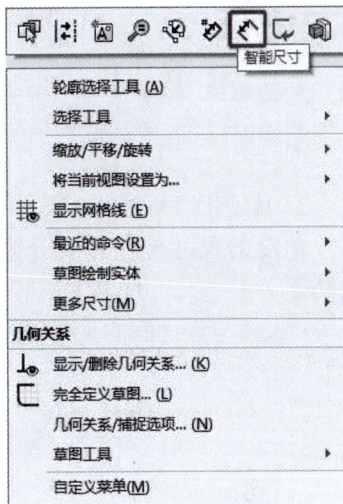

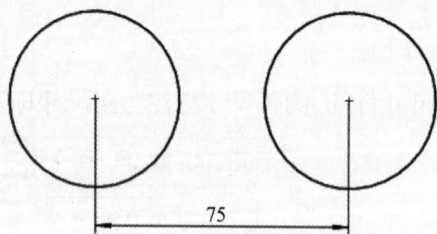

图 2.4.3.3　直线的尺寸标注

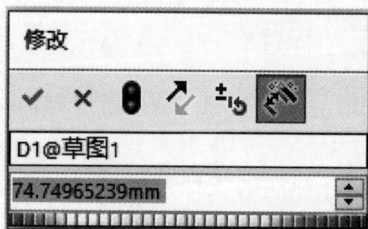

图 2.4.3.4　"修改"对话框

2. 角度尺寸标注

角度的尺寸标注一般分为两种,第一种是直线与点之间的夹角,第二种是两直线之间的夹角。

• 直线与点之间的夹角:按选择顺序的不同,一般有 4 种不同的标注方法,如图 2.4.3.5 所示。

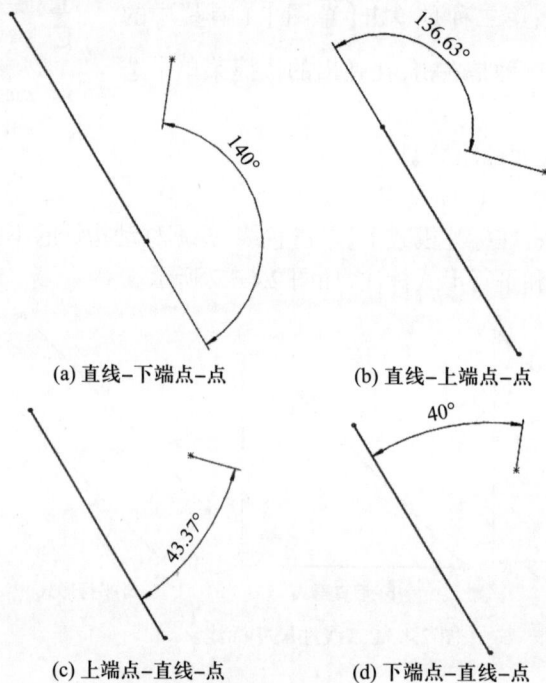

(a) 直线–下端点–点　　　　(b) 直线–上端点–点

(c) 上端点–直线–点　　　　(d) 下端点–直线–点

图 2.4.3.5　直线与点之间角度标注

• 两直线之间的夹角:选取两条直线,根据指针移动位置的不同,会出现 4 种不同的标注方式,如图 2.4.3.6 所示。

3. 圆弧尺寸标注

圆弧的尺寸标注分为三种标注方式:第一种是标注圆弧的半径,第二种是标注圆弧的弦长,第三种是标注圆弧的弧长。下面将分别介绍。

• 标注圆弧的半径:选取圆弧,单击要放置的标注位置,然后在"修改"对话框中输入半径值即可,如图 2.4.3.7 所示。

• 标注圆弧的弦长:选取圆弧的两个端点,然后拖动尺寸,单击放置的位置,完成圆弧弦长的标注。放置的位置有以下三种方式:水平、平行和垂直放置,如图 2.4.3.8 所示。

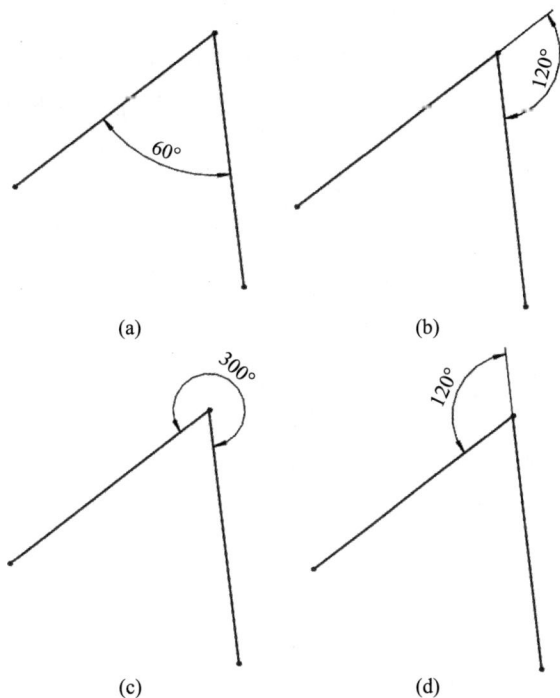

(a)

(b)

(c)

(d)

图 2.4.3.6 两直线之间角度标注

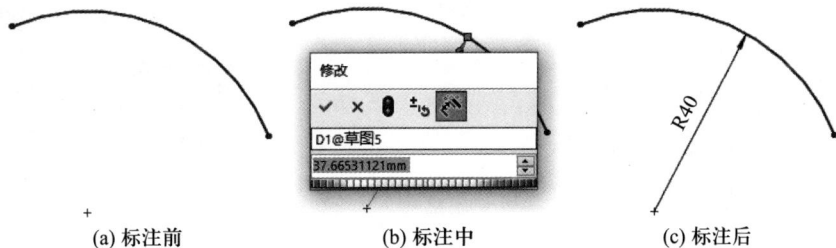

(a) 标注前

(b) 标注中

(c) 标注后

图 2.4.3.7 圆弧半径的标注

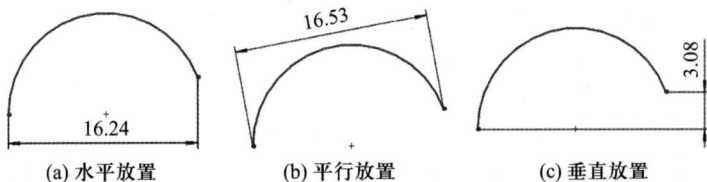

(a) 水平放置

(b) 平行放置

(c) 垂直放置

图 2.4.3.8 圆弧弦长的标注

• 标注圆弧的弧长:选取圆弧的两端点与圆弧,在"修改"对话框内输入弧长值,然后单击放置的位置,如图 2.4.3.9 所示。

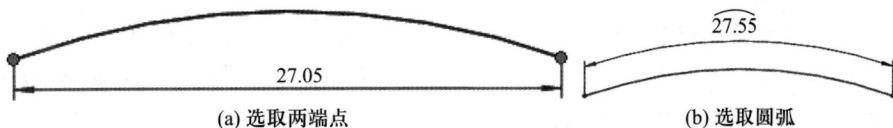

(a) 选取两端点

(b) 选取圆弧

图 2.4.3.9 圆弧弧长的标注

4. 圆尺寸标注

执行标注命令,选取圆上任意点,随后拖动指针至放置的位置单击,在"修改"对话框中输入直径值,单击【√】按钮,完成圆的尺寸标注。圆的尺寸标注形式一般有以下三种,如图 2.4.3.10 所示。

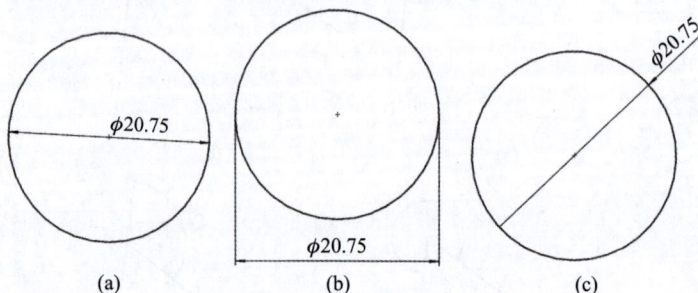

(a)   (b)   (c)

图 2.4.3.10   圆尺寸的标注形式

2.4.4   尺寸修改

在草图的编辑状态下,双击要修改的尺寸值,系统弹出如图 2.4.4.1 所示的"修改"对话框,在对话框内输入修改的尺寸值,然后单击【√】按钮,完成尺寸的修改。

下面将介绍"修改"对话框中图标的含义:

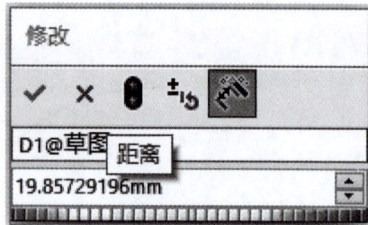

图 2.4.4.1   "修改"对话框

✔:保存修改值并退出对话框。

✘:取消修改值并退出对话框。

🔘:以当前的数值重新生成模型。

±↻:重新设置选值框中的增量值。

🖊:标注要输入到工程图里的尺寸。

2.5   草图几何关系

2.5.1   草图几何关系种类

添加几何关系种类分为两种方式:一种是自动添加几何关系;一种是手动添加几何关系。常用的几何关系类型及结果,见表 2.5.1.1。

1. 自动添加几何关系

SolidWorks 草图默认情况下会自动添加约束,如自动添加水平约束、竖直约束和垂直约束等,下面介绍自动添加约束。

步骤一:选择菜单栏中的【工具】→【选项】命令,此时系统弹出"系统选项 – 普通"对话框。

步骤二:选择【系统选项】选项卡,在左侧列表选择【几何关系 / 捕捉】选项,选中"自动几何关系"复选框,并选中"草图捕捉"栏的各复选框,如图 2.5.1.1 所示。

表 2.5.1.1　常用的几何关系种类及结果

几何关系种类	显示图标	选择的草图实体	产生的几何关系
水平 / 竖直	一 / 丨	一条或多条直线,或两点或多点	直线会变成水平或竖直,而点会水平或竖直对齐
垂直	⊥	两条直线	两条直线相互垂直
相切	⌀	圆弧、椭圆或样条曲线,以及直线或圆弧	两个所选项目相互相切
相等	=	两条或多条直线,或两个或多个圆弧	直线长度或圆弧半径保持相等
重合	⅄	一个点和一条直线、圆弧或椭圆	点位于直线、圆弧或椭圆上
共线	╱	两条或多条直线	所选直线位于同一条无限长的直线上
平行	╲	两条或多条直线	所选直线相互平行
同心	◎	两个或多个圆弧,或一个点和一个圆弧	所选圆弧共用同一圆心
全等	◌	两个或多个圆弧	所选圆弧或共用相同的圆心和半径
固定	⚓	任何实体	实体的大小和位置被固定
合并	✓	两个草图点或端点	两个点合并成一个点
对称	▣	一条中心线和两个点、直线、圆弧或椭圆	所选项目保持与中心线相等距离,并位于一条与中心线垂直的直线上
中点	╱	两条直线或一个点和一条直线	点位于线段的中点

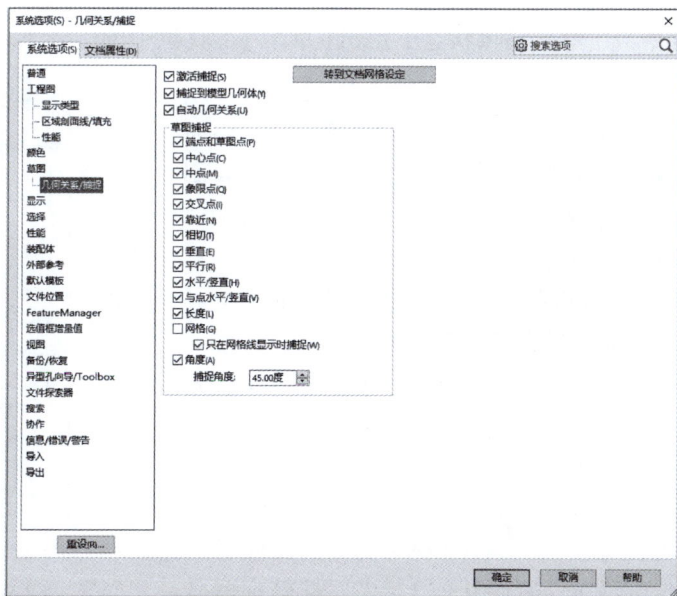

图 2.5.1.1　设置自动添加几何关系

2. 手动添加几何关系

通过手动添加几何关系,可以更容易控制草图的形状,为设计者带来很大的便利,提高设计的效率。

使用手动添加几何关系的两种方式:

• 单击【草图】工具栏中的【添加几何关系】按钮。
• 选择菜单栏中的【工具】→【关系】→【添加】命令。

下面以图 2.5.1.2 为例,说明手动添加几何关系的操作步骤。

微课
手动添加几何关系

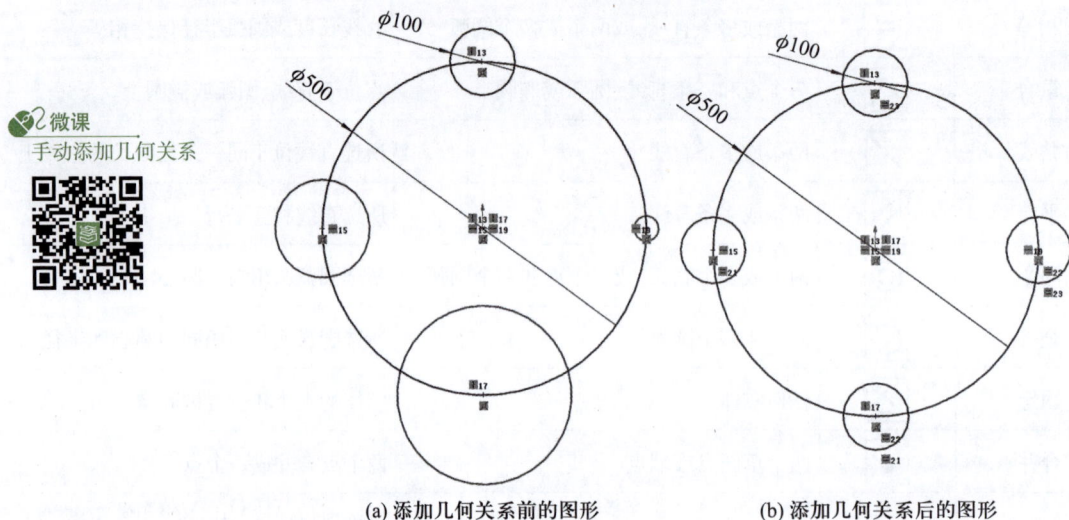

(a) 添加几何关系前的图形   (b) 添加几何关系后的图形

图 2.5.1.2　手动添加几何关系

步骤一:打开配置文件【实例 2.5.1.SLDPRT】,如图 2.5.1.2(a)所示。

步骤二:执行命令。在草图编辑状态下单击【草图】工具栏中的"显示几何关系"下拉菜单的【添加几何关系】按钮。

步骤三:选择添加几何关系的实体。系统左侧出现"添加几何关系"属性管理器,如图 2.5.1.3 所示。在"所选实体"栏中选择图 2.5.1.2(a)中的 4 个圆(注:第一个选择的圆必须是 $\phi100$ 的圆),此时"在添加几何关系"栏中出现所有可能的几何关系。

步骤四:选择添加几何关系。单击"添加几何关系"栏中的【相等】按钮,将 4 个圆限制为等直径的几何关系。

步骤五:确认添加的几何关系。单击【√】按钮,几何关系添加完毕,结果如图 2.5.1.2(b)所示。

2.5.2　几何关系显示

显示几何关系的两种方法:一种是利用实体的属性管理器显示几何关系;一种是利用"显示/删除几何关系"属性管理器显示几何关系。

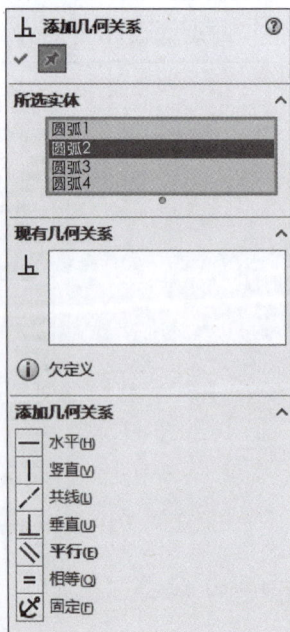

图 2.5.1.3　"添加几何关系"属性管理器

1. 利用实体的属性管理器显示几何关系

草图编辑状态下,双击要查看的草图实体,视图中则出现该实体的几何关系图标,并会在系统左侧弹出的属性管理器的"现有几何关系"栏显示现有的几何关系,如图 2.5.2.1 所示。

2. 利用"显示 / 删除几何关系"属性管理器显示几何关系

使用显示 / 删除几何关系的两种方式:

· 单击【草图】工具栏中的【显示 / 删除几何关系】 ![icon]
按钮。

· 选择菜单栏中的【工具】→【关系】→【显示 / 删除】
命令。

在草图编辑状态下单击【草图】工具栏中的【显示 / 删除几何关系】 ![icon] 按钮,此时系统左侧出现"显示 / 删除几何关系"属性管理器。如果没有选择某一草图实体,则会显示所有的草图实体几何关系;如果执行命令前,选择了某一草图实体,则只显示该实体的几何关系。

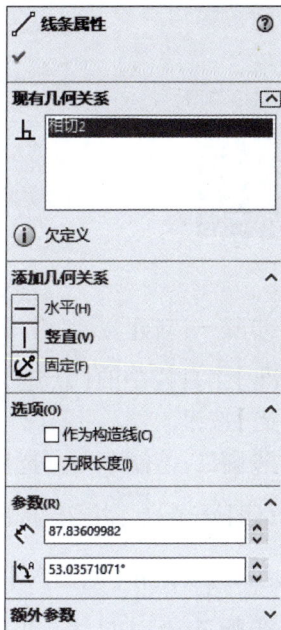

图 2.5.2.1 "线条属性"属性管理器

2.5.3 几何关系删除

当不需要某一草图实体的几何关系,就要删除该几何关系。删除几何关系也有以下两种方法。

1. 利用实体的属性管理器删除几何关系

草图编辑状态下,双击要删除几何关系的草图实体,视图中则出现该实体的几何关系图标,并会在系统左侧弹出的属性管理器的"现有几何关系"栏显示现有的几何关系。以图 2.5.2.1 为例,如果要删除其中的"相切 2"几何关系,按 Delete 键或者右键删除即可。

2. 利用"显示 / 删除几何关系"属性管理器删除几何关系

以图 2.5.3.1 为例,在"显示 / 删除几何关系"属性管理器中选取"相切 2"几何关系,然后单击【删除】按钮,若需要删除所有的几何关系,则单击【删除所有】按钮。

2.6   绘制草图综合实例

本节主要通过具体实例介绍草图编辑工具的使用方法。

2.6.1 绘制斜板草图

在本实例中,将利用草图绘制工具,绘制如图 2.6.1.1 所示的草图。

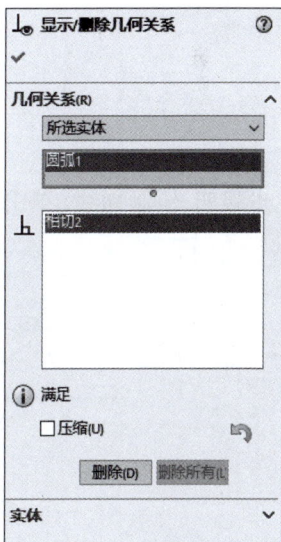

图 2.5.3.1 "显示 / 删除几何关系"
属性管理器

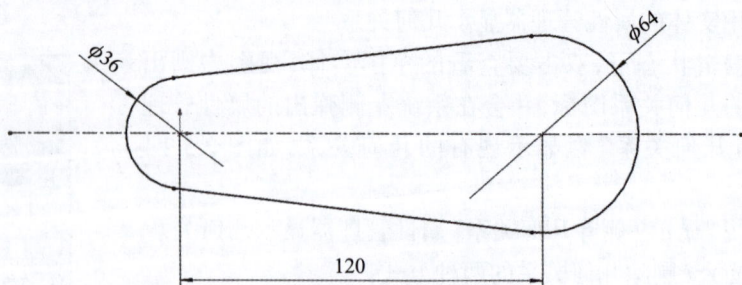

图 2.6.1.1　斜板草图

微课
绘制斜板草图

步骤一:新建文件。打开 SolidWorks 2017,选择菜单栏中的【文件】→【新建】命令,或单击【标准】工具栏中的【新建】按钮,在打开的"新建 SolidWorks 文件"对话框中单击【零件】→【确定】按钮。

步骤二:绘制草图。选择菜单栏中的【插入】→【草图绘制】命令,或单击【草图】工具栏中的【草图绘制】按钮,新建一张草图。选择绘图区的"前视基准面",单击【草图】工具栏中的【中心线】按钮和【绘制圆】按钮,绘制水平中心线和圆。

步骤三:标注尺寸。单击【草图】工具栏中的【智能尺寸】按钮,标注尺寸,如图 2.6.1.2 所示。

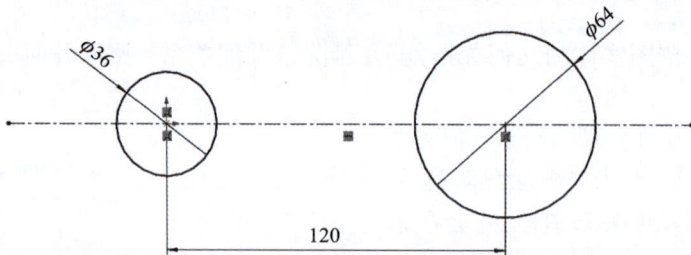

图 2.6.1.2　标注尺寸

步骤四:绘制切线。单击【草图】工具栏中的【直线】按钮,绘制两圆之间的切线,如图 2.6.1.3 所示。

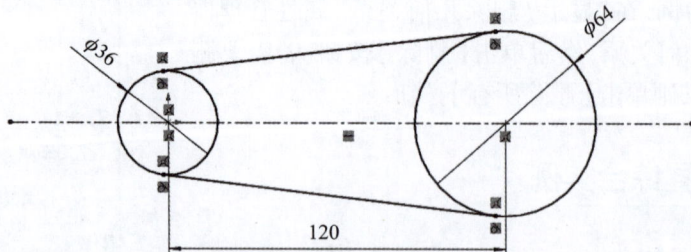

图 2.6.1.3　绘制切线

步骤五:裁剪图形。单击【草图】工具栏中的【裁剪实体】按钮,修剪多余的圆弧。裁剪后图形如图 2.6.1.4 所示。

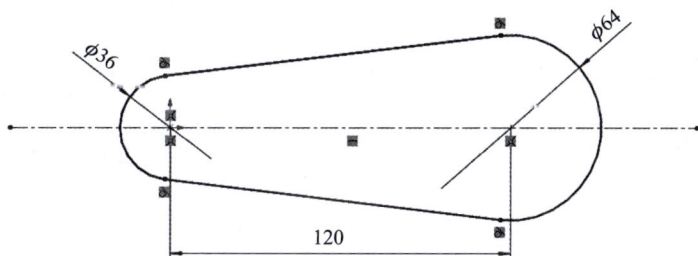

图 2.6.1.4　裁剪图形

步骤六：保存草图。单击【标准】工具栏中的【保存】■或【另存为】■按钮，保存文件。

2.6.2　绘制拨叉草图

在本实例中，首先绘制构造线构建大概轮廓，然后对其进行修剪和倒角操作，最后标注图形尺寸，绘制如图 2.6.2.1 所示的拨叉草图。

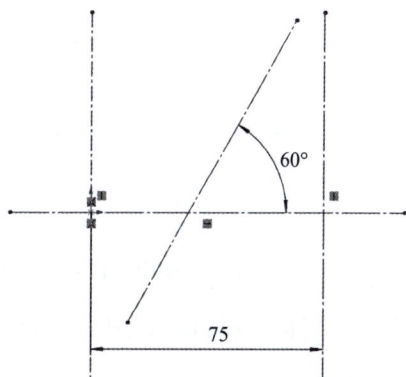

步骤一：新建文件。打开 SolidWorks 2017，选择菜单栏中的【文件】→【新建】命令，或单击【标准】工具栏中的【新建】按钮，在打开的"新建 SolidWorks 文件"对话框中单击【零件】→【确定】按钮。

步骤二：创建草图。

1）单击【草图】工具栏中的【草图绘制】按钮，新建一张草图。单击【草图】工具栏中的【中心线】按钮，绘制中心线，并标注尺寸，如图 2.6.2.2 所示。

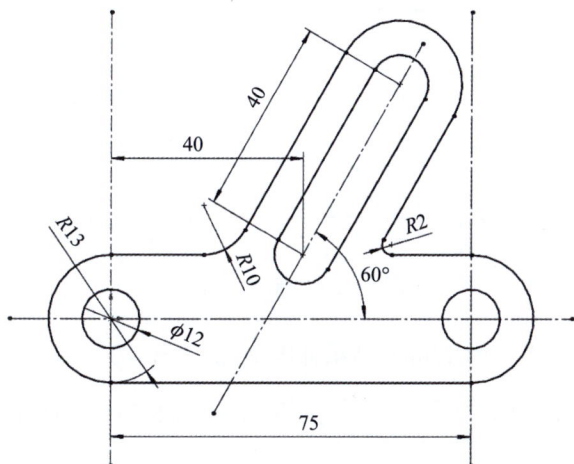

图 2.6.2.1　拨叉草图

图 2.6.2.2　标注尺寸

2）单击【草图】工具栏中的【圆】按钮，绘制 5 个圆，如图 2.6.2.3 所示。

3）单击【草图】工具栏中的【圆心/起/终点画弧】按钮，绘制圆弧，如图 2.6.2.4 所示。

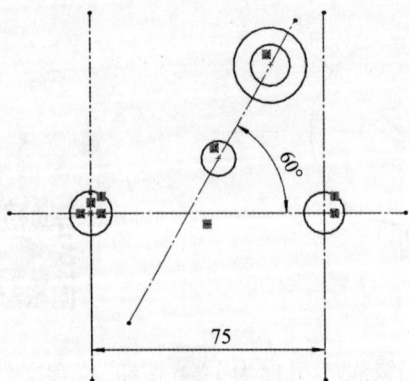

图 2.6.2.3 绘制圆

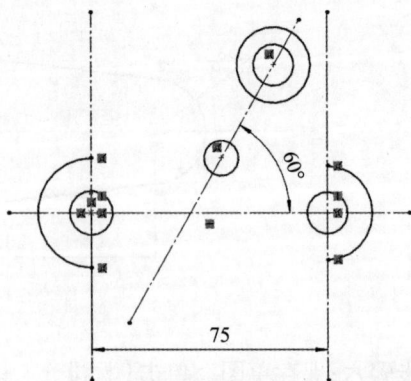

图 2.6.2.4 绘制圆弧

4) 单击【草图】工具栏中的【直线】 按钮,绘制直线,如图 2.6.2.5 所示。

步骤三:添加约束。

1) 单击【草图】工具栏中的【添加几何关系】 按钮,选择 4 个小圆,在属性管理器中单击【相等】 按钮,使 4 个圆相等,并标注尺寸,直径为 12mm,如图 2.6.2.6 所示。

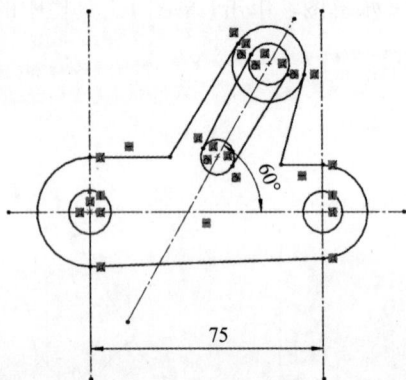

图 2.6.2.5 绘制直线

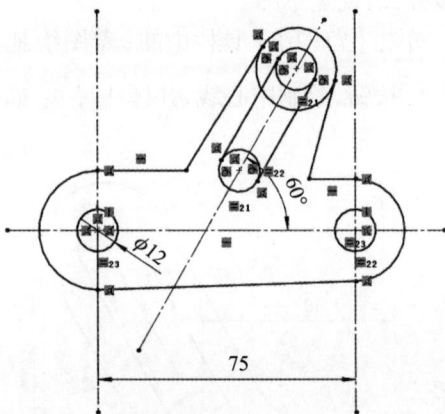

图 2.6.2.6 添加相等约束

2) 同上,使两圆弧和大圆相等,并标注尺寸,半径为 13mm,结果如图 2.6.2.7 所示。

3) 选择 4 条斜直线与中心线,在属性管理器中单击【平行】 按钮,结果如图 2.6.2.8 所示。

4) 选择中间小圆的圆心与直线,在属性管理器中单击【重合】 按钮,结果如图 2.6.2.9 所示。

步骤四:编辑草图。

1) 单击【草图】工具栏中的【绘制圆角】 按钮,在属性管理器中输入圆角半径为 10mm,选择视图中左边的两条直线,单击【确定】 按钮,结果如图 2.6.2.10 所示。

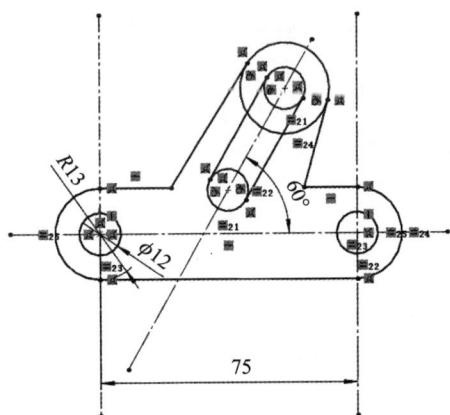

图 2.6.2.7 添加相等约束

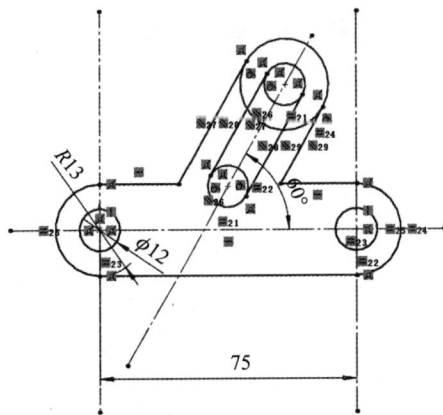

图 2.6.2.8 添加平行约束

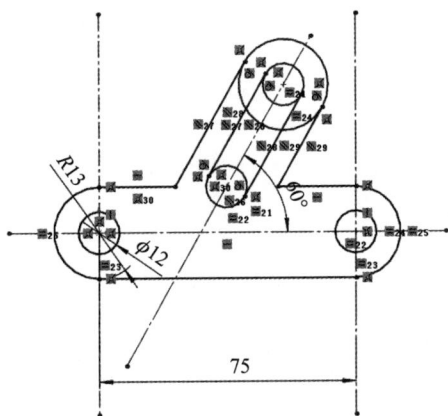

图 2.6.2.9 添加重合约束

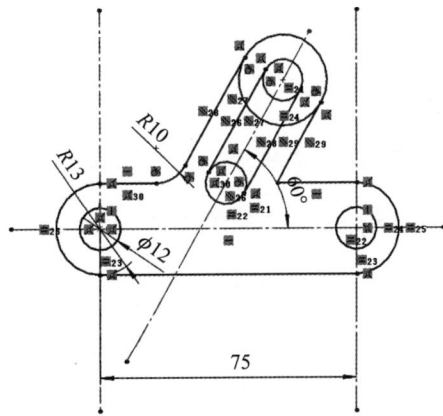

图 2.6.2.10 绘制圆角

2）重复【绘制圆角】命令，在右侧继续创建圆角，半径为 2mm，结果如图 2.6.2.11 所示。

3）单击【草图】工具栏中的【剪裁实体】 按钮，剪裁多余的线段，结果如图 2.6.2.12 所示。

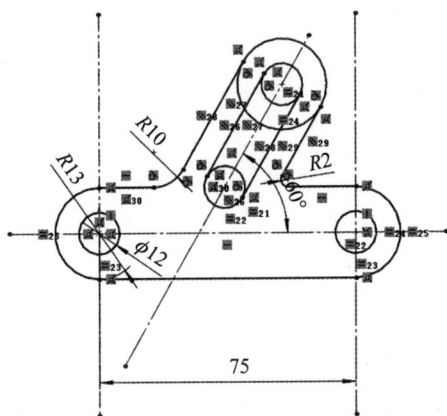

图 2.6.2.11 绘制圆角

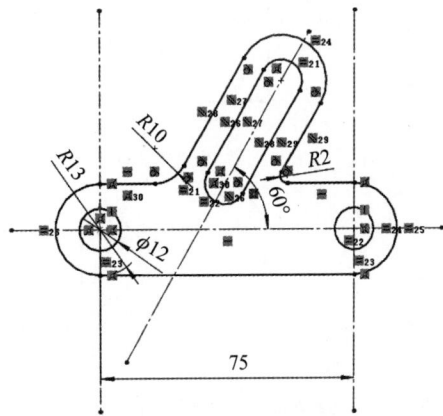

图 2.6.2.12 剪裁实体

4）单击【草图】工具栏中的【智能尺寸】 ![按钮] 按钮，在弹出的"修改"对话框中标注其他尺寸，结果如图 2.6.2.13 所示。

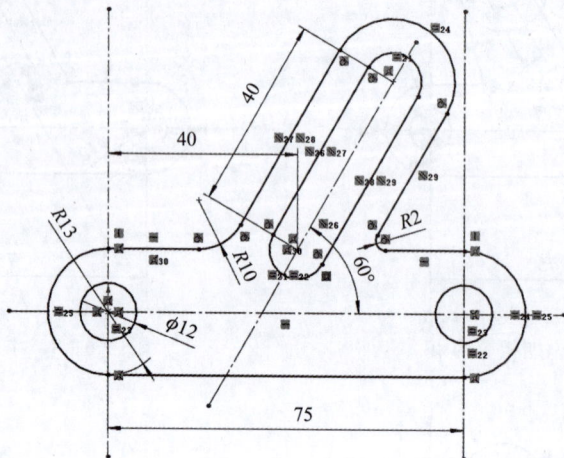

图 2.6.2.13　标注尺寸

步骤五:保存草图。单击【标准】工具栏中的【保存】![保存]或【另存为】![另存为]按钮，保存文件。

2.6.3　绘制气缸体截面草图

在本实例中,将利用草图绘制工具,绘制如图 2.6.3.1 所示的气缸体截面草图。

微课
绘制气缸体截面草图

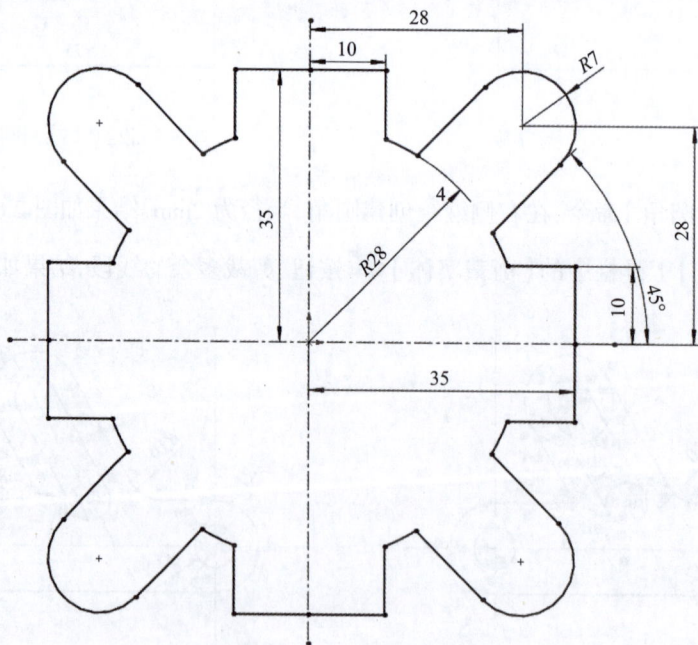

图 2.6.3.1　气缸体截面草图

步骤一:新建文件。打开 SolidWorks 2017,选择菜单栏中的【文件】→【新建】命令,或单击【标准】工具栏中的【新建】![新建]按钮,在打开的"新建 SolidWorks 文件"对话框中单击【零件】→

【确定】按钮。

　　步骤二:绘制草图。

　　1）单击【草图】工具栏中的【草图绘制】按钮,新建一张草图。单击【草图】工具栏中的【中心线】按钮,绘制的中心线如图 2.6.3.2 所示。

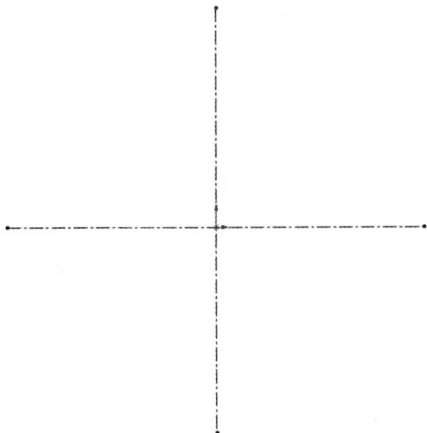

图 2.6.3.2　绘制中心线

　　2）单击【草图】工具栏中的【圆心 / 起 / 终点画弧】按钮和【直线】按钮,绘制圆弧和直线段。

　　3）单击【草图】工具栏中的【智能尺寸】按钮,标注尺寸,如图 2.6.3.3 所示。

　　4）单击【草图】工具栏中的【圆】按钮和【直线】按钮,绘制一个圆和两条直线段,如图 2.6.3.4 所示。

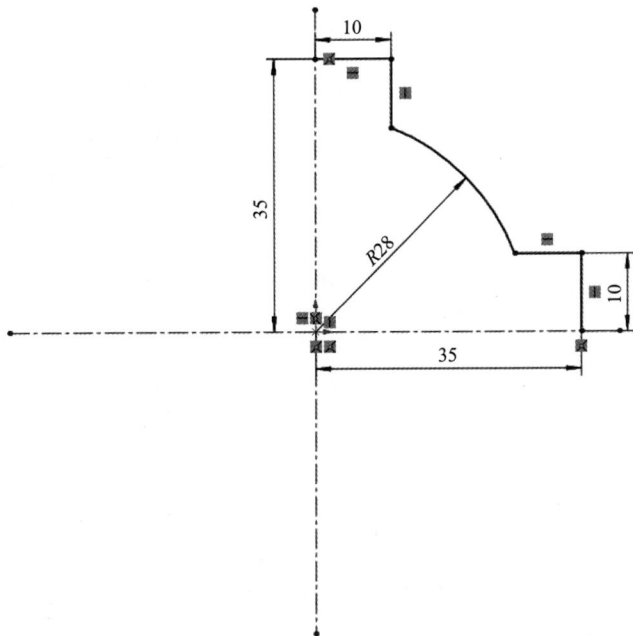

图 2.6.3.3　标注尺寸

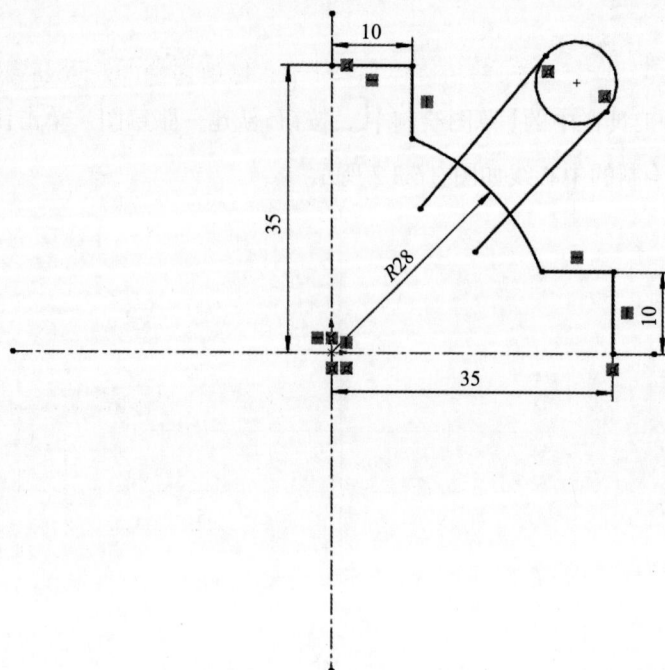

图 2.6.3.4　绘制圆和直线段

步骤三：添加几何关系。按住 Ctrl 键，选择两条直线，在系统左侧弹出的"属性"属性管理器中添加"平行"几何关系。同样的方式，分别使两条直线都与圆相切，如图 2.6.3.5 所示。

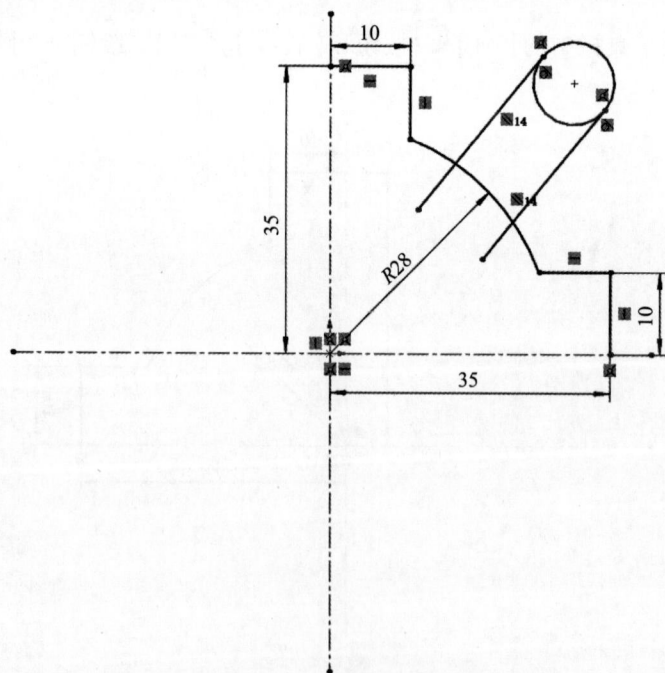

图 2.6.3.5　添加几何关系

步骤四:裁剪图形。

1) 单击【草图】工具栏中的【剪裁实体】 按钮,修剪多余的线段和圆弧。裁剪后的图形如图 2.6.3.6 所示。

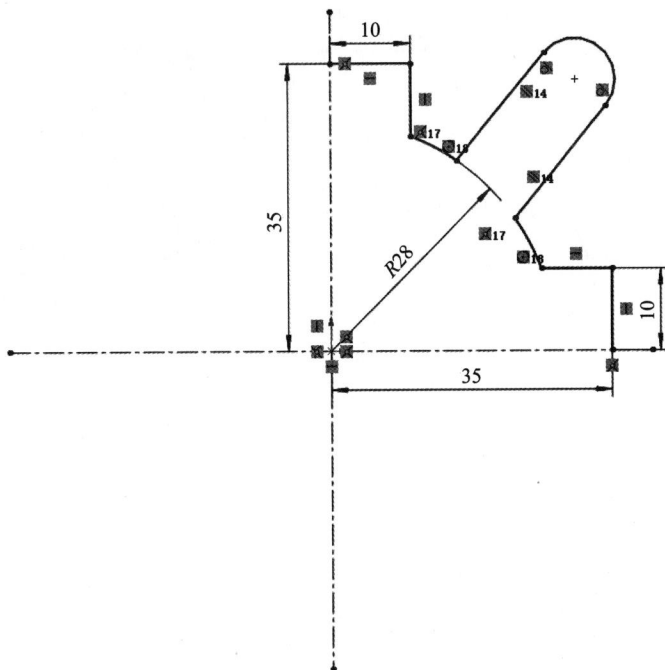

图 2.6.3.6 裁剪图形

2) 单击【草图】工具栏中的【智能尺寸】按钮,标注尺寸,如图 2.6.3.7 所示。

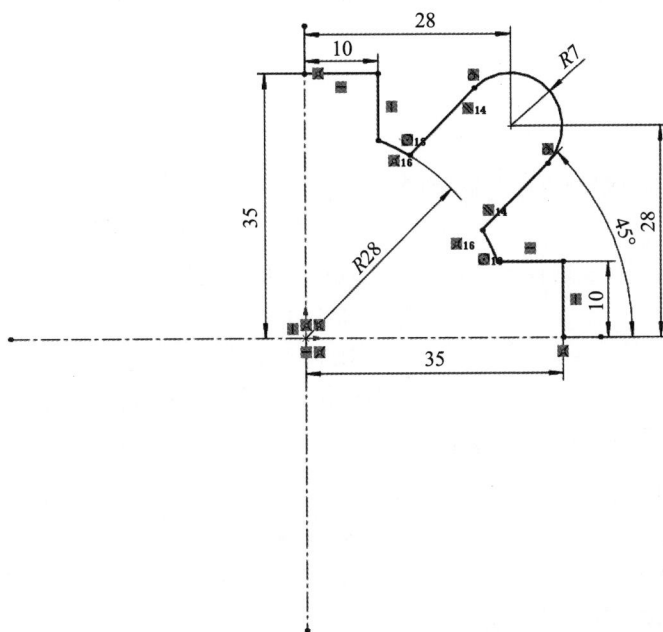

图 2.6.3.7 标注尺寸

步骤五:阵列草图实体。单击【草图】工具栏中的【圆周草图阵列】按钮,选择草图实体进行阵列,阵列数目为 4,如图 2.6.3.8 所示。

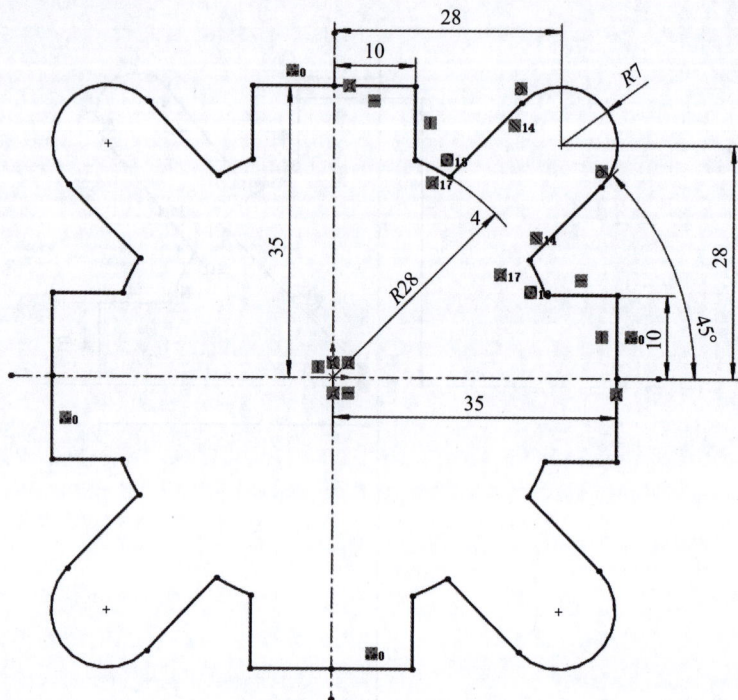

图 2.6.3.8   阵列草图实体

步骤六:保存草图。单击【标准】工具栏中的【保存】或【另存为】按钮,保存文件。

2.7   课后练习

一、选择题

1. 在草图中可以直接画直线与圆弧的命令是(   )。

   A. 直线   B. 切线弧   C. 3 点圆弧   D. 样条曲线

2. 在 SolidWorks 中,要选择多个图形要素应按住(   )键。

   A. Ctrl   B. Tab

   C. Enter   D. 以上都不对

3. 剪裁删除一个草图实体与其他草图实体相互交错产生的分段时,采取(   )方法。

   A. 剪裁到最近端   B. 在内剪除   C. 在外剪裁   D. 边角

4. 在草图模块中,的功能是(   )。

   A. 延伸实体   B. 剪裁实体

   C. 等距实体   D. 镜像实体

5. 下列不属于草图中几何约束的是(   )。

   A. 水平   B. 竖直

C. 对称   D. 角度

6. 在草图模块下,由图 2.7.0.1(a)到(b)是应用了( )命令。

     A. 镜像实体   B. 伸展实体

     C. 旋转实体   D. 移动实体

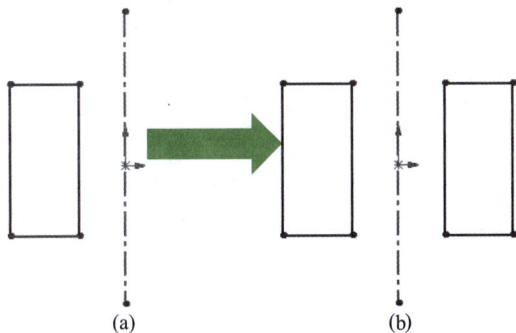

图 2.7.0.1 习题

7. 关于创建多边形的说法错误的是( )。

     A. 可以用"内切圆"的方法创建

     B. 可以用"外接圆"的方法创建

     C. 可以用"多边形边数"的方法创建

     D. 可以输入多边形的边数值是须大于 3 的任意数

8. 下面图标中,( )是草图中的"旋转实体"命令。

     A.   B.   C.   D.

9. 在对圆的直径进行标注时,应该首先选择尺寸标注工具,再做( )操作。

     A. 在圆上单击鼠标中键   B. 选择圆,再单击

     C. 双击圆   D. 以上都不对

10. 在草图中绘制圆,( )是用"周边圆"的方法绘制的。

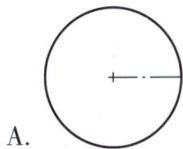   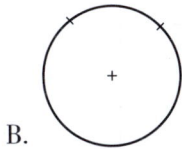

     A.   B.

二、判断题

1. 在绘制草图时,零件特征表面可以作为绘制草图的基准面。( )

2. 在 SolidWorks 中,直线命令只能绘制直线,不能绘制切线弧。( )

3. 使用转换实体引用命令时,若引用的实体发生更改,那么转换的草图实体也会相应地改变。( )

4. 草图中镜像实体的镜像轴线可以是线性模型边线,也可以是直线。( )

5. 在草图中,当曲线被约束时,它的颜色发生变化。( )

三、练一练

1. 绘制图 2.7.0.2 所示的草图。

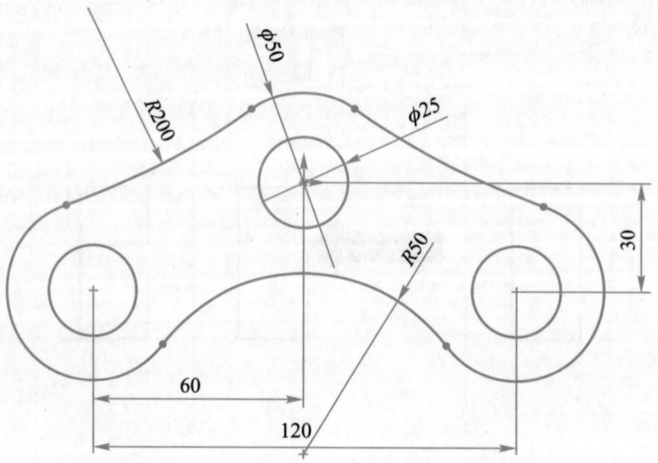

图 2.7.0.2　习题

2. 绘制图 2.7.0.3 所示的草图。

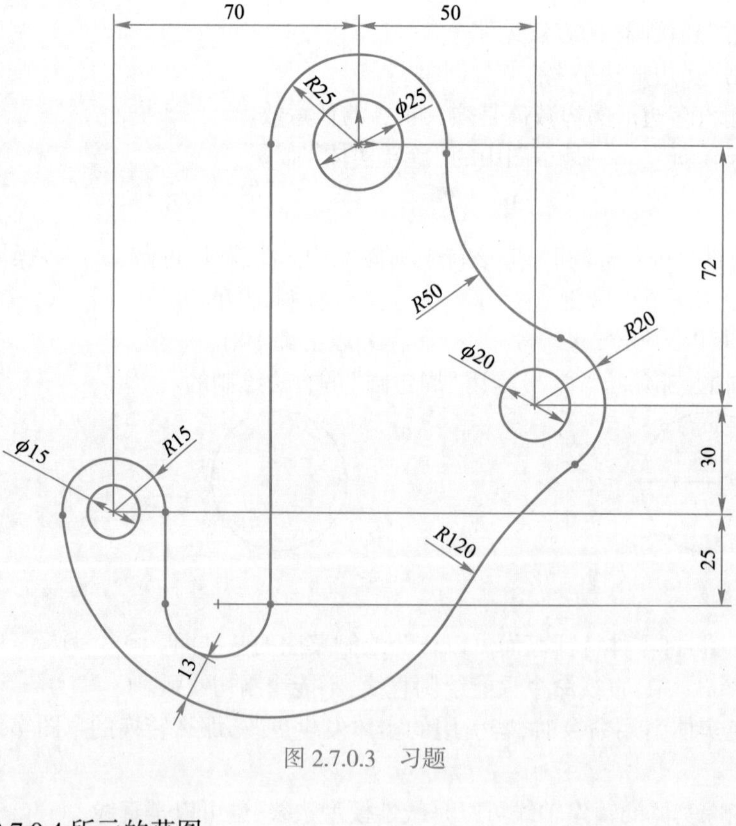

图 2.7.0.3　习题

3. 绘制图 2.7.0.4 所示的草图。

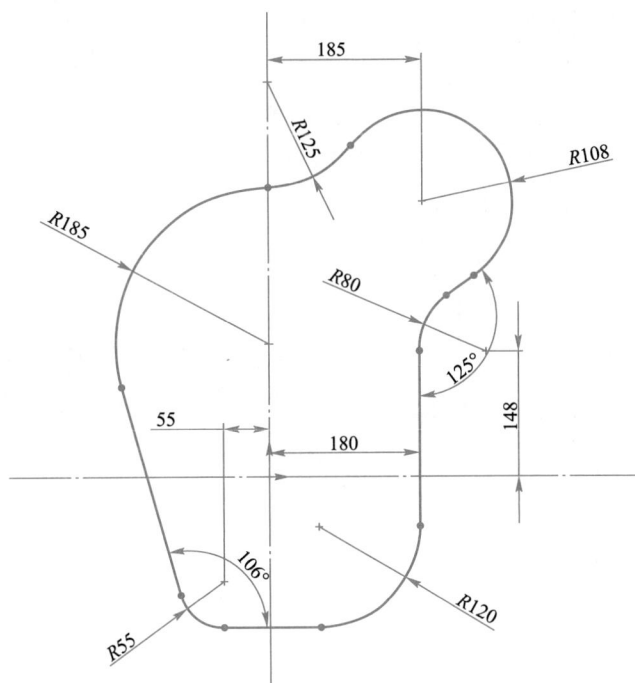

图 2.7.0.4   习题

4. 绘制图 2.7.0.5 所示的草图。

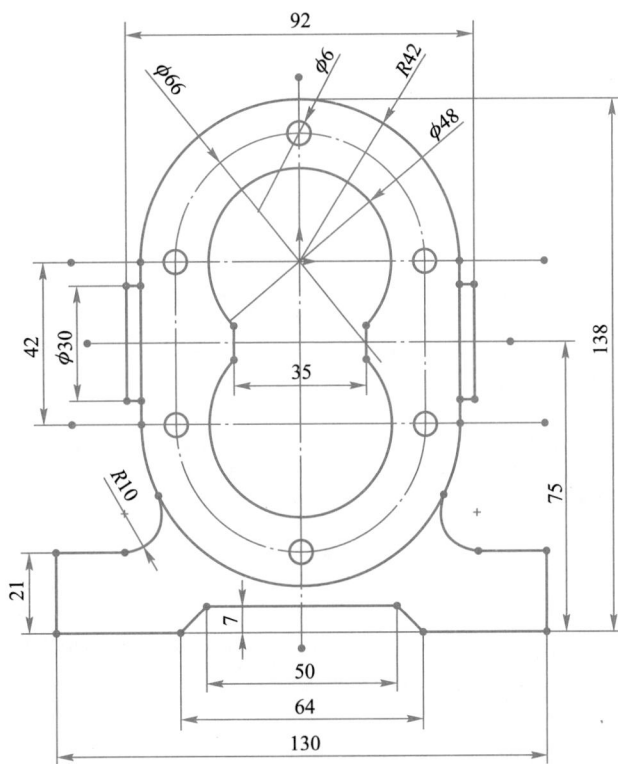

图 2.7.0.5   习题

5. 绘制图 2.7.0.6 所示的草图。

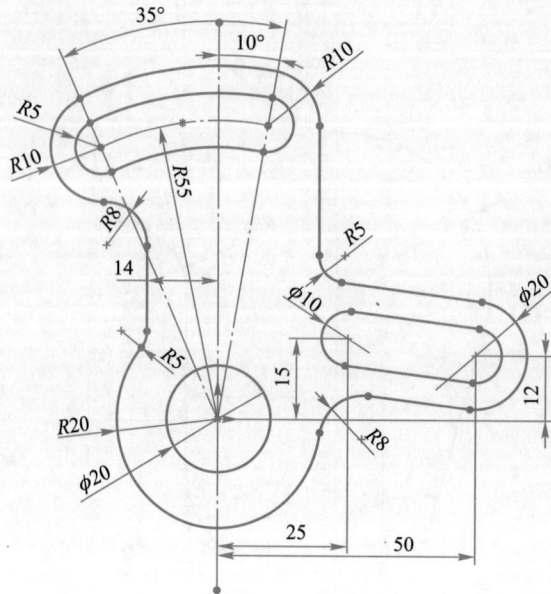

图 2.7.0.6　习题

第三章　参考几何体

本章提要：

　　参考几何体定义曲面或实体的形状或组成。参考几何体包括基准面、基准轴、坐标系和点,这些几何元素可以作为其他几何体构建时的参照物,在创建零件的一般特征、曲面、零件的剖切面以及装配中起着非常重要的作用。本章将介绍参考几何体的基本知识。

内容要点：

- 草绘默认的三个基准坐标面
- 创建基准面
- 创建基准轴
- 坐标系的创建
- 参考点的创建

3.1　基准面

3.1.1　草绘默认的三个基准坐标面

　　草图基准面有两种，一种是系统默认的三个基准面(前视基准面、上视基准面以及右视基准面，如图3.1.1.1所示)；另一种则是模型表面，选择菜单栏中的【插入】→【参考几何体】→【基准面】命令，通过系统弹出的"基准面"属性管理器(图3.1.1.2)建立一个基准面作为草图基准面。

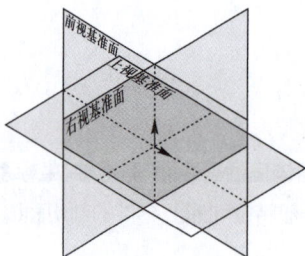

微课
参考几何体

图3.1.1.1　系统默认的基准面

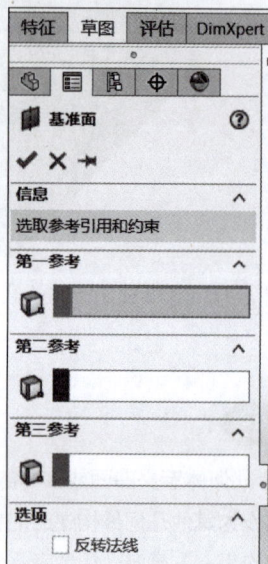

图3.1.1.2　"基准面"属性管理器

3.1.2　创建基准面

　　在零件或装配体文档中生成基准面，可以使用基准面来绘制草图，生成模型的剖面视图，以及用于拔模特征的中性面等。下面将介绍"基准面"属性管理器中图标的含义：

　　【第一参考】选择第一参考来定义基准面。根据选择，系统会显示其他约束类型。

　　【重合】生成一个与选定基准面平行的基准面。例如，为一个参考选择一个面，为另一个参考选择一个点，软件会生成一个与这个面平行并与这个点重合的基准面。

　　【垂直】生成一个与选定基准面垂直的基准面。例如，为一个参考选择一条边线或曲线，为另一个参考选择一个点或顶点，软件会生成一个与穿过这个点的曲线垂直的基准面。将原点设在曲线上，会将基准面的原点放在曲线上，如果清除此选项，原点就会位于顶点或点上。

　　【投影】将单个对象(如点、顶点、原点或坐标系)投影到空间曲面上。

　　【平行于屏幕】在平行于当前视图定向的选定顶点创建平面。

　　【相切】生成一个与圆柱面、圆锥面、非圆柱面以及空间面相切的基准面。

　　【两面夹角】生成一个基准面，通过一条边线、轴线或草图线，并与一个圆柱面或基准面成一定角度，可以指定要生成的基准面数。

　【两面距离】生成一个基准面,与一个圆柱面或基准面相距一定的距离,可以指定要生成的基准面数。

　【反转法线】翻转基准面的正交向量。

　【两侧对称】在平面、参考基准面以及 3D 草图基准面之间生成一个两侧对称的基准面。对两个参考都选择两侧对称。

　【第二参考 / 第三参考】这两部分中包含与第一参考中相同的选项,具体情况取决于选择和模型几何体。根据需要设置这两个参考来生成所需的基准面。

创建基准面的操作步骤如下:

步骤一:新建配置文件。

步骤二:选择命令。选择菜单栏中的【插入】→【参考几何体】→【基准面】命令,系统弹出"基准面"属性管理器,如图 3.1.2.1 所示。

步骤三:定义基准面的参考实体,选择一个现有的面作为参考。

步骤四:单击"基准面"属性管理器中的【√】按钮,完成基准面的创建。

图 3.1.2.1　"基准面"属性管理器

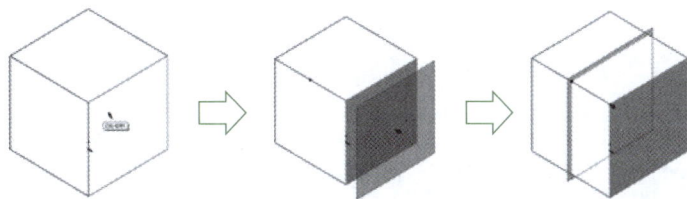

以下是几种基准面的创建,如图 3.1.2.2~ 图 3.1.2.9 所示。其中:

【垂直】第一参考选择顶点,第二参考选择边线,单击属性管理器中的【垂直】按钮。

【投影】选择草图点和模型曲面。有两个选项显示在 PropertyManager 中,曲面上最近端位置和沿草图法线;新的基准面在通过将草图点投影到草图点所处的基准面而获取的曲面之上的点生成。如果不显示基准面预览,选择反转。

【相切】选择一个曲面和该曲面上的一个草图点。

【两面夹角】选择一个基准面或平面,然后选择一条边线、轴线或草图线,输入角度。

图 3.1.2.2　【平行】基准面创建

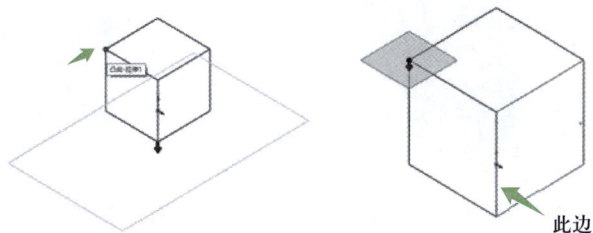

【平行】基准面创建

图 3.1.2.3　【垂直】基准面创建

此边

【垂直】基准面创建

动画
【投影】基准
面创建

动画
【相切】基准
面创建

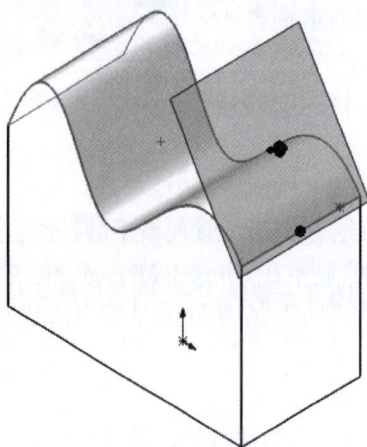

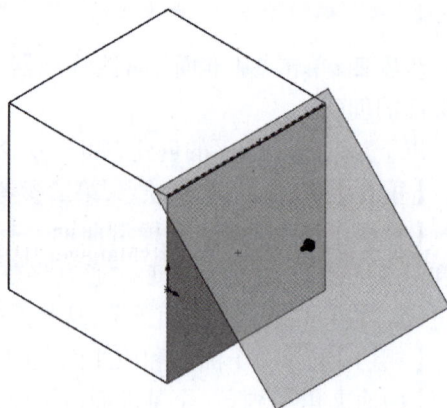

图 3.1.2.4 【投影】基准面创建

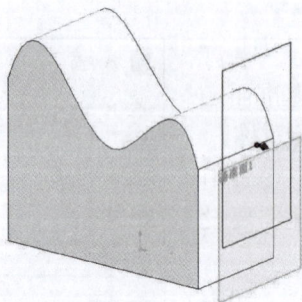

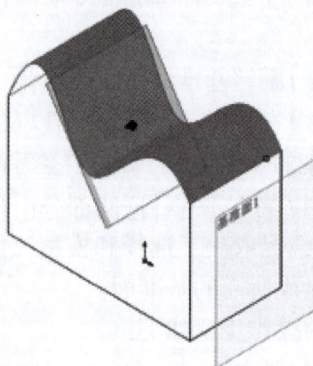

动画
【两面夹角】
基准面创建

动画
【两面距离】
基准面创建

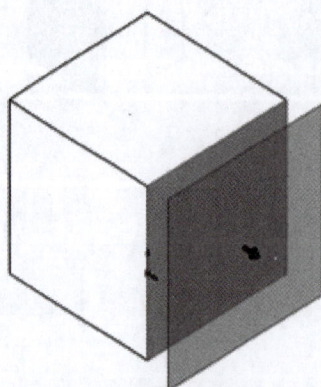

图 3.1.2.5 【相切】基准面创建

图 3.1.2.6 【两面夹角】基准面创建

动画
【反转法线】
基准面创建

动画
【两侧对称】
基准面创建

(a) 单一等距基准面

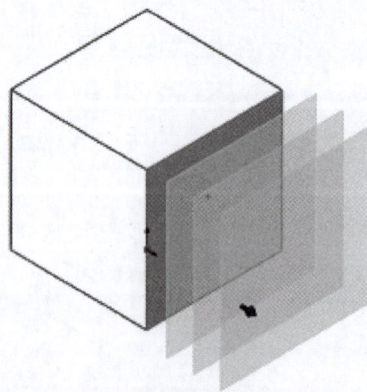

(b) 多个等距基准面

图 3.1.2.7 【两面距离】基准面创建

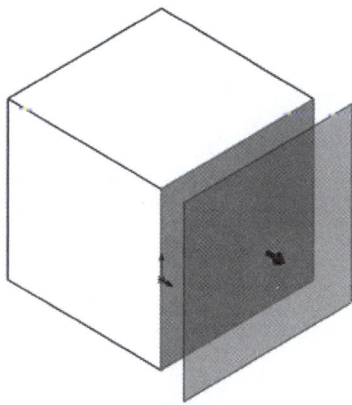

图 3.1.2.8 【反转法线】基准面创建

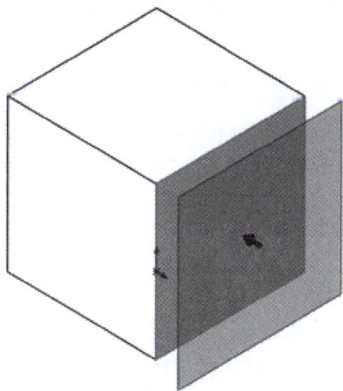

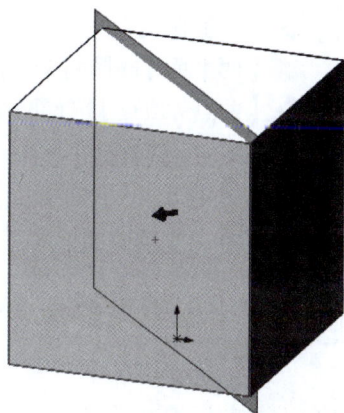

图 3.1.2.9 【两侧对称】基准面创建

3.2 基准轴

动画
基准轴创建

在零件或装配体文档中可生成一条参考轴,也称为构造轴。

生成参考轴的操作步骤如下:

步骤一:打开配置文件【实例 3.2.1.SLDPRT】,如图 3.2.0.1(a)所示。

步骤二:单击【参考几何体】工具栏中的【基准轴】 按钮,或选择【插入】→【参考几何体】→【基准轴】命令,系统弹出图 3.2.0.2 所示的"基准轴"属性管理器。

步骤三:在基准轴 PropertyManager 中选择轴类型,然后为此类型选择所需实体。

步骤四:验证【参考实体】 中列出的项目是否与选择实体相对应。

步骤五:单击"基准轴"属性管理器中的【√】按钮,如图 3.2.0.1(b)所示。选择【视图】→【隐藏 / 显示】→【基准轴】命令,可查看新的轴。

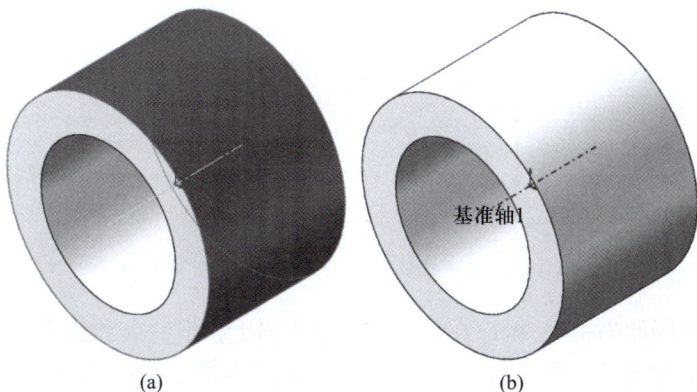

(a)   (b)

图 3.2.0.1 基准轴

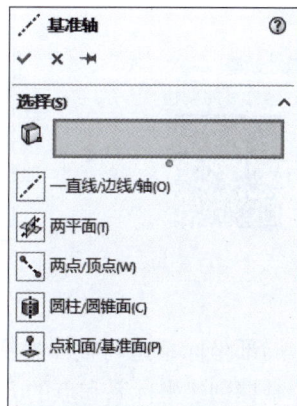

图 3.2.0.2 "基准轴"
属性管理器

下面介绍图 3.2.0.2 所示"基准轴"属性管理器中图标的含义:

【参考实体】显示所选实体。

⟋【一条直线/边线/轴】选择一条草图直线、边线、轴。

⚼【两平面】选择两个平面。

⬞【两点/顶点】选择两个顶点、点或中点。

🗎【圆柱/圆锥面】选择一个圆柱或圆锥面。

🗎【点和面/基准面】选择一曲面或基准面及顶点或中点。所产生的轴通过所选顶点、点或中点而垂直于所选曲面或基准面。如果曲面为非平面,点必须位于曲面上。

3.3   坐标系与参考点

3.3.1   坐标系的创建

在 SolidWorks 中,坐标系用于确定模型在视图中的位置,以及定义实体的坐标参数。SolidWorks 使用带原点的坐标系统,零件文件包含原有原点。当用户选择基准面或者打开一个草图并选择某一面时,将生成一个新的原点,与基准面或者面对齐。原点可以用作草图实体的定位点,有助于定向轴心透视图。三维视图引导可以令用户快速定向到零件和装配体文件中的 X、Y、Z 轴方向。

参考坐标系的作用如下:

• 方便 CAD 数据的输入与输出。

• 方便质量特征的计算。

• 在装配体环境中,方便零件的装配。

在【特征】选项卡的"参考几何体"下拉菜单中选择【坐标系】命令,在设计树的【属性管理器】选项卡中显示"坐标系"属性管理器。默认情况下,坐标系是建立在原点的,如图 3.3.1.1 所示。

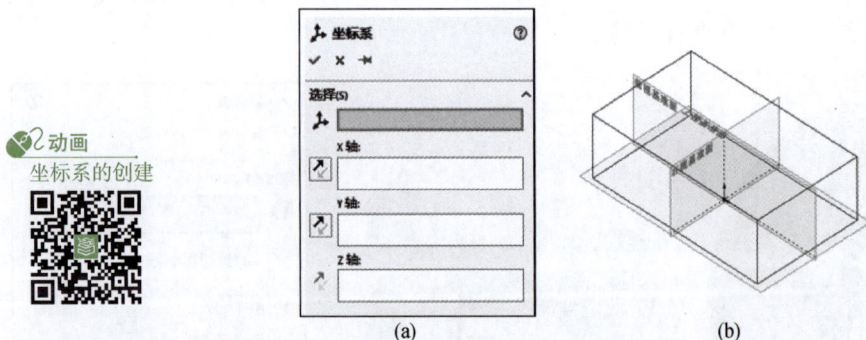

图 3.3.1.1   坐标系

局部坐标系是与整体坐标系不同的坐标系,可以在任何所需的方向上指定约束和载荷。

掌握创建坐标系和点的方法,其中创建点包括通过圆弧中心和沿曲线距离,或多个参考点这两种方式。【坐标系】命令主要用来定义零件或者装配体的坐标系。此坐标系与测量和质量属性工具一同使用,可用于将 SolidWorks 文件输出至 IGES、STL、ACIS、STEP、Parasolid、VRML 和 VDA 文件。

下面介绍创建坐标系的操作步骤。

步骤一:新建配置文件。

步骤二:选择命令。单击控制面板【参考几何体】→【坐标系】按钮(或选择菜单栏中的【插入】→【参考几何体】→【坐标系】命令),系统弹出图3.3.1.2所示的"坐标系"属性管理器。

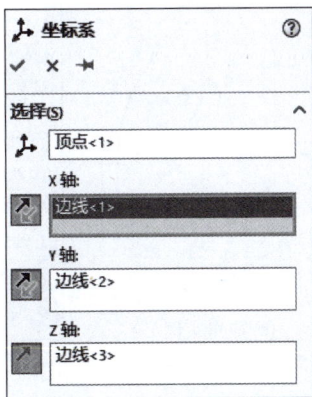

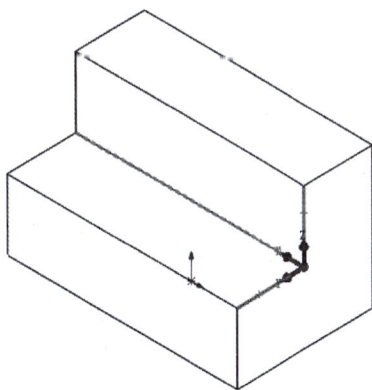

图 3.3.1.2　"坐标系"属性管理器

图 3.3.1.3　创建的坐标系

步骤三:定义坐标系参数,如图3.3.1.2所示。

1) 定义坐标系原点:选取图3.3.1.2所示的顶点为坐标系原点。

2) 定义坐标系 X 轴:单击一个轴或者平面。

3) 定义坐标系 Y 轴:单击一个轴或者平面(尽量选择和 X 轴垂直的轴或平面)。

4) 定义坐标系 Z 轴:坐标系的 Z 轴所在边线及其方向均由 X、Y 轴决定,可以移动光标至坐标系箭头处,会出现【反转】按钮,单击,实现 X、Y 轴方向的改变。

步骤四:单击"坐标系"属性管理器中的【√】按钮,完成坐标系的创建,如图3.3.1.3所示。

下面介绍图3.3.1.2所示"坐标系"属性管理器中图标的含义。

【原点】为坐标系原点,选择顶点、点、中点或零件、装配体上默认的原点。

【X 轴、Y 轴和 Z 轴】为轴方向参考,选择以下之一:

1) 顶点、点或中点;

2) 线性边线或草图直线;

3) 非线性边线或草图实体;

4) 平面。

动画
利用圆弧中心
创建参考点

3.3.2　参考点的创建

点命令的作用是在零件设计中生成参考点,作为其他实体创建的参考元素,点命令如果运用得当,可以简化操作,提高效率。

1. 利用圆弧中心创建参考点

如图3.3.2.1所示,创建参考点的操作步骤如下。

步骤一:打开配置文件【实例3.3.2.1.SLDPRT】,如图3.3.2.1(a)所示。

步骤二:选择命令。选择菜单栏中的【插入】→【参考几何体】→【点】命令(或单击【参考几何体】工具栏中的【点】按钮),系统弹出"点"属性管理器,如图3.3.2.2所示。

步骤三:选择点的创建类型。在"点"属性管理器中单击【圆弧中心】按钮。

步骤四:选择点的参考实体,选择图3.3.2.1(a)所示的圆弧边线为点的参考实体。

步骤五:创建后如图3.3.2.1(b)所示,单击"点"属性管理器中的【√】按钮,完成创建。

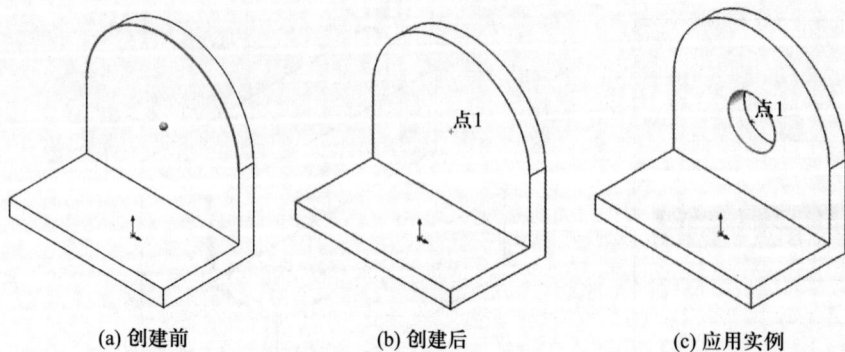

(a) 创建前　　　　　(b) 创建后　　　　　(c) 应用实例

图 3.3.2.1　利用圆弧中心创建点

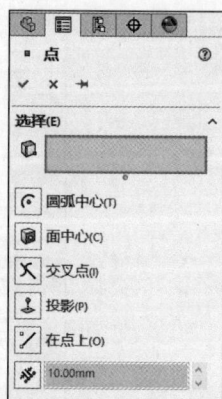

图 3.3.2.2　"点"属性
管理器

2. 利用交叉点创建参考点

在所选参考实体的交点创建参考点,参考实体可以是边线、曲线或草图线段。如图 3.3.2.3 所示,利用交叉点创建参考点的操作步骤如下。

步骤一:打开配置文件【实例 3.3.2.1.SLDPRT】,如图 3.3.2.3(a)所示。

步骤二:选择菜单栏中的【插入】→【参考几何体】→【点】命令(或单击【参考几何体】工具栏中的【点】按钮),系统弹出"点"属性管理器,如图 3.3.2.4 所示。

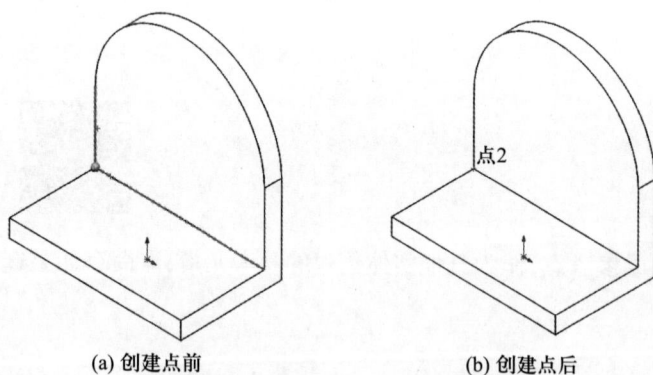

(a) 创建点前　　　　　(b) 创建点后

图 3.3.2.3　利用交叉点创建参考点

图 3.3.2.4　"点"属性管理器

步骤三:在"点"属性管理器中单击【交叉点】按钮。

步骤四:选择图 3.3.2.3(a)所示的边线为点的参考实体。

步骤五:创建后如图 3.3.2.3(b)所示,单击"点"属性管理器中的【√】按钮,完成创建。

下面介绍图 3.3.2.4 所示"点"属性管理器中图标的含义:

【参考实体】用来生成参考点的所选实体。

【圆弧中心】在所选圆弧或圆的中心生成参考点。

【面中心】在所选面的质量中心生成参考点,可选择平面或非平面。

【交叉点】在两个所选实体的交点处生成参考点,可选择边线、曲线及草图线段。

【投影】生成从一实体投影到另一实体的参考点。选择两个实体,即投影的实体和投影到的实体。

【在点上】可以在草图点和草图区域末端上生成参考点。

【沿曲线距离或多个参考点】沿边线、曲线或草图线段生成一组参考点。

【参考点数】设定要沿所选实体生成的参考点数。参考点使用选中的距离、百分比或均匀分布选项而生成。

【距离】以设定的距离生成参考点数。第一个参考点到端点的距离生成,而非在端点上生成。

【百分比】以设定的百分比生成参考点数。百分比指的是所选实体的长度的百分比。

【均匀分布】在实体上均匀分布的参考点数。如果编辑参考点数,则参考点将相对于开始端点而更新其位置。

3.4 课后练习

一、选择题

1. ▊命令的名称是（　　）。
   A. 基准坐标系　　　　　　　　B. 基准面
   C. 基准轴　　　　　　　　　　D. 基准点

2. 在 FeatureManager 设计树中,有（　　）默认的基准面。
   A. 2 个　　　　　　　　　　　B. 3 个
   C. 4 个　　　　　　　　　　　D. 1 个

3. 下面几种情况中,（　　）不能满足建立一个新基准面的条件。
   A. 一个面和一个距离　　　　　B. 一个面和一条轴线
   C. 一段螺旋线　　　　　　　　D. 两个面

4. 建模基准不包括（　　）。
   A. 基准点　　　　　　　　　　B. 基准面
   C. 基准轴　　　　　　　　　　D. 基准坐标系

二、判断题

1. 基准面有正反之分。（　　）
2. 临时轴是在创建圆柱和圆锥体时隐含生成的。（　　）
3. 圆柱有一条轴线,而圆锥没有一条轴线。（　　）
4. 临时轴是由模型中的圆锥和圆柱隐含生成的,临时轴常被设置为基准轴。（　　）

三、简答题

1. 参考基准轴的用途是什么?
2. 参考基准面的用途是什么?

四、操作题

1. 打开配置文件【习题 1.SLDPRT】,创建参考几何体,如图 3.4.0.1 所示。

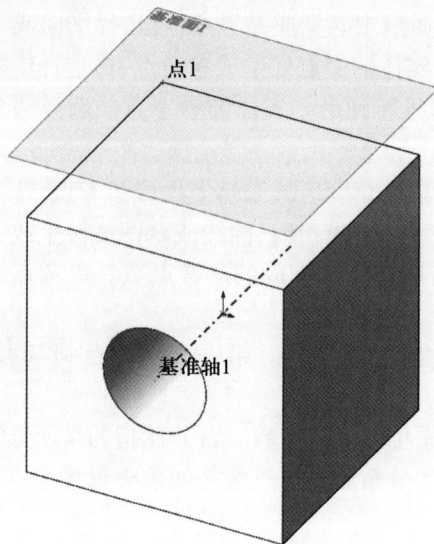

图 3.4.0.1　习题

2. 打开配置文件【习题 2.SLDPRT】,创建参考几何体,如图 3.4.0.2 所示。

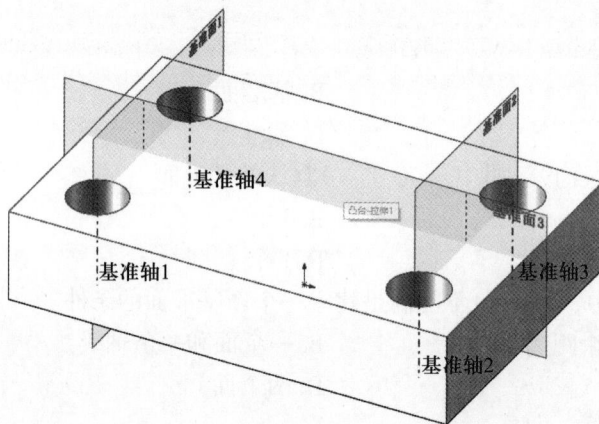

图 3.4.0.2　习题

第四章 拉伸与旋转特征建模

本章提要：

　　拉伸特征是三维设计中最常用的特征之一，具有相同截面、可以指定深度的实体都可以用拉伸特征建立。旋转特征是截面绕一条中心轴转动扫过的轨迹形成的特征，旋转特征类似于机械加工中的车削加工，旋转特征适用于大多数轴和盘类零件。通过本章学习能够准确分析零件的特征，灵活运用拉伸和旋转特征建立三维模型。

内容要点：

- 拉伸特征的概念与建立方法
- 旋转特征的概念与建立方法

4.1 拉伸特征建模

拉伸特征是 SolidWorks 模型中最常用的建模特征,是将截面草图沿着草绘平面的指定方向拉伸而形成的曲面实心体或薄体体积,它是最常用的零件建模工具,适合于构造等截面特征。

4.1.1 拉伸特征分类

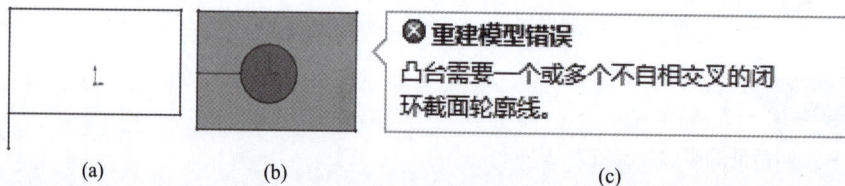

按照拉伸特征形成的形状以及对零件产生的作用,可以将拉伸特征分为实体凸台/基体拉伸、切除拉伸,如图 4.1.1.1 所示。

建立【拉伸】特征的操作步骤如下:

步骤一:生成草图。

定义拉伸特征的横断面草图的方法有两种:一是选择已有草图作为横断面草图;二是创建新草图作为横断面草图(注意:如系统提示图 4.1.1.2 所示的错误,则表明横断面草图内有多余的线条或者探出多余的线头,此时应单击【确定】按钮,查看问题所在,然后修改横断面草图内的错误)。选择特征所需的草图实体时,不必选择完整的草图。

(a)凸台/基体拉伸　　(b)切除拉伸

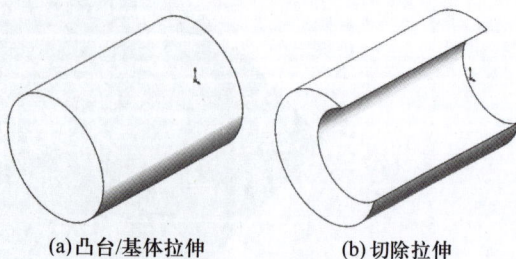

图 4.1.1.1　拉伸特征

绘制实体拉伸特征的横断面草图时,应注意如下要求。

1) 横断面草图任何部位不可探出多余的线条,如图 4.1.1.2(a)所示。

2) 横断面草图可以包含一个或多个封闭环,生成特征后,外环可实体填充,内环则为孔,如图 4.1.1.2(b)所示。

3) 创建槽口草图的拉伸时,不可直接在原有已拉伸草图上进行绘制,如图 4.1.1.2(c)所示。

微课
拉伸特征
分类

(a)　　(b)　　(c)

重建模型错误
凸台需要一个或多个不自相交叉的闭环截面轮廓线。

图 4.1.1.2　注意事项

步骤二:定义草图基准面。

1) 草图基准面是特征横断面或轨迹的绘制平面。

2) 选择草图基准面可以是前视、上视、右视基准面中的一个,也可以是模型的某个表面,如图 4.1.1.3 所示。

操作提示与注意事项:

1) 进入草图绘制环境后,如果想调整草图视图方位,此时应单击"视图定位(空格键 Spacebar)",选择合适的视图方位进行绘制,如图 4.1.1.4 所示。

2) 除了调整草图方位以外,用户想在三维空间绘制草图或希望看到模型横断面草图在三维空间的方位,可以旋转草绘区,按住鼠标中键并移动指针,此时可看到图形随着指针移动而旋转。

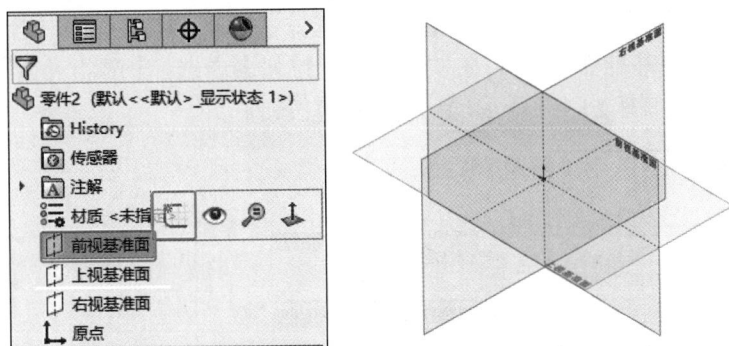

图 4.1.1.3　草图基准面

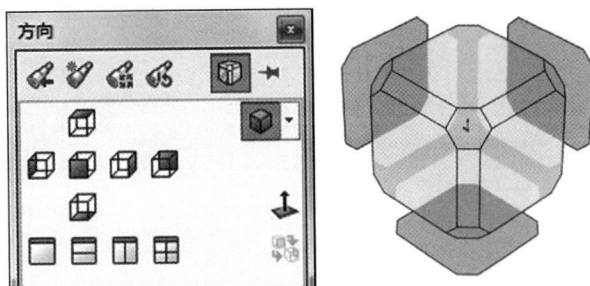

图 4.1.1.4　视图选择器

步骤三:选择命令。单击【特征】工具栏中的【拉伸凸台/基体】按钮,或选择菜单栏中的【插入】→【凸台/基体】→【拉伸】命令。

步骤四:选择基准面。弹出"拉伸"属性管理器,如图 4.1.1.5 所示,在拉伸 PropertyManager 中选择拉伸基准面,然后单击【确定】按钮。

创建图 4.1.1.6 的实例,应用拉伸特征将草图转换为实体模型。

建模步骤如下:

步骤一:选择菜单栏中的【文件】→【新建】命令,在"新建"对话框中选择【零件】图标,单击【确定】按钮。

步骤二:在 FeatureManager 设计树中选择"前视基准面"。

步骤三:单击【草图】工具栏中的【草图绘制】按钮,进入草图绘制,绘制如图 4.1.1.7 所示的草图。

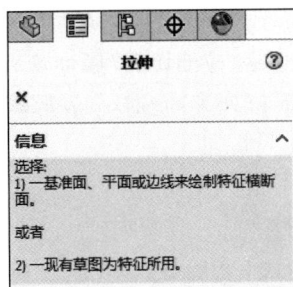

图 4.1.1.5　"拉伸"属性管理器

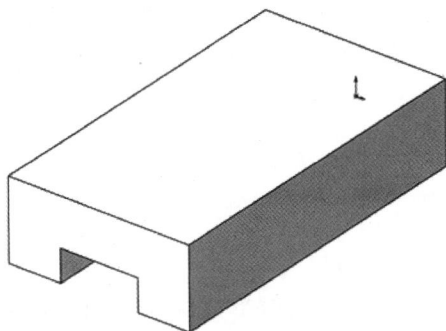

图 4.1.1.6　实体

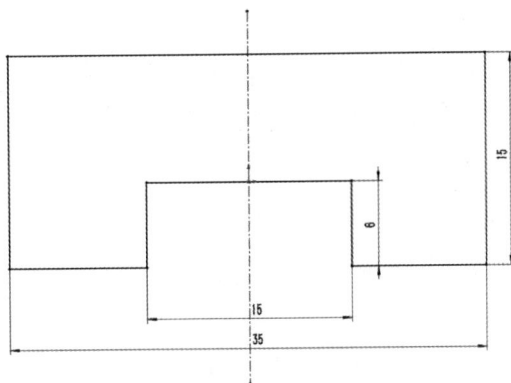

图 4.1.1.7　草图

步骤四：单击【特征】工具栏中的【拉伸凸台／基体】按钮，弹出"拉伸"属性管理器，在"从"下拉列表内选择【草图基准面】选项，在"方向1"下拉列表内选择【两侧对称】选项，在"深度"文本框内输入30 mm，如图4.1.1.8所示，单击【确定】按钮。

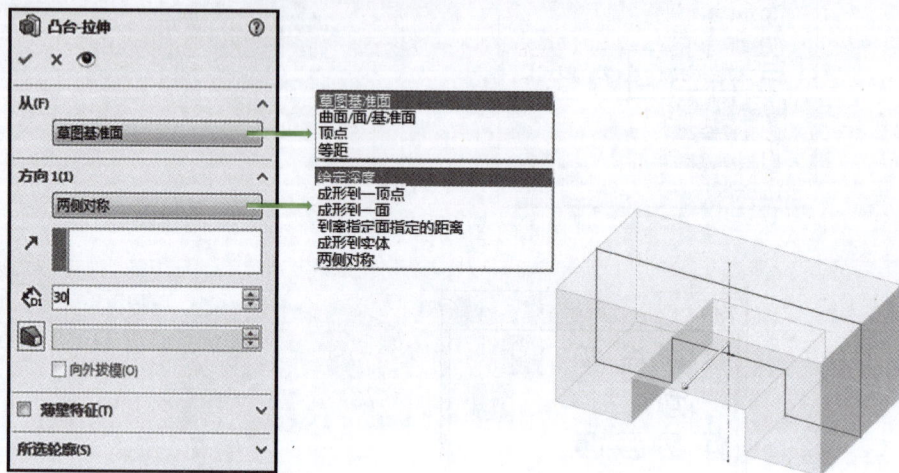

图4.1.1.8　"凸台－拉伸"属性管理器

切除是从零件或装配体上移除材料的特征。对于多实体零件，可以使用切除来生成脱节零件。可控制要保留的零件和要受到切除影响的零件。切除拉伸特征的创建方法与凸台拉伸基本一致，凸台拉伸是增加实体，而切除拉伸是减去实体。单击【特征】工具栏中的【拉伸切除】按钮，出现"拉伸切除"属性管理器，在"开始条件"下拉列表内选择【草图基准面】选项，在"终止条件"下拉列表内选择【成形到一面】选项，在绘图区选择需要切除的面，如图4.1.1.9所示，单击【确定】按钮。

图4.1.1.9　拉伸切除

说明：【成形到一面】选项的含义是，将特征沿深度方向遇到的第一个面作为拉伸终止面。在创建基础特征时，"拉伸切除"属性管理器区域的下拉菜单中没有此选项，则模型文件中不存在其他实体。

4.1.2　拉伸特征选项

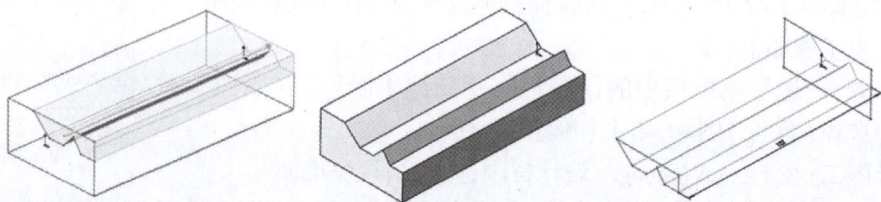

拉伸特征选项操作说明如下：

实体特征：创建实体类型时，实体特征的草绘横断面完全由材料填充，如图4.1.2.1所示。

薄壁特征：在"凸台－拉伸"属性管理器中，可以将特征定义成薄壁类型。在由草图横断面生成实体时，薄壁特征的草图横断面是由材料填充成均厚的环，如图4.1.2.1所示。

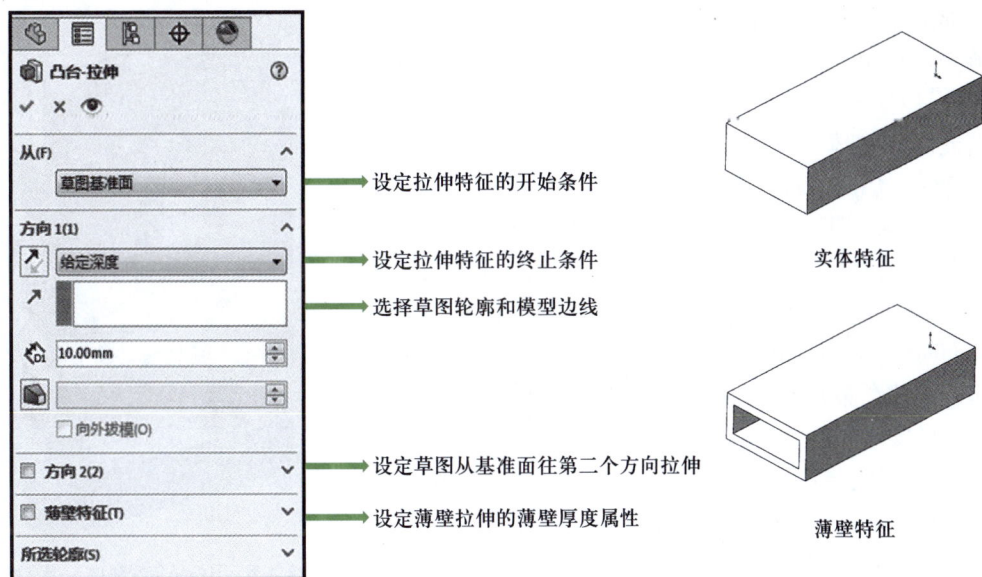

图 4.1.2.1　特征属性

拔模特征：在"凸台－拉伸"属性管理器中，单击【拔模开关】按钮，可以在创建拉伸特征的同时设定拔模角，对实体进行拔模操作。拔模方向分内、外两种，由是否选中"向外拔模"复选框决定。图 4.1.2.2 所示即为拉伸时的拔模操作。

图 4.1.2.2　拔模拉伸

起点：设定拉伸特征的开始条件，如图 4.1.2.3 所示。

1）草图基准面：表示从草图所在的基准面开始拉伸。

2）曲面/面/基准面：选择有效的实体，实体可以是平面或非平面。平面实体不必与草图基准面平行。草图必须完全包含在非平面曲面或基准面的边界内。草图在开始曲面或基准面处依从非平面实体的形状。

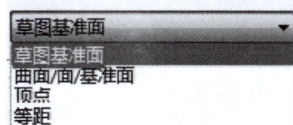

图 4.1.2.3　开始条件

3）顶点：任意选择的顶点开始拉伸（此面需与基准面平行）。

4）等距：从与当前草图基准面等距的基准面上开始拉伸，在输入等距值中设定等距距离（当拉伸为反方向时，可以单击下拉列表中的选项，但不能在文本框中输入负值）。

方向 1：决定特征延伸的方式，设定终止条件类型。如有必要，单击反向以与预览中所示相反的方向延伸特征。图 4.1.2.4 显示了凸台特征每个终止条件类型的变化。

1）给定深度：设定深度尺寸类型的特征，按照所输入的值向特征创建的方向一侧进行拉伸。

　2）成形到一面：在图形区域中为面／基准面选择一个要延伸到的面或基准面。双击曲面将终止条件更改为成形到面，以所选曲面作为终止曲面。拉伸的草图超出所选面或曲面实体之外，成形到面可以执行一个分析面的自动延伸，以终止拉伸。

　3）成形到一顶点：在图形区域中指定顶点，选择一个顶点在拉伸方向上延伸，直至与指定顶点所在面相交。

　4）到离指定面指定的距离：在图形区域中选择一个面或基准面作为面／基准面，然后输入等距距离。选择转化曲面使拉伸结束在参考曲面转化处，而非实际的等距。必要时选择反向等距，以便以反方向等距移动。

　5）成形到实体：在图形区域选择要拉伸的实体作为实体／曲面实体。在装配件中拉伸时可以使用成形到实体，以延伸草图到所选的实体。

　6）两侧对称：设定深度时，特征将在拉伸起始面的两侧进行拉伸，输入的深度值被拉伸起始面平均分割，起始面两侧的深度值相等。

　方向2：设定这些选项以同时从草图基准面往两个方向拉伸。这些选项和方向1相同。

　薄壁特征：使用薄壁特征选项以控制拉伸厚度（不是深度）。

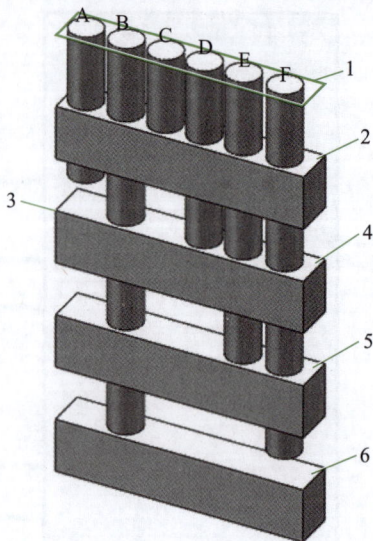

A—给定深度；B—完全贯穿；C—成形到一面；D—成形到一顶点；E—成形到一面；F—到离指定面指定的距离；1—草绘基准面；2——一个曲面(平面)；3—模型的顶点；4、5、6—模型的其他曲面(平面)

图 4.1.2.4　凸台特征

动画 给定深度－拉伸凸台	动画 给定深度－拉伸切除	动画 完全贯穿－拉伸凸台	动画 成形到一面－拉伸凸台	动画 成形到一面－拉伸切除

动画 成形到一顶点－拉伸凸台	动画 成形到一顶点－拉伸切除	动画 到离指定面指定的距离－拉伸凸台	动画 到离指定面指定的距离－拉伸切除	动画 成形到实体－拉伸凸台

动画 成形到实体－拉伸切除	动画 两侧对称－拉伸凸台	动画 两侧对称－拉伸切除		

1）单向：设定从草图以一个方向（向内或向外）拉伸的厚度。

2）两侧对称：设定以两个方向（同时向内和内外）从草图均等拉伸的厚度。

3）双向：设定不同的拉伸厚度向两个方向拉伸草图（方向1厚度和方向2厚度）。

4）顶端加盖：生成一个中空的零件，同时必须指定加盖厚度。该选项只可用于模型中第一个拉伸实体。

所选轮廓：允许使用部分草图从开放或闭合轮廓创建拉伸特征。在图形区域中选择草图轮廓和模型边线。

完成凸台特征定义：特征的所有要素被定义完毕后，单击该属性管理器的【预览】按钮，预览所创建的特征，以检查定义是否正确（预览时，可按住鼠标中键进行旋转查看，如果所创建的特征不符合设计意图，可以选择属性管理器的相关选项重新定义）。预览完成后，单击"凸台 – 拉伸"属性管理器中的【√】按钮，完成特征的创建。

微课
拉伸实例1

动画
拉伸1

4.1.3 拉伸特征实例

【实例1】 通过绘制草图拉伸的方式作出图4.1.3.1所示的实例模型。

步骤一：绘制草图，如图4.1.3.2所示。

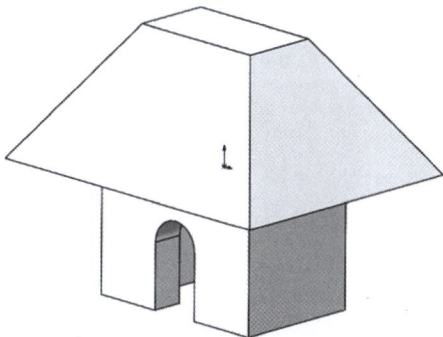

图4.1.3.1 实例1

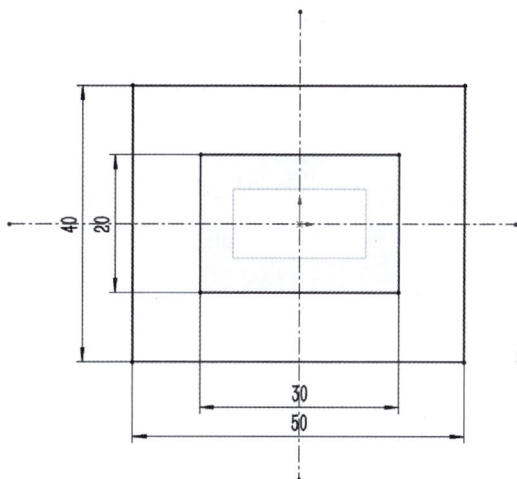

图4.1.3.2 草图

步骤二：草图绘制完成后，退出草图并选中小矩形一边，如图4.1.3.3所示，单击【特征】→【拉伸凸台 / 基体】按钮，如图4.1.3.4所示。

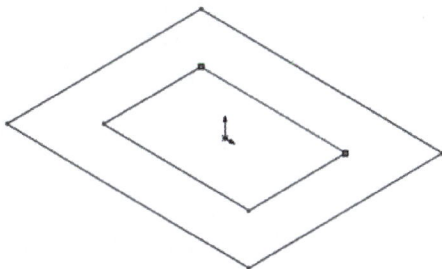

图4.1.3.3 选择一条边

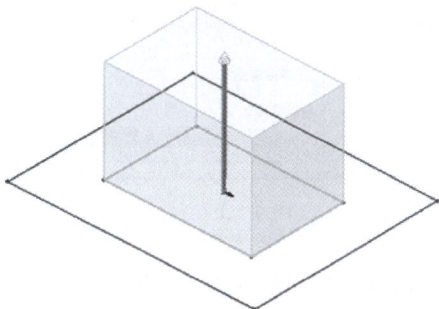

图4.1.3.4 选择拉伸

步骤三:设置拉伸参数。【给定深度】拉伸为 20 mm,选中"薄壁特征"复选框,【反向】→【单向】给定壁厚为 5 mm,如图 4.1.3.5 所示,拉伸效果如图 4.1.3.6 所示。

图 4.1.3.5　设置参数

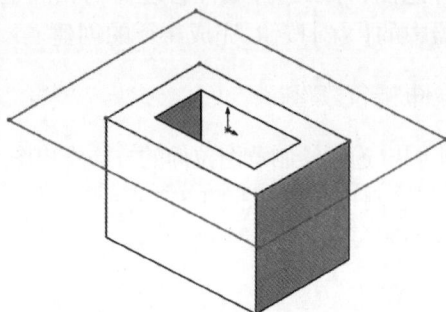

图 4.1.3.6　拉伸效果

步骤四:选取大矩形的一边进行拉伸,【给定深度】拉伸为 30 mm,【拔模】角度为 45°,如图 4.1.3.7 所示,拉伸效果如图 4.1.3.8 所示。

图 4.1.3.7　设置参数

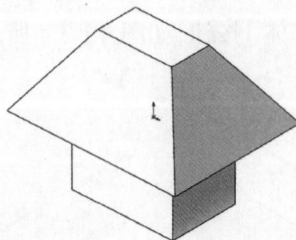

图 4.1.3.8　拉伸效果

步骤五:以拉伸切除方式切除门,单击【拉伸切除】,选择一个大矩形面做基准面并画切除草图,如图 4.1.3.9 所示。退出草图并【给定深度】设置为 10 mm,单击【√】完成实例。

【实例 2 】 通过绘制草图拉伸的方式作出图 4.1.3.10 所示的实例模型。

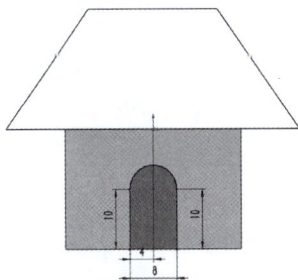

图 4.1.3.9　切除草图

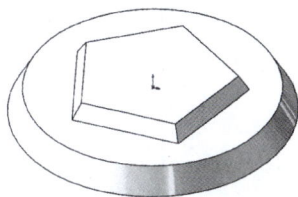

图 4.1.3.10　实例 2

步骤一:绘制草图。单击【草图】工具栏中的【草图绘制】按钮,绘制出 ϕ50 圆和内接 ϕ30 的五边形,绘制五边形的参数如图 4.1.3.11 所示,草图如图 4.1.3.12 所示。

图 4.1.3.11　设置五边形参数

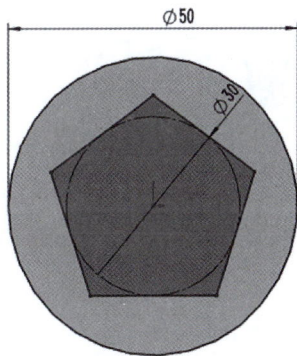

图 4.1.3.12　草图

步骤二:拉伸圆。退出草图后,单击圆→【特征】→【拉伸凸台/基体】→【反向】→【给定深度】5 mm→【向外拔模】30°,如图 4.1.3.13 所示。拉伸效果如图 4.1.3.14 所示。

步骤三:拉伸五边形。选中五边形一边,单击【拉伸凸台/基体】→【给定深度】3 mm→【向内拔模】30°拉伸,如图 4.1.3.15 所示,单击【√】完成实例。

【实例 3 】 通过绘制草图拉伸的方式作出图 4.1.3.16 所示的实例模型。

步骤一:单击【草图】工具栏中的【草图绘制】按钮,绘制如图 4.1.3.17 所示的草图。

步骤二:退出草图。按住 Ctrl 键,选中如图 4.1.3.18 所示的绿色线,单击【特征】→【拉伸凸台/基体】→【反向】→【给定深度】拉伸 5 mm,如图 4.1.3.19 所示,拉伸效果如图 4.1.3.20 所示。

步骤三:拉伸底板上面的图形。选中如图 4.1.3.21 所示的绿色区域,单击【拉伸凸台】,【给定深度】拉伸 10 mm,如图 4.1.3.22 所示,单击【√】完成拉伸,拉伸效果如图 4.1.3.23 所示。

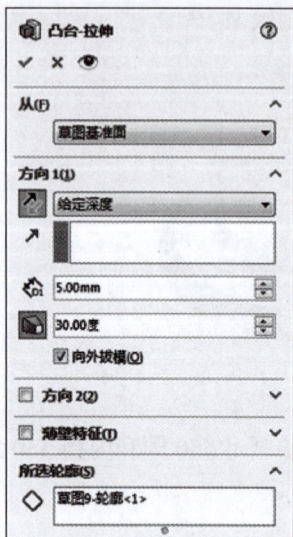

图 4.1.3.13　设置拉伸圆参数

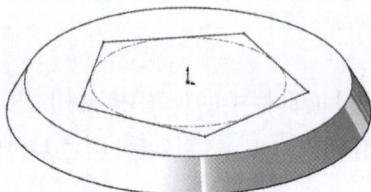

图 4.1.3.14　拉伸效果

图 4.1.3.15　设置拉伸五边形参数

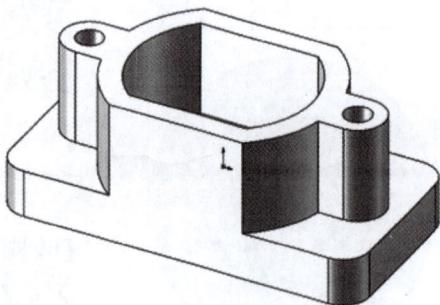

图 4.1.3.16　实例 3

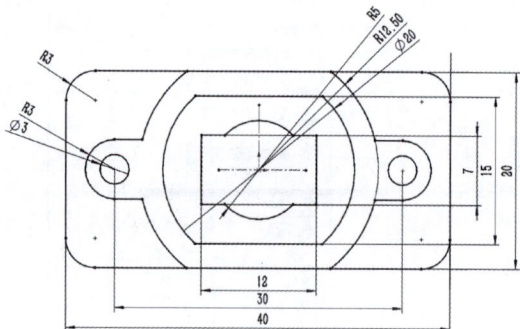

图 4.1.3.17　草图

微课
拉伸实例 3

动画
拉伸 3

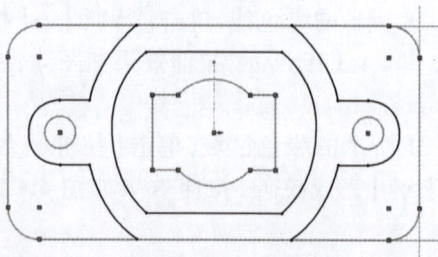

图 4.1.3.18　草图

图 4.1.3.19　设置参数

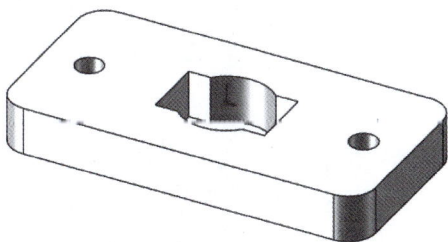

图 4.1.3.20 拉伸效果

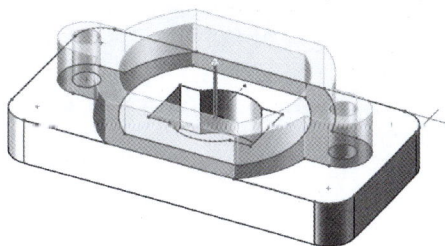

图 4.1.3.21 选择对象

图 4.1.3.22 设置参数

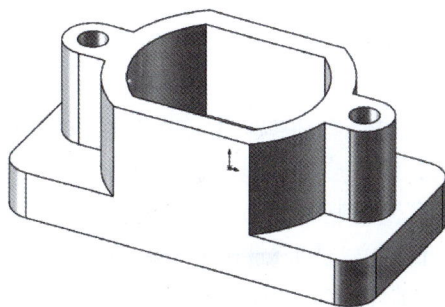

图 4.1.3.23 拉伸效果

4.2 旋转特征建模

旋转特征是将要旋转图形的横截面绕一条轴线旋转而形成的实体特征。注意,旋转特征必须有一条绕其旋转的轴线,可以为每个方向指定独立的终止条件(从草图基准面顺时针或逆时针)。

旋转要素如下:

1)横截面:要旋转实体的轮廓。

2)旋转轴:选择特征旋转所绕的轴。根据所生成的旋转特征的类型,可能为中心线、直线或一边线。

3)旋转方向:定义旋转特征为从草图基准面向另一个方向旋转。

4.2.1 旋转特征分类

1)旋转凸台 / 基体:直接将横截面通过轴线旋转成实体(增料),如图 4.2.1.1 所示。

2)旋转切除:在现有的基体上通过旋转横截面进行切除(减料),如图 4.2.1.2 所示。

注意:两种旋转特征的横断面都必须是封闭的。

创建旋转特征的一般步骤如下:

步骤一:新建模型文件。选择菜单栏中的【文件】→【新建】命令,系统弹出"新建 SolidWorks 文件"对话框,选择【零件】图标,单击【确认】按钮。

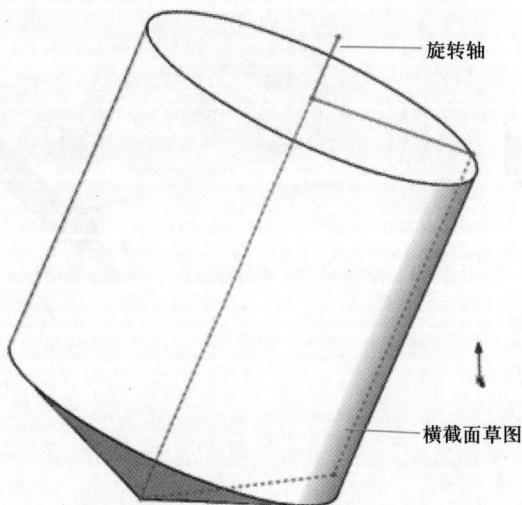

图 4.2.1.1　旋转凸台 / 基体　　　　　　　　　图 4.2.1.2　旋转切除

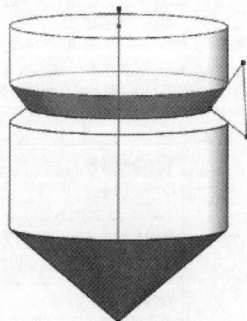

步骤二:选择命令。单击【特征】工具栏中的【旋转凸台 / 基体】按钮,系统弹出如图 4.2.1.3 所示对话框。

步骤三:选择草图基准面。在系统中选择一基准面绘制横截面的草图,绘制完成后退出草图。

步骤四:定义旋转轴线。退出草图后,系统弹出"旋转"属性管理器,如图 4.2.1.4 所示,选择轴线,选择草图绘制的中心线为旋转轴线。

步骤五:定义旋转属性。

1) 定义旋转方向。在"旋转"属性管理器"方向 1"下拉列表中选择【给定深度】选项,并采用系统默认的旋转方向。

2) 定义旋转角度。在"方向 1"中文本框输入 360°,如图 4.2.1.5 所示。

步骤六:单击属性管理器中的【√】,完成旋转凸台的定义。

步骤七:保存文件。选择菜单栏中的【文件】→【保存】命令,命名后缀为 SLDPRT 文件名。

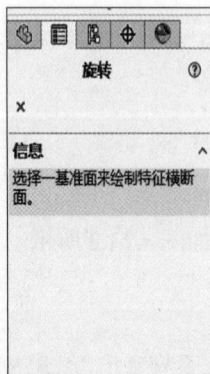

图 4.2.1.3　选择基准面　　　　图 4.2.1.4　设置参数　　　　图 4.2.1.5　设置方向

4.2.2 旋转特征选项

"旋转"属性管理器各选项说明如下：

【旋转凸台／基体】绕轴线旋转一草图或所选草图轮廓来生成一实体特征。

【旋转轴】选择特征旋转所绕的轴。根据所生成的旋转特征的类型，此可能为中心线、直线或一边线，如图 4.2.2.1 所示。

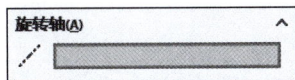

图 4.2.2.1　选择旋转轴

方向 1：定义旋转特征为从草图基准面向一个方向。

【旋转类型】从草图基准面定义旋转方向。单击

【反向】按钮来反转旋转方向，如图 4.2.2.2 所示。

【给定深度】从草图以单一方向生成旋转。

在方向 1 角度 中设定由旋转所包容的角度，如图 4.2.2.3 所示。

【成形到一顶点】从草图基准面生成旋转到顶点 中所指定的顶点。

【成形到一面】从草图基准面生成旋转到面／基准面 中所指定的曲面。

图 4.2.2.2　旋转方向

【到离指定面指定的距离】从草图基准面生成旋转到面／基准面 中所指定曲面的指定等距，在等距距离 中设定等距。必要时，选择反向等距以便以反方向等距移动。

【两侧对称】从草图基准面以顺时针和逆时针方向生成旋转，它位于旋转方向 1 角度 的中央。方向 2（可选）定义：在完成了方向 1 后，选择方向 2 以从草图基准面的另一方向定义旋转特征，这些选项和方向 1 中的选项相同，如图 4.2.2.4 所示。

【薄壁特征】选项说明如下：

【单向】从草图以单一方向添加薄壁体积。如有必要，单击【反向】 来反转薄壁体积添加的方向。

【两侧对称】以草图为中心，在草图两侧均等添加薄壁体积。

【双向】在草图两侧添加薄壁体积。

方向 1 厚度 从草图向外添加薄壁体积。

方向 2 厚度 从草图向内添加薄壁体积，如图 4.2.2.5 所示。

微课
旋转特征选项

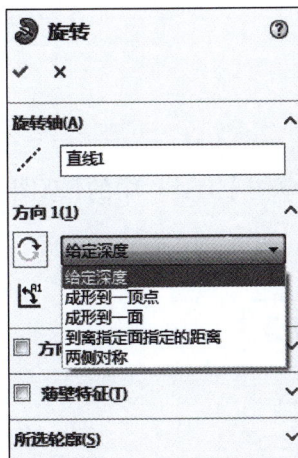

图 4.2.2.3　方向 1

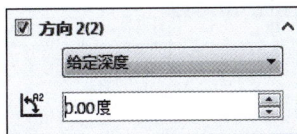

图 4.2.2.4　方向 2

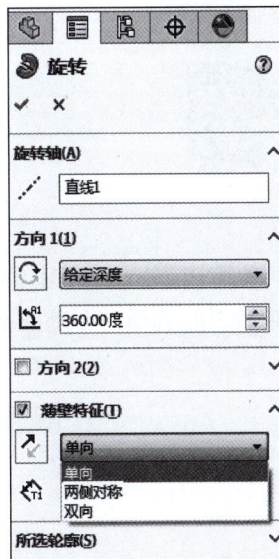

图 4.2.2.5　设置"薄壁特征"参数

4.2.3　旋转特征实例

应用旋转特征创建曲轴三维模型，如图 4.2.3.1 所示。

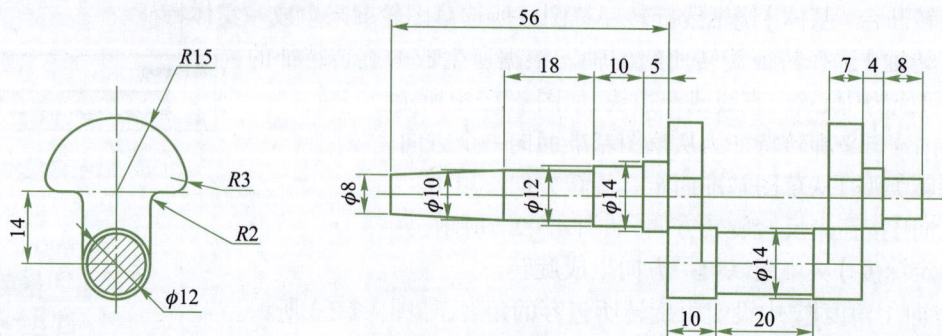

图 4.2.3.1　曲轴

建模分析：

建立模型时，应先创建旋转凸台特征，接着创建拉伸特征，最后再创建旋转凸台特征，此模型的建立将分为 a → b → c 部分完成，如图 4.2.3.2 所示。

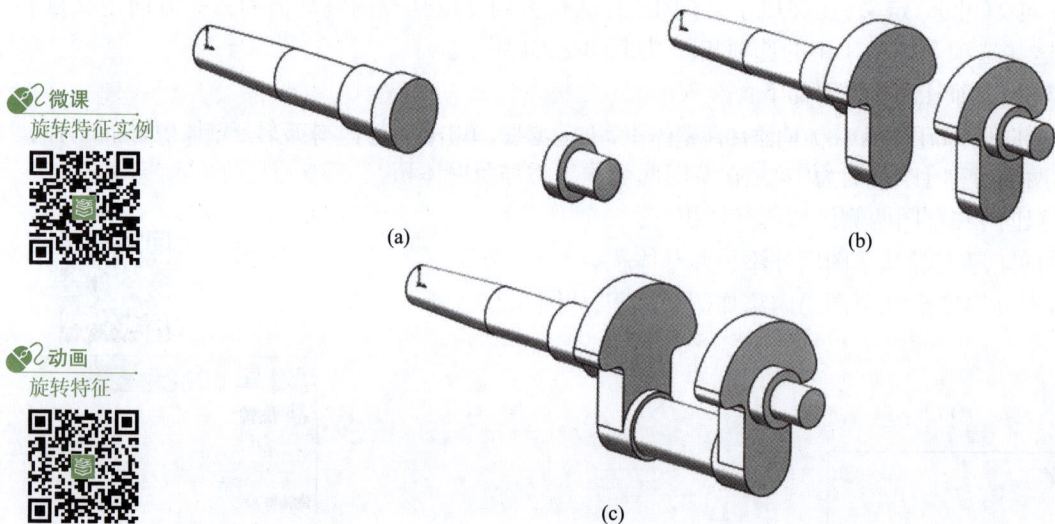

微课
旋转特征实例

动画
旋转特征

(a)　(b)　(c)

图 4.2.3.2　建模分析

步骤一：图 4.2.3.2 中特征 a 是以旋转方式得出。绘制草图，单击【草图】工具栏中的【草图绘制】按钮，选择一个基准面绘制草图，草图尺寸如图 4.2.3.3 所示。

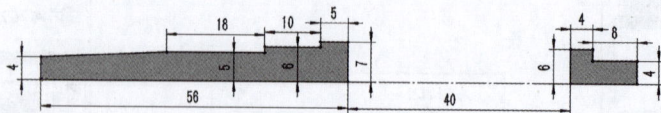

图 4.2.3.3　草图

步骤二：草图绘制完成后，单击【特征】工具栏中的【旋转凸台/基体】按钮，在"旋转轴"选择"直线 1",在"旋转类型"下拉列表内选择【方向 1】选项,选择【给定深度】,在"角度"文本框内输入 360,如图 4.2.3.4 所示,单击【√】完成旋转,旋转效果如图 4.2.3.5 所示。

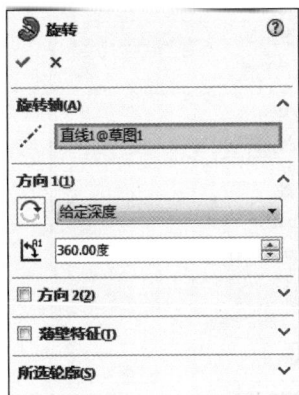

图 4.2.3.4   设置参数

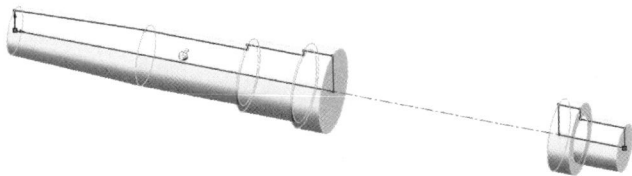

图 4.2.3.5   旋转效果

步骤三:图 4.2.3.2 中特征 b 是以拉伸方式得出,单击【草图】工具栏中的【草图绘制】按钮,进入草图绘制,绘制如图 4.2.3.6 所示的草图。退出草图后,单击【特征】工具栏中的【拉伸凸台 / 基体】按钮,在"终止条件"下拉列表内选择【给定深度】选项,在"深度"文本框内输入 7,如图 4.2.3.7 所示,单击【√】完成拉伸,拉伸效果如图 4.2.3.8 所示。另一个方向使用同一个草图,拉伸起始点位置选择等距,计算起始点位置为 33 cm,在【深度】文本框内输入 7,如图 4.2.3.9 所示,单击【√】完成拉伸,拉伸效果如图 4.2.3.10 所示。

步骤四:图 4.2.3.2 中特征 c 是以旋转方式得出,首先绘制如图 4.2.3.11 所示的草图。单击【特征】工具栏中的【旋转凸台 / 基体】按钮,出现"旋转"属性管理器,在"旋转轴"选择"直线 1",在"旋转类型"下拉列表内选择【方向 1】选项,选择【给定深度】,在"角度"文本框内输入 360,如图 4.2.3.12 所示,单击【√】完成旋转,旋转效果如图 4.2.3.13 所示。

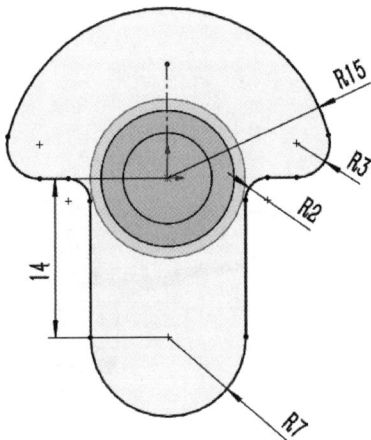

图 4.2.3.6   草图

图 4.2.3.7   设置参数

图 4.2.3.8   拉伸效果

图 4.2.3.9   设置参数

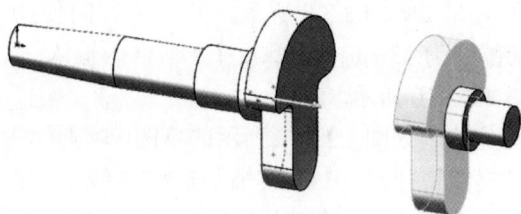

图 4.2.3.10   拉伸效果

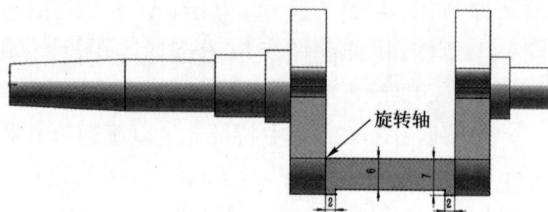

图 4.2.3.11   草图

图 4.2.3.12   设置参数

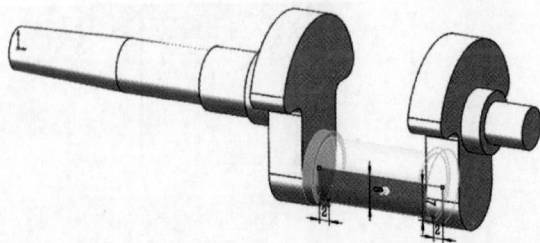

图 4.2.3.13   旋转效果

4.3 综合实例

【实例 1】 应用拉伸及旋转等特征创建三维模型,如图 4.3.0.1 所示,该零件的二维工程图如图 4.3.0.2 所示。

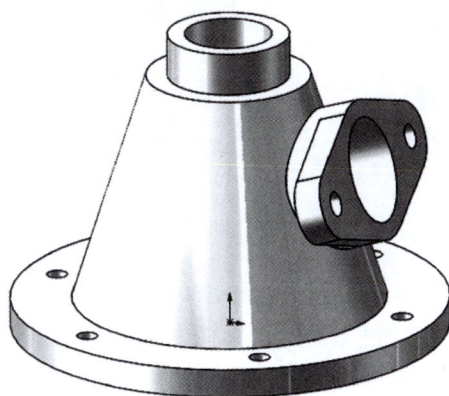

图 4.3.0.1 综合实例 1

动画
综合实例 1

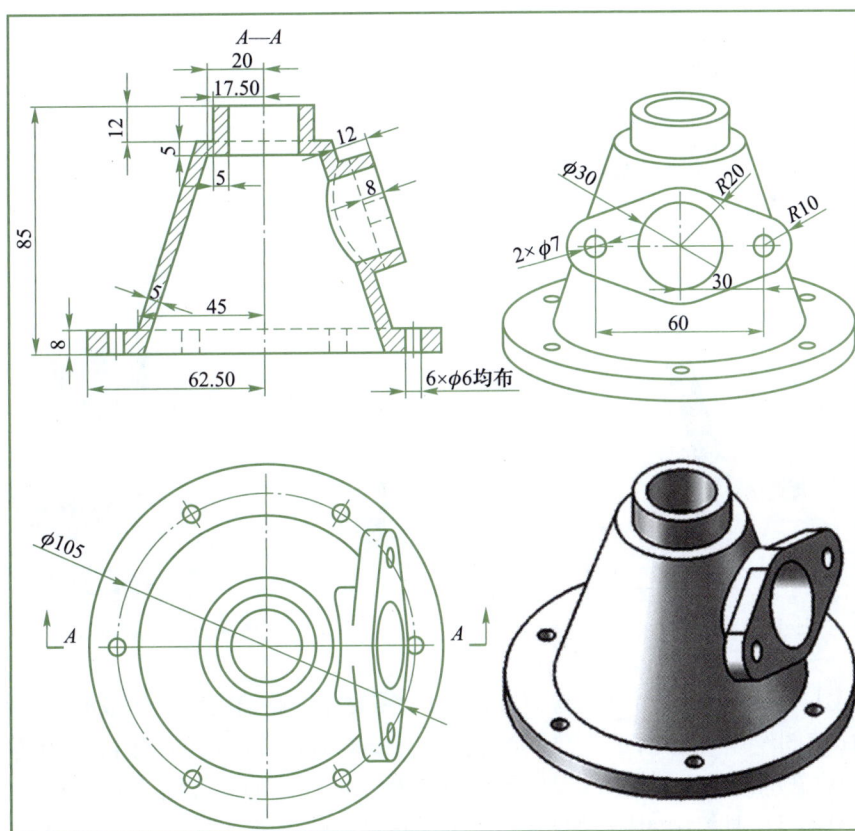

图 4.3.0.2 实例零件二维工程图

建模分析：

建立模型时，应先创建旋转主体特征，接着创建拉伸特征，最后再阵列孔特征，此模型的建立将分为 a→b→c 部分完成，如图 4.3.0.3 所示。

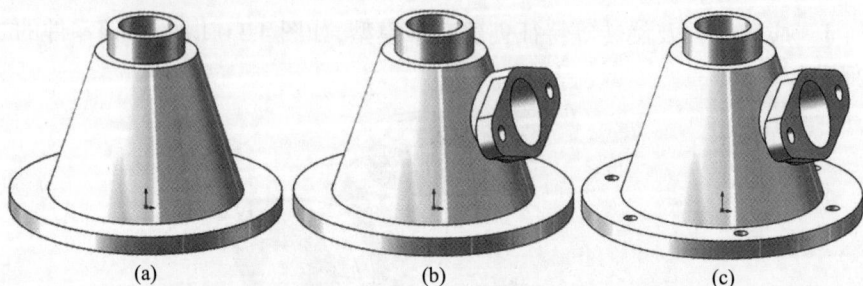

(a)　　　　　　　　(b)　　　　　　　　(c)

图 4.3.0.3　建模分析

步骤一：图 4.3.0.3 中特征 a 是以旋转方式得出。绘制草图，如图 4.3.0.4 所示。

步骤二：草图绘制完成后，单击【特征】工具栏中的【旋转凸台 / 基体】按钮，在"旋转轴"选择"中心线"，在"旋转类型"下拉列表内选择【方向 1】选项，选择【给定深度】，在"角度"文本框内输入 360，单击【√】完成旋转，旋转效果如图 4.3.0.5 所示。

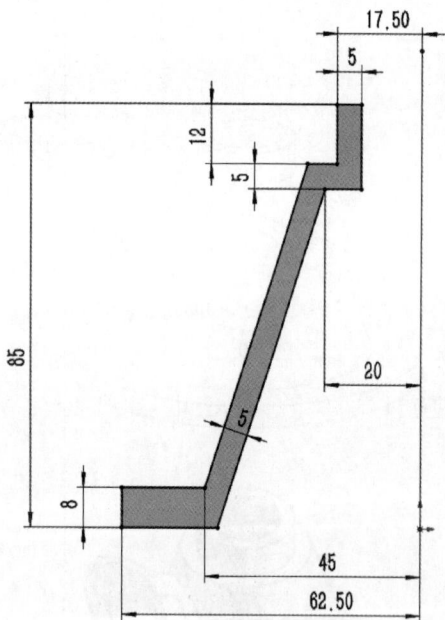

图 4.3.0.4　草图

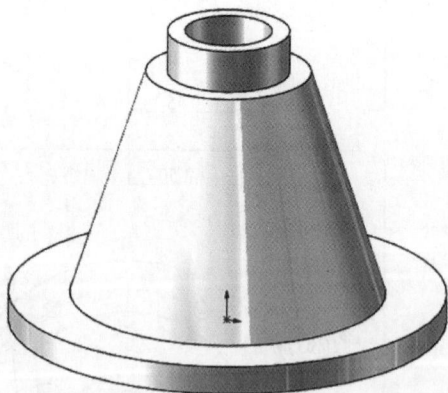

图 4.3.0.5　旋转效果

步骤三：图 4.3.0.3 中特征 b 是以拉伸方式得出，需要先绘制辅助线构建基准面。单击【草图】工具栏中的【草图绘制】按钮，进入草图绘制，绘制如图 4.3.0.6 所示的草图。退出草图后，单击【基准面】创建新的基准面，创建过程如图 4.3.0.7 所示。在新的基准面绘制如图 4.3.0.8 所示的草图，单击【特征】工具栏中的【拉伸凸台 / 基体】按钮，在"终止条件"下拉列表内选择【给定深度】选项，在"深度"文本框内输入 8，单击【√】完成拉伸，拉伸效果如图 4.3.0.9 所示。

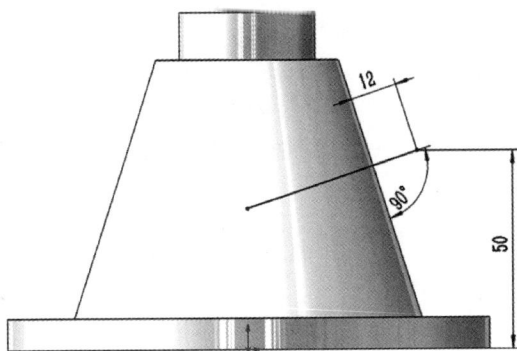

图 4.3.0.6　草图

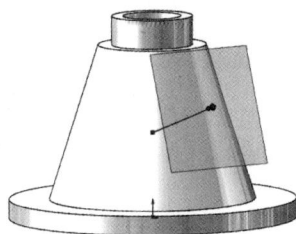

图 4.3.0.7　创建基准面

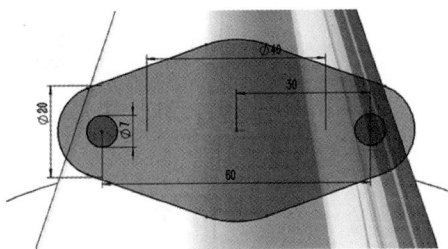

图 4.3.0.8　草图

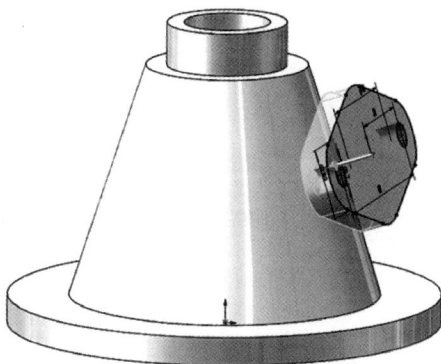

图 4.3.0.9　拉伸效果图

步骤四：在步骤三中创建的基准面上继续绘制如图 4.3.0.10 所示的草图，绘制完成后单击【拉伸凸台 / 基体】，选择草图，拉伸方向选择【成形到一面】，选择模型中的圆锥面，如图 4.3.0.11 所示，单击【√】完成拉伸，拉伸效果如图 4.3.0.12 所示。拉伸完成后，还是在同一基准面绘制如图 4.3.0.13 所示的草图，绘制完成后，单击【拉伸切除】，拉伸长度为 40 mm，如图 4.3.0.14 所示，单击【√】完成拉伸切除，拉伸效果如图 4.3.0.15 所示。

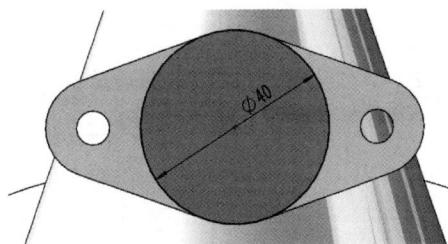

图 4.3.0.10　草图

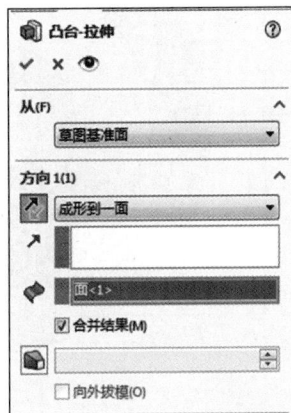

图 4.3.0.11　设置参数

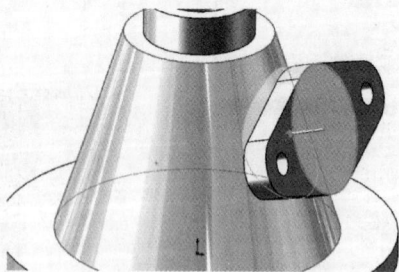
图 4.3.0.12   拉伸效果

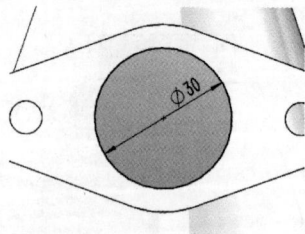
图 4.3.0.13   草图

图 4.3.0.14   设置参数

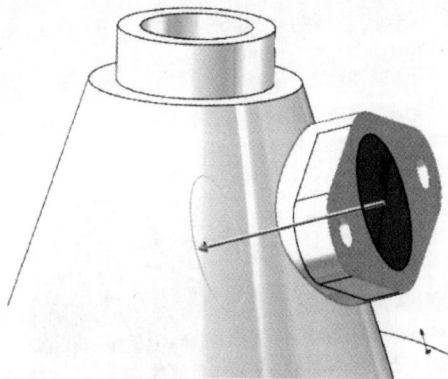
图 4.3.0.15   拉伸效果

步骤五:在模型底部圆柱体的上端面上绘制如图 4.3.0.16 所示的草图,单击【圆周草图阵列】将绘制好的圆沿着中心点阵列 6 个,如图 4.3.0.17~ 图 4.3.0.19 所示。退出草图后单击【拉伸切除】,选择草图,拉伸方向选择【完全贯穿】,如图 4.3.0.20 和图 4.3.0.21 所示。

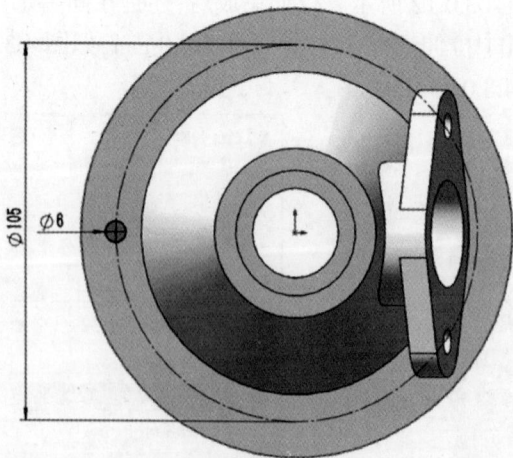
图 4.3.0.16   草图

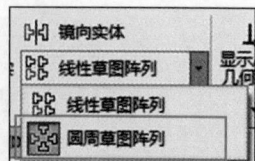
图 4.3.0.17   圆周草图阵列

图 4.3.0.18 设置参数

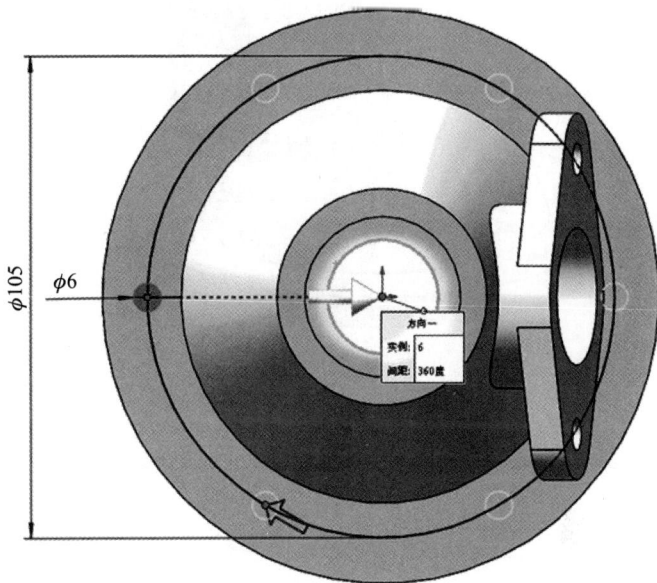

图 4.3.0.19 阵列效果

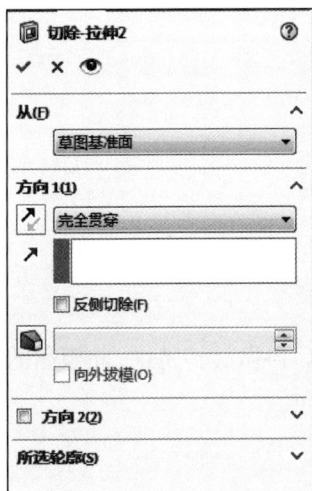

图 4.3.0.20 设置参数

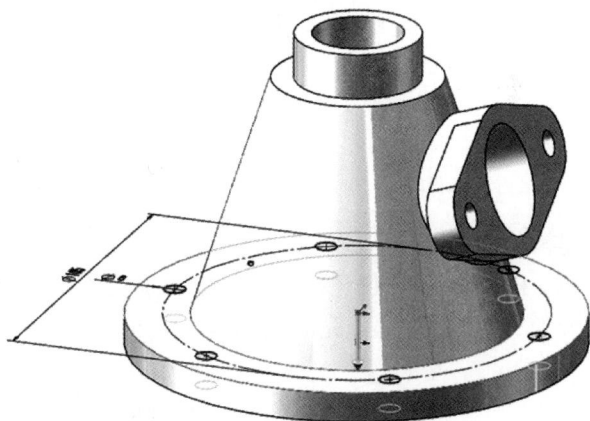

图 4.3.0.21 拉伸效果

三维模型的最终效果如图 4.3.0.22 所示。

【实例2】 应用拉伸及旋转等特征创建三维模型,如图 4.3.0.23 所示,泵体尺寸如图 4.3.0.24 所示。

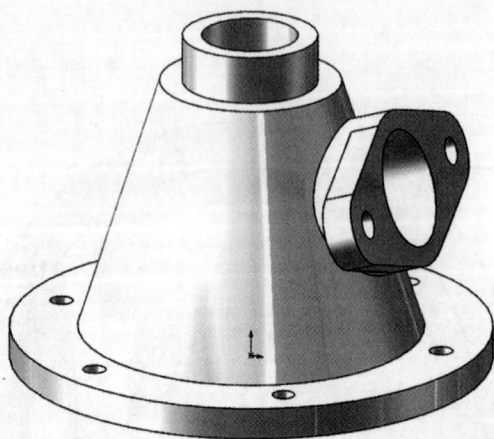

图 4.3.0.22　最终效果

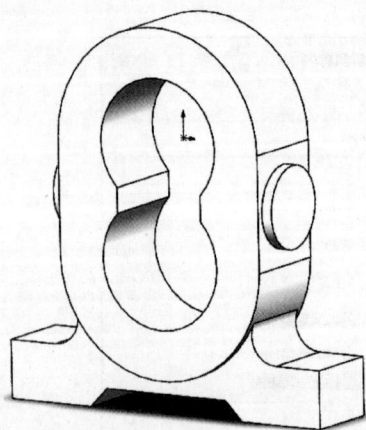

图 4.3.0.23　综合实例 2——齿轮油泵泵体

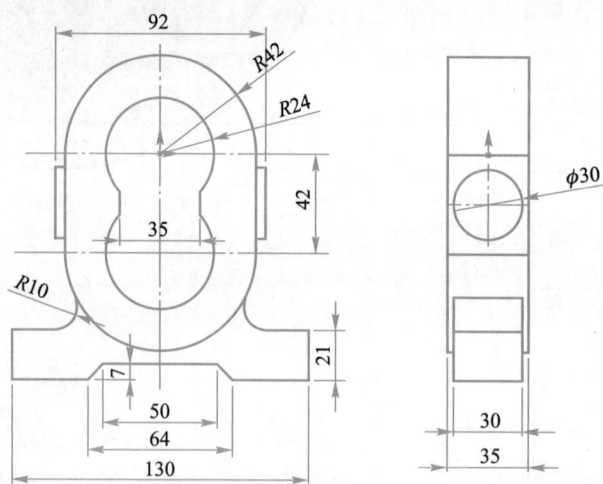

图 4.3.0.24　泵体尺寸

建模分析：

建立模型时，应先创建拉伸主体特征，后创建拉伸底座特征，最后再做旋转特征，此模型的建立将分为 a → b → c 部分完成，如图 4.3.0.25 所示。

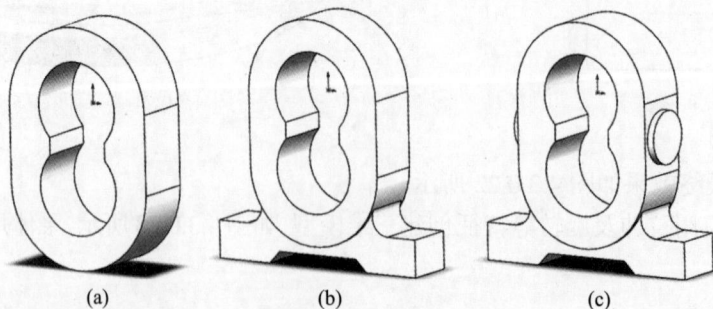

(a)　　　　　　　　　(b)　　　　　　　　　(c)

图 4.3.0.25　建模分析

步骤一：绘制草图，如图 4.3.0.26 所示。

步骤二：单击【特征】工具栏中的【拉伸凸台/基体】按钮，在"终止条件"下拉列表内选择【两侧对称】选项，在"深度"文本框内输入 35，单击【√】完成拉伸，拉伸效果如图 4.3.0.27 所示。

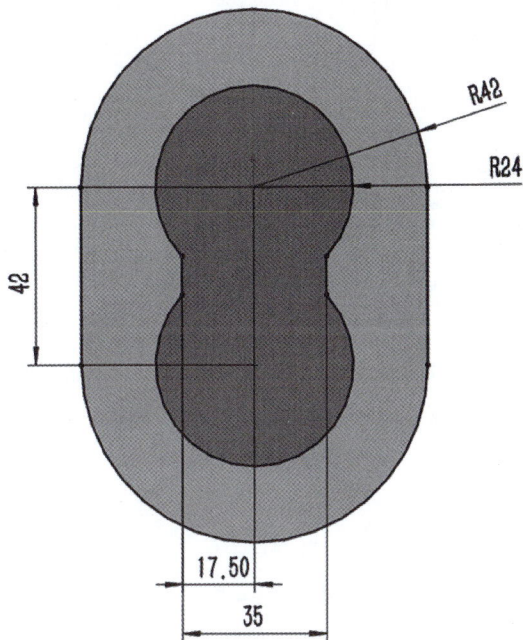

图 4.3.0.26　草图

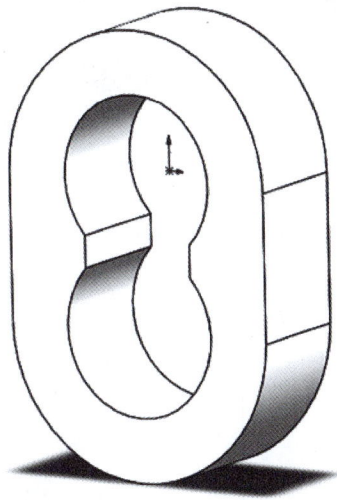

图 4.3.0.27　拉伸效果

步骤三：绘制草图，绘制面与步骤一相同，如图 4.3.0.28 所示。

步骤四：单击【特征】工具栏中的【拉伸凸台/基体】按钮，在"终止条件"下拉列表内选择【两侧对称】选项，在"深度"文本框内输入 30，单击【√】完成拉伸，拉伸效果如图 4.3.0.29 所示。

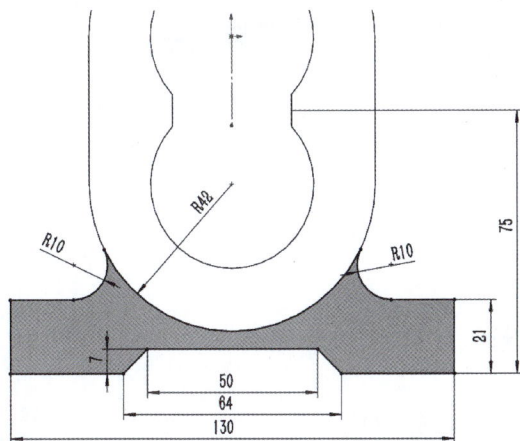

图 4.3.0.28　底座草图

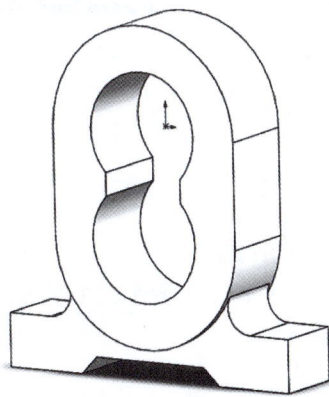

图 4.3.0.29　拉伸效果

步骤五:绘制草图,绘制面同步骤一,如图 4.3.0.30 所示。

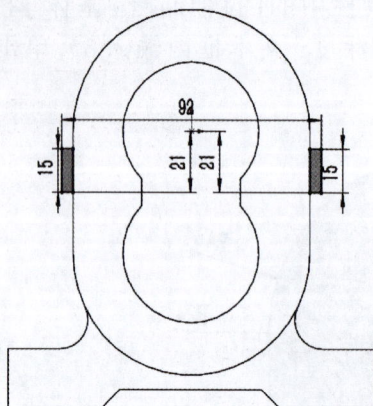

图 4.3.0.30   草图

步骤六:草图绘制完成后,单击【特征】工具栏中的【旋转凸台 / 基体】按钮,在"旋转轴"选择"中心线",如图 4.3.0.31 所示,在"角度"文本框内输入 360,单击【√】完成旋转,旋转效果如图 4.3.0.32 所示。

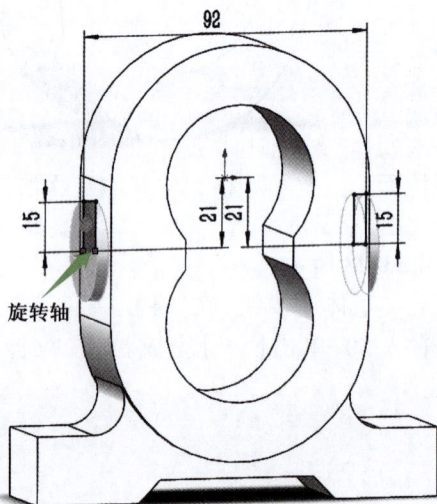

图 4.3.0.31   旋转轴

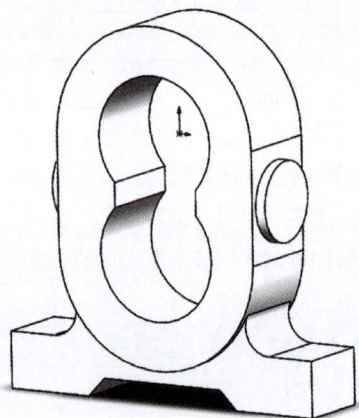

图 4.3.0.32   旋转效果

4.4   课后练习

一、选择题

1. 如图 4.4.0.1 所示的实体是由左侧的曲线通过"拉伸"命令完成的,在拉伸的过程中没有使用的方法是(   )。

　　A. 给定深度　　　　　　　　　B. 拔模角

　　C. 薄壁特征　　　　　　　　　D. 反侧切除

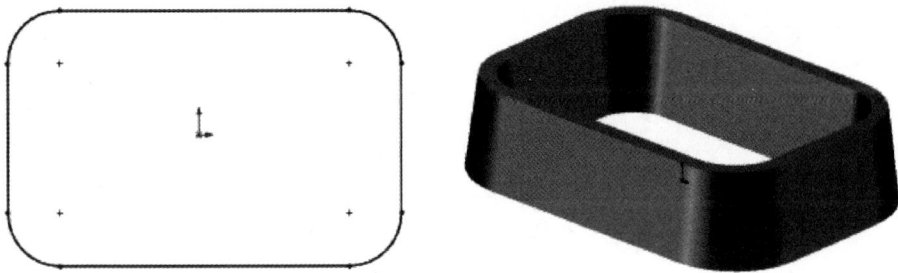

图 4.4.0.1 习题

2. 下列选项中,对于拉伸特征的说法正确的是(   )。
   A. 对于拉伸特征,草绘界面必须是封闭的
   B. 对于拉伸特征,草绘界面可以是封闭的也可以是开放的
   C. 拉伸特征只可以产生实体特征,不能产生曲面的特征

3. 下列选项中,不属于拉伸深度定义的一项是(   )。
   A. 方向和距离   B. 给定深度
   C. 成形到一顶点   D. 成形到一面

4. 如果对一个轮廓不封闭的草图进行拉伸,下列选项正确的是(   )。
   A. 自动生成薄壁实体   B. 不能进行拉伸操作   C. 无反应

5. 使用拉伸特征时,成形条件选择"离指定面的指定距离"。若指定面是圆柱面,拉伸的结束面是(   )。
   A. 平面   B. 圆柱面   C. 无法成形

6. 利用旋转特征建模时,旋转轴和旋转轮廓应位于(   )中。
   A. 同一草图   B. 不同草图
   C. 可在同一草图中,也可不在同草图中

7. 旋转特征属于(   )建模。
   A. 基础特征   B. 参数   C. 附加特征

8. 草图实体中绘制的中心线(   )拉伸或旋转特征的生成。
   A. 参与   B. 不参与

二、判断题

1. 拉伸方向总是垂直于草图基准面。(   )
2. 旋转特征的旋转轴必须是中心线。(   )
3. 在 SolidWorks 中,同一个草图能够被多个特征共享。(   )
4. 旋转特征草图中不允许有多条中心线。(   )

三、操作题

1. 绘制如图 4.4.0.2 所示的草图。

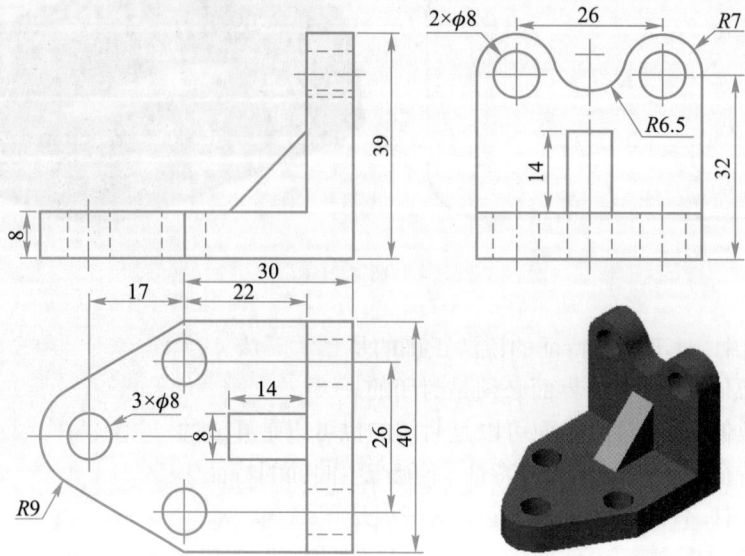

图 4.4.0.2　习题

2. 绘制如图 4.4.0.3 所示的草图。

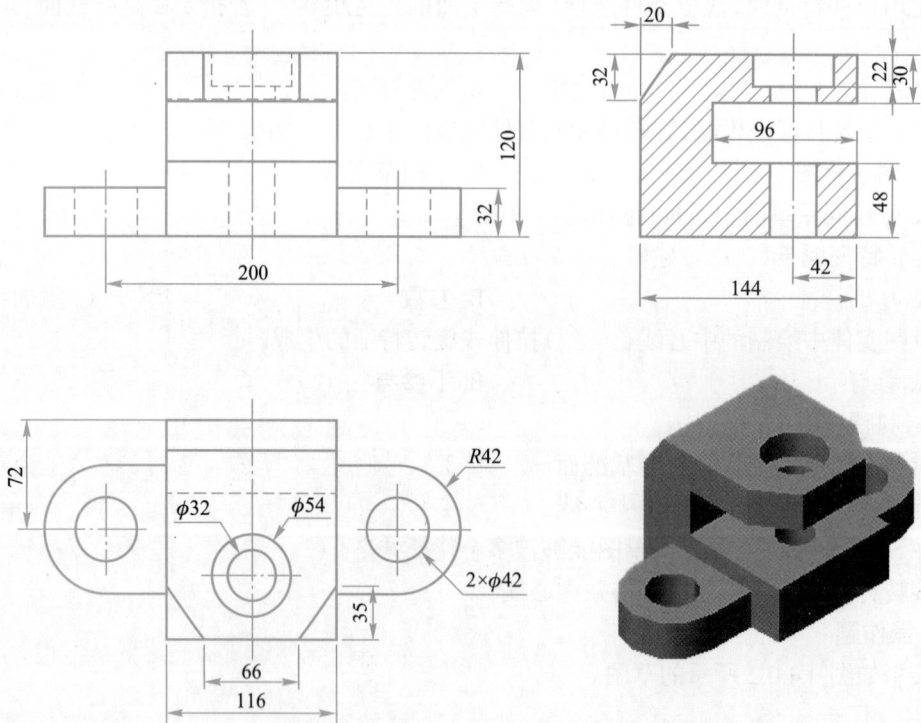

图 4.4.0.3　习题

3. 绘制如图 4.4.0.4 所示的草图。

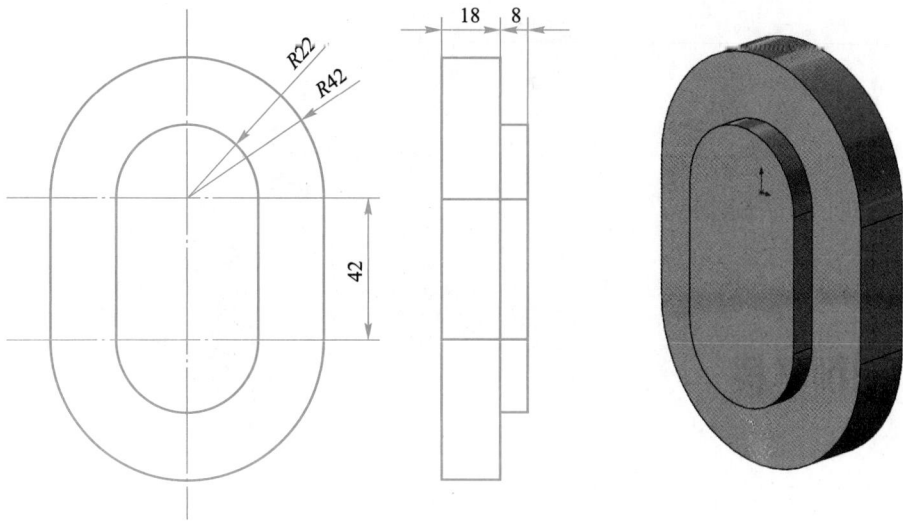

图 4.4.0.4 习题

4. 绘制如图 4.4.0.5 所示的草图。

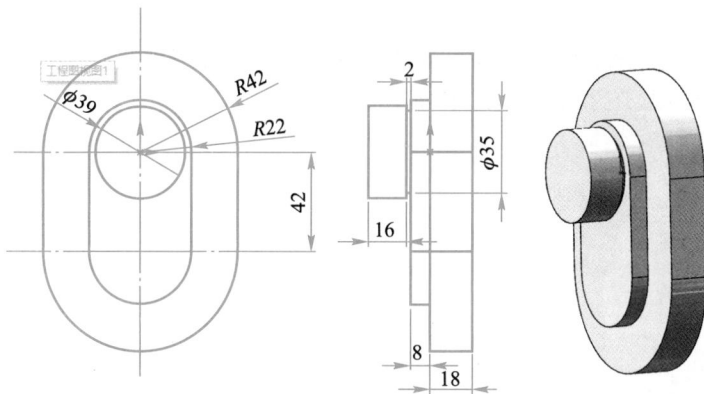

图 4.4.0.5 习题

第五章　附加特征

本章提要：

　　产品设计都是以建模为基础，而零件的模型则是建立在特征的运用之上，这类特征可以直接对实体进行编辑操作。本章主要介绍附加特征工具的应用。

内容要点：

- 圆角特征
- 倒角特征
- 筋特征
- 抽壳特征
- 简单孔及异型孔特征

5.1 圆角特征

圆角特征功能是在零件基本特征建立完成后在零件上生成一个内圆角或外圆角面,本软件的圆角特征分为 4 个类型,如图 5.1.0.1 所示。从左到右分别为恒定大小圆角、变量大小圆角、面圆角、完整圆角。

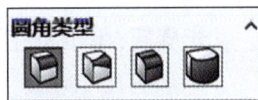

图 5.1.0.1 圆角类型

一般而言,在生成圆角时最好遵循以下规则:

1) 在添加小圆角之前添加较大圆角。当有多个圆角汇聚于一个顶点时,先生成较大的圆角。

2) 在生成圆角前先添加拔模。如果要生成具有多个圆角边线及拔模面的铸模零件,在大多数的情况下,应在添加圆角之前添加拔模特征。

3) 添加装饰用的圆角。在大多数其他几何体定位后尝试添加装饰圆角。如果越早添加它们,则系统需要花费越长的时间重建零件。

4) 如果要加快零件重建的速度,使用一个圆角操作来处理需要相同半径圆角的多条边线。然而,如果改变此圆角的半径,则在同一操作中生成的所有圆角都会跟着改变。

5.1.1 恒定大小圆角

1. 要圆角化的项目

本项目栏中的主要功能如图 5.1.1.1 所示,第一个框为选择要圆角化的对象,对象可以为一个面的所有边线、所选的多组面、所选的边线或边线环。

显示选择工具栏:在选择边线或环时,在指针右方会出现悬浮工具栏,关闭后不会出现,具体效果如图 5.1.1.2 所示。

切线延伸:所选边线若有与之相交的相切线,会同时将相切线选择,关闭后只会选择单条边线。

完整预览、部分预览、无预览:选择要圆角的特征时,显示完整、部分或不显示预览效果。

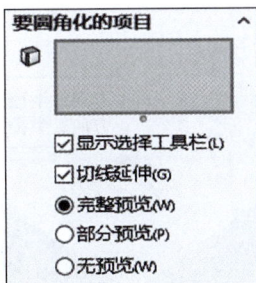

图 5.1.1.1 "等半径圆角"对话框

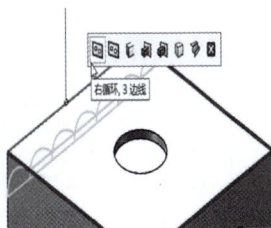

图 5.1.1.2 定义等半径参数

2. 圆角参数

圆角参数的菜单栏从上至下有【对称/非对称】【半径输入框】【多半径圆角】选项,轮廓中有【圆形/圆锥 Rho/圆锥半径/曲率延续】,以下将为每个功能选项进行建模练习。

3. 对称等半径圆角

对称等半径圆角创建步骤如下:

步骤一:打开配置文件【实例 5.1.1.SLDPRT】。

步骤二：选择特征菜单【特征】→【圆角】命令，系统在左方弹出"圆角"属性管理器。

步骤三：选择【恒定大小圆角】，选择骰子六面体的六条边，圆角参数为【对称】，半径为5 mm，如图5.1.1.3所示。

步骤四：单击属性管理器中【√】按钮，如图5.1.1.4所示，骰子六面体的圆角特征创建完成。

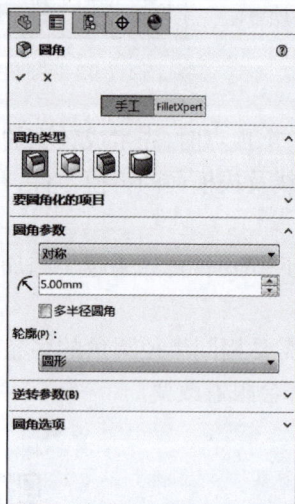

图 5.1.1.3　"圆角"属性管理器

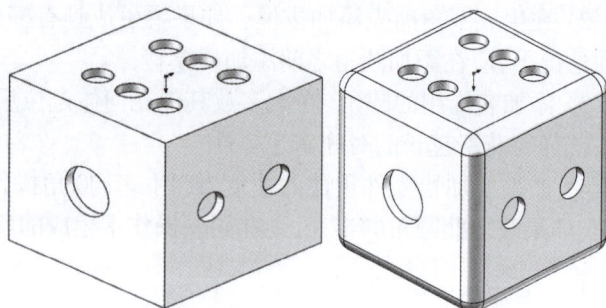

(a) 实体圆角前　　　　(b) 实体圆角后

图 5.1.1.4　对称等半径圆角特征

4. 非对称圆角

非对称指的是在所选边线两边的半径不同。

下面将骰子六面体的各个点数添加非对称半径圆角特征进行边缘钝化：

步骤一：打开配置文件【实例5.1.1.SLDPRT】。

步骤二：将视图转到"一点"，选择【圆角】命令，选择圆孔底部的边为【要圆角化的项目】，在"圆角"属性管理器中"圆角参数"下拉列表里选择【非对称】，如图5.1.1.5所示，出现两个参数栏，分别输入2和4，如图5.1.1.6所示。

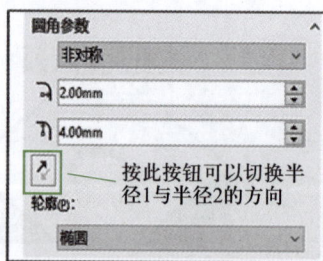

动画
非对称圆角

图 5.1.1.5　非对称圆角设置

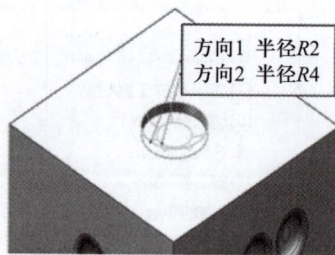

方向1　半径R2
方向2　半径R4

图 5.1.1.6　定义非对称圆角参数

步骤三：单击【确定】按钮，完成非对称圆角设定，再次单击【圆角】按钮，在圆孔边缘加上对称半径R2的圆角，完成效果如图5.1.1.7所示。

说明：将对所有点数的底边设置非对称圆角，参数可以由读者自由设计。

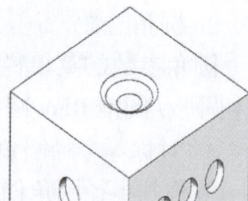

图 5.1.1.7　非对称圆角特征

5. 多半径圆角

可以用不同的边生成不同半径的圆角,但不能为具有共同边线的面或环指定多半径,具体方法按以下步骤:

步骤一:创建一个 50mm × 50mm × 50mm 的立方体。

步骤二:单击【圆角】按钮,弹出菜单栏。

步骤三:选择一条边,半径设置为 10 mm,勾选多半径圆角,选择其他任意一条边,如图 5.1.1.8 所示。

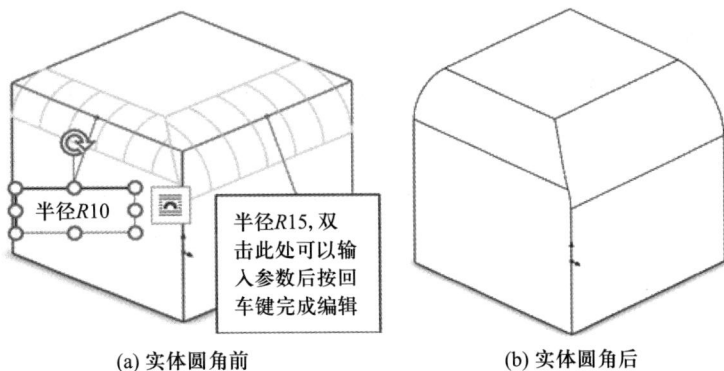

半径R10

半径R15,双击此处可以输入参数后按回车键完成编辑

(a) 实体圆角前　　　(b) 实体圆角后

图 5.1.1.8　边多半径圆角特征

步骤四:单击【确定】按钮,完成多半径圆角的特征创建。

说明:圆角和多半径圆角都可以选择面或环来创建圆角,选择后会将与选择面相关联的边线都赋予圆角特征,如图 5.1.1.9 所示。

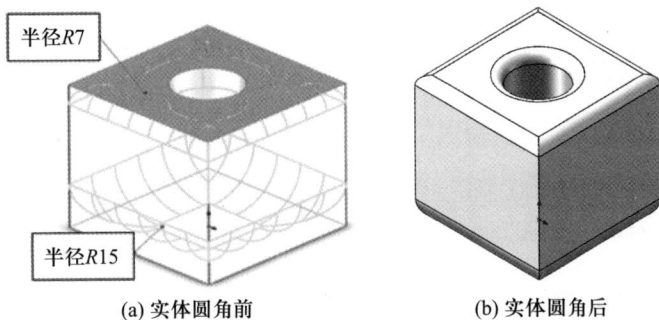

半径R7

半径R15

(a) 实体圆角前　　　(b) 实体圆角后

图 5.1.1.9　面多半径圆角特征

6. 圆角横截面的轮廓形状

对称圆角轮廓选项为【圆形 / 圆锥 Rho/ 圆锥半径 / 曲率延续】,非对称圆角轮廓选项为【椭圆 / 圆锥 Rho/ 曲率延续】。

圆形:以圆做两侧对称半径的轮廓。

圆锥 Pho:设置定义曲线重量的比率,输入介于"0"和"1"之间的值。

圆锥半径:设置曲线肩部点的曲率半径。

椭圆:椭圆的 1/4 的轮廓。

曲率连续:在相邻曲面之间创建更为光顺的曲率,曲率连续圆角比标准圆角更平滑,因为边界处在曲率中无跳跃。

7. 逆转参数

逆转参数的基本条件为 3 个相交形成零件顶点的边要定义为圆角的边,如图 5.1.1.10 所示。

逆转参数的创建步骤如下:

步骤一:打开配置文件【实例 5.1.1.SLDPRT】。

步骤二:在【要圆角化的项目】中选择 3 条边,"圆角参数"中半径设置为 7 mm,"逆转参数"单击【顶点】选择圆角特征的顶点,单击【设定所有】,如图 5.1.1.11 所示。

步骤三:单击【√】按钮,完成逆转参数的特征创建,完成效果如图 5.1.1.12 所示。

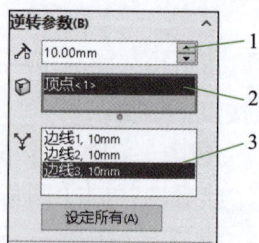

1.此距离是以顶点到逆转圆角的结束距离;2.由3个相接线组成的端点;3.各边线逆转圆角的终止点的距离可以不同,点击需要修改的边线在第一个参数输入距离即可

图 5.1.1.10　逆转参数对话框

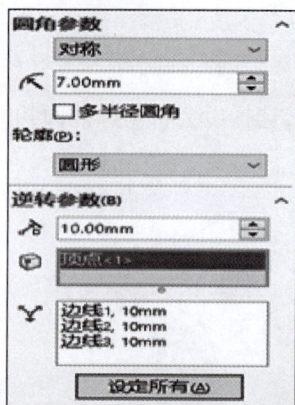

图 5.1.1.11　"圆角"属性管理器

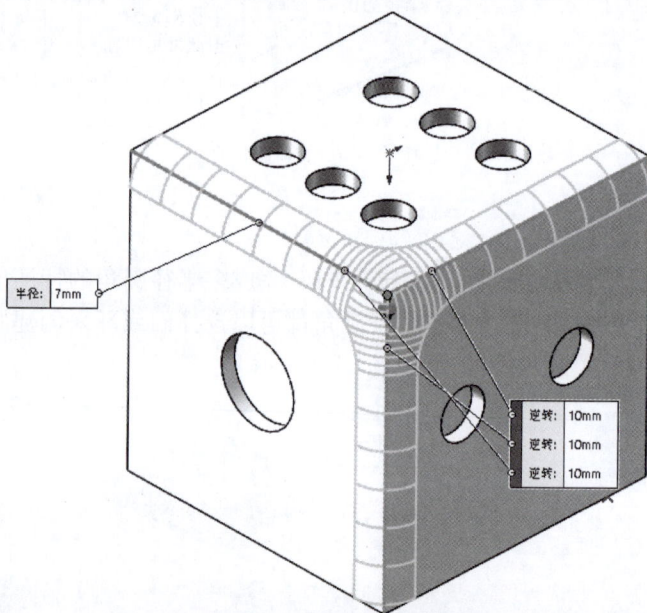

图 5.1.1.12　逆转参数特征

说明:逆转参数需要在设定边线圆角时一起设置,若没有一起设置需要删除之前的圆角特征再重新设置,因为所需要的顶点无法选择。同时,逆转圆角的终止距离可以预设后在选择顶点。

下面将骰子六面体的所有边线与顶点加上圆角及逆转参数设置,步骤与上述一致,需一次性完成所有的边线和顶点选择,选择后效果如图 5.1.1.13 所示,完成效果如图 5.1.1.14 所示。

8. FilletXpert(圆角专家)

FilletXpert:用于管理、组织和重新排序对称等半径圆角,让用户将精力集中于设计意图,其中有三个子栏目,如图 5.1.1.15 所示。

添加:【添加】与【手工】功能相似,基础操作为选择要添加圆角特征的边或面,设置所需半径,单击【应用】按钮,即可添加。

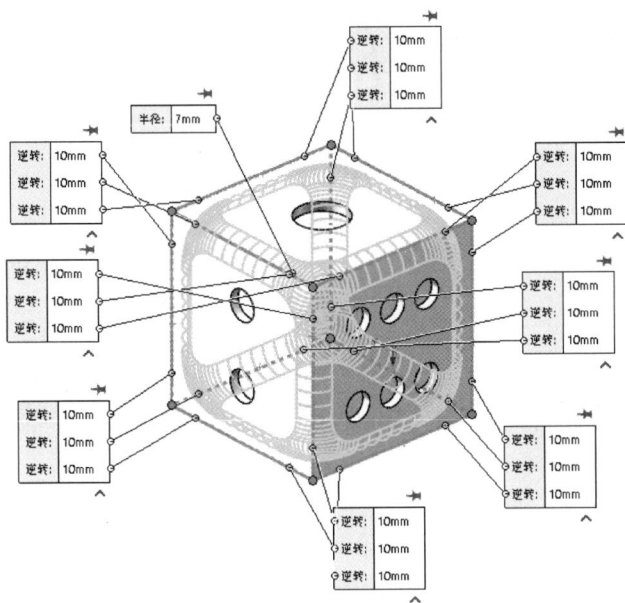

图 5.1.1.13 选择后效果

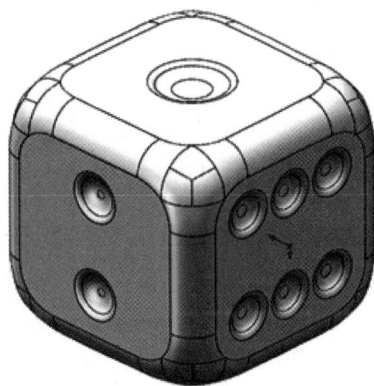

图 5.1.1.14 逆转参数完成后效果

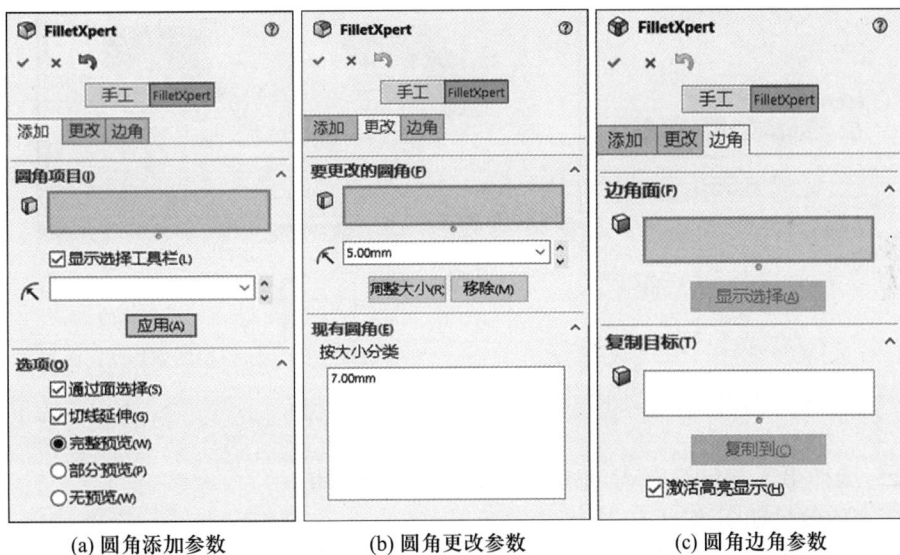

(a) 圆角添加参数   (b) 圆角更改参数   (c) 圆角边角参数

图 5.1.1.15 工作栏

更改:在原有的圆角中有部分需要更改时或有部分圆角特征需要单独删除所要用到的命令,移除只需单击要删除的面,单击【移除】即可,更改半径步骤过程如下:

步骤一:打开配置文件【实例 5.1.2.SLDPRT】。

步骤二:单击【圆角】→【FilletXpert】→【更改】。

步骤三:选择要修改的圆角面,设置圆角半径为 10 mm,单击【调整大小】,如图 5.1.1.16 所示,完成效果如图 5.1.1.17 所示。

步骤四:单击【√】按钮完成圆角修改。

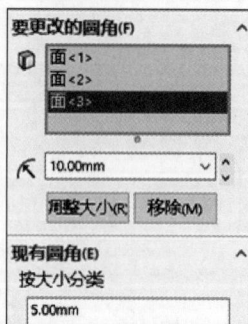

图 5.1.1.16　"圆角"属性管理器

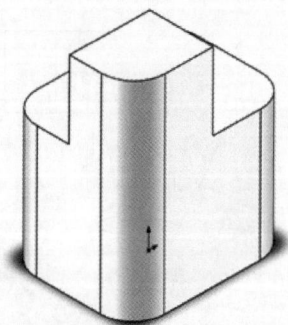

图 5.1.1.17　圆角特征

边角：对于三条圆角边汇合在一个顶点的情况，可以使用【边角】选项卡来创建和管理圆角边角特征，即修改汇合处的边角面的过渡类型。

步骤一：打开配置文件【实例 5.1.3.SLDPRT】。

步骤二：单击【圆角】→【FilletXpert】→【边角】，选择边角的位置，单击【显示选择】，在菜单栏右边出现"选取选择项"对话框，如图 5.1.1.18 所示，鼠标悬停在图标中可以预览圆角样式。

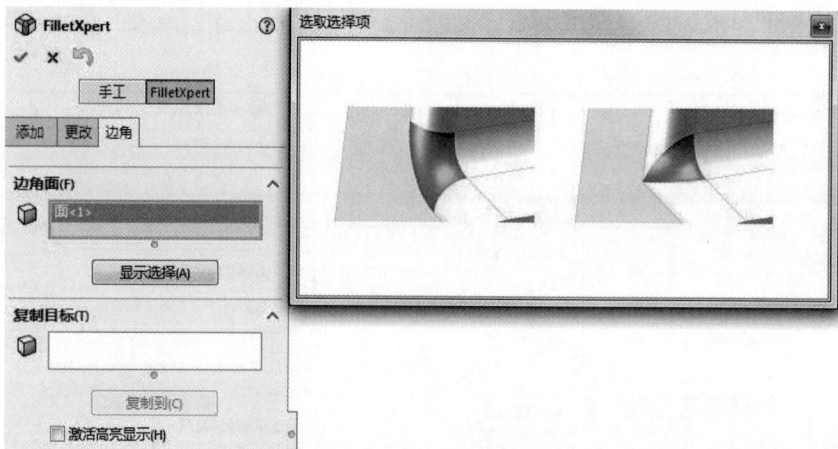

图 5.1.1.18　"选取选择项"对话框

步骤三：选择第二种过渡方式，单击【√】完成修改边角面的操作。完成效果如图 5.1.1.19 所示。

说明：边角必须具有三条在一个顶点汇合的混合凸形等半径圆角边线。

复制目标：复制目标的前提是特征中有多个边角面，并需要将其改成统一的过渡方式，以上图 5.1.1.20 为例，步骤过程如下：

步骤一：打开配置文件【实例 5.1.4.SLDPRT】。

步骤二：单击【圆角】→【FilletXpert】→【边角】，选择已修改的边角，单击【复制目标】，选择需复制到的边角，再单击

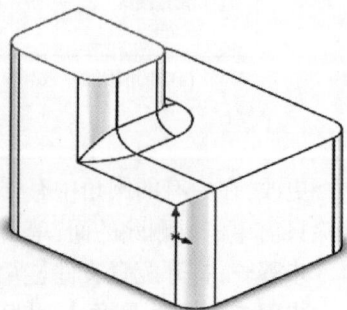

图 5.1.1.19　边角特征

【复制到】。单击【√】完成复制目标的创建，完成后结果如图 5.1.1.20 所示。

9. 圆角选项

圆角选项的功能如图 5.1.1.21 所示：

圆角选项包括：通过面选择、保持特征、圆形角；扩展方式包括：默认、保持边线、保持曲面，保持特征效果如图 5.1.1.22 所示。

圆形角：当外轮廓有形成夹角要添加圆角特征时，圆角与圆角之间相汇的地方可以是尖角，也可以是圆角，圆形角具体功能如图 5.1.1.23 所示。

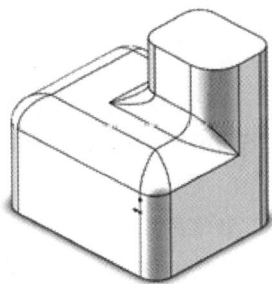

图 5.1.1.20　复制边角特征

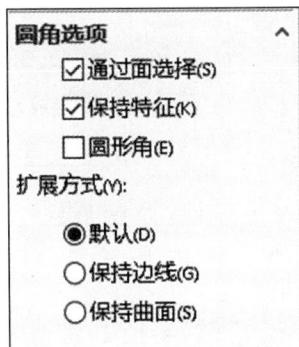

图 5.1.1.21　"圆角"属性管理器

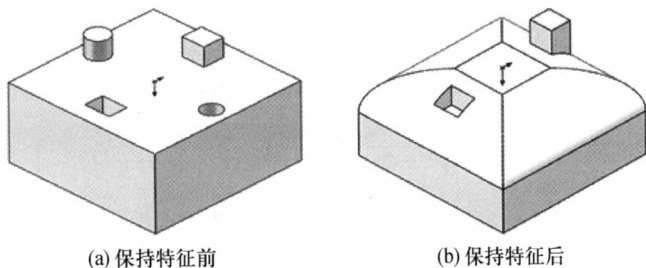

(a) 保持特征前　　(b) 保持特征后

图 5.1.1.22　保持特征前后对比

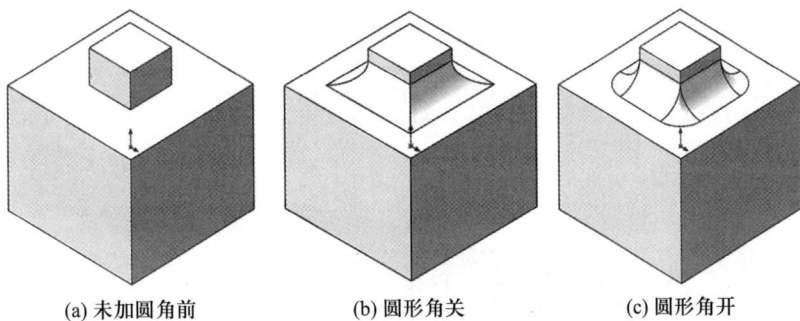

(a) 未加圆角前　　(b) 圆形角关　　(c) 圆形角开

图 5.1.1.23　圆形角特征

扩展方式：当曲面特征与平面特征直接的夹角，如图 5.1.1.24 所示，保持边线是以平面的边线来设计的，保持曲面是以曲面的轮廓来设计的。

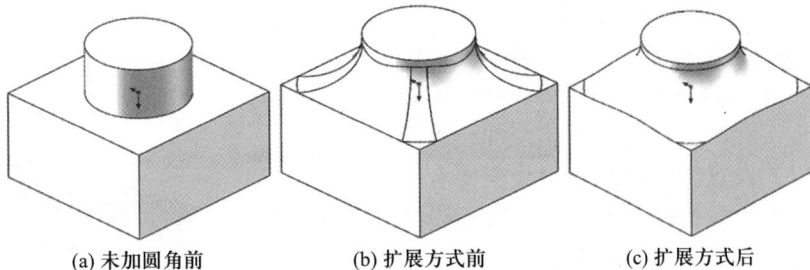

(a) 未加圆角前　　(b) 扩展方式前　　(c) 扩展方式后

图 5.1.1.24　扩展方式特征

5.1.2　变半径圆角

变半径圆角的特点在于我们可以在同一边线上添加不同半径的圆角,只需设置各个节点的半径即可实现不同半径圆角的特征。

1. 要圆角化的项目

菜单栏中的型式和功能与等半径圆角相同,不同的地方是变半径圆角只能选择边线来进行变半径圆角的添加。

2. 变半径参数

"对称/非对称"与恒定半径一样,非对称指的是在所选边线两边的半径不同。

步骤一:打开配置文件【实例 5.1.5.SLDPRT】。

步骤二:单击【圆角】→【变半径圆角】,选择需圆角的边,单击【设定所有】后"对称/非对称"被激活,选择【非对称】,如图 5.1.2.1 所示。

步骤三:所选边中会有几个等距的点,此为我们变半径的控制点,单击边线一端的控制点,弹出活动尺寸框"半径 1"输入 20,"半径 2"输入 10,另一端重复以上步骤。单击中间出现的节点,"半径 1"和"半径 2"都输入 5,如图 5.1.2.2 所示。

图 5.1.2.1　"圆角"属性管理器

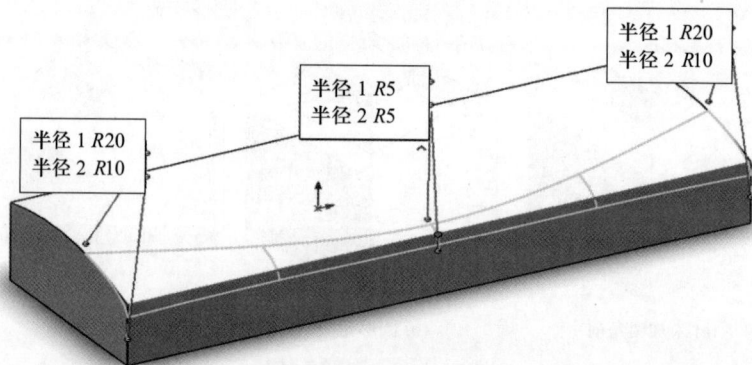

图 5.1.2.2　变半径圆角参数

步骤四:单击【√】按钮,完成非对称变半径圆角特征的创建。完成效果如图 5.1.2.3 所示。

【设定所有】【设定未指定的】:

在添加特征时,如果在一个圆角命令中选择很多条边线,且半径都为相同尺寸的,可以单击【设定所有】来实现所选的边线圆角全部设置同一尺寸,也可以先设置特定的几条边线需要有不同的尺寸外,其他边线为同一尺寸的可以在设置其中一条后单击【设定未指定的】,来完成所需特征的创建。

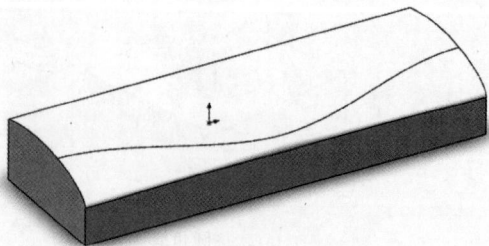

图 5.1.2.3　变半径圆角特征

备注:选择多条边线时,会出现最后选的边线有控制点,其他所选边线无控制点,需要修改其他边线的控制点可以在【要圆角化的项目】中,选择你所需要修改的边线,单击某个控制点即可在活动尺寸框中输入尺寸。

实例数:在所选边线中的控制点数,默认值为3,可以双击浮动框的参数输入参数和拖动控制点。

【平滑过渡 / 直线过渡】:

平滑过渡:生成一个圆角,当一个圆角边线接合于一个邻近面时,圆角半径从一个半径平滑地变化为另一个半径,如图 5.1.2.4 所示。

直线过渡:生成一个圆角,圆角半径从一个半径线性变化成另一个半径,但是不将切边与邻近圆角匹配,如图 5.1.2.5 所示。

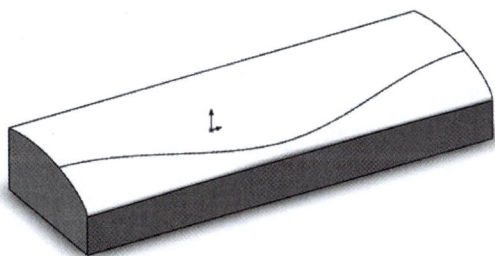

动画
【平滑过渡 / 直线过渡】

图 5.1.2.4　平滑过渡特征

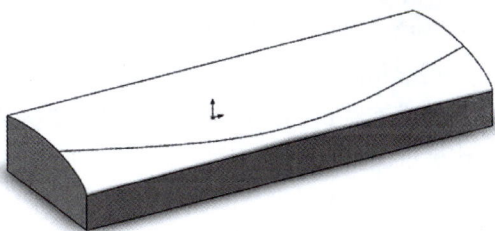

图 5.1.2.5　直线过渡

【逆转参数】:

下面将对眼镜盒上盖的其余边进行变半径圆角,并建立逆转参数:

步骤一:选择需圆角的边线,打开切线延伸。

步骤二:添加【逆转参数】→【逆转顶点】,选择左上方和右上方的顶点,单击【设定所有】按钮,如图 5.1.2.6 所示。

步骤三:输入三个顶点的距离,如图 5.1.2.7 所示。

图 5.1.2.6　【圆角】逆转参数

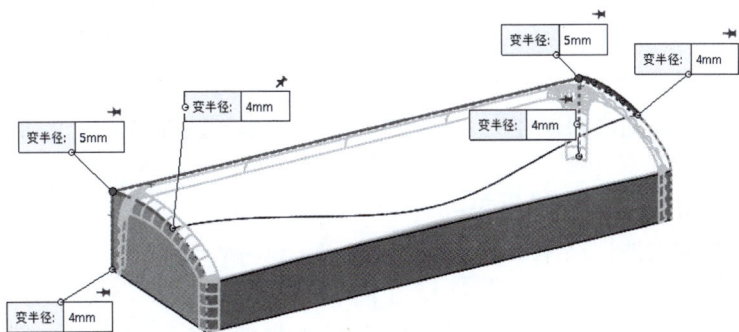

图 5.1.2.7　逆转参数

步骤四:单击【√】按钮,完成集体化变半径圆角特征及逆转特征创建。完成效果如图 5.1.2.8 所示。

图 5.1.2.8　逆转特征

5.1.3　面圆角

面圆角主要功能是混合非相邻、非连续的面,当然也可以混合相邻的面。

面圆角的基本界面如图 5.1.3.1 所示。

1. 要圆角化的项目

面组 1,面组 2:在零件特征中选择要混合的面,可以选择 1 个面或一组面。其余的选项功能与圆角命令一致。

2. 圆角参数

1)【对称】代表着两个面组间所形成的圆角为对称的圆角。

"轮廓"圆形:默认选项。

圆锥 Rho:设置定义曲线重量的比率,输入介于 0 和 1 之间的值。

曲率连续:在相邻曲面之间创建更为光顺的曲率,曲率连续圆角比标准圆角更平滑,因为边界处在曲率中无跳跃。

2)【弦宽度】定义圆角的弦宽度。

"轮廓"圆形:默认选项。

曲率连续:在相邻曲面之间创建更为光顺的曲率。曲率连续圆角比标准圆角更平滑,因为边界处在曲率中无跳跃。

图 5.1.3.1　【面圆角】界面

3)【非对称】代表两个面组间的所形成的圆角为非对称半径的圆角。

"轮廓"椭圆:默认选项。

锥形 Rho:设置定义曲线重量的比率。输入介于 0 和 1 之间的值。曲率连续(U)在相邻曲面之间创建更为光顺的曲率。曲率连续圆角比标准圆角更平滑,因为边界处在曲率中无跳跃。

4)【包络控制线】选择零件上一边线或面上一投影分割线作为决定面圆角形状的边界。圆角的半径由控制线和要圆角化的边线之间的距离驱动。

"轮廓"圆形:默认选项。

曲率连续:在相邻曲面之间创建更为光顺的曲率。曲率连续圆角比标准圆角更平滑,因为边界处在曲率中无跳跃。

下面步骤为面圆角的基本运用过程:

步骤一:打开配置文件【实例 5.1.6.SLDPRT】。

步骤二:单击【圆角】→【面圆角】,选择图中高亮显示的面,如图 5.1.3.2 所示。

步骤三:单击【√】完成简单面圆角的操作,完成效果如图 5.1.3.3 所示。其余命令与其他圆角命令基本一致。

创建圆角参数中的包络控制线操作步骤如下:

步骤一:打开配置文件【实例 5.1.6.SLDPRT】。

步骤二:单击【圆角】→【面圆角】→【包络控制线】,【要圆角化的项目】的面组分别选择需面圆角的两个面组,【包络控制线】选择面组 2 左下角与圆角方向相同的边为包络控制线。

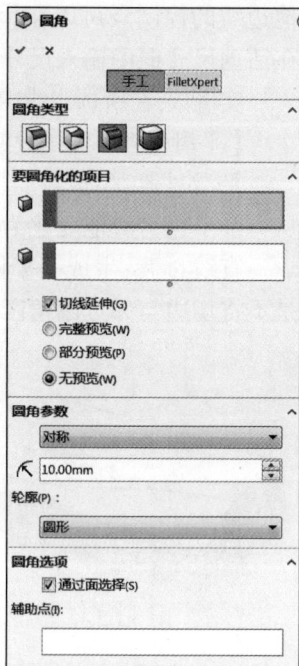

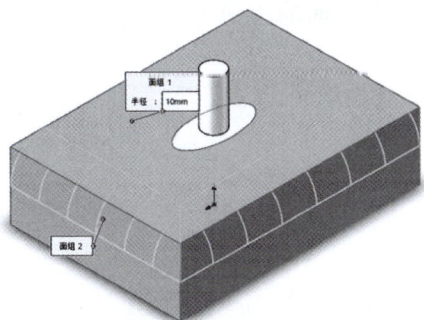

图 5.1.3.2 【面圆角】参数

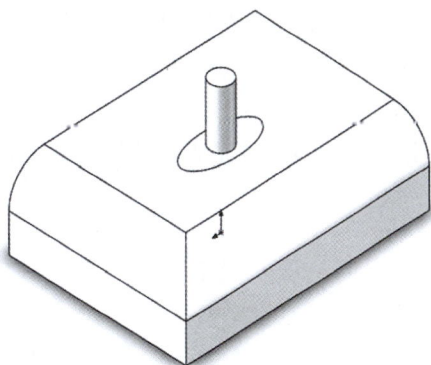

图 5.1.3.3 面圆角特征

步骤三:单击【√】完成简单包络控制线的建立。

包络控制线:可以是一条边线,也可以是两条,也可以是以特殊边线为控制线。在图 5.1.3.4 的基础上将面组 1 的右边边线也设置为包络控制线并设置为【曲率延续】可得到如图 5.1.3.5 所示,完成效果如图 5.1.3.6 所示。

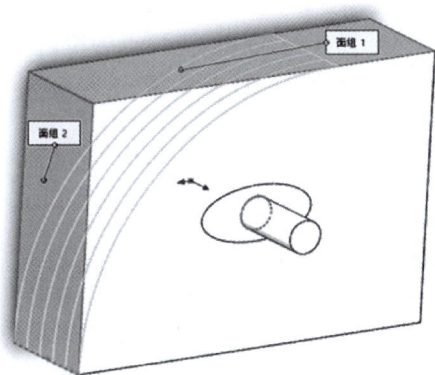

图 5.1.3.4 生成面圆角特征

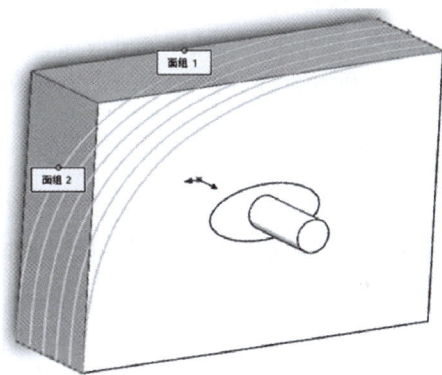

图 5.1.3.5 生成圆角包络控制线特征

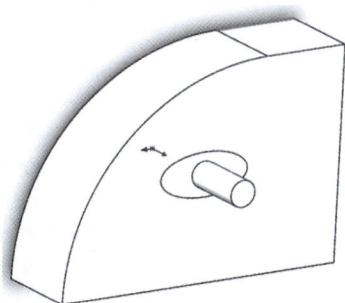

(a) 一条线包络控制前

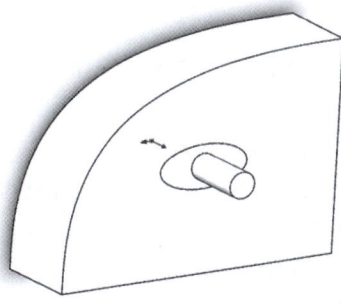

(b) 两条线包络控制后

图 5.1.3.6 圆角包络控制特征

由特殊边线为控制线的基本特征创建步骤如下:
步骤一:打开配置文件【实例 5.1.6.SLDPRT】。

步骤二：单击【圆角】→【面圆角】→【包络控制线】，【要圆角化的项目】的面组分别选择如图 5.1.3.7 所示的两个组面，【包络控制线】选择椭圆面的边线为包络控制线，【轮廓】为圆形。

步骤三：单击【√】完成特殊控制线的建立，完成效果如图 5.1.3.8 所示。

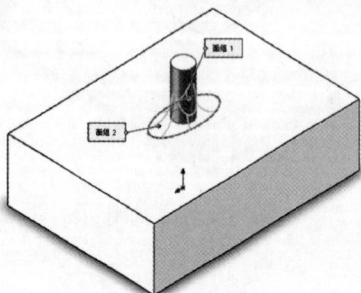

图 5.1.3.7　特殊边线为控制线的参数　　　图 5.1.3.8　特殊边线为控制线的特征

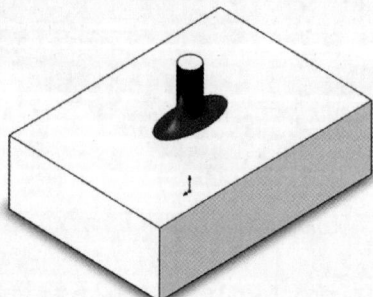

3. 圆角参数

通过面：选择启用通过隐藏边线的面选择边线。

辅助点：当可能不清楚在何处发生面混合时解决模糊选择。先在辅助点顶点中单击，然后单击要插入面圆角的边侧上的一个顶点，圆角在靠近辅助点的位置处生成。

5.1.4　完整圆角

要圆角化的项目：本功能栏中的全部功能如图 5.1.4.1 所示。

完整圆角要求的要素有三个：在同一特征内，任意两个或多个相对的面（包括非对称、非平行的面），或与以上两个面相交的面，即可完成完整圆角的操作。

边侧面组 1：可以选择一个或多个相连且与中央面组成一定角度相交的面。

中央面组：可以选择一个或多个与【边侧面组 1】和【边侧面组 2】相连的面。

边侧面组 2：可以选择一个或多个相连且与中央面组成一定角度相交的面。

创建完整圆角特征基本步骤如下：

步骤一：打开配置文件【实例 5.1.7.SLDPRT】。

步骤二：选择特征菜单【特征】→【圆角】命令，系统在左方弹出"圆角"属性管理器。

步骤三："圆角类型"选择【完整圆角】，分别选择模型左侧、顶端、右侧的面到"边侧面组 1""中央面组""边侧面组 2"，如图 5.1.4.2 所示。

步骤四：单击属性管理器中【√】按钮，完整圆角特征创建完成，如图 5.1.4.3 所示。

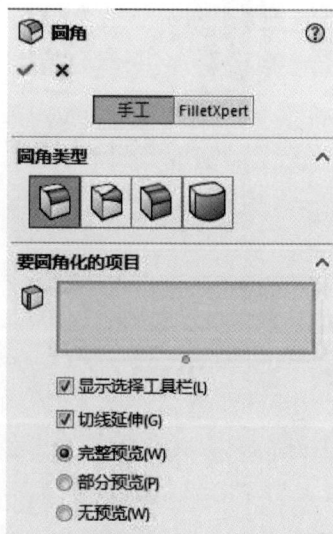

图 5.1.4.1　【完整圆角】

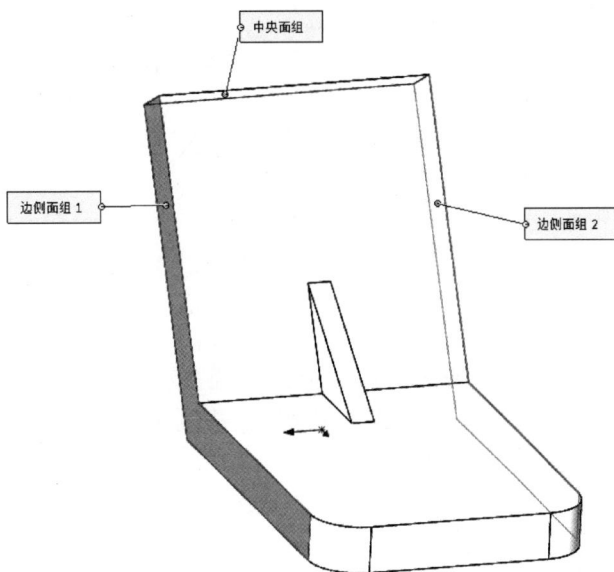

图 5.1.4.2 【完整圆角】参数

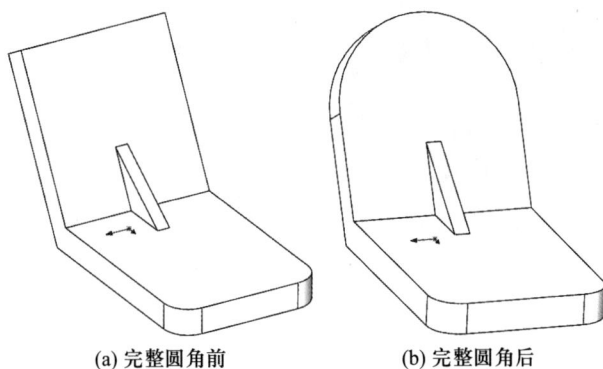

(a) 完整圆角前   (b) 完整圆角后

图 5.1.4.3   完整圆角特征

创建多面组的完整圆角特征步骤如下：

步骤一：打开配置文件【实例 5.1.8.SLDPRT】。

步骤二：选择特征菜单【特征】→【圆角】命令，系统在左方弹出"圆角"属性管理器。

步骤三：选择【完整圆角】，分别选择模型左侧、顶端、右侧的面到"边侧面组 1""中央面组""边侧面组 2"，如图 5.1.4.4 所示。

步骤四：单击【√】按钮，完成内部完整圆角创建，完成效果如图 5.1.4.5 所示。重复步骤二与步骤三，完成外部完整圆角，完成效果如图 5.1.4.6 所示。

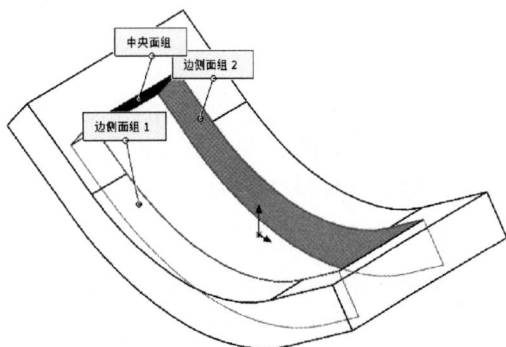

图 5.1.4.4 【完整圆角】参数

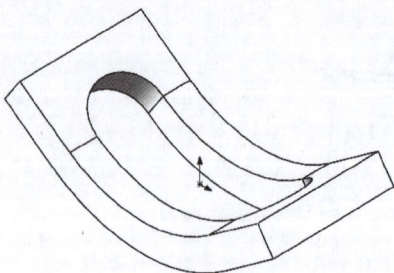

图 5.1.4.5　内部完整圆角完成效果　　　　图 5.1.4.6　外部完整圆角完成效果

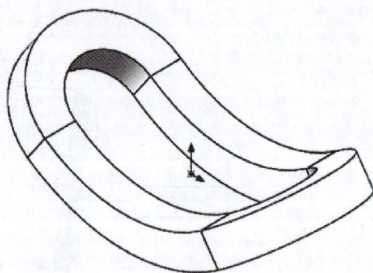

步骤五:选择特征菜单【特征】→【圆角】命令,系统在左方弹出"圆角"属性管理器。选择【完整圆角】,分别选择模型外侧、底部、内侧的面组到"边侧面组 1""中央面组""边侧面组 2",如图 5.1.4.7 所示。

步骤六:单击【√】按钮,完成完整圆角创建。完成效果如图 5.1.4.8 所示。

微课
倒角特征

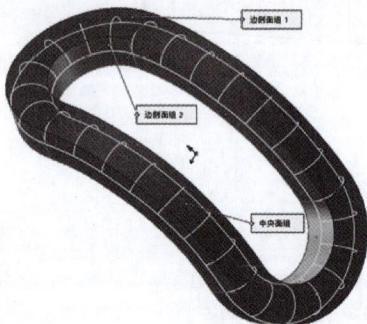

图 5.1.4.7　【完整圆角】参数　　　　图 5.1.4.8　完整圆角特征

5.2　倒角特征

倒角特征指的是两个相交面在相交边建立的斜面特征。倒角分为以下 5 个类型:角度 – 距离、距离 – 距离、顶点、等距面、面 – 面,如图 5.2.0.1 所示。

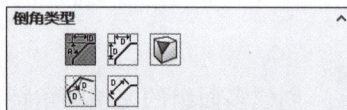

图 5.2.0.1　倒角类型

5.2.1　角度 – 距离

角度是倒角与相交面之间的角度,距离则是倒角的宽度。

角度 – 距离的创建步骤如下:

步骤一:打开配置文件【实例 5.2.1.SLDPRT】。

步骤二:单击工具栏的【圆角】下拉按钮,单击【倒角】按钮,如图 5.2.1.1 所示。

动画
角度 – 距离

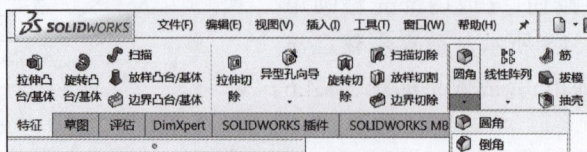

图 5.2.1.1　工具栏

步骤三：弹出"倒角"属性管理器，单击选择【角度－距离】，如图 5.2.1.2 所示。

"倒角"属性管理器中各项目说明如下：

倒角类型：选择倒角类型。

要倒角化的项目：选择实体的边线和面。

倒角参数：输入角度、输入距离。

步骤四：单击【要倒角化的项目】选择需倒角的两个边，如图 5.2.1.3 所示，在"倒角参数"中输入角度与距离。

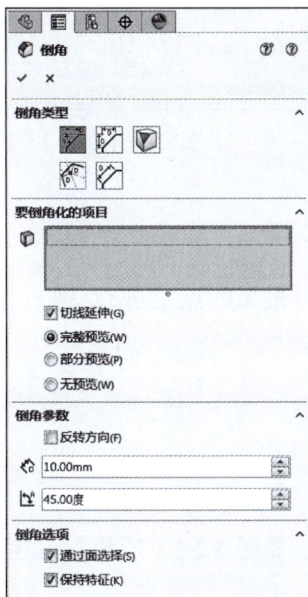

图 5.2.1.2　"倒角"属性管理器　　　　图 5.2.1.3　【倒角】参数

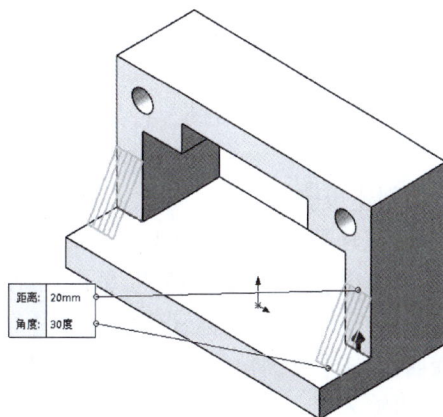

步骤五：单击【√】按钮，完成倒角中的角度－距离特征。

5.2.2　距离－距离

每个相交面需要切除的距离就是我们需要控制的，设置出两条边的距离来产生倒角。

动画
距离－距离

距离－距离的创建步骤如下：

步骤一：打开配置文件【实例 5.2.1.SLDPRT】。

步骤二：工具栏中单击【圆角】下拉按钮，单击【倒角】按钮。

步骤三：弹出"倒角"属性管理器，选择【距离－距离】。

步骤四：单击【要倒角化的项目】选择需倒角的边，如图 5.2.2.1 所示，在"倒角参数"中选择【非对称】输入两个不同的距离，如图 5.2.2.2 所示。

步骤五：单击【√】按钮，完成倒角中的距离－距离特征。

说明：在倒角参数中对称与非对称的区别在于，对称倒角两个边相等，非对称倒角两边不相等。

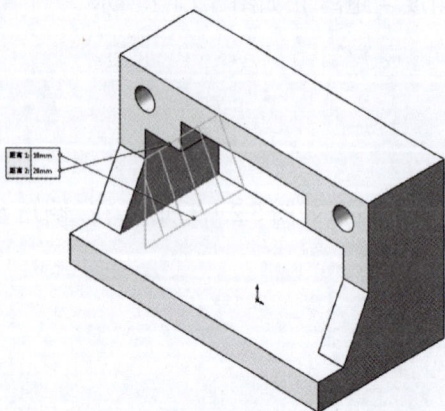

图 5.2.2.1　选择倒角的边

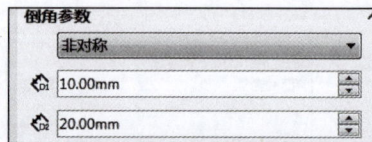

图 5.2.2.2　【倒角】参数

5.2.3　顶点

与其他两个命令不同的是,它是需要在三个相交面相交的点上进行,通过设置顶点产生倒角。

顶点的创建步骤如下:

步骤一:打开配置文件【实例 5.2.1SLDPRT】。

步骤二:单击【圆角】下拉按钮,单击【倒角】按钮。

步骤三:弹出"倒角"属性管理器,选择【顶点】。

步骤四:单击【要倒角化的项目】选择需倒角的顶点,如图 5.2.3.1 所示,在"倒角参数"中默认不相等,再输入三个顶点的距离,如图 5.2.3.2 所示。

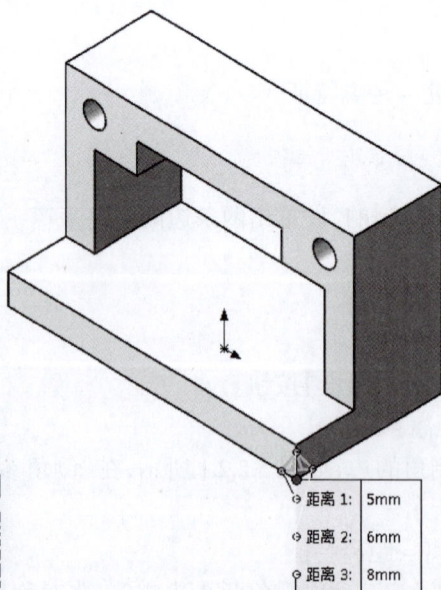

动画
顶点

图 5.2.3.1　选择倒角顶点

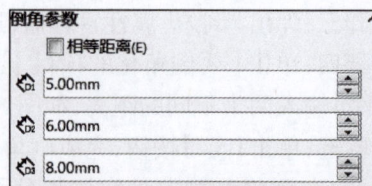

图 5.2.3.2　【倒角】顶点参数

步骤五:重复步骤三、步骤四依次选择完剩下的 3 个角,单击属性管理器的【√】按钮,完成倒角中顶点命令,如图 5.2.3.3 所示。

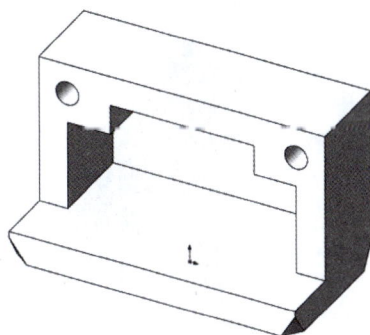

图 5.2.3.3　倒角顶点特征

5.2.4　等距面

通过偏移选定边线相邻的面来求解等距面倒角。

等距面的创建步骤如下:

步骤一:打开配置文件【实例 5.2.1.SLDPRT】。

步骤二:工具栏中选择【倒角】命令,弹出属性管理器,选择【等距面】。

步骤三:在"倒角参数"选择【对称】,输入倒角的距离,如图 5.2.4.1 所示,单击【要倒角化的项目】选择需倒角的面,如图 5.2.4.2 所示。

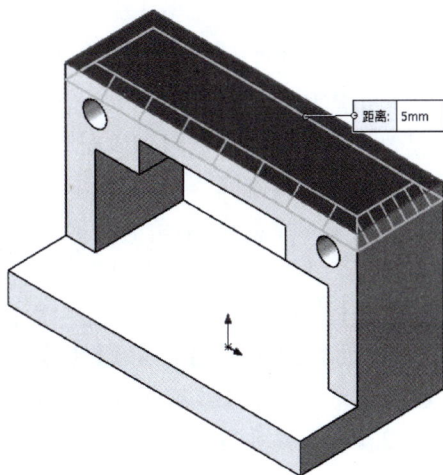

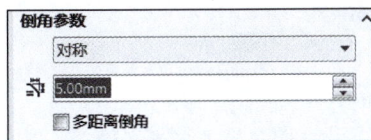

图 5.2.4.1　【倒角】等距面参数　　　　图 5.2.4.2　【倒角】等距面效果

步骤四:单击属性管理器的【√】按钮,完成倒角中的等距面特征。

说明:多距离倒角适用于对称参数的等距面倒角,它需先在图 5.2.4.1 中勾选,而后再选择面或线。等距面中的倒角参数,非对称命令只能选择线产生倒角,而不能选择面。

5.2.5　面 – 面

面 – 面倒角用于为两个面创建倒角,两个面可以是非相邻、非连续的面。

面 – 面的基本操作步骤及解释如下:

步骤一:打开配置文件【实例 5.2.2.SLDPRT】。

步骤二:工具栏选择【倒角】命令,弹出属性管理器,选择【面 – 面】。

步骤三:单击【要倒角化的项目】选择"面组 1"和"面组 2",如图 5.2.5.1 所示,在"倒角参数"中选择【对称】,输入倒角距离,如图 5.2.5.2 所示。

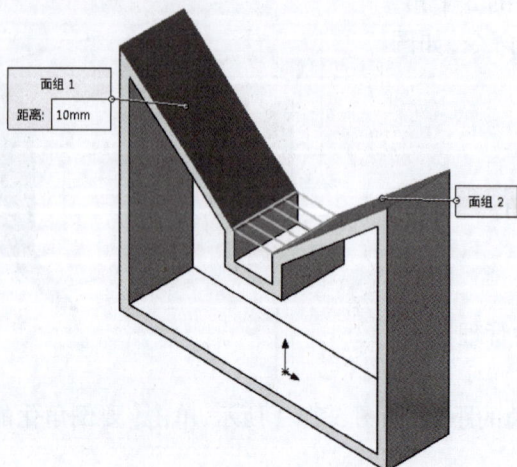

图 5.2.5.1 【倒角】面 – 面效果

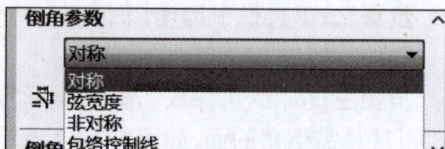

图 5.2.5.2 【倒角】面 – 面参数

"倒角参数"中各项目说明如下：

对称：两个倒角距离相同。

弦宽度：在设置的弦距离处为宽度创建面 – 面倒角。

非对称：两个倒角的距离不同。

包络控制线：使用单一控制线，倒角为对称。可选择多个包络控制线，包络控制线、驱动面之间的混合。

步骤四：单击【√】按钮，完成倒角中的面 – 面特征。

说明：等距面及面 – 面倒角特征可以转换圆角特征。在确认特征完成后，右键打开编辑特征，有个圆角类型显示，如图 5.2.5.3 所示，选择后单击完成即可变成圆角。

图 5.2.5.3　特征界面

5.3　筋特征

在轮廓与现有零件之间指定方向和厚度以进行延伸，可以使用单一或者多个草图生成筋特征，也可以使用拔模生成筋特征。筋的创建类似拉伸特征的创建，但两者之间是有不同之处的：拉伸命令需要的是封闭的曲线；而筋特征的截面草图是不封闭的，只需和接触面对齐，即可在两相邻面之间创建筋。

筋主要有三大作用：

（1）在不加大制品壁厚的条件下，增强制品的强度，以节约塑料用量，减轻重量，降低成本。

（2）可克服制品壁厚差带来的应力不均造成的制品歪曲变形。

（3）便于塑料熔体的流动，在塑件本体某些壁部过薄处为熔体的充满提供通道。

在工具栏中，选择【筋】特征命令，选择一个面，绘制草图，弹出"筋"属性管理器，如图 5.3.0.1 所示。

"筋"属性管理器中各项目的说明如下：

1）厚度：在草图边缘添加筋的厚度。

第一边：只延伸草图轮廓到草图的一边。

两侧：均匀延伸草图轮廓到草图的两边。

第二边：只延伸草图轮廓到草图的另一边。

2）筋厚度：设置筋的厚度。

3）拉伸方向：设置筋的拉伸方向。

平行于草图：平行于草图生成筋拉伸。

垂直于草图：垂直于草图生成筋拉伸。

4）反转材料边：更改拉伸的方向。

5）拔模开 / 关：添加拔模特征到筋，可设置拔模角度。

向外拔模：生成向外拔模角度。

6）所选轮廓：参数用来列举生成筋特征的草图轮廓。

筋的基本操作步骤如下：

步骤一：打开配置文件【实例 5.3.1.SLDPRT】。

步骤二：选择工具栏【筋】特征，选择基准平面，如图 5.3.0.2 所示，进入【草图】绘制筋特征草图，如图 5.3.0.3 所示，绘制完成后单击【退出草图】。

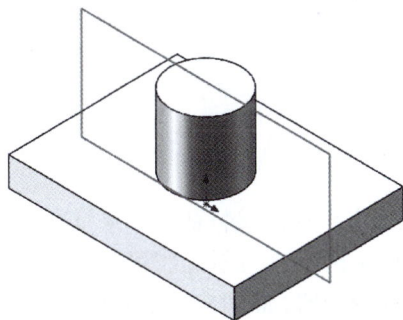

微课
筋特征

动画
筋特征

图 5.3.0.1　"筋"属性管理器

图 5.3.0.2　【草图】界面

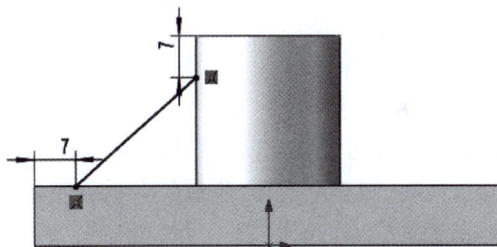

图 5.3.0.3　绘制草图

　　步骤三：弹出"筋"属性管理器，在"参数"中选择【两侧】，输入"厚度"为 10，在"拉伸方向"中设置【平行于草图】，勾选"反转材料方向"复选框，单击【√】按钮，生成筋特征，如图 5.3.0.4 所示。

　　说明：在勾选"反转材料方向"复选框时，看筋方向的箭头是否垂直于底板，如没勾选前已垂直于底板就不需要再勾选这特征。

筋的拔模基本操作步骤如下：

步骤一：打开配置文件【实例 5.3.2.SLDPRT】。

步骤二：选择工具栏【筋】特征，选择基准平面，如图 5.3.0.5 所示，进入【草图】绘制筋特征草图，如图 5.3.0.6 所示，绘制完成后点击退出草图。

　　步骤三：弹出"筋"属性管理器，在"参数"中选择【两侧】，输入"厚度"为 8，在"拉伸方向"中设置【平行于草图】，单击【拔模开 / 关】，设置拔模角度为 5，单击【√】按钮，生成筋拔模特征，如图 5.3.0.7 所示。

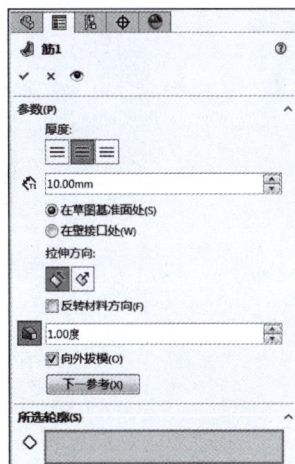

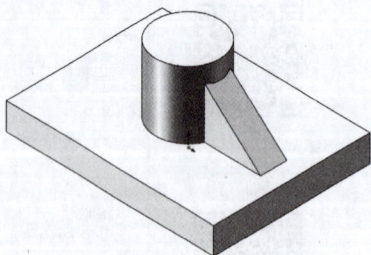

图 5.3.0.4　筋特征

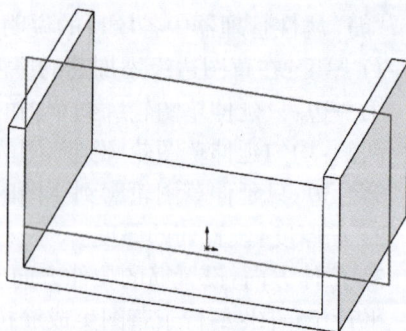

图 5.3.0.5　【草图】界面

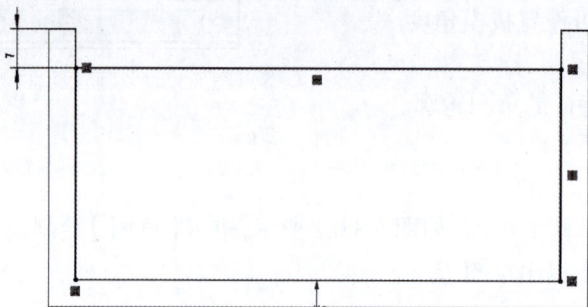

图 5.3.0.6　绘制草图

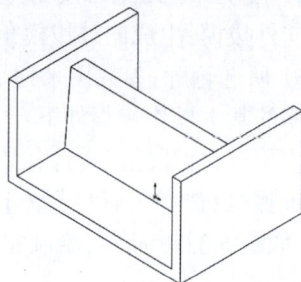

图 5.3.0.7　筋拔模特征

5.4　抽壳特征

抽壳特征可以掏空实体,使所选择的面敞开,在其他面上生成薄壁特征。如果没有选择模型上的任何面,则掏空实体,生成闭合抽壳特征,也可以使用多个厚度生成抽壳模型。

在工具栏中,选择【抽壳】特征命令,弹出"抽壳"属性管理器,如图 5.4.0.1 所示。

"抽壳"属性管理器中各项目说明如下:

(1)"参数"

厚度:设置保留面的厚度。

移除的面:在图形区域可以选择一个或者多个面。

壳厚朝外:增加模型的外部尺寸。

显示预览:显示抽壳特征后的预览。

(2)"多厚度设定"

【多厚度】与参数的【厚度】是相同的。

多厚度面:在图形区域选择一个面,为所选的面设置多厚度的数值。

1. 等壁厚抽壳

等壁厚抽壳特征操作过程如下:

步骤一:打开配置文件【实例 5.4.1.SLDPRT 】。

步骤二:选择工具栏的【抽壳】命令,系统弹出"抽壳"属性管理器。

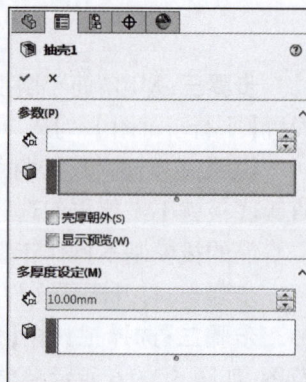

图 5.4.0.1　"抽壳"属性管理器

步骤三：单击【移除的面】，选择需移除的面，设置厚度距离 5 mm，如图 5.4.0.2 所示。单击【√】按钮，生成等壁厚特征如图 5.4.0.3 所示。

微课
抽壳特征

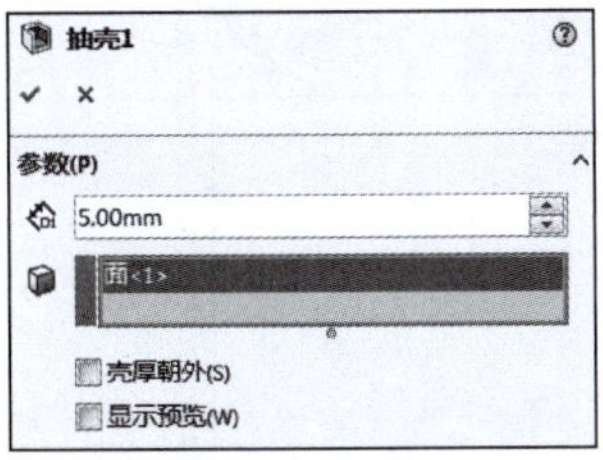

图 5.4.0.2 “抽壳”属性管理器

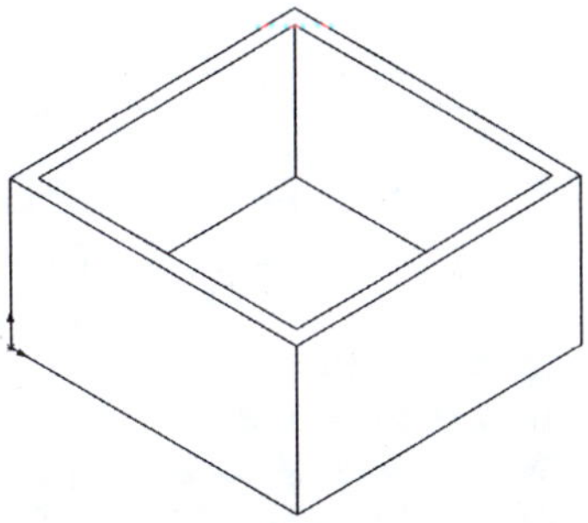

图 5.4.0.3 【抽壳】等壁厚特征

动画
抽壳厚度

2. 多厚度抽壳

多厚度抽壳特征操作过程如下：

步骤一：打开配置文件【实例 5.4.1.SLDPRT】。

步骤二：选择工具栏的【抽壳】命令，系统弹出“抽壳”属性管理器。

步骤三：单击【移除的面】，选择需移除的面，设置厚度距离 15 mm。在“多厚度设定”中单击【多厚度面】，选择两个面，设置多厚度距离 5 mm，如图 5.4.0.4 所示，单击属性管理器【√】按钮，生成多厚度特征，如图 5.4.0.5 所示。

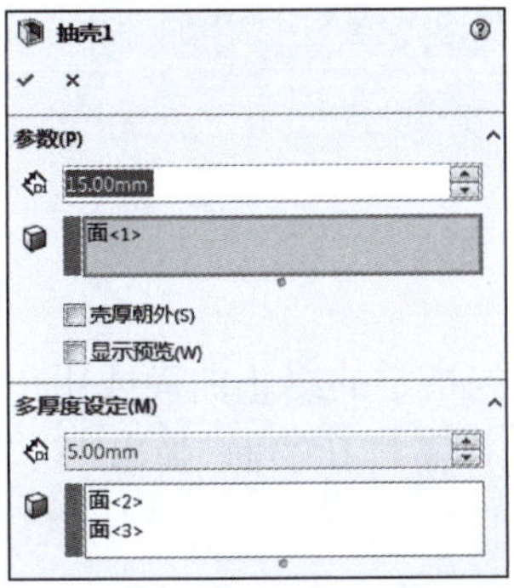

图 5.4.0.4 “抽壳”属性管理器

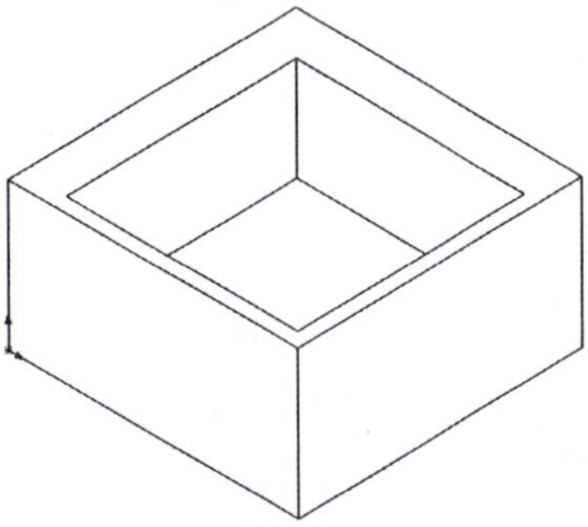

图 5.4.0.5 【抽壳】多厚度特征

5.5 简单孔及异型孔

微课
简单孔及异型孔

孔特征是在模型上生成各种类型的孔。在平面上放置孔并设置深度，可以通过标注尺寸的方法定义它的存在。

单击工具栏中的【设置】下拉按钮，选择【自定义】→【快捷方式栏】选项卡，在“工具栏”下拉列表中选择【特征】，在把简单孔及异型孔命令拖拉出来，如图 5.5.0.1 所示。

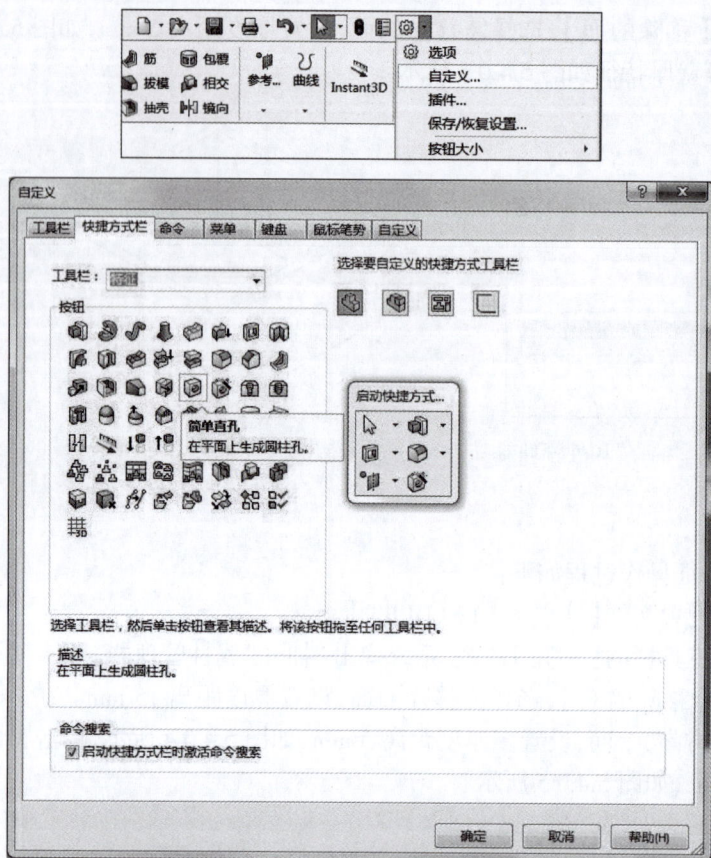

图 5.5.0.1　简单孔及异型孔快捷方式设置

5.5.1　简单孔的应用

简单孔是具有圆截面的切口,它始于放置曲面并延伸到指定的终止曲面或用户定义的深度。

在工具栏中选择【简单孔】,弹出"孔"属性管理器,选择需打孔的面,弹出"孔"属性管理器,如图 5.5.1.1 所示。

动画
简单孔的应用

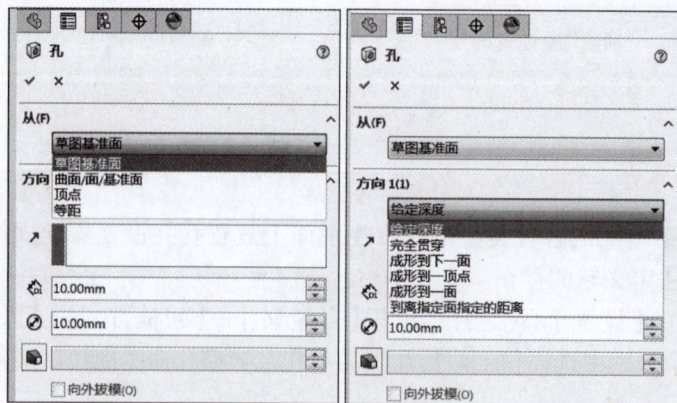

图 5.5.1.1　"孔"属性管理器

（1）"从"

草图基准面：表示进入草图界面，特征从草图基准面进行生成。

曲面/面/基准面：表示任意选择一个面作为孔的起始面。

顶点：选择一个顶点，这个顶点所选的要与草绘基准面平行的面作为孔的起始面。

等距：先输入一个数值，数值表示孔的起始面与草绘基准面的距离，需注意的是输入的距离是反向的话，可在等距旁按钮调整方向，切记不能输入负值。

（2）"方向 1"

给定深度：可以给特征创建一定的深度尺寸（即拉伸深度值）。

完全贯通：特征完全穿透到实体的底面。

成形到下一面：特征从起始面延伸到指定另一个面为拉伸的终止面。

成形到一顶点：特征在拉伸方向延伸，直至与指定顶点到草图基准面的平行面。

成形到一面：特征从拉伸方向延伸，直至到指定的面。

到离指定面指定的距离：需先选择一个面并输入指定的距离，特征将从孔的起始面开始到所选的面指定距离为终止面。

拉伸方向：用于在除了垂直于草图轮廓以外的其他方向拉伸。

深度：设置深度数值。

孔直径：设置孔的直径。

拔模：设置拔模的角度。

简单孔基本运用过程步骤

步骤一：打开配置【实例 5.5.1.SLDPRT】。

步骤二：选择工具栏【简单孔】特征，系统弹出"孔"属性管理器。

步骤三：选择指定一个平面，弹出"孔"属性管理器，选择【草图基准面】，在"方向 1"中选择【给定深度】，深度设置为 20 mm，直径为 15 mm，如图 5.5.1.2 所示，设置约束孔圆心与中心重合，如图 5.5.1.3 所示。

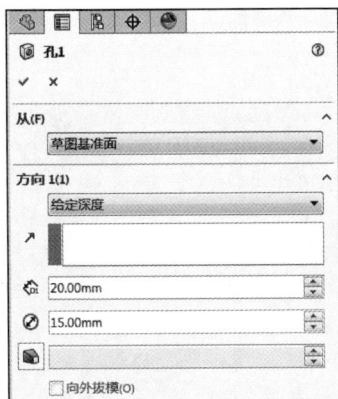

图 5.5.1.2　"孔"属性管理器　　　　　　图 5.5.1.3　【简单孔】效果

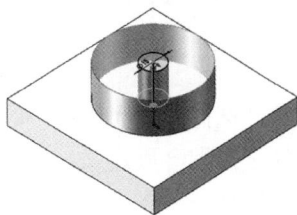

步骤四：单击确定按钮，完成简单孔特征。

5.5.2　异型孔的应用

异型孔是具有基本形状的螺孔，它是基于相关的工业准备的，可带有不同的末端形状标准沉头孔和埋头孔。对选定的紧固件，既可计算攻螺纹，也可计算间隙直径；用户既可利用系统提供的标准查找表，也可自定义孔的大小。

在工具栏中选择【异型孔向导】特征，弹出"孔规格"属性管理器，如图 5.5.2.1 所示。

动画
异型孔的应用

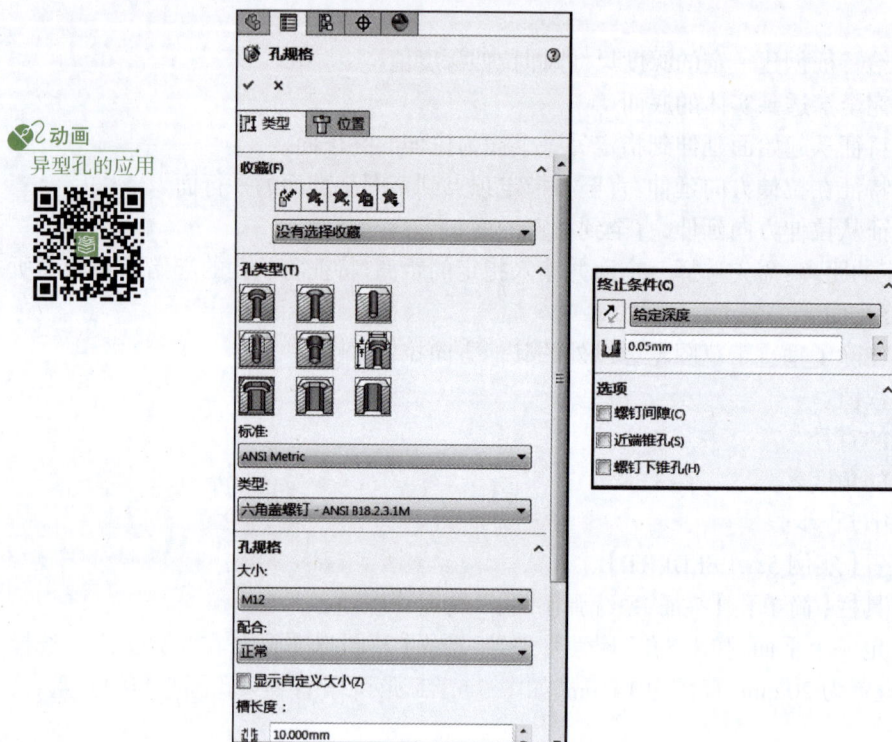

图 5.5.2.1　"孔规格"属性管理器

（1）"孔类型"

根据不同的孔类型而不同。

标准：选择孔的标准，例：国际标准 IS 或 ANSI Metric。

类型：选择孔的类型。

（2）"孔规格"

大小：为螺纹件选择尺寸大小。

配合：为孔件选择配合形式。

（3）"终止条件"

终止条件：选项组中的参数根据孔的类型变化而有所不同，其选项中每个含义跟【孔】特征一样。

（4）"选项"

"螺钉间隙""近端锥孔""螺钉下锥钉"都是根据孔类型不同而变化的。

异型孔基本运用过程步骤

步骤一：打开配置文件【实例 5.5.2.SLDPRT】。

步骤二:选择工具栏中【异型孔向导】命令,系统弹出"孔规格"属性管理器。

步骤三:单击【位置】选项卡,如图 5.5.2.2 所示。

步骤四:选取需要打孔的平面,单击一次,把需要的【孔】单击到与中心重合,如图 5.5.2.3 所示,选择【类型】选项卡。

步骤五:选择"孔类型"中的柱孔槽口,设置"标准"为 ANSI Metric,"类型"为六角盖螺钉。在"孔规格"中的大小设置为 M12,"配合"设置正常。"终止条件"设置【完全贯穿】,单击【√】确定,完成异型孔特征。异型孔特征效果如图 5.5.2.4 所示。

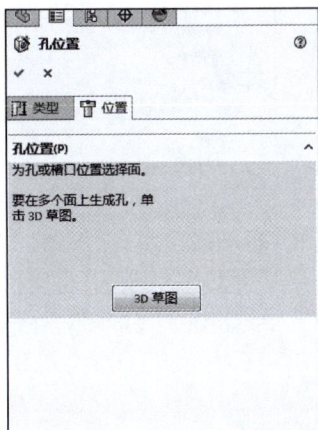

图 5.5.2.2 【位置】选项卡   图 5.5.2.3 约束草图   图 5.5.2.4 生成异型孔特征

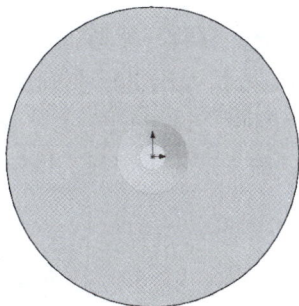

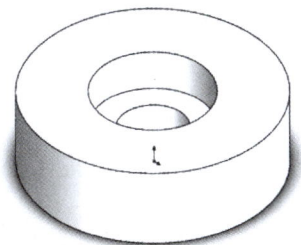

5.6 综合实例

微课
综合实例

【实例 1】 下面讲解一个实体零件的设计过程,运用了其圆角、倒角、抽壳、筋、简单孔等各种特征创建命令的实例,完成实例如图 5.6.0.1 所示。

步骤一:打开配置文件【实例 5.6.1.SLDPRT】。

步骤二:选择工具栏【圆角】特征命令,弹出"圆角"属性管理器,在"圆角类型"选择【恒定大小圆角】,在【圆角化的项目】中选择圆角的边,如图 5.6.0.2 所示,在"圆角参数"中设置半径为 2 mm,如图 5.6.0.3 所示,单击【√】,生成圆角特征。

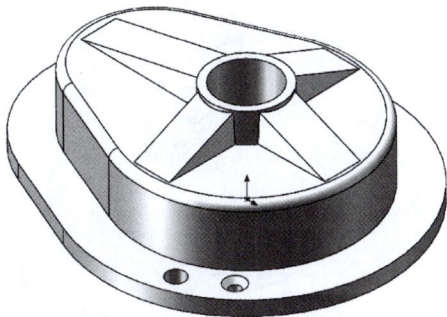

图 5.6.0.1 特征实例   图 5.6.0.2 选择圆角的边

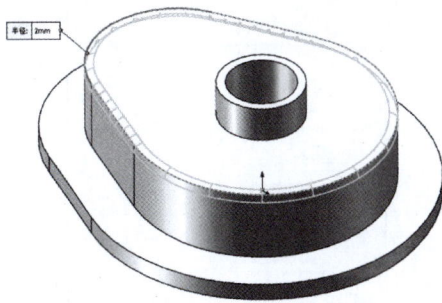

步骤三: 单击工具栏的【筋】特征,选择前视基准面,如图 5.6.0.4 所示,进入草图绘制状态,使用【直线】绘制筋的草图轨迹,设置好尺寸大小,如图 5.6.0.5 所示,单击【退出草图】。

步骤四: 弹出"筋"属性管理器,在"参数"中厚度设置为【两侧】,【筋厚度】为 10 mm,"拉伸方向"选择【平行于草图】,勾选"反转材料方向",双击【拔模开 / 关】,设置拔模角度为 2°,勾选"向外拔模",如图 5.6.0.6 所示,单击【√】,生成筋特征,如图 5.6.0.7 所示。

步骤五: 选择在工具栏中【筋】的特征命令,与步骤三过程相同,不同在于基准面选择不同及草图绘制不同。选择右视基准面,如图 5.6.0.8 所示,进入草图绘制状态,设置好尺寸大小,如图 5.6.0.9 所示,再单击【退出草图】。

步骤六: 弹出"筋"属性管理器,设置参数与步骤四相同,单击【√】,完成【筋】特征。选择【圆周阵列】,弹出"阵列(圆周)"属性管理器,在"方向 1"选择圆,勾选"等间距",设置总角度为 180°,实例数输入 3,在【特征和面】选择刚创建完成的筋特征,单击【√】,完成圆周阵列特征,如图 5.6.0.10 所示。

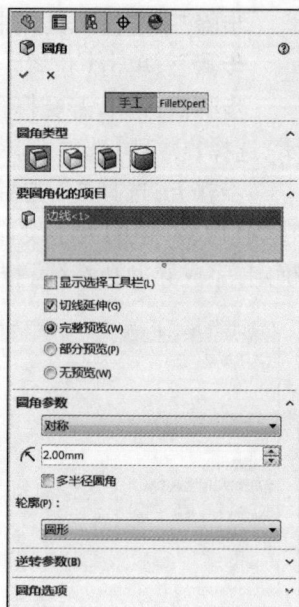

图 5.6.0.3　"圆角"属性管理器

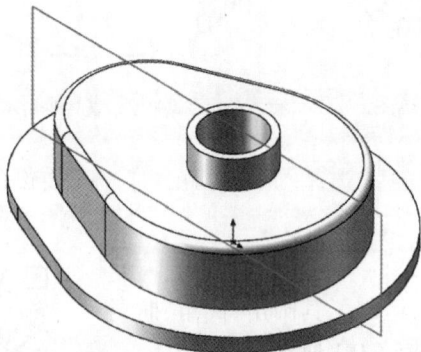

图 5.6.0.4　草图绘制基准面

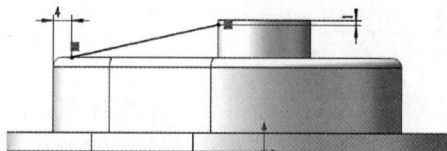

图 5.6.0.5　绘制草图

图 5.6.0.6　"筋"属性管理器

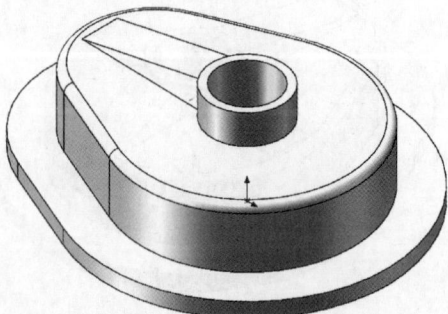

图 5.6.0.7　完成筋特征

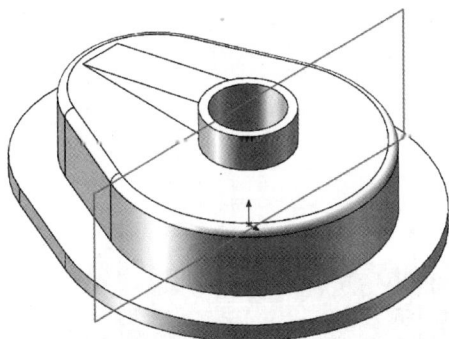

图 5.6.0.8 草图绘制基准面

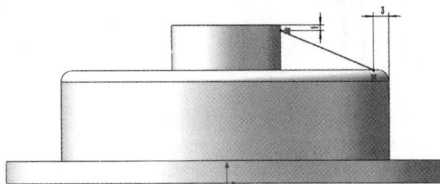

图 5.6.0.9 绘制草图

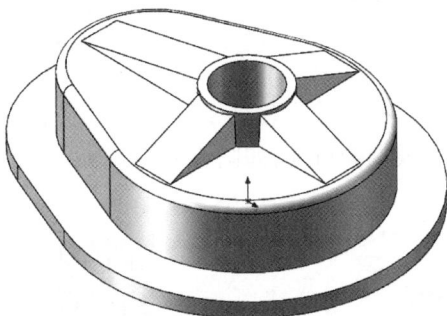

图 5.6.0.10 圆周阵列筋特征完成

步骤七:选择中工具栏【倒角】特征命令,"倒角类型"选择【角度－距离】,在【要倒角化的项目】中选择倒角的边,如图 5.6.0.11 所示,"倒角参数"中设置角度为 45° 和距离为 1 mm,如图 5.6.0.12 所示,单击【√】,完成倒角特征。

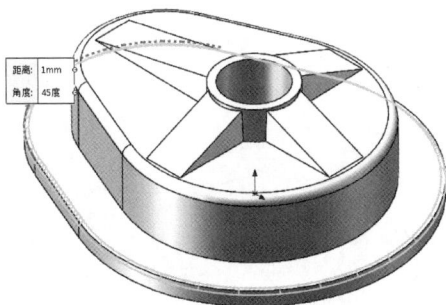

图 5.6.0.11 选择倒角边

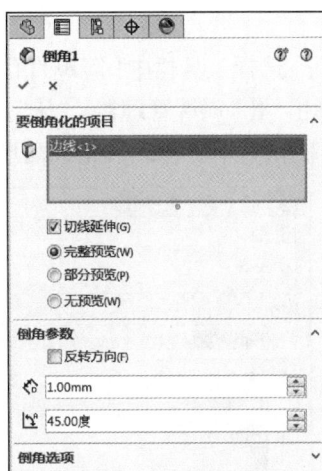

图 5.6.0.12 "倒角"属性管理器

步骤八:选择工具栏的【抽壳】特征命令,弹出"抽壳"属性管理器,如图 5.6.0.13 所示,在"参数"中设置厚度为 3 mm,单击【移除的面】选择需抽壳的面,如图 5.6.0.14 所示。

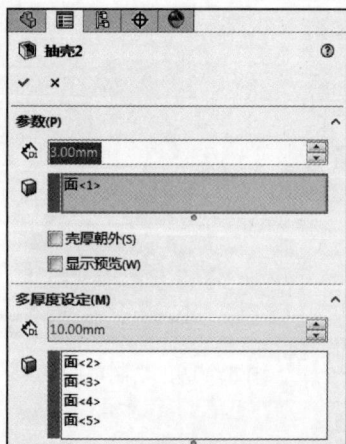

图 5.6.0.13　"抽壳"属性管理器

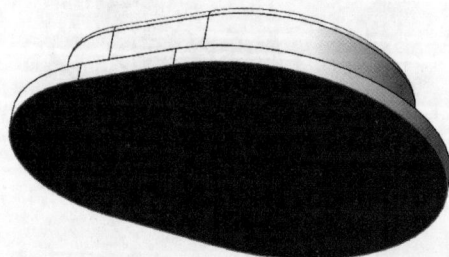

图 5.6.0.14　选择抽壳的面

步骤九: 在"多厚度设定"中单击【多厚度面】选择实体上的面,如图 5.6.0.15 所示,设置多厚度的距离 10 mm,单击【√】,完成抽壳特征,如图 5.6.0.16 所示。

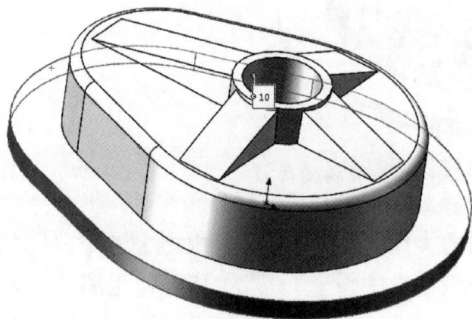

图 5.6.0.15　选择抽壳的面

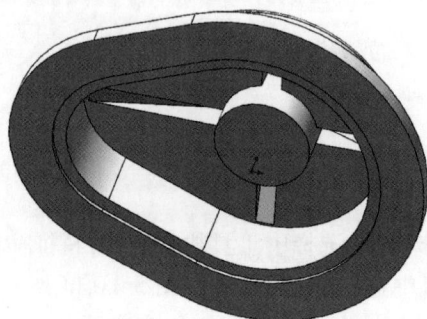

图 5.6.0.16　抽壳的特征

步骤十: 选择工具栏中【简单直孔】特征命令,选择打孔的平面,弹出"孔"属性管理器,选择孔的平面,弹出"孔"属性管理器,"从"选择【草图基准面】,"方向 1"设置深度及孔的直径大小,如图 5.6.0.17 所示,单击【√】,完成简单孔特征,如图 5.6.0.18 所示。

图 5.6.0.17　"孔"属性管理器

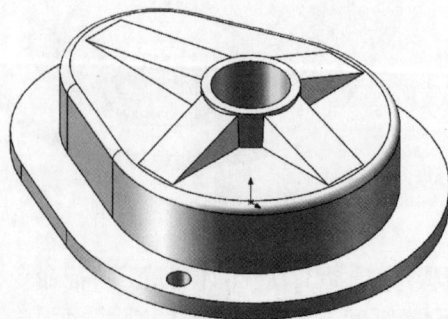

图 5.6.0.18　简单孔特征

步骤十一:选择工具栏中【异型孔向导】命令,系统弹出"孔规格"属性管理器,选择【位置】选项卡,选取需打孔的面,单击一次,设置孔的位置尺寸及约束,单击选择【类型】选项卡,"孔类型"中选择锥形沉头孔,"标准"里选取 ANSI Metric,"类型"里选择平头螺钉,"孔规格"中选择大小为 M2.5,配合正常,"终止条件"选择【完全贯穿】,其他默认不修改,如图 5.6.0.19 所示,单击【√】,完成异型孔中沉头孔特征的创建,如图 5.6.0.20 所示。

图 5.6.0.19 "孔规格"属性管理器

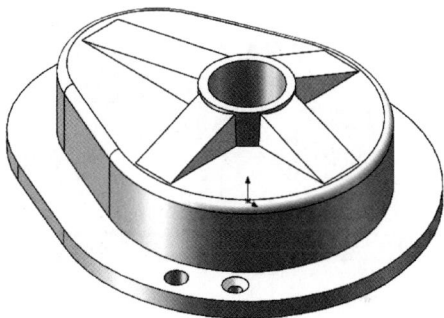

图 5.6.0.20 异型孔特征

【实例 2】 在实体设计中,有些实体需多次运用到异型孔特征及圆角特征,下面以齿轮油泵为讲解实例。完成实例如图 5.6.0.21 所示。

步骤一:打开配置文件【实例 5.6.2.SLDPRT】。

步骤二:选择工具栏的【异型孔向导】,系统弹出"孔规格"属性管理器,选择【位置】选项卡,选取打孔的平面,单击一次,设置孔的位置尺寸为 33 mm,约束圆心点与中心点平行,如图 5.6.0.22 所示,选择【类型】选项卡,在"孔类型"中选择直螺纹孔,"标准"里选择 GB,"类型"选择底部螺纹孔,在"孔规格"选择大小为 M6,"终止条件"选择【完全贯穿】,其他参数默认,如图 5.6.0.23 所示,单击【√】,完成异型孔中的底部螺纹孔特征。

步骤三:前面步骤与步骤二相同,但孔的位置尺寸及约束不同。属性管理器单击选择【位置】选项卡,选择平面,单击平面,绘制两根直线,对两根直线进行尺寸标注及约束,约束

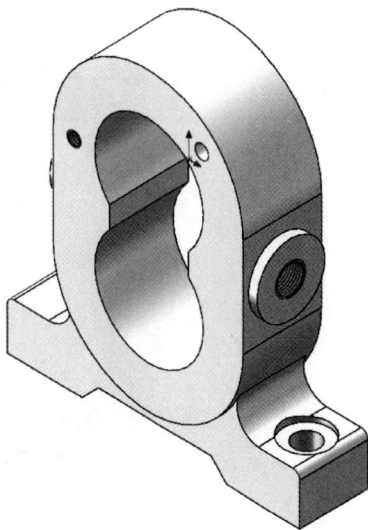

图 5.6.0.21 实例特征

孔在 45° 的直线上,再进行孔的位置尺寸标注 33 mm,如图 5.6.0.24 所示。选择【类型】选项卡,在"孔类型"中选择孔,"标准"选择 GB,"类型"选择暗销孔,"孔规格"选择大小直径为 6,其他参数默认,如图 5.6.0.25 所示,单击【√】,完成异型孔中的销孔特征。

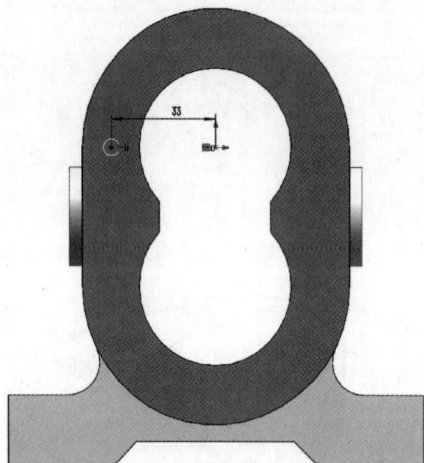

图 5.6.0.22　草图绘制孔

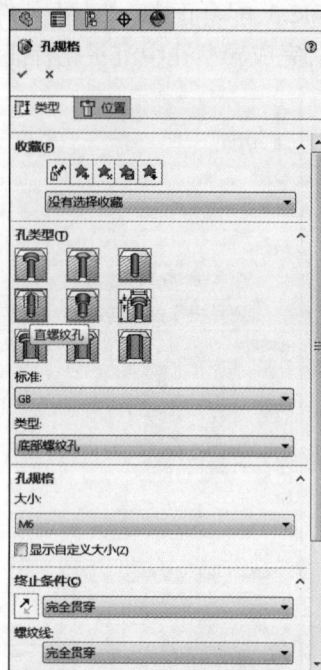

图 5.6.0.23　"孔规格"属性管理器

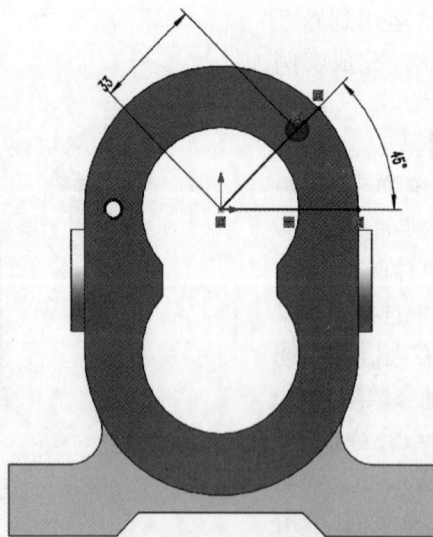

图 5.6.0.24　绘制孔位置

图 5.6.0.25　"孔规格"属性管理器

步骤四:与步骤二基本相同。编辑界面选择【位置】选项卡,选择侧面圆的平面,单击侧平面,约束孔在圆心的位置,如图 5.6.0.26 所示。选择【类型】选项卡,在"孔类型"中选择直螺纹孔,"标准"选择 GB,"类型"选择直管螺纹孔,"孔规格"选择 G1/4,"终止条件"设置给定深度为 18 mm,"螺纹线"设置给定深度为 16 mm,其他参数默认,如图 5.6.0.27 所示,单击【√】,完成异型孔的直管螺纹。

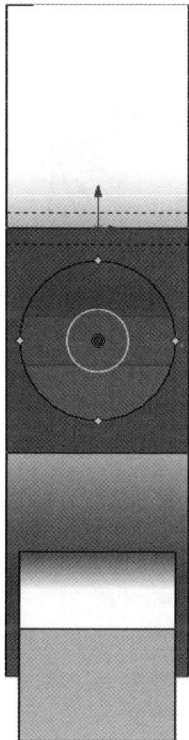

图 5.6.0.26　绘制孔位置

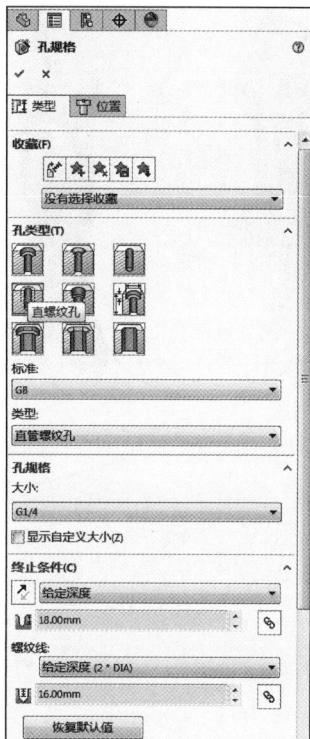

图 5.6.0.27　"孔规格"属性管理器

　　步骤五:选择工具栏中的【参考几何体】,单击【基准面】新建基准面,弹出"基准面"属性管理器,在【第一参考】选择侧面圆平面,设置距离为 18 mm,选中【反转等距】,单击【√】,新建一个平面,如图 5.6.0.28 所示。

　　步骤六:与步骤二基本相同。编辑界面单击【位置】选项卡,选择新建的平面,再单击新建平面,约束孔在圆心的位置,选择【类型】选项卡,在"孔类型"选择孔,"标准"选择 GB,"类型"选择暗销孔,"孔规格"选择大小直径为 6 mm,"终止条件"设置给定深度为 20 mm,其他参数默认不变,单击【√】,完成异型孔销孔特征。

　　步骤七:选择工具栏中的【参考几何体】,单击【基准面】新建基准面,弹出"基准面"属性管理器,在【第一参考】选择底座的面,设置距离为 2 mm,单击【√】,新建一个平面,如图 5.6.0.29 所示。

　　步骤八:与步骤二基本相同。编辑界面单击【位置】选项卡,选择新建的平面,单击新建平面,标注尺寸,标注孔心到底座的边宽为 15 mm,长为 12 mm,如图 5.6.0.30 所示,选择【类型】选项卡,在"孔类型"选择柱形沉头孔,"标准"选择 GB,"类型"选择 GB/T 5782—2000,在"孔规格"中选中"显示自定义大小"复选框,通孔直径设置为 11 mm,柱形沉头孔直径设置为 20 mm,柱形沉头孔深度设置为 4 mm, "终止条件" 设置【完全贯穿】, 其他参数默认不变, 如图 5.6.0.31 所示, 单击【√】, 完成异型孔柱形沉头孔。

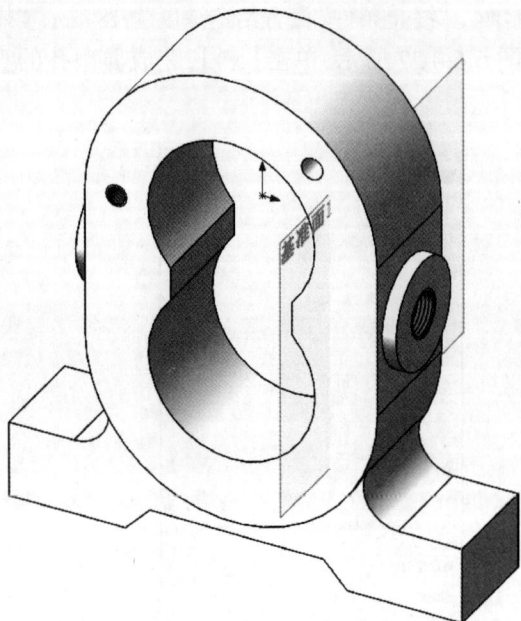

图 5.6.0.28   新建平面

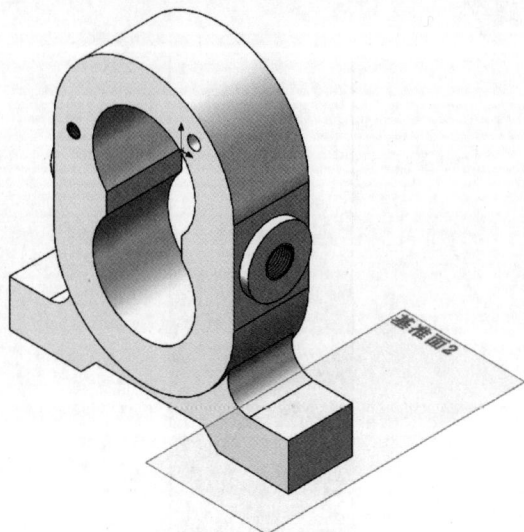

图 5.6.0.29   新建平面

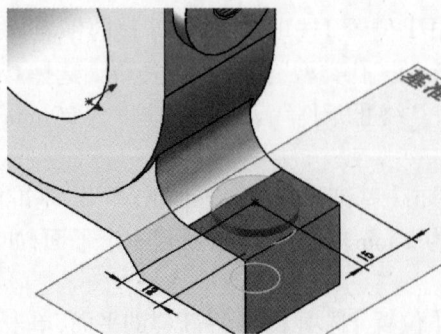

图 5.6.0.30   绘制孔位置

图 5.6.0.31   "孔规格" 属性管理器

步骤九: 选择工具栏中的【圆角】, 弹出 "圆角" 属性管理器, 在 "圆角类型" 选择【恒定大小

圆角 】,在【 圆角化的项目 】中选择圆角的边,如图 5.6.0.32 所示,"圆角参数"设置半径为 3 mm,单击【 √ 】,完成圆角特征。

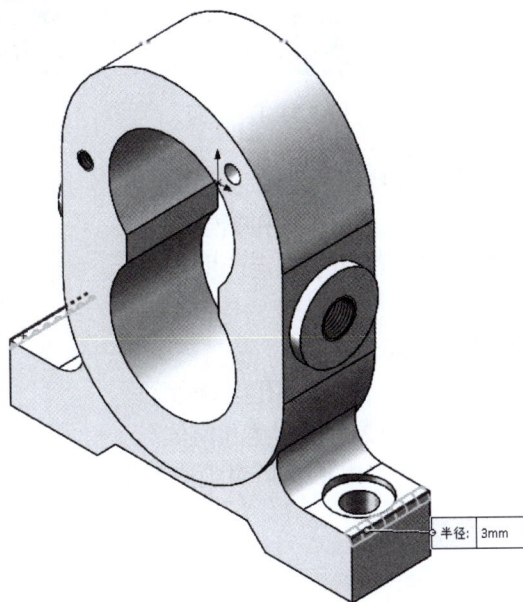

图 5.6.0.32　选择圆角边

5.7　课后练习

一、选择题

1. SolidWorks 的圆角功能非常丰富,共有(　　)种圆角类型。

　A. 2　　　　　　　B. 3　　　　　　　C. 4

2. SolidWorks 的倒角功能有(　　)种类型。

　A. 2　　　　　　　B. 3　　　　　　　C. 4

3. 对实体进行抽壳时,可不可以在一次操作的结果中,产生不同的壁厚(　　)。

　A. 可以　　　　　　B. 不可以　　　　　C. 不知道

4. 在圆角特征中,圆角可延伸到所有与之相切的切线上,只需要在圆角选项中选择(　　)。

　A. 圆角延伸　　　　B. 切线延伸　　　　C. 延伸圆角

5. 在草图中的倒角,(　　)是不允许。

　A. 角度 – 距离　　　B. 距离 – 距离　　　C. 角度 – 距离 – 角度

6. 如果没有选择模型上的任何面,对实体零件抽壳,生成(　　)。

　A. 出现错误提示　　B. 闭合的空腔　　　C. 按前视图基准面抽壳

7. 生成筋特征前,必须先绘制一个与零件(　　)的草图。

　A. 垂直　　　　　　B. 相交　　　　　　C. 平行

8. 如图 5.7.0.1 所示圆角使用的是(　　)圆角。

　A. 恒定半径　　　　B. 完整　　　　　　C. 变量半径

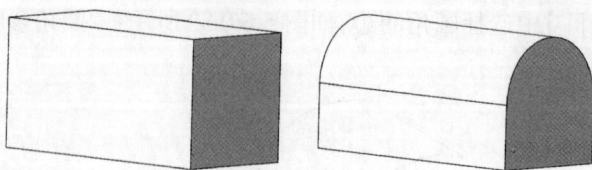

图 5.7.0.1　习题

9. SolidWorks 提供了两种生成孔特征的方法,分别是(　　)和(　　)。

    A. 简单直孔和异型孔　　　　　B. 螺纹和螺栓　　　　　C. 孔和槽口

10. 执行异型孔向导命令后,点命令用于决定产生孔的(　　)。

    A. 位置　　　　　　　　　　　B. 数量　　　　　　　　　C. 大小

11. 生成锥孔、螺纹孔时,应利用(　　)。

    A. 拉伸命令　　　　　　　　　B. 异型孔向导命令　　　　C. 拉伸切除命令

12. 用(　　)方法生成如图 5.7.0.2 所示圆角几何体。

    A. 最好的办法是扫描　　　　　B. 圆角后对尖边再次圆角　　C. 拉伸切除命令

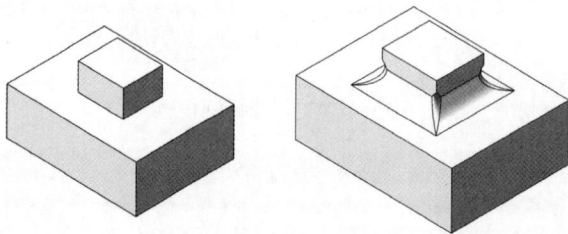

图 5.7.0.2　习题

二、判断题

1. 孔向导只能用在平面上。(　　)

2. 抽壳必须所有的面厚度相等。(　　)

3. 较大半径的圆角操作应该在抽壳之前操作。(　　)

4. 对实体进行抽壳时,可以在一次操作结果中,产生不同的壁厚。(　　)

5. 筋特征中的基准面必须与零件交叉。(　　)

6. 选择保持特征来保留诸如切除或拉伸之类的特征,这些特征在应用倒角时通常被移除。(　　)

7. 倒角特征有距离 – 距离、角度 – 距离、面距离、顶点、等距面这五大类型。(　　)

8. 采用间隙配合的孔和轴,为了表示配合性质,结合表面应画出间隙。(　　)

9. 在圆柱面上可以直接生成异型孔向导孔。(　　)

三、综合练习

1. 打开配置文件【5.7.1.SLDPRT】,在实体中打孔,完成孔特征如图 5.7.0.3 所示。

说明:大孔为 ϕ20 mm,小孔为 ϕ6.8 mm。

2. 打开配置文件【5.7.2.SLDPRT】,在实体中打孔及圆角,草图如图 5.7.0.4 所示,完成孔特征,如图 5.7.0.5 所示。

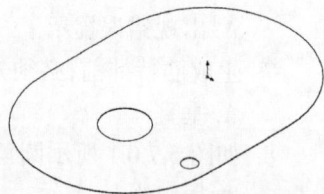

图 5.7.0.3　习题

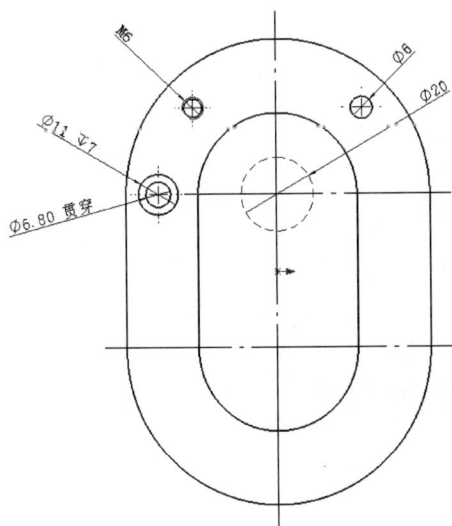

图 5.7.0.4　习题

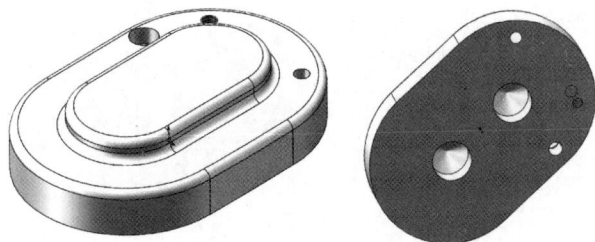

图 5.7.0.5　习题

说明：柱形沉头孔直径为 11 mm、通孔直径为 6.8 mm、柱形沉头孔深度为 7 mm；螺纹孔为 M6；销孔为 ϕ6 mm；底部销孔为 ϕ20 mm、深度为 10 mm；圆角尺寸为 R3。

3. 打开配置文件【5.7.3.SLDPRT】，在实体中打孔及圆角，草图如图 5.7.0.6 所示，完成孔特征，如图 5.7.0.7 所示。

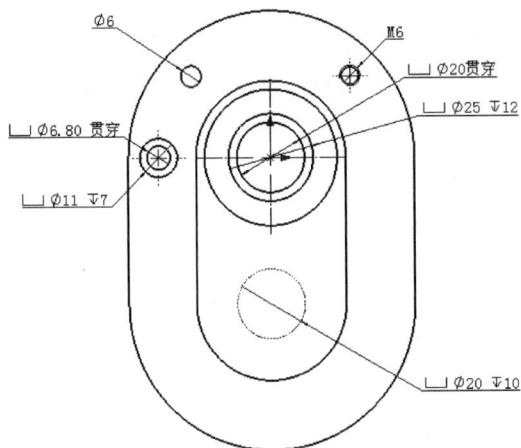

图 5.7.0.6　习题

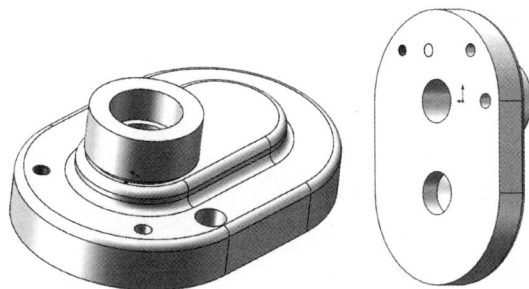

图 5.7.0.7　习题

说明：小柱形沉头孔直径为 11 mm、通孔直径为 6.8 mm、柱形沉头孔深度为 7 mm；大柱形沉头孔直径为 25 mm，通孔直径为 20 mm、柱形沉头孔深度为 12 mm；螺纹孔为 M6；销孔为 ϕ6 mm；底部销孔为 ϕ20 mm，深度为 10 mm；圆角尺寸为 R3。

第六章　基本特征操作

本章提要：

在进行特征建模时，为方便操作、简化步骤，选择进行特征复制操作，其中包括阵列特征、镜像特征等操作，将某特征根据不同参数设置进行复制，在很大程度上缩短了操作时间，简化了实体创建过程，使建模功能更全面。

内容要点：

- 线性阵列
- 圆周阵列
- 表格驱动阵列
- 草图驱动阵列
- 镜像特征
- 填充阵列

6.1 线性阵列

线性阵列就是将原特征以线性排列方式进行复制,使原特征产生一个或多个特征,如图6.1.0.1 所示。

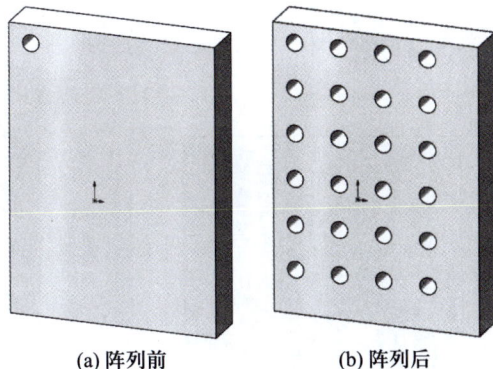

(a) 阵列前　　　　　(b) 阵列后

图 6.1.0.1　线性阵列

步骤一:打开配置文件【6.1.1.SLDPRT】,如图 6.1.0.2 所示。
步骤二:选择命令。单击【特征】,选择【线性阵列】,如图 6.1.0.3 所示。

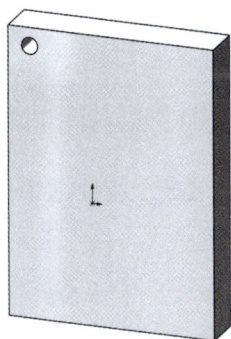

图 6.1.0.2　配置文件　　　　　图 6.1.0.3　线性阵列

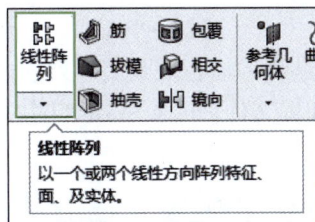

步骤三:定义阵列源特征。单击 ☑ **特征和面(F)** 区域 文本框,选取图 6.1.0.2 所示的圆孔作为阵列的原特征。

步骤四:定义阵列参数,如图 6.1.0.4 所示。

1) 选择方向 1 参考边数。单击"方向 1"区域中 边线<1> ,选取如图 6.1.0.4 所示的边线 1 为方向 1 的参考边线。

2) 定义方向1的参数。在"方向1"区域的 文本框中输入数值9,在 文本框中输入数值4。

3) 选择方向 2 参考边数。单击"方向 2"区域中 边线<2> ,选取如图 6.1.0.4 所示的边线 2 为方向 2 的参考边线。

4）定义方向2的参数。在"方向2"区域的 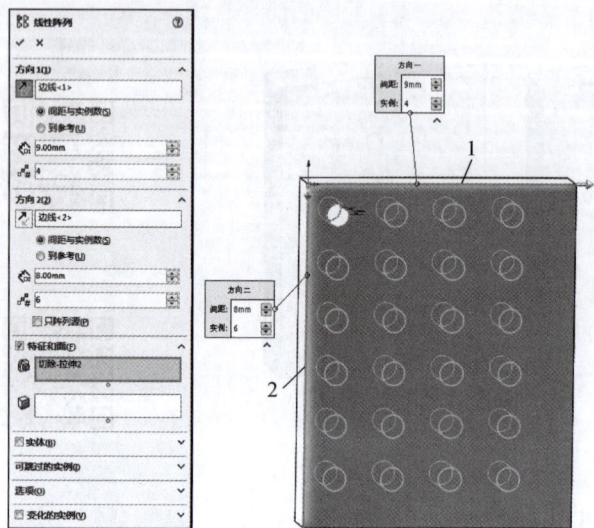 文本框中输入数值8，在 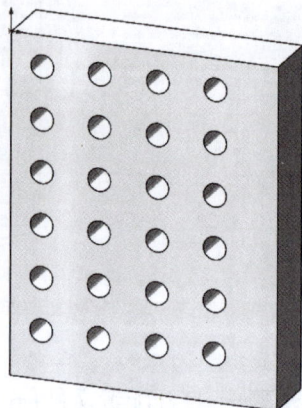 文本框中输入数值6。

5）单击  按钮，完成线性阵列的创建，效果如图6.1.0.5所示。

图 6.1.0.4　设置参数

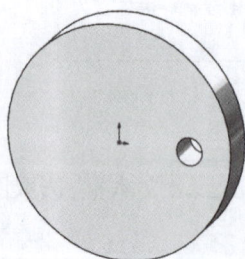

图 6.1.0.5　阵列效果

6.2　圆周阵列

圆周阵列指的是绕一轴心以圆周阵列的方式，生成一个或多个特征，如图6.2.0.1所示。

步骤一：打开配置文件【6.2.1.SLDPRT】，如图6.2.0.2所示。

微课
圆周阵列

动画
圆周阵列

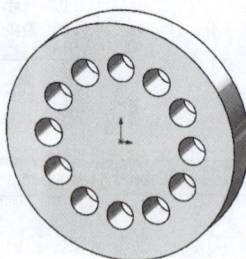

(a) 圆周阵列前　　　　(b) 圆周阵列后

图 6.2.0.1　圆周阵列

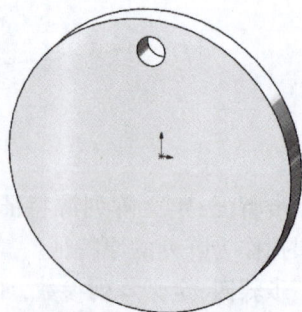

图 6.2.0.2　配置文件

步骤二：选择特征菜单，如图6.2.0.3所示，选择【特征】→【线性阵列】→【圆周阵列】，系统弹出"阵列（圆周）"属性管理器如图6.2.0.4所示。

步骤三：如图6.2.0.5所示，选择【特征和面】，单击【①】，选择所需要圆周阵列的特征【切除－拉伸】圆孔。

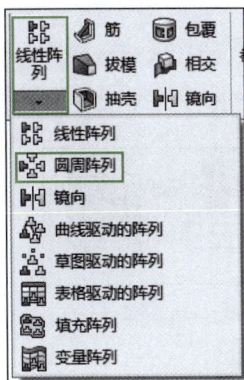

图 6.2.0.3   圆周阵列   图 6.2.0.4   设置参数   图 6.2.0.5   设置参数

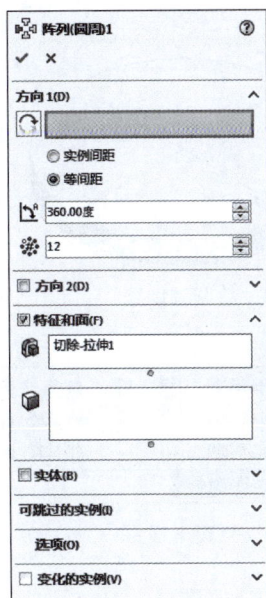

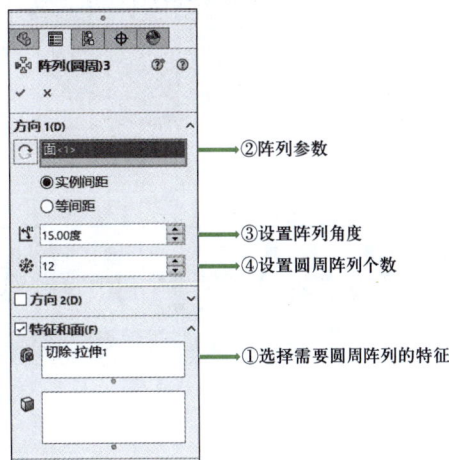

步骤四:选择【方向 1】,单击【②】,选择所需要圆周阵列的轴中心,如图 6.2.0.1 所示的圆周阵列轴。单击【③】,设置所需要圆周阵列的角度。单击【④】,设置所需要圆周阵列的个数。

步骤五:单击 ☑ 按钮,完成圆周阵列的创建。

6.3 表格驱动阵列

表格驱动阵列可以将一个部件沿表格指定数值进行阵列复制,如图 6.3.0.1 所示。

步骤一:打开配置文件【6.2.1.SLDPRT】,如图 6.3.0.2 所示。

图 6.3.0.1   表格驱动阵列   图 6.3.0.2   配置文件

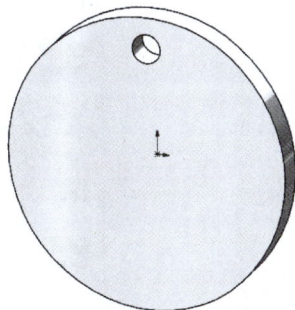

步骤二:在进行阵列之前,我们先要新建一个新的坐标系。打开【草图绘制】,绘制两条直线,直线 3 和直线 4,如图 6.3.0.3 所示。

步骤三:退出草图后,单击【特征】→【参考几何体】→【坐标系】,如图 6.3.0.4 所示。

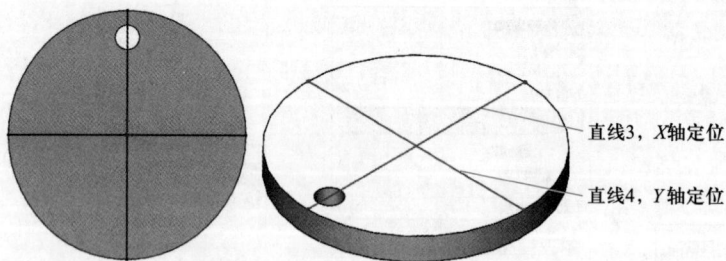

图 6.3.0.3 绘制辅助线

图 6.3.0.4 创建坐标系

步骤四：打开"坐标系"属性管理器，选择参数，坐标系新建完成，如图 6.3.0.5 所示。

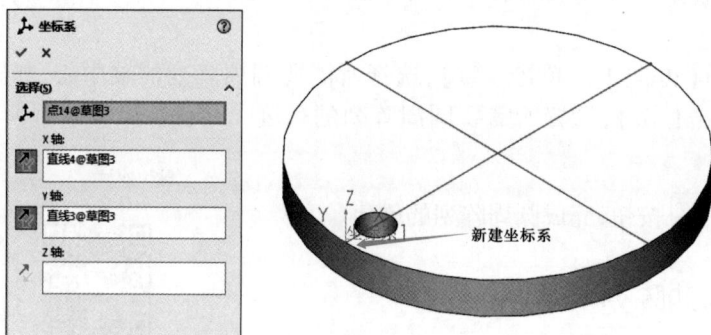

图 6.3.0.5 设置坐标系参数

步骤五：选择【特征】→【阵列】→【表格驱动阵列】命令，如图 6.3.0.6 所示。

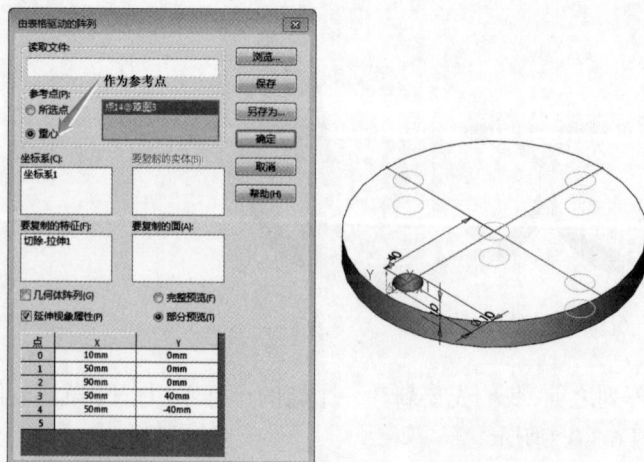

图 6.3.0.6 表格驱动阵列

做表格驱动阵列时选择重心作为参考点的时候,它会以参考新建坐标作为原点,形成的阵列结果如图 6.3.0.7 所示。另外还可以选择所选点作为参考点,如图 6.3.0.8 所示,它是以特征或实体中心坐标作为的原点,形成的阵列效果如图 6.3.0.9 所示。

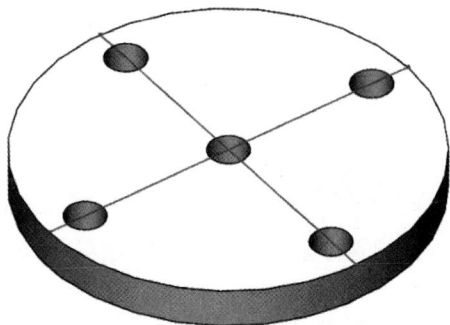

图 6.3.0.7 阵列效果

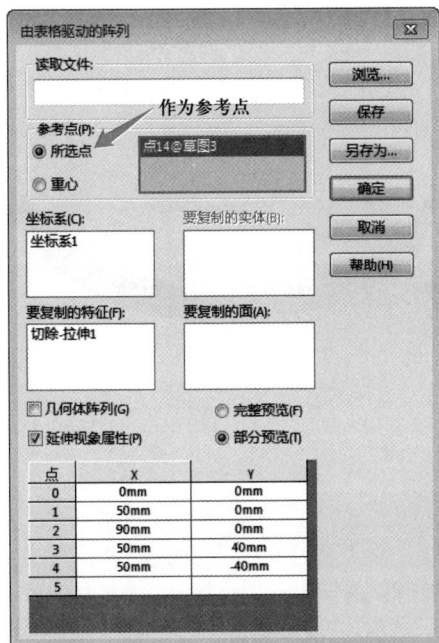

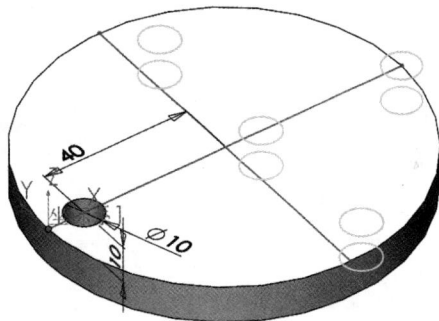

图 6.3.0.8 参考点阵列

坐标点除了手动输入之外,还可以采取插入一个表格坐标的文档或者 Excel。

步骤一:首先新建一个坐标文档,输入相应的坐标,如图 6.3.0.10 所示。

步骤二:接着打开阵列特征,读取坐标文件,结果如图 6.3.0.11 所示,阵列效果如图 6.3.0.12 所示。

完成后会发现手动输入的点坐标没有显示出来,显示的是读取文档的点坐标,这就是所谓的点坐标导入。

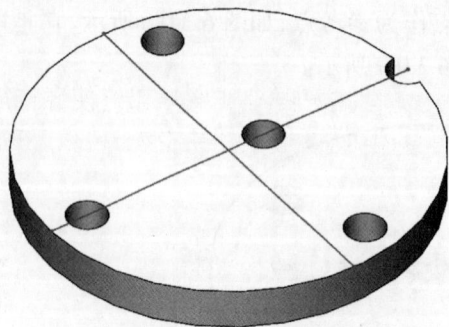

图 6.3.0.9　阵列效果

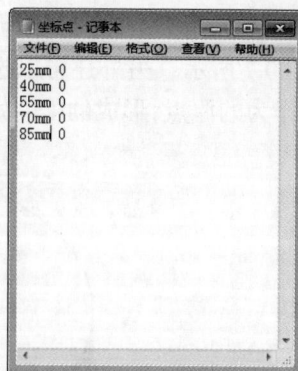

图 6.3.0.10　坐标文档

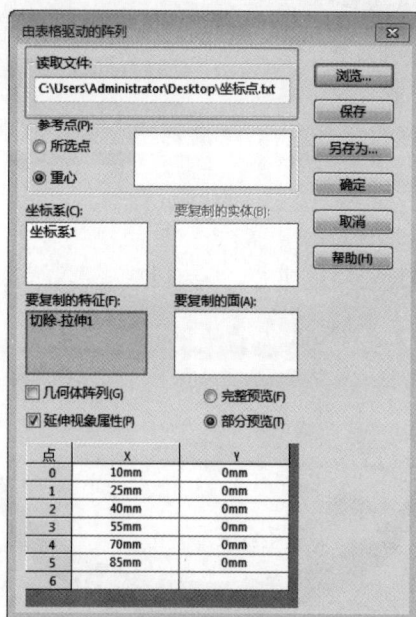

图 6.3.0.11　设置参数

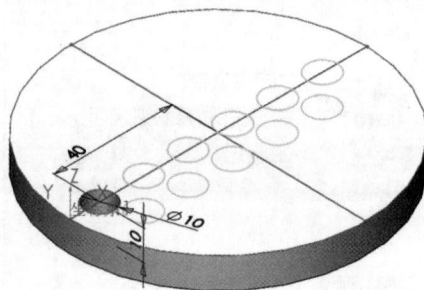

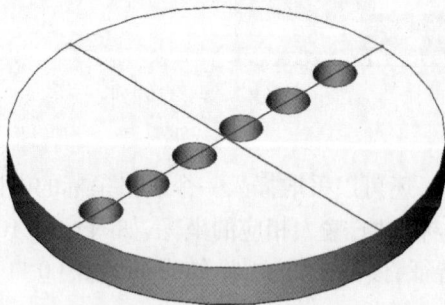

图 6.3.0.12　阵列效果

6.4　草图驱动阵列

草图驱动阵列是通过卓图中的特征点复制源特征的一种阵列方式,最终使源特征产生多个副本,如图 6.4.0.1 所示。对切除 – 拉伸特征进行草图驱动阵列的操作过程如下:

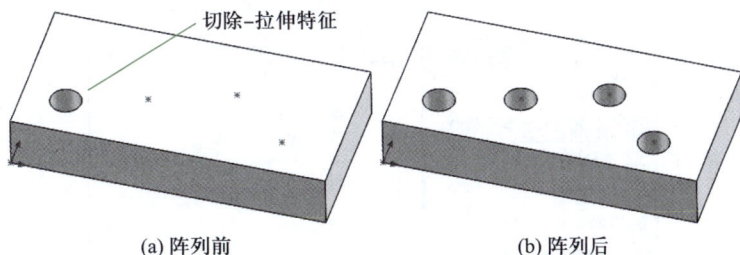

(a) 阵列前　　　　　　　　　(b) 阵列后

图 6.4.0.1　草图驱动阵列

步骤一:首先打开 SolidWorks,然后单击【新建文档】,单击 新建零件,然后选定参考点(原点)绘制图形,如图 6.4.0.2 所示。

步骤二:取原点作为参考点,绘制图形,然后单击 ,选好深度,就可拉伸出一个长方体。选定一个面,绘制一个圆并单击 ,就可以得到一个带孔长方体如图 6.4.0.3 所示,建立一个准备阵列的特征。

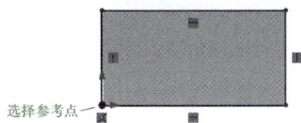

图 6.4.0.2　选择参考点　　　　　　　图 6.4.0.3　阵列前长方体

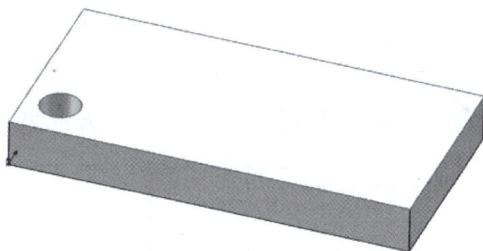

步骤三:完成阵列特征的建立,草图驱动的特征需要建立草图,单击 ,然后确定平面,单击 在要复制的特征的位置上建立点,然后退出草图绘制,得到的图形如图 6.4.0.4 所示。

图 6.4.0.4　绘制点

步骤四：选择命令。选择菜单栏 插入(I) → 阵列/镜像(E) → 草图驱动的阵列 ，系统会弹出如图 6.4.0.5 所示的"由草图驱动的阵列"属性管理器，单击选择图中的草图特征。

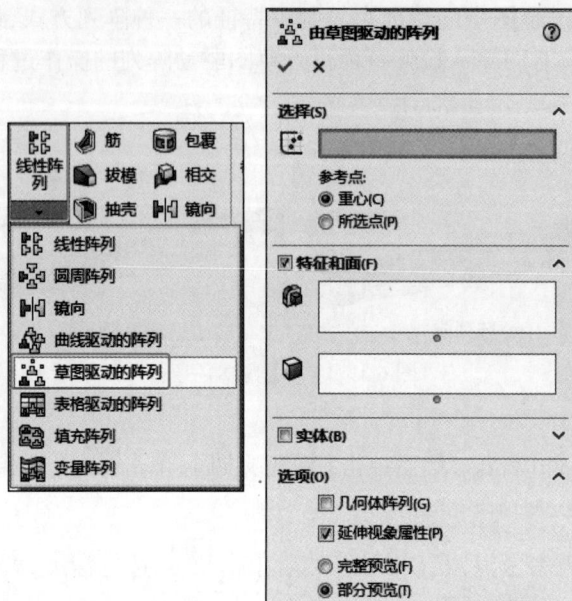

图 6.4.0.5   "由草图驱动的阵列"属性管理器

步骤五：定义阵列源特征，单击【切除－拉伸】特征作为阵列的源特征，如图 6.4.0.6 所示。

步骤六：单击属性管理器中的 ✓ 按钮，完成草图驱动阵列的创建，效果如图 6.4.0.7 所示。

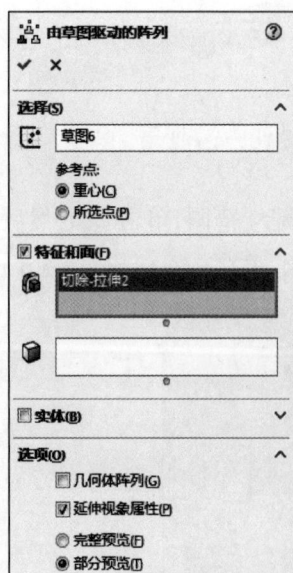

图 6.4.0.6   设置参数

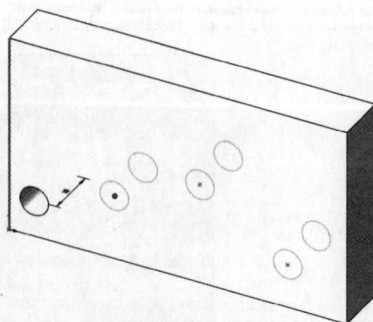

图 6.4.0.7   阵列效果

6.5 填充阵列

填充阵列就是将源特征填充到指定的位置(指定位置一般为一片草图区域),使源特征产生多个副本,如图 6.5.0.1 所示。对这个切除拉伸(圆孔)进行填充阵列的操作过程如下:

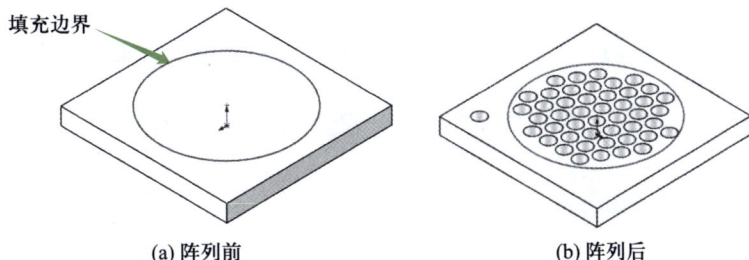

填充边界

(a) 阵列前   (b) 阵列后

图 6.5.0.1   填充阵列

微课
填充阵列

动画
填充阵列

步骤一:打开配置文件【6.5.1.SLDPRT】。

步骤二:选择命令。选择菜单栏【插入】→【阵列/镜向】→【填充阵列】命令(或单击【特征】工具栏中的按钮),系统弹出"填充阵列"属性管理器,如图 6.5.0.2 所示。

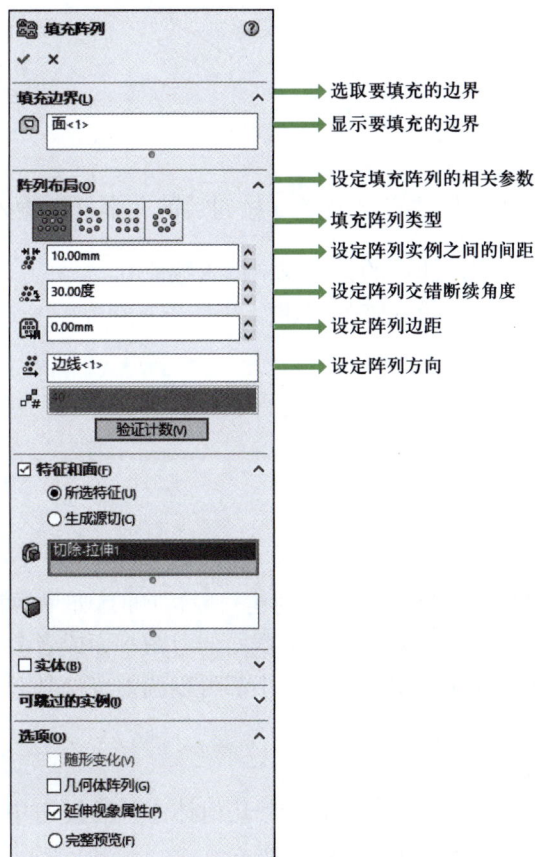

选取要填充的边界
显示要填充的边界

设定填充阵列的相关参数
填充阵列类型
设定阵列实例之间的间距
设定阵列交错断续角度
设定阵列边距
设定阵列方向

图 6.5.0.2   "填充阵列"属性管理器

步骤三：定义阵列源特征。单击以激活"填充阵列"属性管理器"特征和面"区域文本框，单击选择圆孔特征。

步骤四：定义阵列参数。

1）定义阵列填充边界。激活"填充边界"区域文本框，选择设计树中的草图为阵列的填充边界。

2）定义阵列布局。

①定义阵列模式。在属性管理器的"阵列布局"区域中选择填充类型。

②定义阵列方向。激活"阵列布局"区域的 ▦ 按钮后的文本框，选择图 6.5.0.3 所示的边界作为阵列方向。

注意：线性尺寸也可以作为阵列方向。

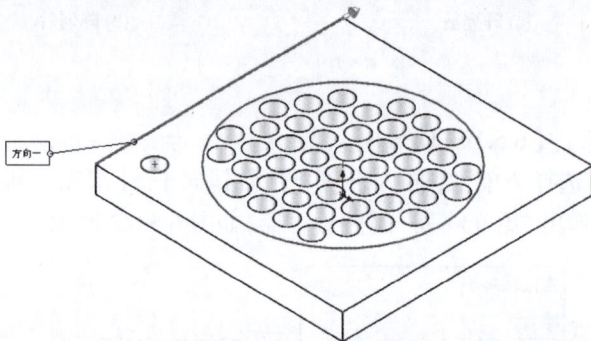

图 6.5.0.3　选取阵列方向

③定义阵列尺寸。在"阵列布局"区域 ▦ 按钮后的文本框中输入数值 10，在 ▦ 按钮后的文本框中输入数值 30，在 ▦ 按钮后的文本框中输入数值 0。

步骤五：单击【√】按钮，完成填充阵列创建。

6.6　镜像特征

6.6.1　基准面与镜像

1. 基准面

基准面也称为基准平面。在创建一般特征时，如果模型上没有合适的平面，则用户可以创建基准平面来作为特征截面的草图平面或者参照平面，同时也可以根据一个基准面进行标注。基准面的大小都可以调整，从而使其看起来适合零件、特征、曲面、边、轴和半径。

基准面的创建如下：

步骤一：单击工具栏中的【参考几何体】下拉按钮中的【基准面】命令，弹出"基准面"属性管理器，如图 6.6.1.1 所示。

步骤二：选择现有的基准面如前视基准面，单击左侧栏中的前视基准面，系统自动创

微课
镜像特征

动画
镜像特征

建了一个平行于前视基准面,距离为10mm的新基准面,距离如果不是想要的,是可以通过数字改变的。这是以面为基准建立新的基准面,除了这种建立方法外,还有以下几种建立新的基准面的方法。

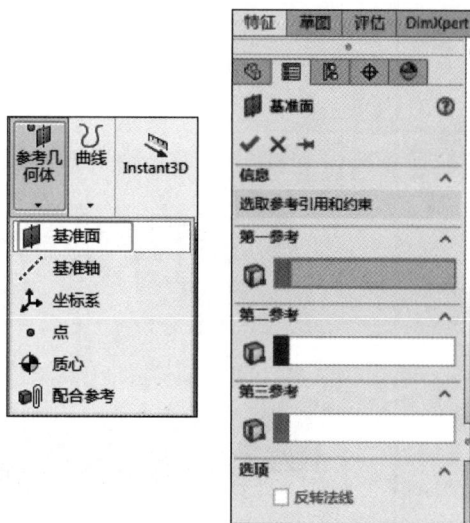

图 6.6.1.1　"基准面"属性管理器

• 3 点法创建基准面:因为 3 点可以创建一个面,所以任意选择实体上的 3 个点,就可以创建新的基准面,如图 6.6.1.2 所示。

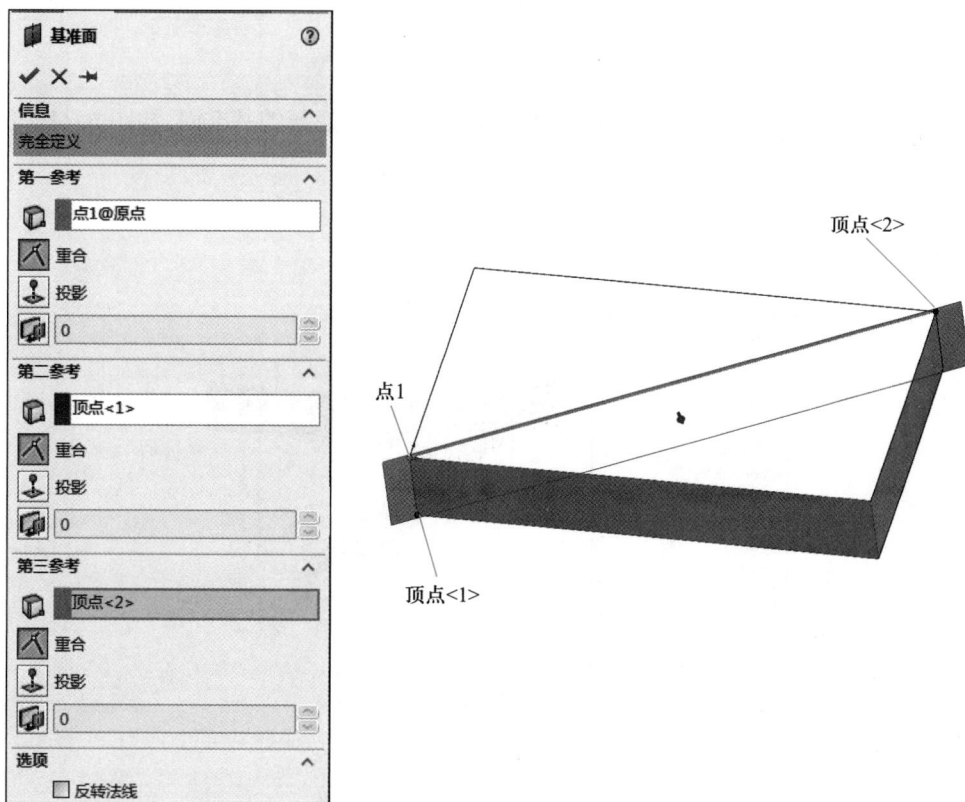

图 6.6.1.2　3 点法创建基准面

• 点线法创建基准面：一个点和一条直线可以创建新的基准面，点可以是这条直线上的端点，也可以是其他线上的点，如图 6.6.1.3 所示。

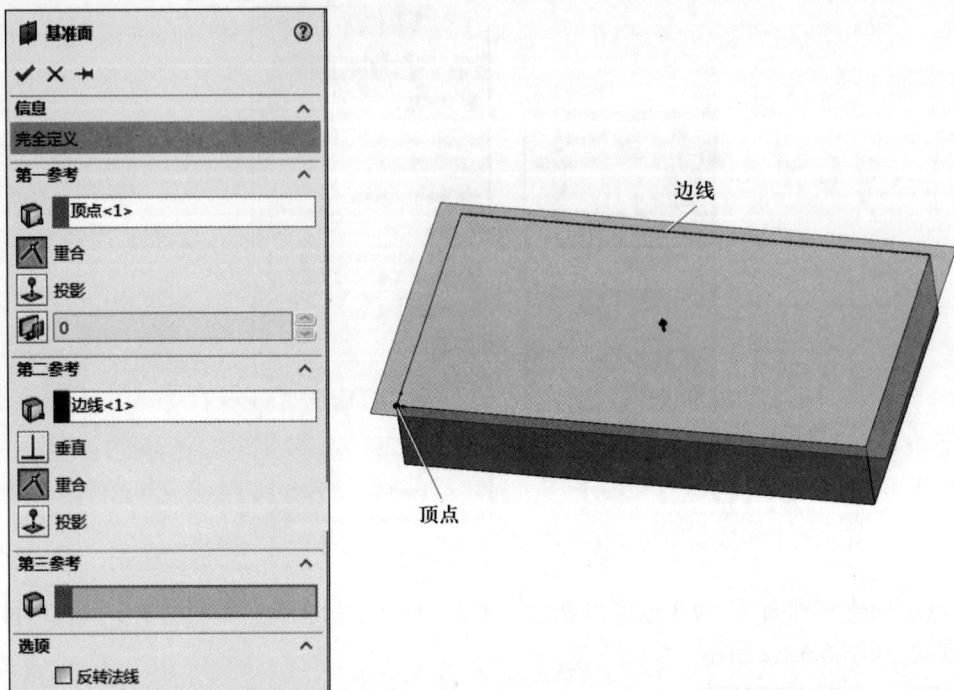

图 6.6.1.3　点线法创建基准面

• 面面角度法创建基准面：利用两个面形成新的角度来创建新的基准面，如图 6.6.1.4 所示。

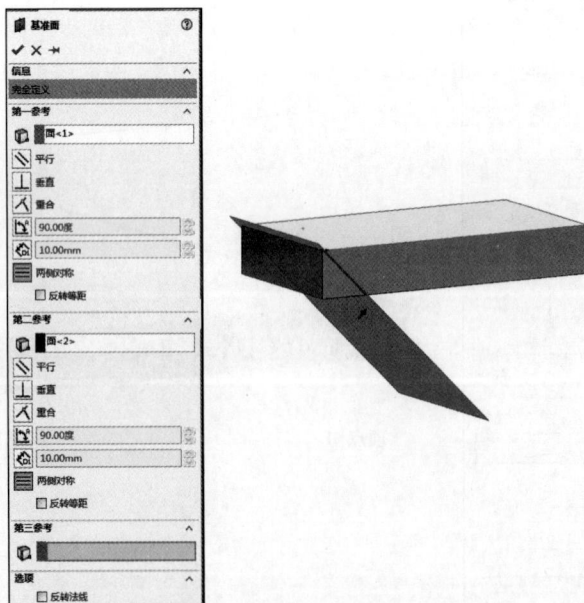

图 6.6.1.4　面面角度法创建基准面

2. 镜像

特征的镜像复制就是将源特征相对一个平面（该平面称为"镜像基准面"）进行镜像，从而得到源特征的一个副本。

步骤一：打开需要镜像的模型，以图中的长方体为例子，单击工具栏中的【镜像】按钮，如图 6.6.1.5 所示。

图 6.6.1.5　镜像

步骤二：系统弹出"镜像"属性管理器，在"镜像面 / 基准面"栏选择符合镜像的基准面，如图 6.6.1.6 所示。

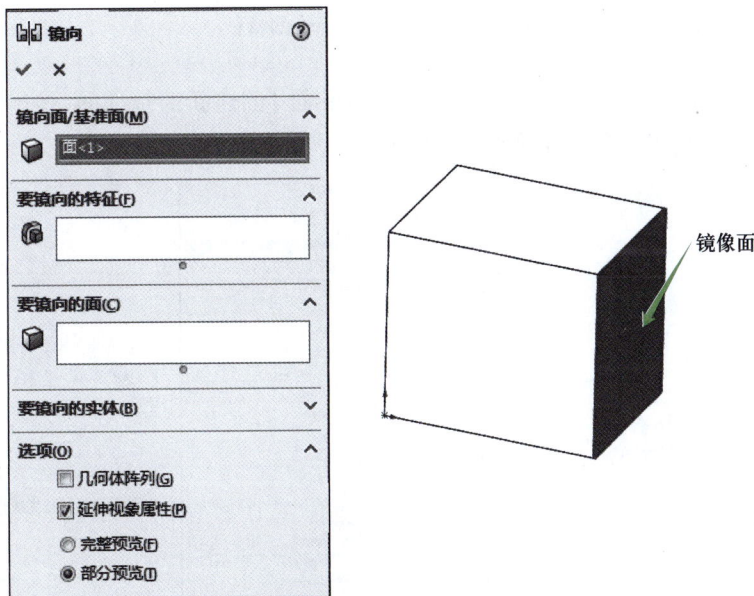

图 6.6.1.6　选择镜像面

步骤三：在属性管理器的要镜像的特征中选择要镜像的特征，如图 6.6.1.7 所示，然后单击☑按钮完成镜像操作，效果如图 6.6.1.8 所示。

6.6.2　镜像的特征、实体

（1）镜像的特征

特征的镜像就是将原来特征相对于镜像基准平面进行镜像，从而得到原来特征的一个副本，操作过程如下：

步骤一：打开配置文件【6.6.2.1.SLDPRT】。

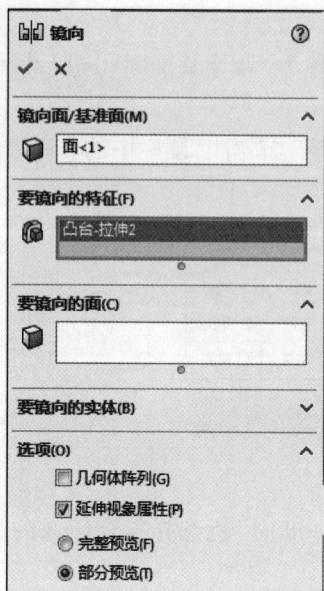

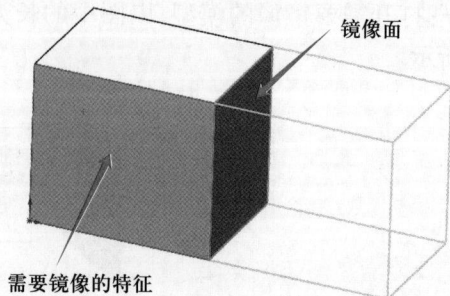

图 6.6.1.7   选择需要镜像的特征

步骤二：单击【参考几何体】下拉按钮中的【基准面】创建新的基准面，弹出属性管理器，选择第一参考和第二参考定位新的基准面，如图 6.6.2.1 所示，单击【√】完成。

图 6.6.1.8   镜像效果

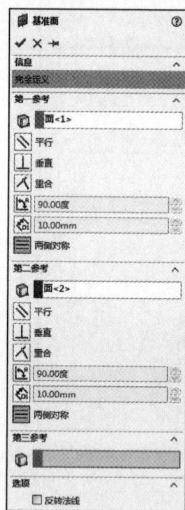

图 6.6.2.1   创建新的基准面

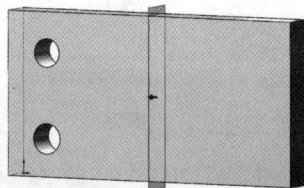

步骤三：单击【镜像】命令，弹出属性管理器，选择新建的基准面为镜像面，选择【切除－拉伸】特征为镜像特征，如图 6.6.2.2 所示，单击【√】完成，效果如图 6.6.2.3 所示。

（2）镜像实体

镜像实体最主要的步骤是在于建立镜像面（基准面），当实体镜像的镜像面建立好之后，按照镜像的步骤，接下来的操作是比较简单的。以如图 6.6.2.4 所示为例，将轴一端的正方体镜像到另一端。

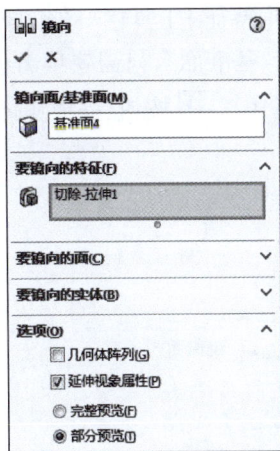

图 6.6.2.2　设置镜像参数

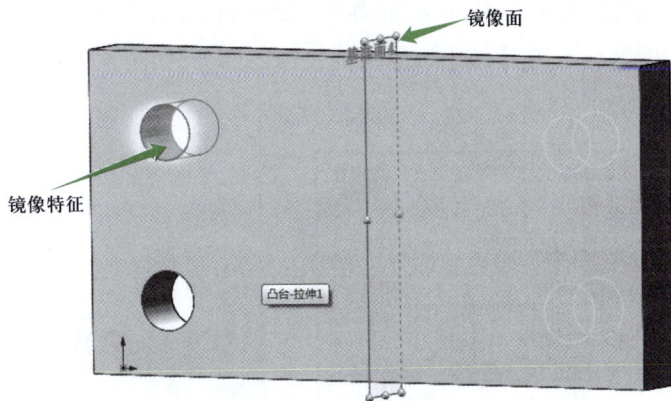

图 6.6.2.3　镜像效果

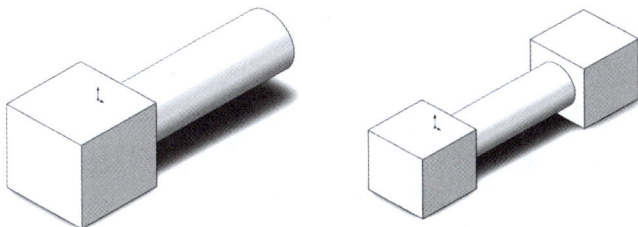

图 6.6.2.4　镜像的实物

步骤一：打开配置文件【6.6.2.2.SLDPRT】。

步骤二：单击【参考几何体】下拉按钮中的【基准面】创建新的基准面，弹出属性管理器，选择第一参考和第二参考定位新的基准面，如图 6.6.2.5 所示，单击【√】完成。

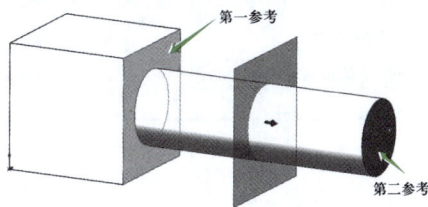

图 6.6.2.5　创建新的基准面

步骤三：建好镜像面(基准面)之后,按"镜像"的传统步骤,先单击【特征】工具栏→【镜像】,弹出属性管理器时会发现"镜像面"已经自动选择了刚才步骤一中的"基准面",只需要单击【要镜像的特征】,在实体中选取所要镜像的部分,如图 6.6.2.6 所示,然后单击 ☑ 按钮,完成实体的镜像。

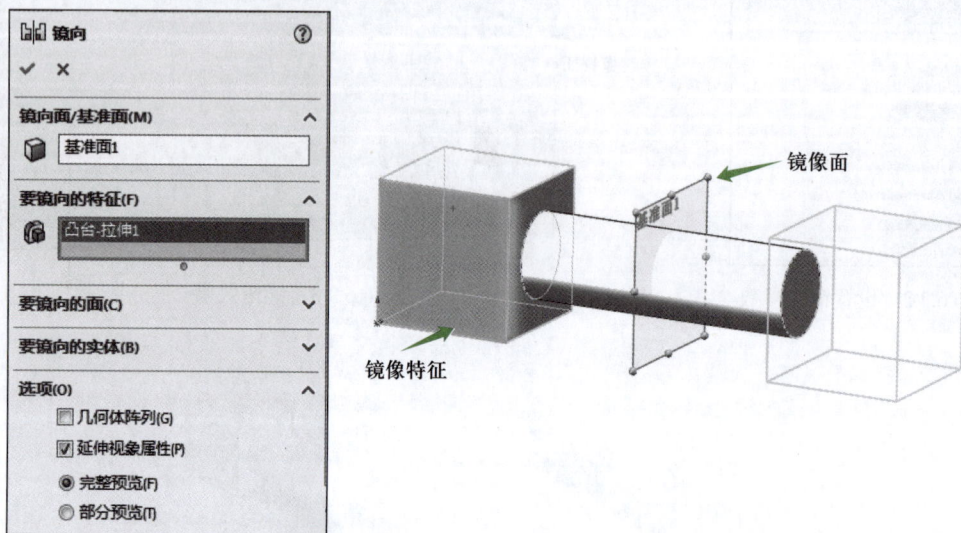

图 6.6.2.6   设置参数

6.7   拔模

注塑件和铸件往往需要一个拔(起)模斜度,才能顺利起模,SolidWorks 中的拔模特征就是用来创建模型的拔(起)模斜度,如图 6.7.0.1 所示。

拔模特征共有三种:中性面拔模、分型线拔模和阶梯拔模。下面介绍建模中最常用的中性面拔模。

图 6.7.0.1   拔模

打开【拔模】之后,会弹出"拔模"属性管理器,如图 6.7.0.2 所示,其中主要的是"拔模类型""拔模角度"(注:拔模角度指拔模后的斜面与拔模面的夹角),还有"中性面"和"拔模面"。在定义拔模的中性面之后,模型表面将出现一个指示箭头,而箭头所表明的就是拔模方向(即所选拔模中性面的法向),也可单击"中性面"区域中的【反向】按钮,改变拔模方向。

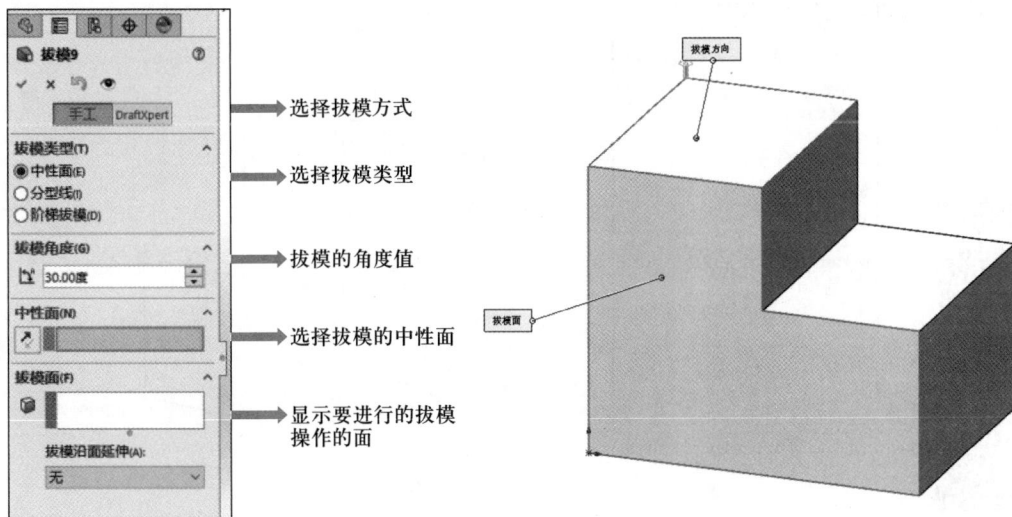

图 6.7.0.2　拔模参数

箭头标注文字（从上到下）：
- 选择拔模方式
- 选择拔模类型
- 拔模的角度值
- 选择拔模的中性面
- 显示要进行的拔模操作的面

模型标注：拔模方向、拔模面

　　中性面拔模是通过指定拔模面、中性面和拔模方向等参数生成以指定角度切削所选拔模面的特征。下面以图 6.7.0.3 所示的简单实体模型为例，来展示拔模过程的步骤。

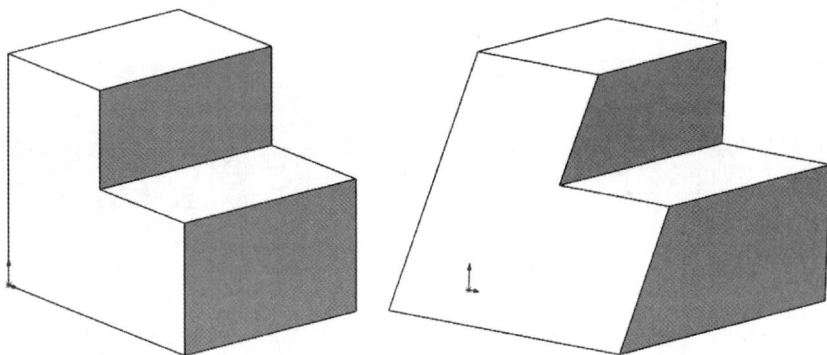

图 6.7.0.3　中性面拔摸

　　步骤一：打开配置文件【6.7.1.SLDPRT】。

　　步骤二：选择命令，单击【特征】工具栏中的【拔模】按钮，系统会弹出"拔模"属性管理器，如图 6.7.0.4 所示。

　　步骤三：然后在"拔模类型"区域选择【中性面】选项。

　　步骤四：单击以激活"拔模面"区域中的文本框，在实体模型中选择拔模面，再单击以激活"中性面"区域中的文本框，在模型中选择中性面。

　　步骤五：定义拔模的方向，再输入角度值，"拔模角度"区域的文本框输入角度值 30。

　　步骤六：单击"拔模"属性管理器中的 ✔ 按钮，完成中性面拔模特征的创建。

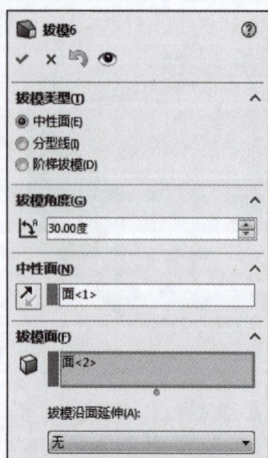

图 6.7.0.4 设置参数

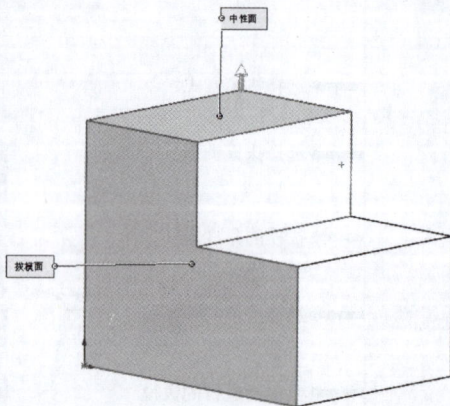

微课
综合实例

动画
综合实例

6.8 综合实例

【实例 1】 应用阵列特征创建三维模型,如图 6.8.0.1 所示。

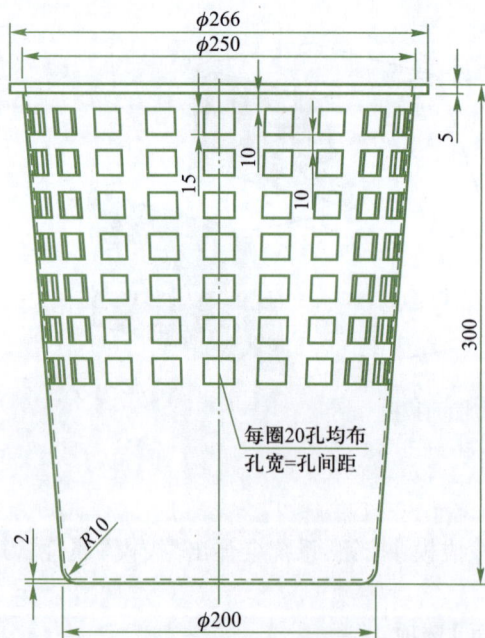

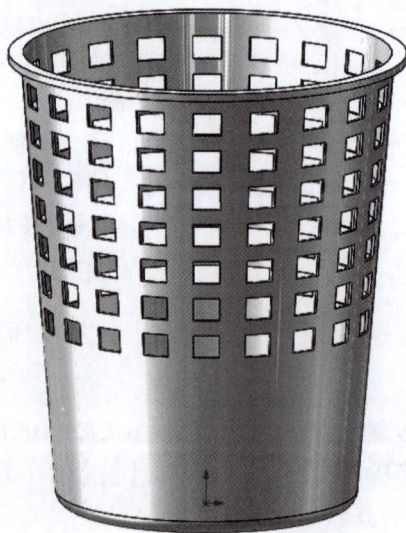

图 6.8.0.1 实例 1

建模分析:

建立模型时,应先创建旋转主体特征和抽壳特征,后创建拉伸切除特征,接着创建阵列特征,最后创建拉伸凸台特征和倒圆角特征,此模型的建立将分为 a→b→c→d 部分完成,如图 6.8.0.2 所示。

步骤一:单击【草图绘制】选择一个基准面作为绘图面,这里我们选择用前视基准面来绘制,接着用【直线】绘图工具绘制如图 6.8.0.3 所示的草图,绘制完后单击【旋转凸台】按钮完成基本体特征,旋转轴选择中心线,旋转角度为 360°,如图 6.8.0.4 所示,接着使用【抽壳】命令对基本体进行抽壳,开放面选择顶部的面,抽壳厚度为 2mm,如图 6.8.0.5 所示。

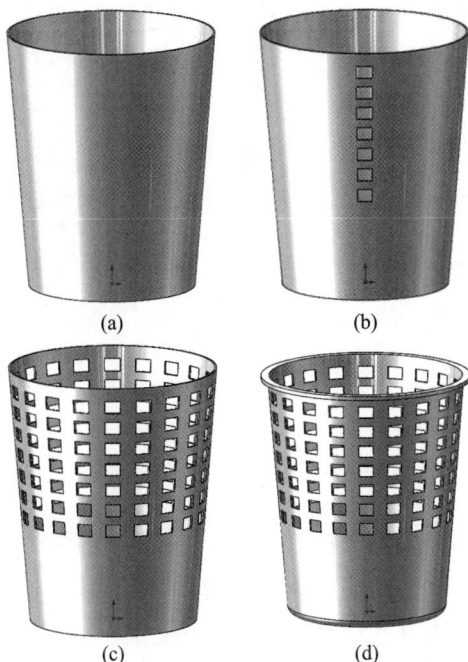

(a)   (b)

(c)   (d)

图 6.8.0.2　建模分析

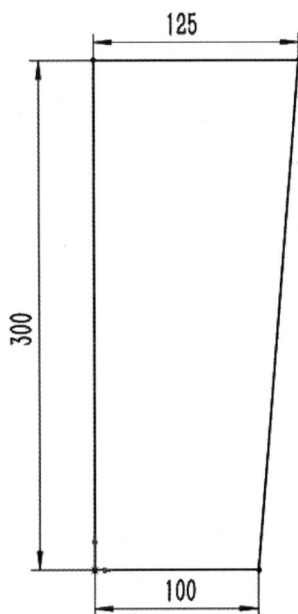

图 6.8.0.3　草图

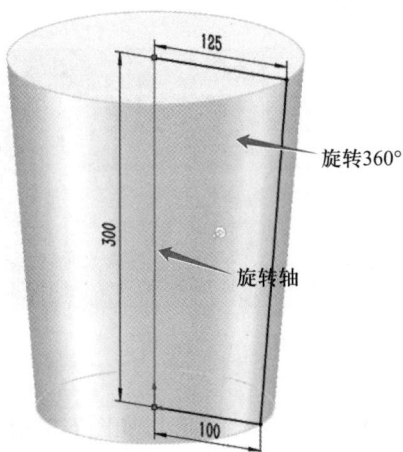

图 6.8.0.4　旋转凸台

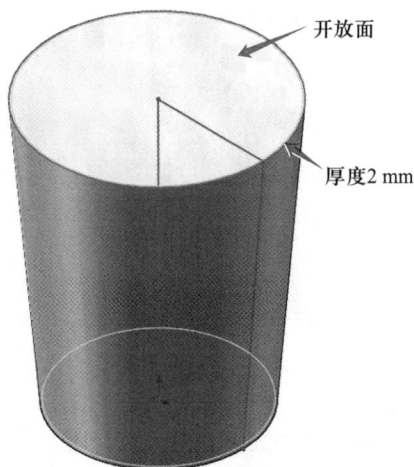

图 6.8.0.5　抽壳

步骤二:单击【草图绘制】选择基本体的顶部作为基准面绘制草图,如图 6.8.0.6(a)所示,绘制完成后单击完成草图,重新单击【草图绘制】选择基本体的底部作为基准面绘制草图,如图 6.8.0.6(b)所示,绘制完后单击完成草图。顶面和底面的草图效果如图 6.8.0.7 所示。

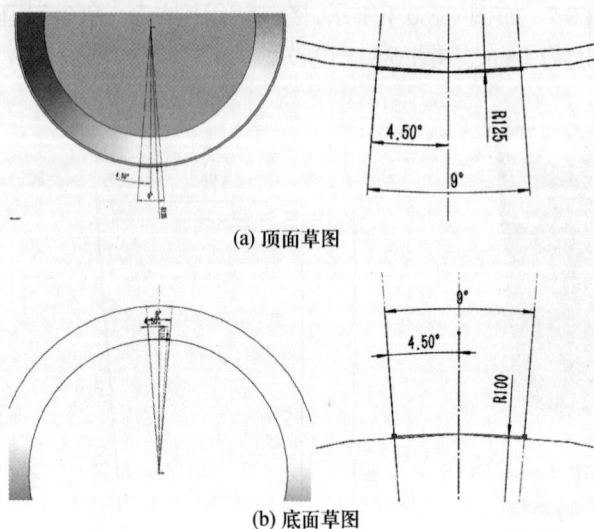

(a) 顶面草图

(b) 底面草图

图 6.8.0.6　草图绘制截图

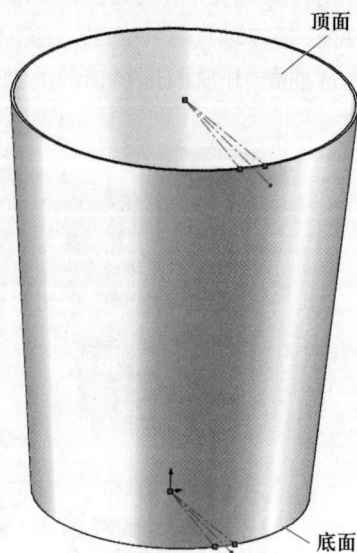

图 6.8.0.7　草图效果

步骤三:单击【草图绘制】选择前视基准面作为绘图面,将步骤二的两段圆弧的端点用直线连接起来,如图 6.8.0.8 所示,根据草图所示的尺寸绘制出如图 6.8.0.9 所示的直线,将两条直线用【线性草图阵列】的命令阵列出七份,如图 6.8.0.10 和图 6.8.0.11 所示。将多余的线段用【裁剪实体】的命令修剪掉,修剪的效果如图 6.8.0.12 所示。

图 6.8.0.8　连接端点

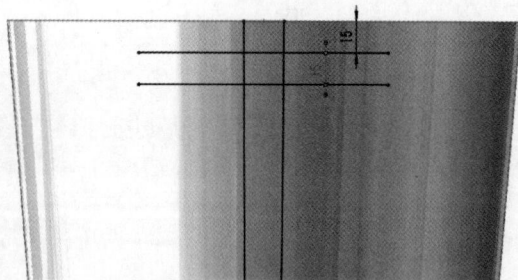

图 6.8.0.9　绘制直线

步骤四:草图绘制完成后单击【拉伸切除】,方向一选择【完全贯穿】,如图 6.8.0.13 所示,完成拉伸,效果如图 6.8.0.14 所示。单击【圆周阵列】,将【拉伸切除】特征沿 360° 圆周方向阵列20 份,如图 6.8.0.15 所示,阵列的效果如图 6.8.0.16 所示。

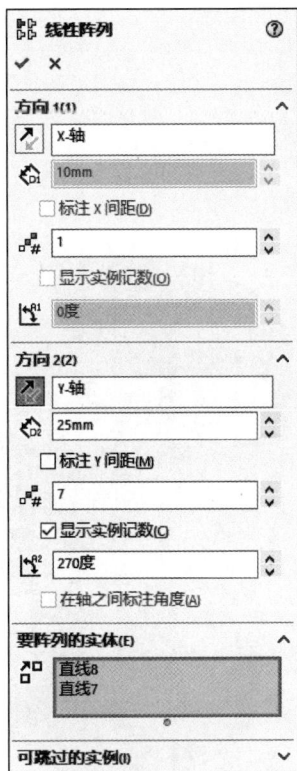

图 6.8.0.10 阵列参数

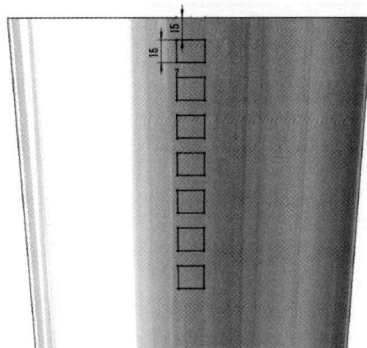

图 6.8.0.11 阵列效果

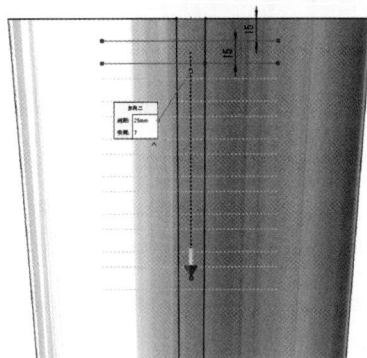

图 6.8.0.12 裁剪线条

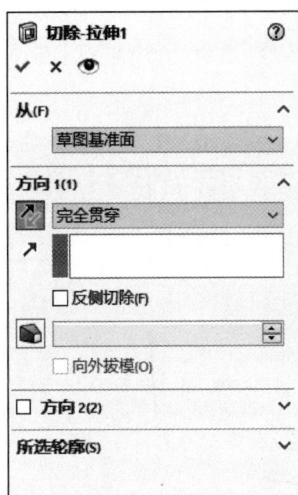

图 6.8.0.13 拉伸参数

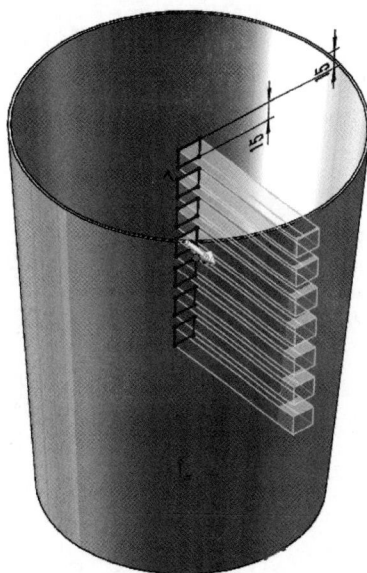

图 6.8.0.14 拉伸切除效果

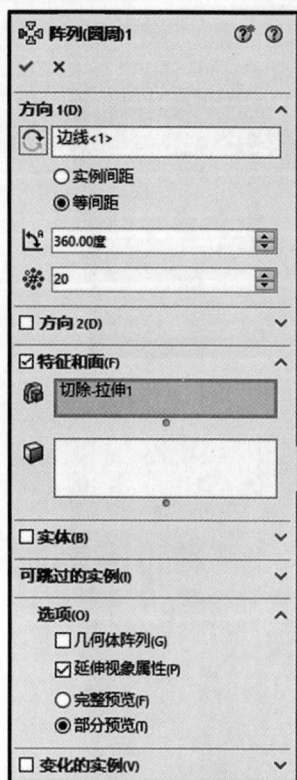

图 6.8.0.15   阵列参数

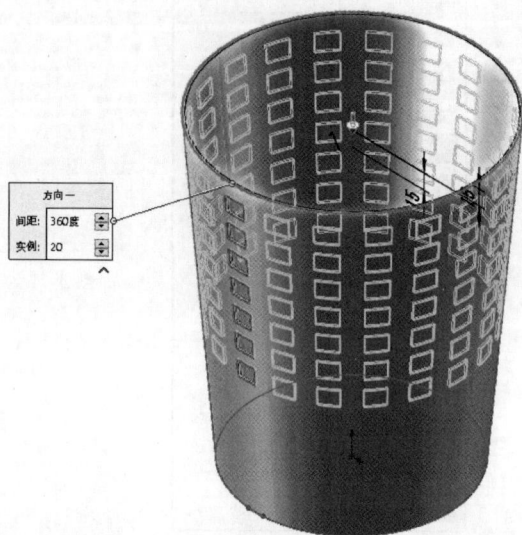

图 6.8.0.16   阵列效果

步骤五:单击【圆角】按钮,分别将实例的底部内外两个角倒成圆角,外部倒圆角为 10mm,内部倒圆角为 8mm,如图 6.8.0.17 所示。单击【草图绘制】按钮,以实例的顶部为基准面绘图,草图如图 6.8.0.18 所示,绘制完成后单击【拉伸凸台】,拉伸长度为 5mm,单击【√】完成,效果如图 6.8.0.19 所示。

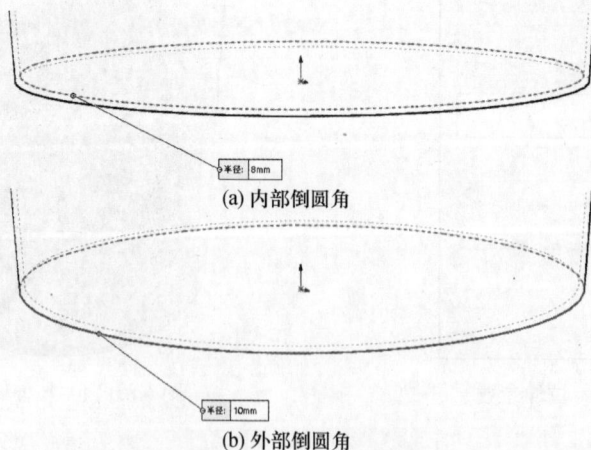

(a) 内部倒圆角

(b) 外部倒圆角

图 6.8.0.17   倒圆角

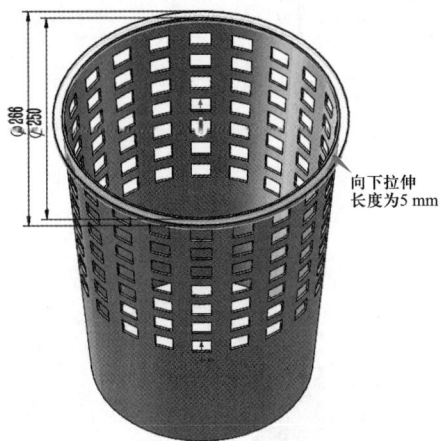

图 6.8.0.18　草图

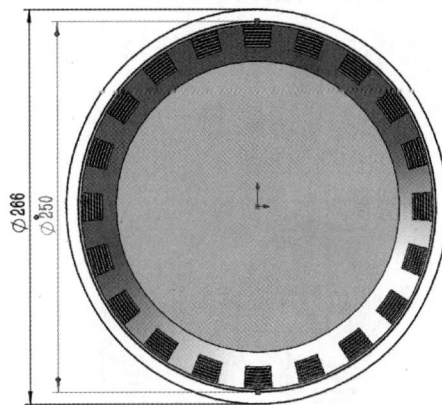

图 6.8.0.19　拉伸效果

【实例 2】　应用阵列镜像特征完善三维模型,如图 6.8.0.20 所示。

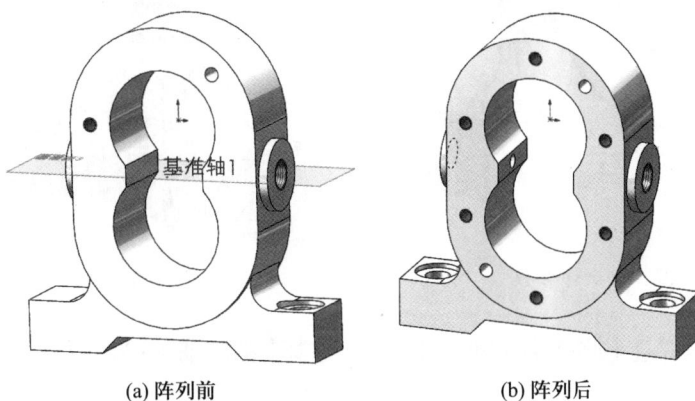

(a) 阵列前

(b) 阵列后

图 6.8.0.20　实例 2

步骤一:打开配置文件【6.8.20.SLDPRT】,如图 6.8.0.21 所示。

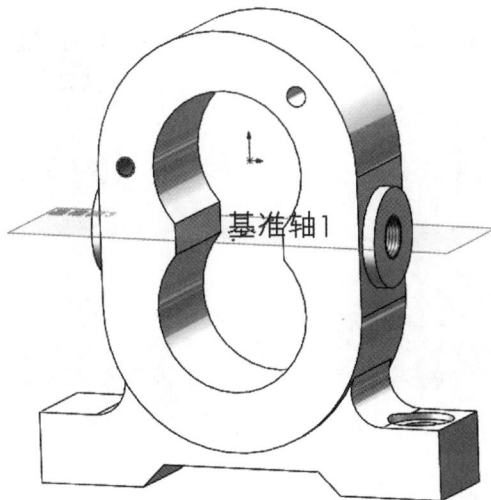

图 6.8.0.21　阵列 / 镜像前模型

步骤二:镜像。选择【镜像】特征命令,选择【右视基准面】为镜像面,选择右侧螺纹孔和沉头孔为镜像特征,如图 6.8.0.22 所示,单击 ☑ 完成镜像。镜像效果如图 6.8.0.23 所示。

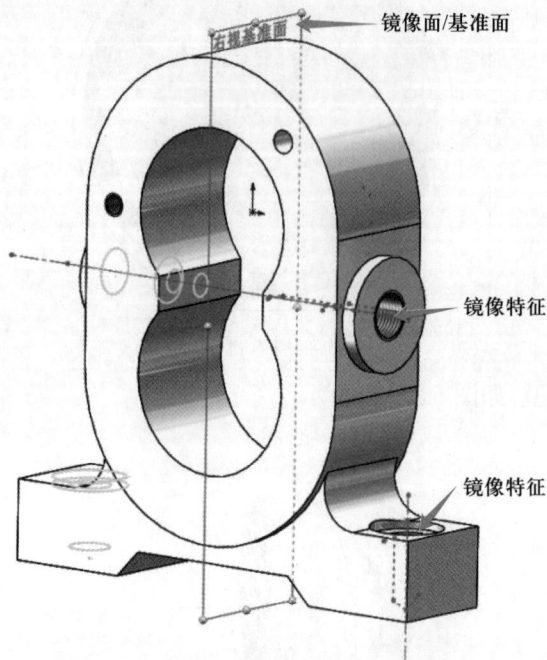

镜像面/基准面

镜像特征

镜像特征

图 6.8.0.22   选择参数

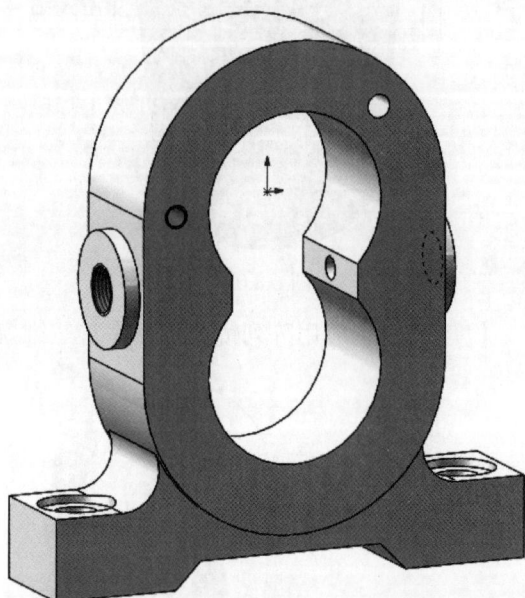

图 6.8.0.23   镜像效果

步骤三:阵列。单击【阵列】→【圆周阵列】,选择【基准轴 1】为方向,【暗销孔】为阵列特征,如图 6.8.0.24 所示,单击 ☑ 完成阵列,阵列效果如图 6.8.0.25 所示。

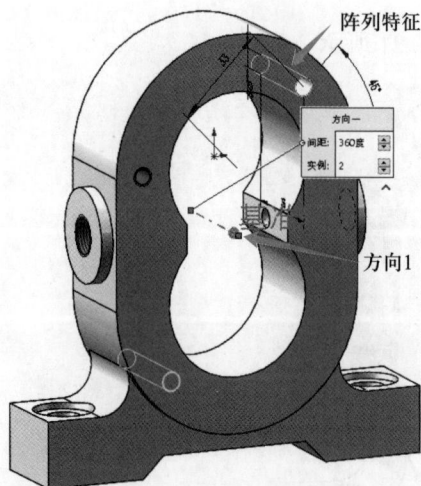

阵列特征

方向一

间距: 360度
实例: 2

方向1

图 6.8.0.24   选择参数

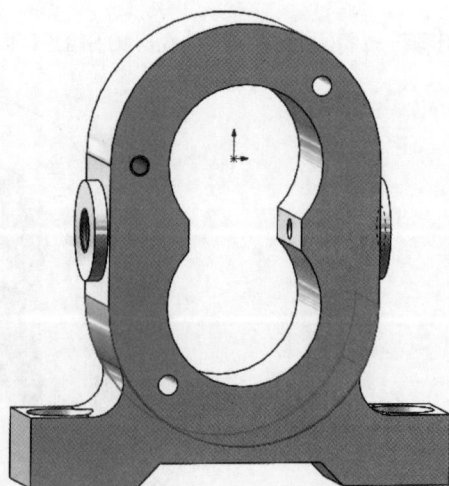

图 6.8.0.25   阵列效果

步骤四:阵列 / 镜像。单击【阵列】→【圆周阵列】,选择如图 6.8.0.26 所示的绿线为方向一,选择【螺纹孔】为特征,如图 6.8.0.27 所示,单击 ☑ 完成阵列。单击【镜像】,选择镜像面为【基准面 3】,镜像特征为阵列的螺纹孔,如图 6.8.0.28 所示,单击 ☑ 完成镜像,镜像效果如图 6.8.0.29 所示。

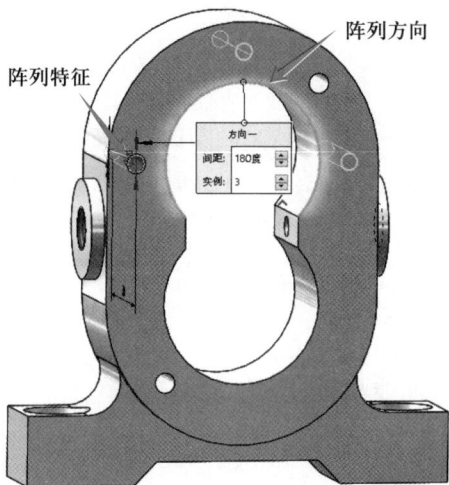

图 6.8.0.26　阵列

图 6.8.0.27　选择参数

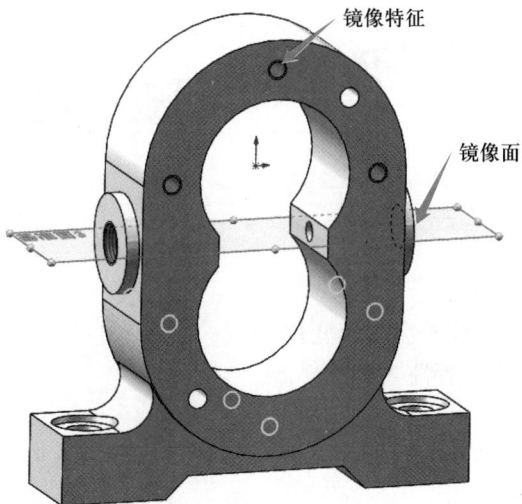

图 6.8.0.28　镜像

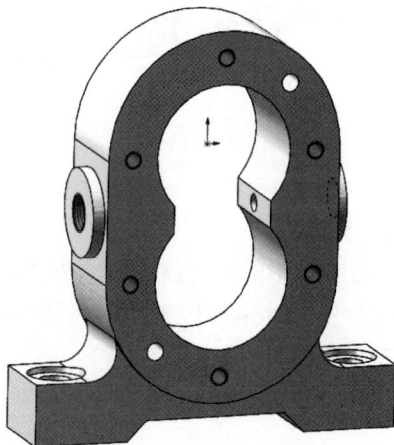

图 6.8.0.29　镜像效果

6.9   课后练习

一、选择题

1. 对一个孔镜像线性阵列（只有一个方向），在实例数栏中输入数值 5，阵列完成后共生成
（   ）个孔（假设基体足够大，阵列之后的特征能够完整呈现）。

    A. 5   B. 6   C. 7

2. SolidWorks 的拔模类型有（   ）种。

    A. 2   B. 3   C. 4

3. 阵列时，若要在基体零件的边线与阵列特征之间保持特定的距离，应选择（   ）。

    A. 保持间距   B. 阵列随形   C. 随形变化

4. 在阵列中，对源特征进行编辑，阵列生成的特征会不会随之变化？（   ）

    A. 会   B. 不会   C. 不知道

5. 完成如图 6.9.0.1 所示的操作最有效的方法是（   ）。

    A. 镜像   B. 圆周阵列

    C. 填充阵列   D. 曲线驱动的阵列

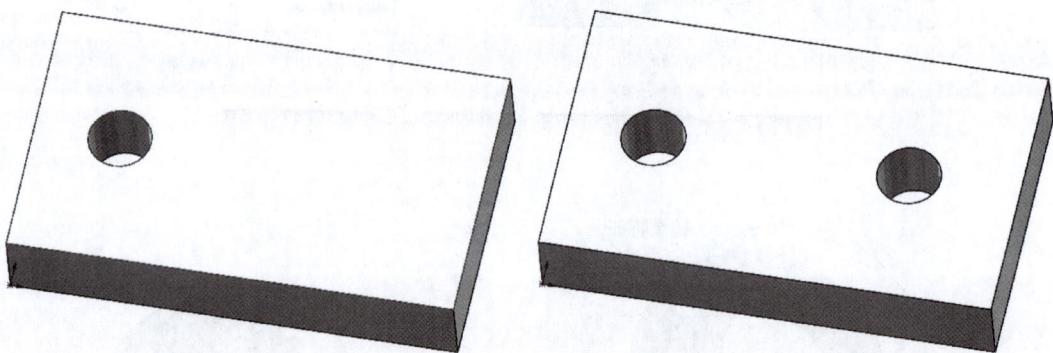

图 6.9.0.1 习题

二、判断题

1. 在阵列中对源特征进行编辑，阵列生成的特征不会一起变化。（   ）

2. 在 SolidWorks 中，当创建阵列特征时，可以选择跳过的实例。（   ）

三、操作题

1. 打开配置文件【6.9.1.SLDPRT】，将如图 6.9.0.2（a）所示的零件编辑成如图 6.9.0.2（b）
所示。

2. 打开配置文件【6.9.2.SLDPRT】，将如图 6.9.0.3（a）所示的零件编辑成如图 6.9.0.3（b）
所示。

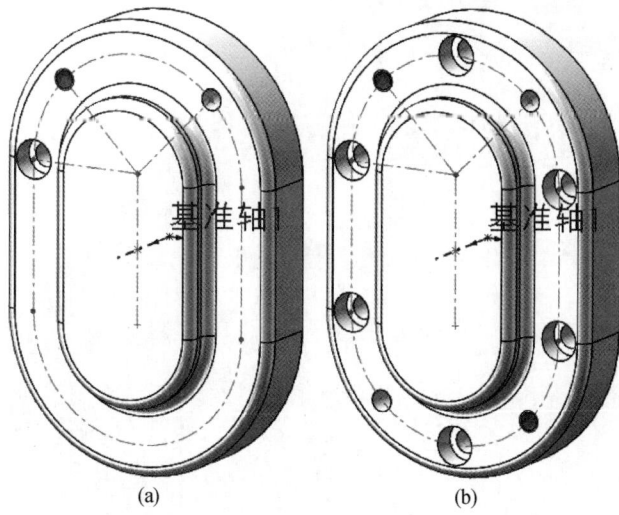

基准轴1 基准轴1

(a) (b)

图 6.9.0.2 习题

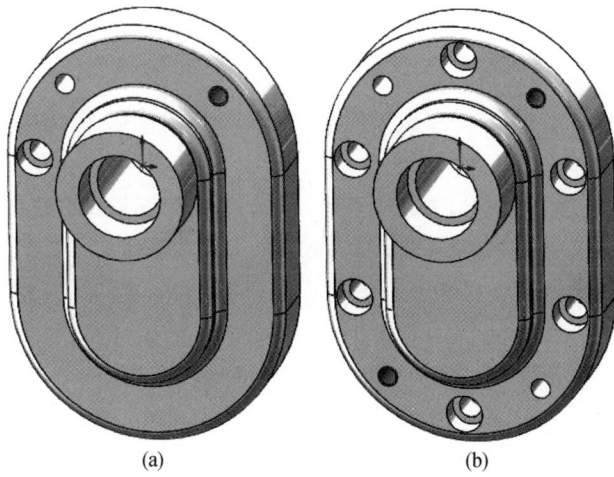

(a) (b)

图 6.9.0.3 习题

第七章　特征管理及修复

本章摘要：

　　SolidWorks 中的三维模型可以进行光线投影处理，并形成十分逼真的渲染效果。本章介绍了创建一个零件模型操作过程出现特征失败错误情况及解决方法。

内容要点：

- 零件属性
- 特征退回与插入
- 建模错误修复

7.1　零件属性

微课
零件属性

7.1.1　显示 / 隐藏

显示 / 隐藏特征的基本操作步骤如下：

步骤一:打开配置文件【实例 7.1.1.SLDPRT】。

步骤二:在快捷菜单中选择需要隐藏的特征，右击，选择【隐藏】，如图 7.1.1.1 所示。

步骤三:单击【确定】，完成隐藏(反之显示)，如图 7.1.1.2 所示。

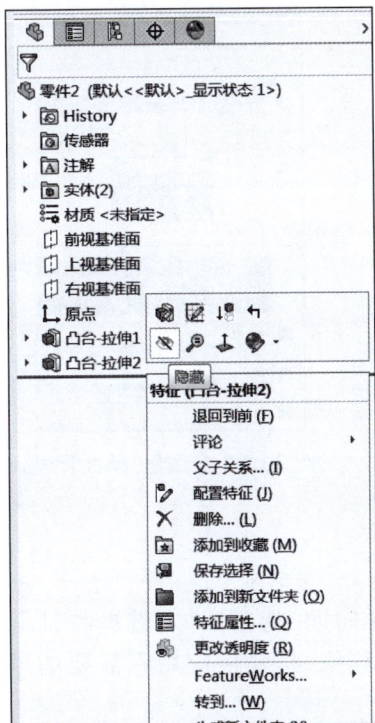

图 7.1.1.1　【隐藏】界面

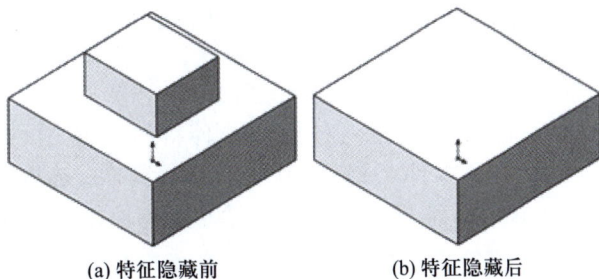

(a) 特征隐藏前　　　　　(b) 特征隐藏后

图 7.1.1.2　隐藏特征

7.1.2　外观颜色材料属性

添加外观颜色是使模型表面具有某种颜色表面属性，添加材料是使模型本体具有某种材料属性。

选择菜单栏中的【工具】→【插件】命令，选中 PhotoView360，如图 7.1.2.1 所示，单击【确定】按钮完成。

工具栏上方选择【PhotoView360】，在弹出的下拉菜单中选择【编辑外观】命令，弹出"颜色"属性管理器，如图 7.1.2.2 所示。

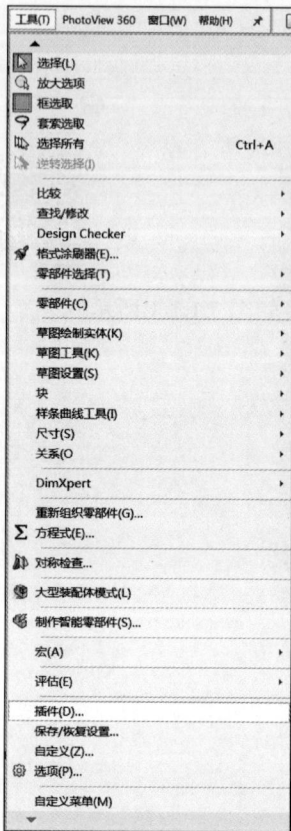

图 7.1.2.1   工具栏

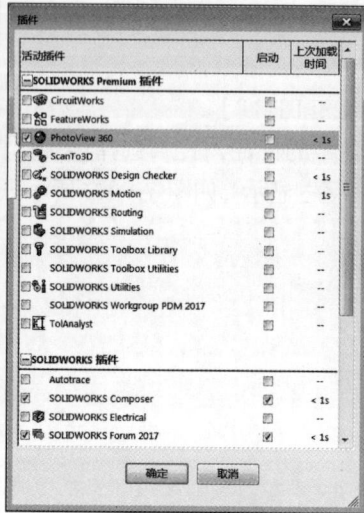

图 7.1.2.2   "颜色"属性管理器

"颜色"属性管理器各选项的含义:

① 应用到零部件层:仅用于装配体,将颜色应用到实体上。

② 应用到零件文档层:其中有选择零件、选取面、选择曲面、选择实体、选择特征五大特征,这五大特征选择其中一个,可过滤掉不需要的所选对象,将颜色应用到需要的所选对象。

移除外观:可以移除掉所选对象。

颜色:添加颜色,调颜色的等级及色调。

以下是创建外观颜色材料属性的步骤:

步骤一:打开配置文件【实例 7.1.2.SLDPRT】。

步骤二:在【工具】中的【插件】里选中 PhotoView360,工具栏【SolidWorks 插件】中选择打开【PhotoView360】,跳出【渲染工具】,选择【编辑外观】命令,如图 7.1.2.3 所示。

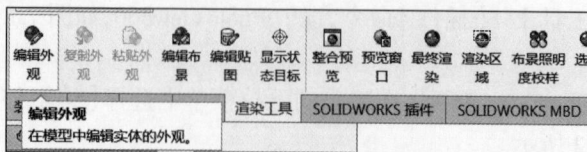

图 7.1.2.3   快捷菜单

步骤三:弹出"颜色"属性管理器及"外观、布景和贴图"材料库界面,如图7.1.2.4所示。

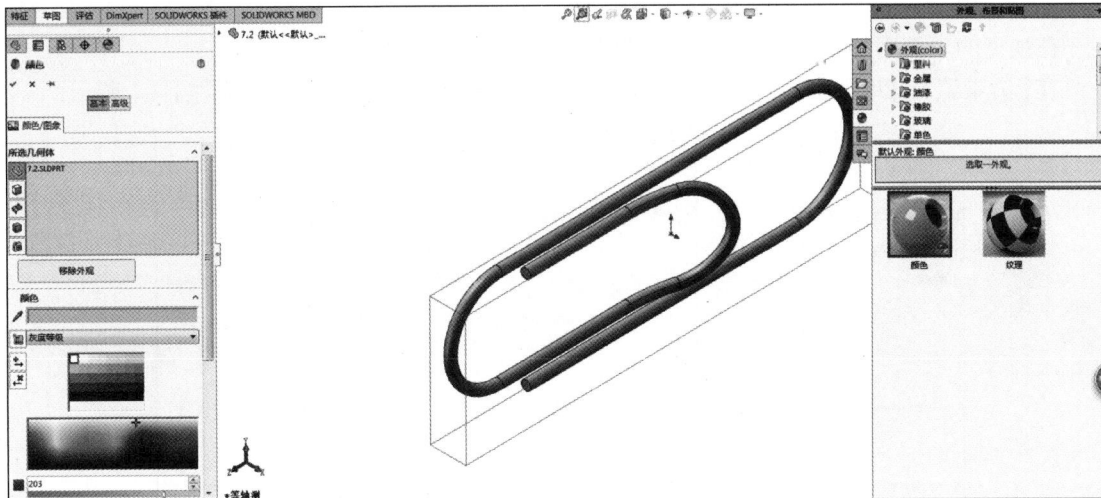

图 7.1.2.4 【颜色】界面

步骤四:在"外观、布景和贴图"材料库界面选择【外观】,单击【金属】,再单击【钢】,选择【缎料抛光不锈钢】,如图7.1.2.5所示,右击工作区域选择单击【确定】,完成外观颜色材料属性特征。

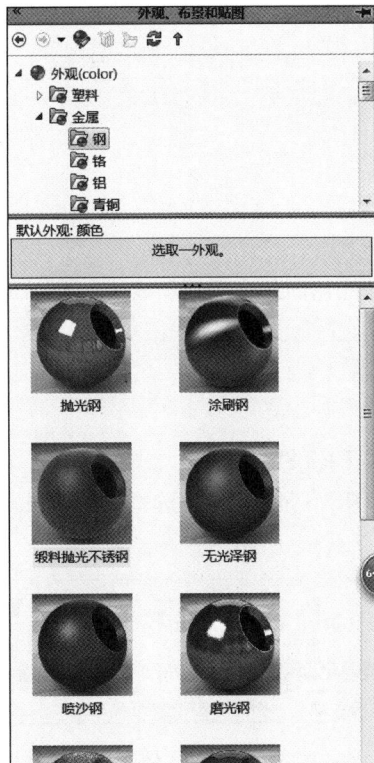

图 7.1.2.5 "外观、布景和贴图"材料库界面

7.1.3　贴图

在模型的表面附加某种平面图形,一般多用于商标和标志的制作。

在【渲染工具】单击选择【编辑贴图】命令,弹出"贴图"属性管理器,如图7.1.3.1所示。

图7.1.3.1　"贴图"属性管理器

1.【图像】选项卡

① 贴图预览:显示贴图预览。

② 浏览:选择浏览需要的文件。

2.【映射】选项卡

此选项跟【颜色】特征的【所选几何体】选项组含义一样。

3.【照明度】选项卡

调节贴图的照明度。

以下是创建贴图特征的步骤:

步骤一:打开配置文件【实例7.1.3.SLDPRT】。

步骤二:在工具栏【SOLIDWORKS插件】中,选择打开【PhotoView360】,跳出【渲染工具】,单击选择【编辑贴图】命令,如图7.1.3.2所示。

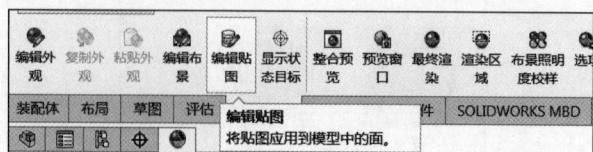

图7.1.3.2　快捷菜单

步骤三:弹出"贴图"属性管理器及贴图材料库,如图7.1.3.3所示。

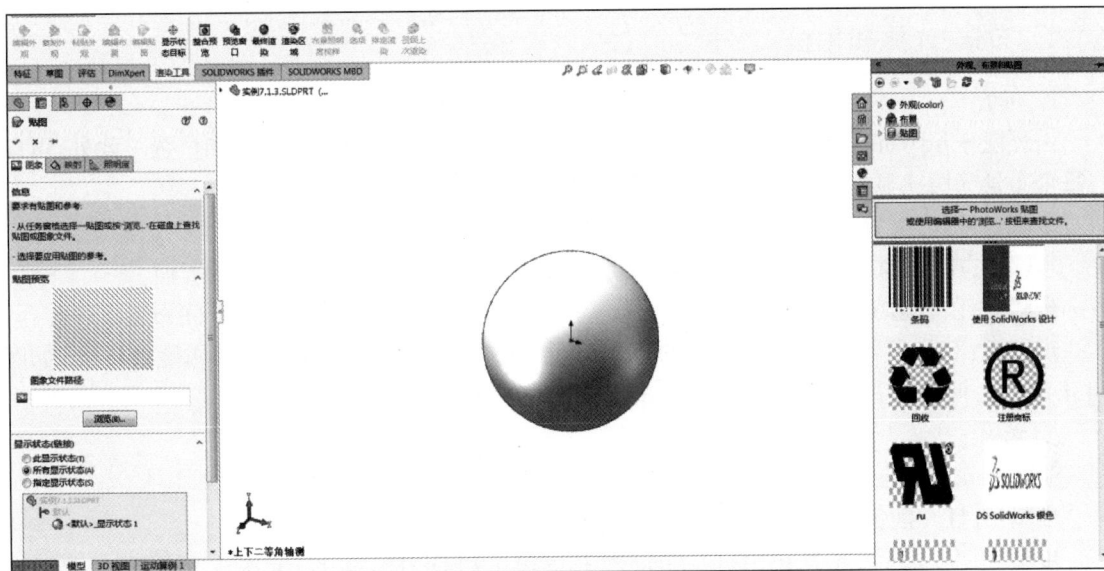

图 7.1.3.3 【贴图】界面

步骤四: 在右边材料库"外观、布景和贴图"中选择【贴图】,在下方选择贴图的形状,在界面左侧属性管理器中会显示贴图的形状,如图 7.1.3.4 所示。

图 7.1.3.4 "贴图"属性管理器

步骤五: 单击实体,在实体中单击左键调整好大小与位置,"贴图"属性管理器单击【√】,完成贴图特征。

7.1.4　布景、光源和相机

1. 布景

由环绕 SolidWorks 模型的虚拟框或球形组成的，可以调整布景壁的大小和位置。此外，可以为每个布景壁切换显示状态和反射度，并将背景调成布景。

步骤一：打开配置文件【实例 7.1.3.SLDPRT】。

步骤二：在工具栏单击选择【渲染工具】，选择【编辑布景】，弹出布景编辑界面。

步骤三：在右边工具栏显示出"外观、布景和贴图"材料库界面，单击【工作间布置】。

步骤四：双击所需（反射黑地板）的背景颜色，在左边显示出"编辑布景"属性管理器，如图 7.1.4.1 所示，调整好背景所需的颜色，单击【√】，完成布景特征。

2. 光源

SolidWorks 的光源类型分为点光源、聚光源和线光源三个类型。

步骤一：打开配置文件【实例 7.1.3.SLDPRT】。

步骤二：在"布景、光景和相机"界面里，右键单击【SOLIDWORKS 光源】，显示出光源三大类型，如图 7.1.4.2 所示。

图 7.1.4.1　"编辑布景"属性管理器

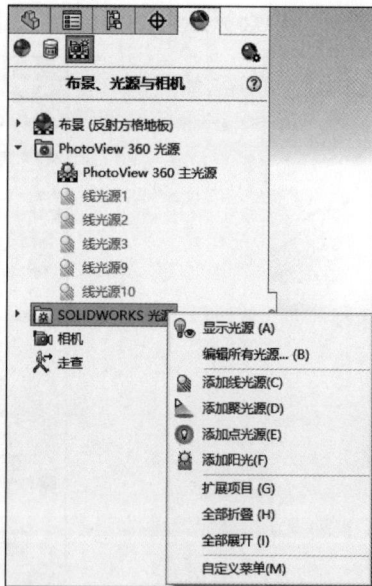

图 7.1.4.2　快捷菜单

步骤三：单击所需的光源类型，显示界面如图 7.1.4.3~ 图 7.1.4.5 所示，调节好光源的角度及光源度，单击【√】，完成光源特征。

（1）【线光源】选项卡

"基本"

在布景更改时保留光源：布景变化后，保留模型中的光源。

编辑颜色：显示颜色调色板。

"光源位置"

锁定到模型:选择此选项,相对于模型的光源位置被保留。

经度:光源的经度坐标。

纬度:光源的纬度坐标。

(2)【聚光源】选项卡

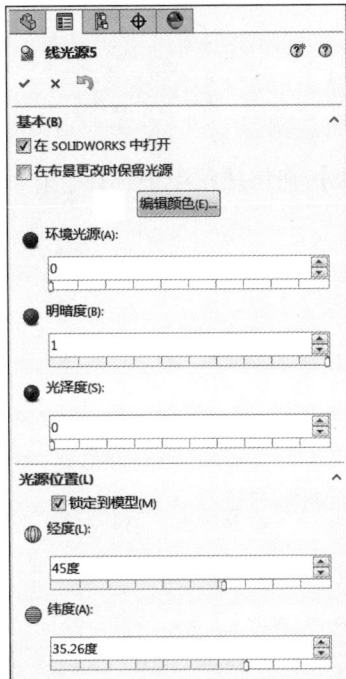

图 7.1.4.3 "线光源"属性管理器

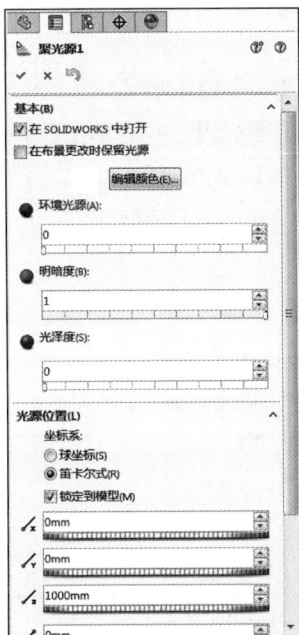

图 7.1.4.4 "聚光源"属性管理器

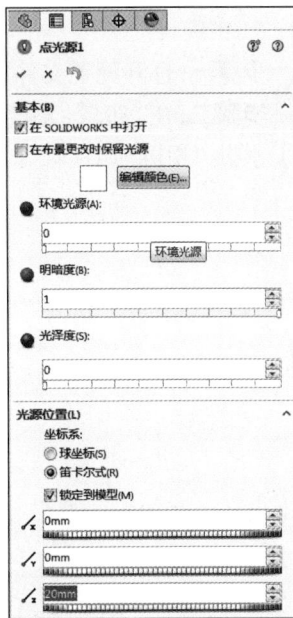

图 7.1.4.5 "点光源"属性管理器

"基本"与【线光源】属性设置相同。

"光源位置"

球坐标:使用球形坐标系指定光源的位置。

笛卡尔式:使用笛卡尔式坐标系指定光源的位置。

锁定到模型:选择此选项,相对于模型的光源位置被保留。

光源 X 坐标:聚光源在空间中的 X 轴坐标。

光源 Y 坐标:聚光源在空间中的 Y 轴坐标。

光源 Z 坐标:聚光源在空间中的 Z 轴坐标。

目标 X 坐标:聚光源在模型上所投射到的点 X 轴坐标。

目标 Y 坐标:聚光源在模型上所投射到的点 Y 轴坐标。

目标 Z 坐标:聚光源在模型上所投射到的点 Z 轴坐标。

圆锥角:指定光束传播的角度,较小的角度生成较窄的光束。

(3)【点光源】选项卡

"基本"与【线光源】属性设置相同。

"光源位置"

球坐标：使用球形坐标系指定光源的位置。

笛卡尔式：使用笛卡尔式坐标系指定光源的位置。

锁定到模型：选择此选项，相对于模型的光源位置被保留。

目标 X 坐标：点光源的 X 轴坐标。

目标 Y 坐标：点光源的 Y 轴坐标。

目标 Z 坐标：点光源的 Z 轴坐标。

3. 相机

步骤一：打开配置文件【实例 7.1.3.SLDPRT】。

步骤二：在"布景、光景和相机"界面里，右键单击选择【相机】，在快捷菜单中选择【添加相机】，弹出"相机"属性管理器如图 7.1.4.6 所示。

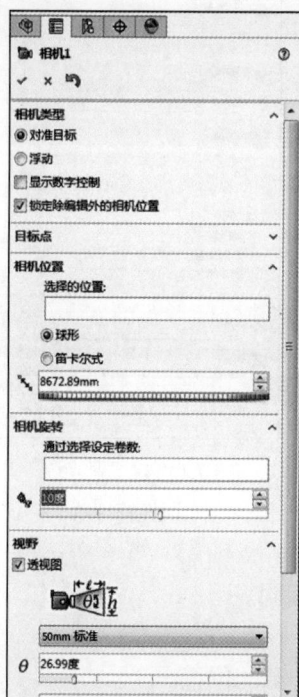

图 7.1.4.6　"相机"属性管理器

步骤三：在"相机位置"设置好距离，"相机旋转"中设置角度，"视野"为默认，单击【√】，完成相机特征。

7.2　特征退回与插入

微课
特征退回与插入

7.2.1　特征退回 / 前进

特征退回 / 前进的基本操作步骤如下：

步骤一：打开配置文件【实例 7.2.1.SLDPRT】。

步骤二: 在快捷菜单选择需要退回的特征命令,右击,选择【退回】特征,如图 7.2.1.1 所示。

步骤三: 单击【确定】按钮,完成退回特征,如图 7.2.1.2 所示。

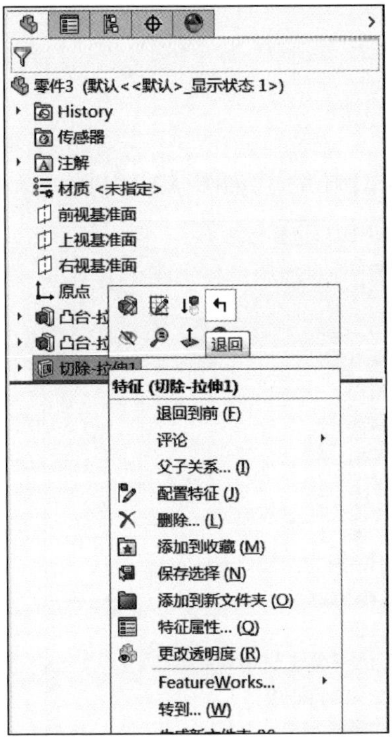

图 7.2.1.1 【退回】界面

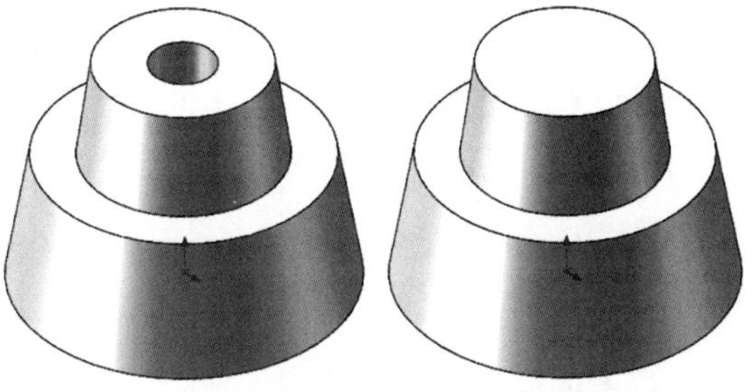

(a) 特征退回前   (b) 特征退回后

图 7.2.1.2 退回特征

7.2.2 插入与删除特征

插入某个特征命令。选择菜单栏中的【插入】【特征】命令,如图 7.2.2.1 所示。

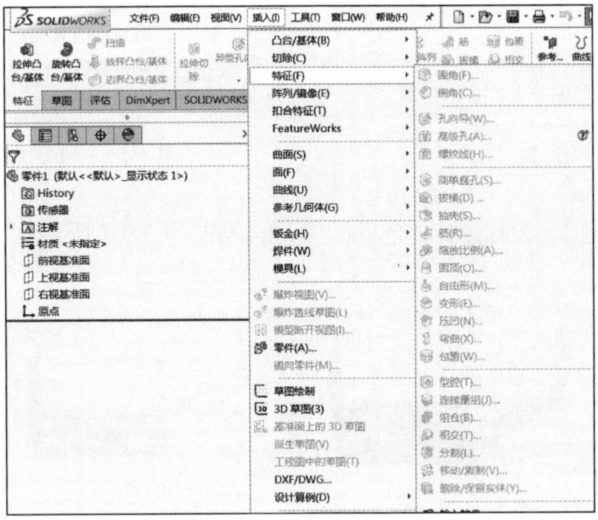

图 7.2.2.1 "插入"菜单栏

删除某个特征命令。选择需删除的特征,右击,显示界面如图7.2.2.2所示。选择【删除】命令,单击【确定】按钮,完成删除特征。

7.2.3 压缩及解压特征

压缩及解压特征创建的基本操作步骤如下:

步骤一:打开配置文件【实例7.2.2.SLDPRT】。

步骤二:在快捷菜单选择需要压缩的特征,单击右键选择【压缩】,如图7.2.3.1所示。

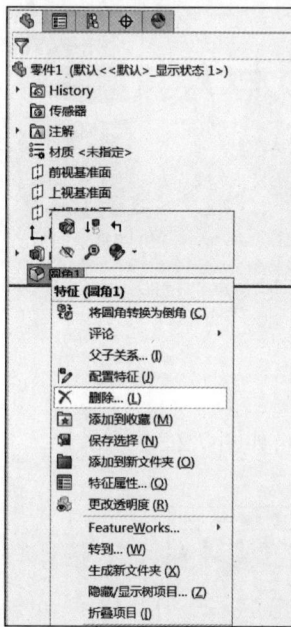

图 7.2.2.2 【删除】命令

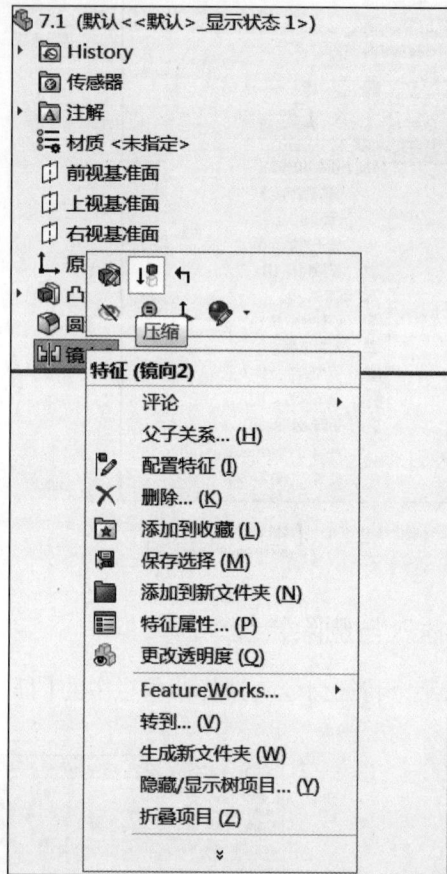

图 7.2.3.1 【压缩】界面

步骤三:单击【确定】,完成压缩命令(反之解压),如图7.2.3.2所示。

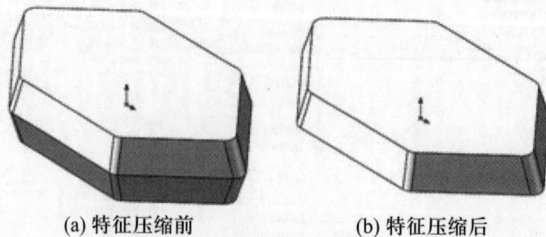

(a) 特征压缩前   (b) 特征压缩后

图 7.2.3.2 压缩特征

7.2.4　父子关系

查看所选特征命令的父特征和子特征,子特征是依赖于父特征存在的。

步骤一:打开配置文件【实例 7.2.2.SLDPRT】。

步骤二:在快捷菜单选择需查看的父子特征命令,如图 7.2.4.1 所示,右键单击选择【父子关系】。

步骤三:弹出"父子关系"对话框,如图 7.2.4.2 所示。

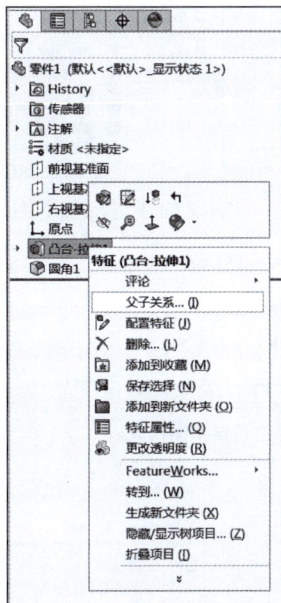

图 7.2.4.1　【父子关系】界面

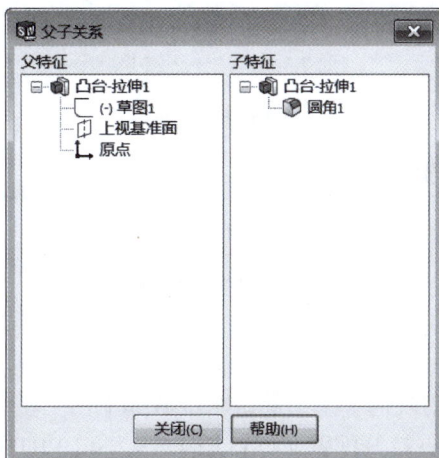

图 7.2.4.2　"父子关系"对话框

7.3　建模错误修复

7.3.1　悬空几何错误

微课
悬空几何错误

草图包含不存在的尺寸和与模型几何体的几何关系。建模错误进行修复有以下情况:1)标注尺寸悬空;2)悬空几何关系,参考不存在或未还原。

1. 标注尺寸悬空举例说明步骤如下:

步骤一:打开配置文件【实例 7.3.1.SLDPRT】。

步骤二:在系统自动弹出"什么错"对话框,如图 7.3.1.1 所示,查看上面错误点以及如何修复。查看完毕后单击【关闭】。

步骤三:在快捷菜单上选择带有感叹号错误的特征,单击右键,单击【编辑草图】,如图 7.3.1.2 所示。

步骤四:进入草图界面,悬空错误的草图显示褐色,重新定义修改错误草图,可用拖动尺寸或删除尺寸修改,如图 7.3.1.3 所示,单击【退出草图】。

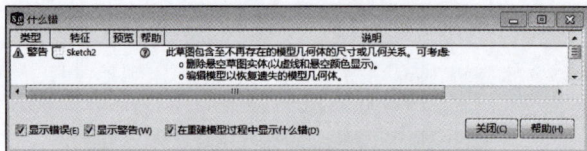

图 7.3.1.1　"什么错"对话框

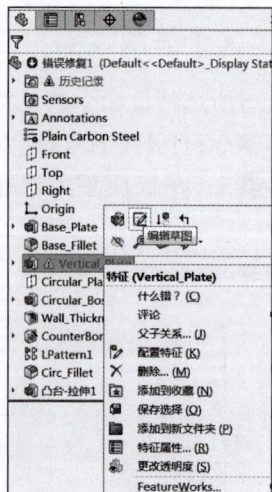

图 7.3.1.2　【编辑草图】界面

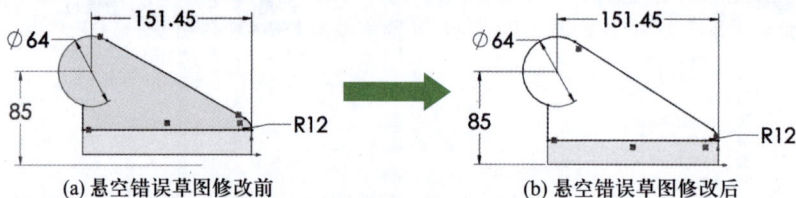

(a) 悬空错误草图修改前

(b) 悬空错误草图修改后

图 7.3.1.3　修改悬空尺寸图

2. 悬空几何关系举例说明步骤如下：

步骤一:打开配置文件【实例 7.3.2.SLDPRT】。

步骤二:在系统自动弹出"什么错"对话框,并查看上面错误点以及如何修复,单击【关闭】。

步骤三:在快捷菜单上选择带有感叹号错误的特征,右键单击选择【编辑草图】。

步骤四:进入草图界面,修改草图的几何关系,可用删除几何关系来重新定义并修正几何关系,如图 7.3.1.4 所示,单击【退出草图】。

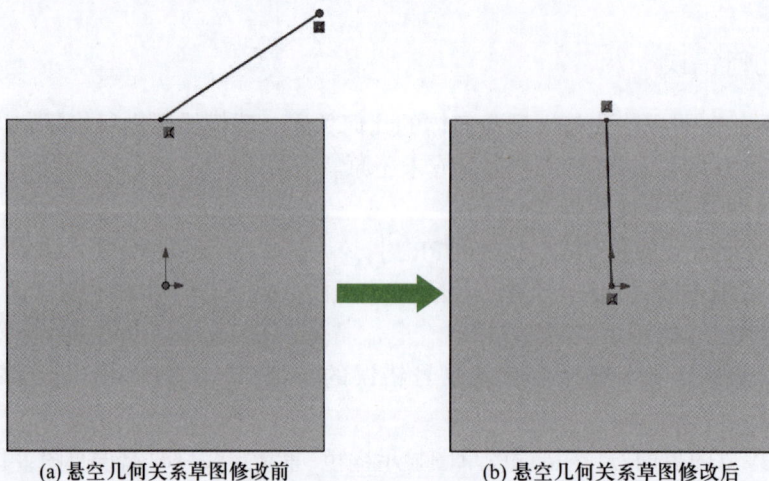

(a) 悬空几何关系草图修改前

(b) 悬空几何关系草图修改后

图 7.3.1.4　修改几何关系图

7.3.2 过定义草图错误

过定义草图错误是指尺寸或几何关系彼此相冲突,过度约束到草图。

过定义草图错误举例说明步骤如下:

步骤一:打开配置文件【实例 7.3.3.SLDPRT 】。

步骤二:在系统自动弹出"什么错"对话框,如图 7.3.2.1 所示,并查看上面错误点以及如何修复,单击【关闭 】。

图 7.3.2.1 "什么错"对话框

步骤三:在快捷菜单上选择带有感叹号错误的特征,右键单击【编辑草图】。进入草图界面,删除过定义的约束或尺寸,如图 7.3.2.2 所示,单击【退出草图】。

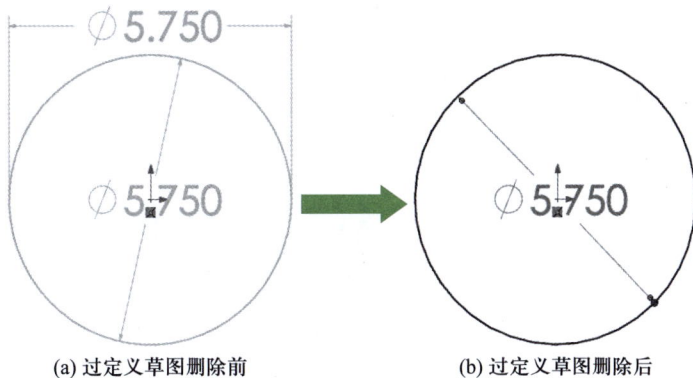

(a) 过定义草图删除前   (b) 过定义草图删除后

图 7.3.2.2 删除尺寸草图

7.3.3 无效草图错误

无效草图错误是指此草图尚未更新,因为解出此草图将可能生成无效的几何体(例如长度为零的直线)。

解决方法:① 拖动尺寸,将其重新定位到有效实体。

② 删除尺寸或几何关系。

③ 删除无效的几何体。

④ 编辑其他尺寸值或几何体,消除冲突。

无效草图错误举例说明步骤如下:

步骤一:打开配置文件【实例 7.3.4.SLDPRT 】。

步骤二:在系统自动弹出"什么错"对话框,查看上面错误点以及如何修复,单击【关闭】。

步骤三:在快捷菜单上选择带有感叹号错误的特征,右键单击【编辑草图】。进入草图界面,修改无效草图,如图 7.3.3.1 所示,单击【退出草图】。

(a) 无效草图修改前　　　　　　　　(b) 无效草图修改后

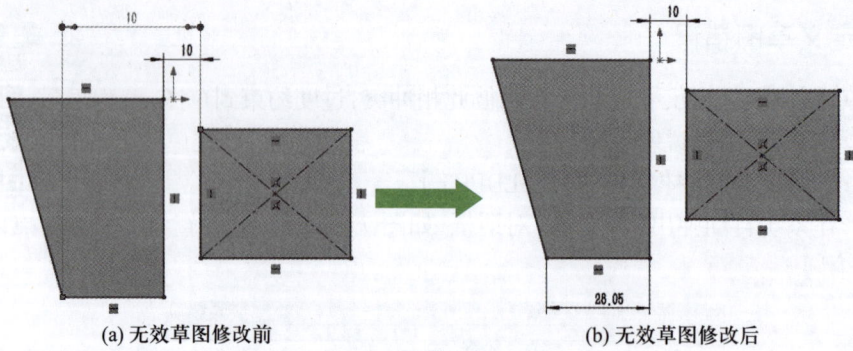

图 7.3.3.1　修改无效草图

7.4　综合实例

【实例 1】　通过一个装配体模型介绍渲染的过程，从而生成比较逼真的三维效果。其中渲染主要包含模型外观颜色、贴图、布景、光源和相机的具体内容及光源参数的影响，案例如图 7.4.0.1 所示。

步骤一：打开配置文件【7.4.1.SLDPRT】。

步骤二：选择菜单栏中的【工具】→【插件】命令，选中【PhotoView360】，如图 7.4.0.2 所示，单击【确定】按钮。

微课
综合实例

图 7.4.0.1　实例特征

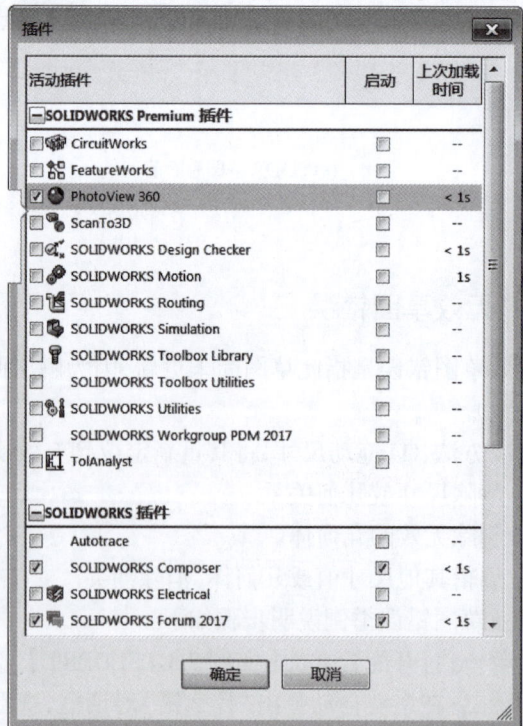

图 7.4.0.2　工作栏

步骤三:在工具栏【SolidWorks 插件】中,选择打开【PhotoView360】,跳出【渲染工具】,选择【编辑外观】命令,弹出"颜色"属性管理器及"外观、布景和贴图"材料库。在"所选几何体"栏中选择【应用到零件文档层】,单击【选择实体】按钮,如图 7.4.0.3 所示,选择实体座椅,如图 7.4.0.4 所示,"颜色"栏中选择红色,单击【√】按钮,完成其中一个实体的外观特征。

图 7.4.0.3 "颜色"属性管理器

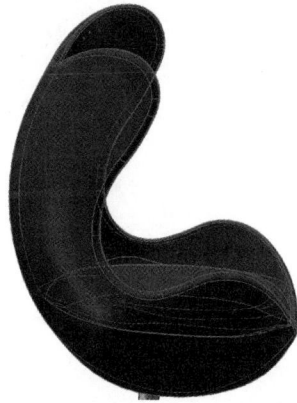

图 7.4.0.4 选择实体

步骤四:再次选择【编辑外观】命令,"颜色"属性管理器中选择【应用到零件文档层】,单击【选择实体】,选择座椅支杆,如图 7.4.0.5 所示。在"外观、布景和贴图"材料库中选择【外观】,单击【金属】,选择【金】再选择【抛光金】,如图 7.4.0.6 所示,单击【√】按钮,完成支杆的外观材料特征。

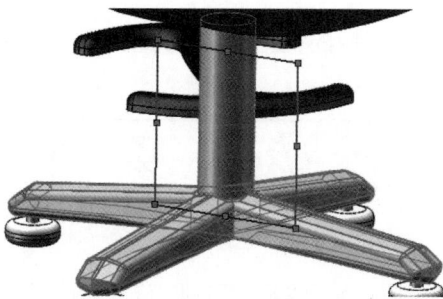

图 7.4.0.5 选择实体

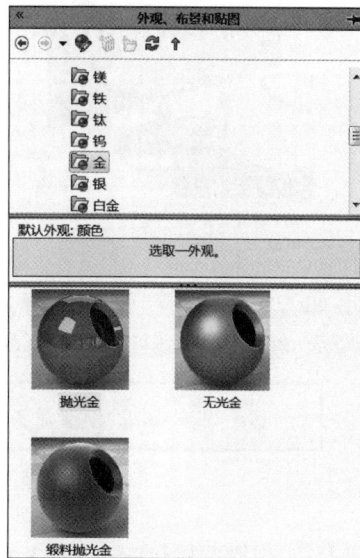

图 7.4.0.6 材料库工作栏

步骤五:工作栏选择【编辑外观】命令,"颜色"属性管理器中选择【应用到零件文档层】,单击【选择实体】,选择滚轮,如图 7.4.0.7 所示,在"颜色"属性管理器中设置颜色为黑色,单击【✓】,完成滚轮外观特征。

图 7.4.0.7　选择特征

步骤六:工作栏中选择【编辑贴图】特征命令,弹出"贴图"属性管理器及"外观、布景和贴图"材料库。在"贴图"属性管理器"贴图预览"中单击【浏览】选择图片,单击【映射】,在"所选几何体"选择【在零件文档层应用更改】,单击【选取面】,选择计算机屏幕的面,如图 7.4.0.8 所示。在"映射"栏选择【投影】,将"当前视图"更改为【XY】,如图 7.4.0.9 所示,双击屏幕的面,单击【✓】,完成贴图特征。

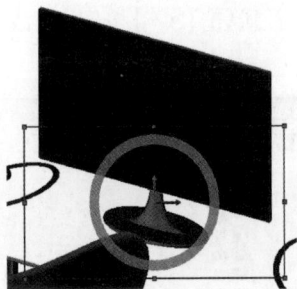

图 7.4.0.8　选择贴图面

图 7.4.0.9　"贴图"属性管理器

说明:如若完成贴图特征后,未显示贴图,选择绘图区域的【隐藏所有类型】下拉按钮,如图 7.4.0.10 所示,单击选择【贴图】,即可显示贴图特征。

图 7.4.0.10　绘图区域工具栏

步骤七:工作栏选择【编辑布景】,弹出"编辑布景"属性管理器及"外观、布景和贴图"材料库。在"外观、布景和贴图"选择【布景】,单击【演示布景】后选择【工厂背景】,在"编辑布景"属性管理器选择【高级】,单击【环境旋转】设置为70°,如图7.4.0.11所示,单击【√】,完成布景特征。

　　步骤八:在模型树中选择【SOLIDWORKS 光源】,单击右键,在弹出的快捷菜单中选择【添加线光源】,如图7.4.0.12所示。

图 7.4.0.11　编辑布景

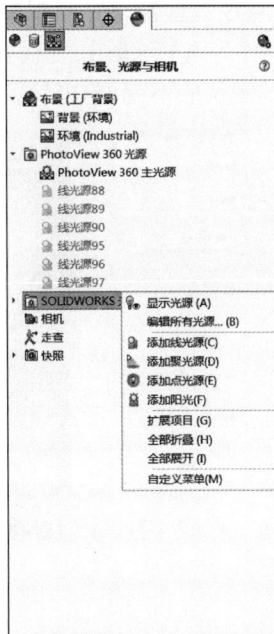

图 7.4.0.12　快捷菜单

　　步骤九:弹出"线光源"属性管理器,选择【基本】选项卡,编辑颜色为红色,如图7.4.0.13所示,选择【SOLIDWORKS】选项卡设置"环境光源"为0.7、"明暗度"为0.5、"光泽度"为0.45,如图7.4.0.14所示,单击【√】,完成线光源特征,可观察实体在线光源前后的影响。

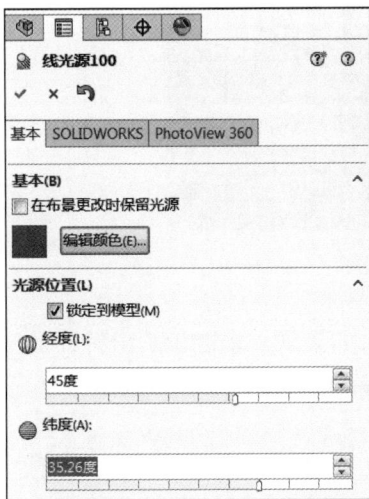

图 7.4.0.13　"线光源"属性管理器

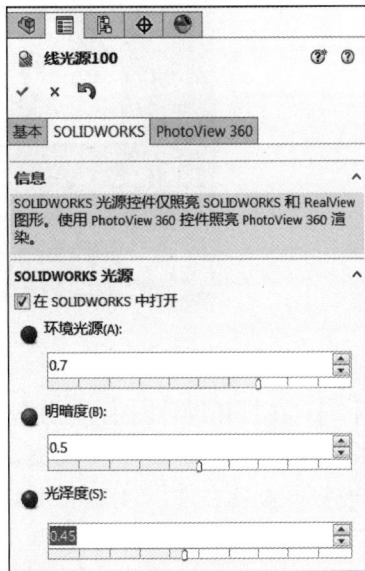

图 7.4.0.14　SOLIDWORKS 光源编辑

说明:聚光源、点光源步骤过程与步骤九相同。完成特征后,可以观察聚光源、线光源、点光源每一个特征的影响有何不同。

步骤十:在模型树中选择【相机】,单击右键,在弹出的快捷菜单中选择【添加相机】,弹出"相机"属性管理器,在"相机类型"勾选【对准目标】及"锁定除编辑外的相机位置"复选框,"相机位置"中勾选【球形】,并设置与目标的距离为 7 603.9 mm,在"相机旋转"设置滚转为 30°,"视野"中的默认值不变,单击【√】,如图 7.4.0.15 所示。

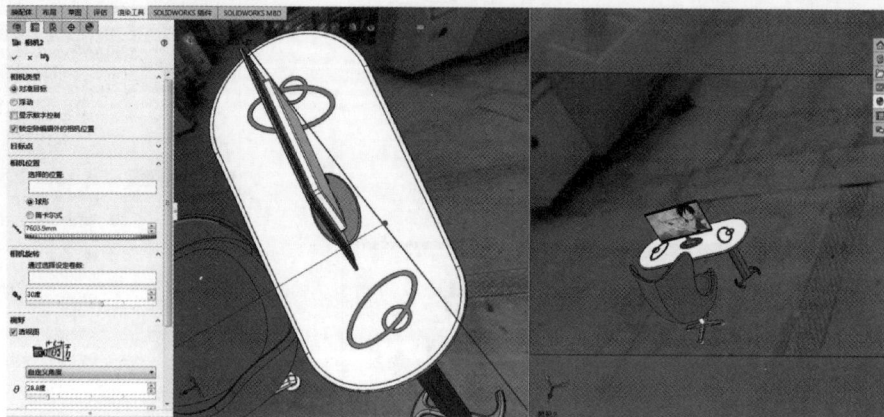

图 7.4.0.15　"相机"属性管理器

步骤十一:右键单击步骤十中创建的相机特征,弹出的快捷菜单中勾选【锁定相机】,再到属性管理器上方单击【最终渲染】,效果如图 7.4.0.16 所示。

图 7.4.0.16　渲染效果图

【实例 2】　在打开设计图中,软件进行交互识别时,如果软件未能识别出特征及尺寸,则会显示实体的创建错误。下面通过一个案例,讲解创建错误有哪些失败原因并解决。

步骤一:打开配置文件【7.4.2.SLDPRT】。

步骤二:打开文件后,系统会自动弹出"什么错"对话框,如图 7.4.0.17 所示,里面提示每个错误点及如何改正,查看完毕后单击【关闭】。

步骤三:在快捷菜单中选择第一个带感叹号错误的特征,右键单击【编辑特征】,进入特征拉伸,选择绘制好的草图,如图 7.4.0.18 所示,拉伸深度设置为 20 mm,其他默认,单击【√】,修改完成。

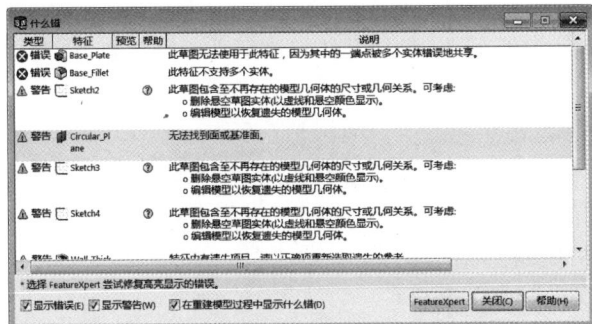

图 7.4.0.17 "什么错"对话框

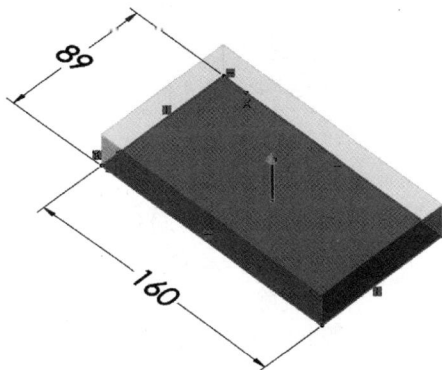

图 7.4.0.18 选择草图

步骤四:选择第二个带感叹号错误的特征,右键单击【编辑草图】,进入草图后,会出现带错误褐色的尺寸,删除 85 mm 悬空尺寸,并进行圆心到边长的尺寸标注,如图 7.4.0.19 所示,单击选择【退出草图】,修改完成。

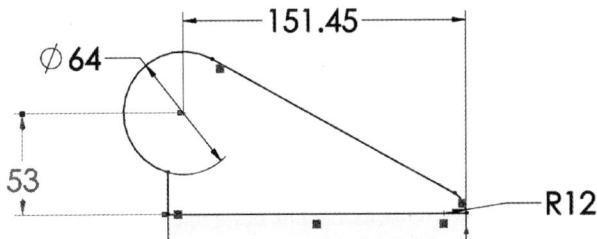

图 7.4.0.19 修改草图

步骤五:选择第三个带感叹号错误的特征,右键单击【编辑草图】,进入草图,出现带错误黄色的边长,删除边长,选择【直线】,重新绘制边长,定义尺寸并约束边长,如图 7.4.0.20 所示,单击选择【退出草图】,修改完成。

步骤六:选择第四个错误特征,右键单击【编辑特征】,进入【圆角】特征,错误的是圆角过大,在"圆角参数"中设置半径为 5 mm,单击【√】,修改完成,效果如图 7.4.0.21 所示。

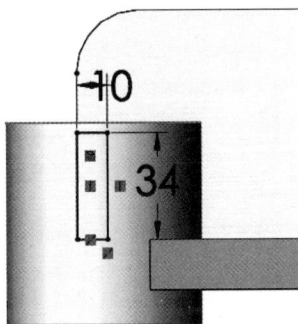

图 7.4.0.20 修改草图

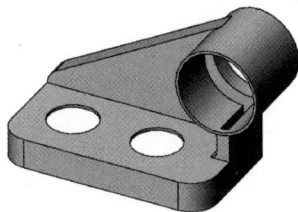

图 7.4.0.21 修改完成效果图

7.5　课后练习

一、选择题

1. 根据草图的尺寸标注及约束,可将草图分为欠定义、完全定义和过定义三种状态,草图以黑色显示时,说明草图为(　　)。

　　A. 欠定义　　　　　　　　　　B. 完全定义　　　　　　　　C. 过定义

2. 在零件中可以将特征进行压缩处理。有一个槽特征,对它进行了阵列,如果将槽特征进行压缩,该阵列特征会(　　)。

　　A. 被删除　　　　　　　　　　B. 不被压缩　　　　　　　　C. 被压缩

3. 在装配体中,压缩某个零部件,与其有关的装配关系会(　　)。

　　A. 状态没有变化　　　　　　　B. 压缩　　　　　　　　　　C. 删除

4. 根据尺寸标注及约束,可把草图分为(　　)三种状态。

　　A. 直线标注、角度标注、半径标注

　　B. 欠定义、完全定义、过定义

　　C. 水平尺寸,垂直尺寸,长度尺寸

5. 在"什么错"对话框中,将不提示以下哪种错误(　　)。

　　A. 错误　　　　　　　　　　　B. 警告　　　　　　　　　　C. 节下警告

6. 悬空尺寸和几何关系默认显示颜色为(　　)。

　　A. 褐色　　　　　　　　　　　B. 红色　　　　　　　　　　C. 蓝色

二、判断题

1. 在 SolidWorks 中,只能对特征的颜色进行设置,不能对面进行颜色设置。(　　)

2. SolidWorks 中,环境光源可以添加和删除。(　　)

3. 草图实体在完全定义状态呈蓝色。(　　)

4. SolidWorks 可以修改背景颜色。(　　)

5. 当第一次发生某错误时,"什么错"对话框会自动出现。(　　)

6. 原始基体拉伸称为父特征,凸台或切除拉伸称为子特征,子特征依赖于父特征而存在。(　　)

7. 特征被压缩后,在模型中可以显示。(　　)

三、简答题

1. 如何解决草图过定义错误?

2. SolidWorks 软件中有众多与之无缝集成的插件,当设计完成模型后,要对它进行渲染,应该启动什么插件?

四、综合练习

打开配置文件【7.5.SLDPRT】,修改建模错误实体,完成后效果如图 7.5.0.1 所示。

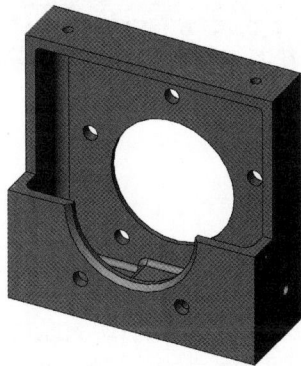

图 7.5.0.1　习题

第八章 系列化零件设计

本章提要：

SolidWorks 不仅提供强大的造型功能，而且提供实用性很好的产品设计系列化功能，包括方程式和数值连接、配置、系列零件设计表、库特征等。通过方程式和数值连接的方式可以控制特征间的数据关系。通过配置可以在同一个文件中同时反映产品零件的多种特征构成和尺寸规格。采用 Excel 表格建立系列零件设计表方式反映零件的尺寸规格和特征构成，表中的实例将成为零件中的配置。将建立的特征按照文件库的方式存储，即生成库特征，可以在零件造型中调用。

内容要点：

- 尺寸名称的显示和控制
- 方程式的作用及添加
- 数值连接应用
- 用方程式数值连接快速调整零件尺寸参数

8.1 方程式及数值连接

🐭动画
尺寸名称的显示及控制

8.1.1 尺寸名称的显示及控制

SolidWorks 是一个全相关的设计软件,对任何一个尺寸的修改都会影响到装配、工程图等方面。因此,在 SolidWorks 中每个尺寸都有一个特定的名称。

步骤一:打开零件【实例 8.1.1.SLDPRT】,如图 8.1.1.1 所示。

步骤二:选择菜单栏中的【视图】→【隐藏/显示】→【尺寸名称】命令,如图 8.1.1.2 所示。

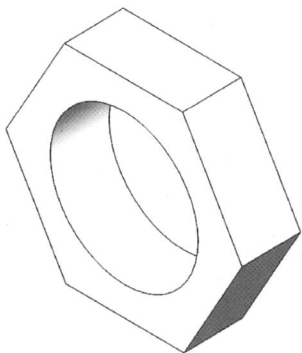

图 8.1.1.1 打开零件

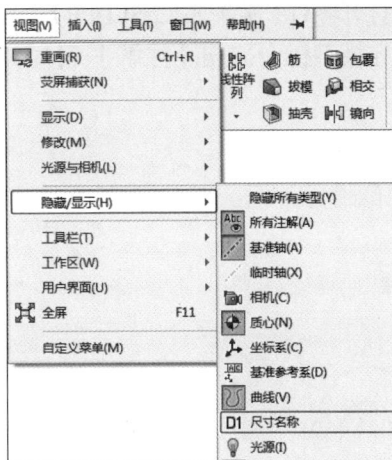

图 8.1.1.2 【尺寸名称】命令

步骤三:在模型树中,右击【注解】→【显示特征尺寸】,如图 8.1.1.3 所示。显示特征尺寸后的零件如图 8.1.1.4 所示。

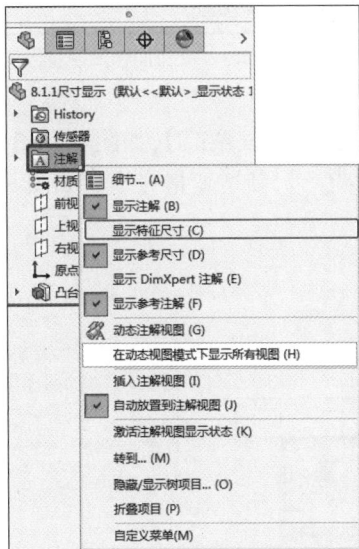

图 8.1.1.3 显示特征尺寸

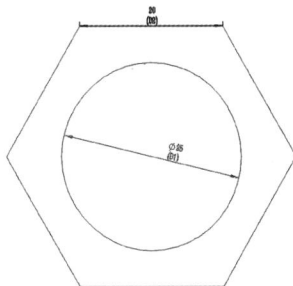

图 8.1.1.4 显示特征尺寸后的零件

8.1.2   方程式的作用

SolidWorks 软件是一个基于特征参数化的实体建模设计工具,采用 Windows 设计平台,易学易用。

在 SolidWorks 零件设计中,方程式的应用主要是以表达式的形式将其草图和特征尺寸转化为参数,实现参数驱动。它能在零件的结构特征设计中控制尺寸之间的变量关系,使尺寸在一定范围内,快速地根据设计要求调整尺寸参数。

8.1.3   方程式的添加

步骤一:打开零件【实例 8.1.2.SLDPRT 】,如图 8.1.3.1 所示。

步骤二:在模型树中,右击【注解 】→【显示特征尺寸 】,如图 8.1.3.2 所示。

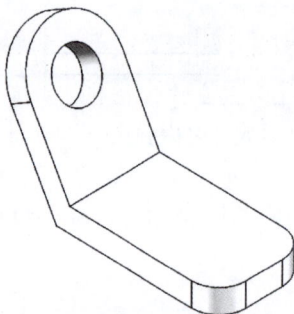

动画
方程式的添加

图 8.1.3.1   打开零件

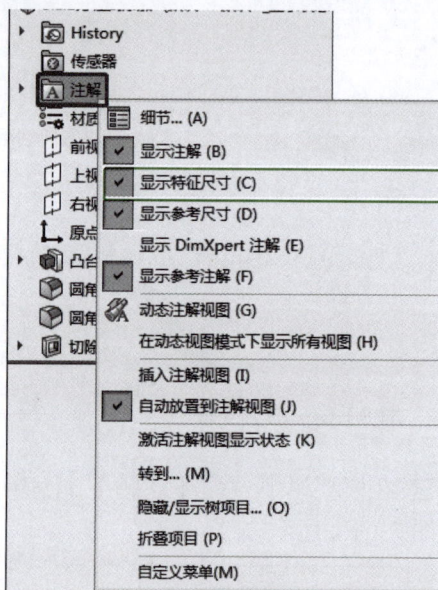

图 8.1.3.2   显示特征尺寸

步骤三:双击需要变量的尺寸,将水平尺寸输入新增变量【 = "A"】,如图 8.1.3.3 所示。角度尺寸输入新增变量【 = "B"】,圆尺寸输入新增变量【 = "C"】,新增变量完毕后如图 8.1.3.4 所示。

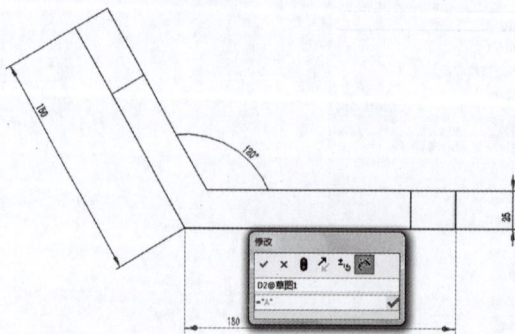

图 8.1.3.3   输入新增变量

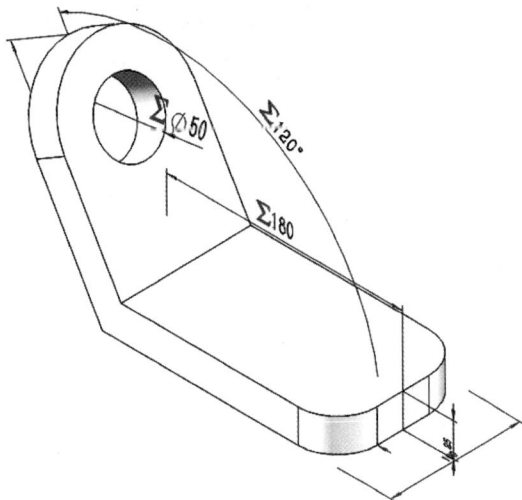

图 8.1.3.4　输入新增变量

步骤四：选择菜单栏中的【工具】→【方程式】命令,弹出"方程式、整体变量、及尺寸"对话框,如图 8.1.3.5 所示。

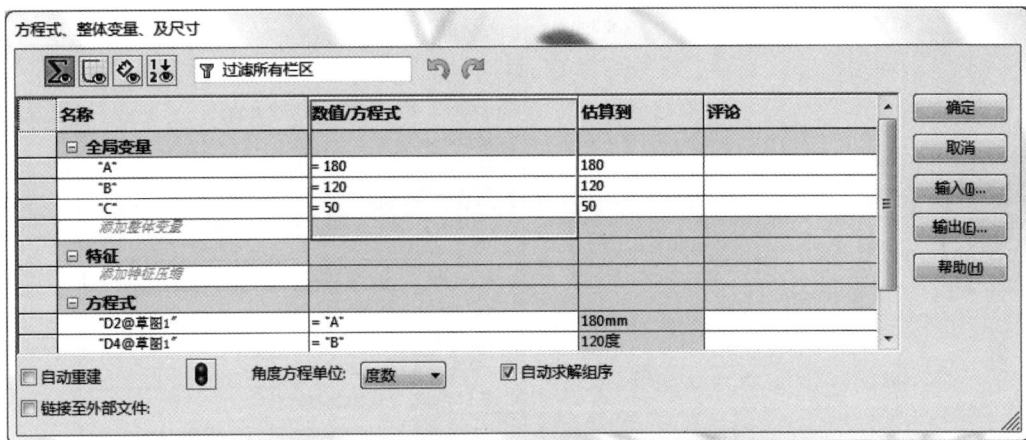

图 8.1.3.5　"方程式、整体变量、及尺寸"对话框

步骤五：输入需要修改的尺寸,单击【确定】按钮,其关联的尺寸就会发生变化,如图 8.1.3.6 所示。

8.1.4　链接数值

链接数值可以使用共享数据来链接两个或两个以上的零件尺寸,对尺寸参数的管理更方便,当尺寸用数值链接起来后,该组任何一个尺寸都可以当成驱动尺寸,改变该组任何一个尺寸都可以改变该组的所有尺寸数值。

步骤一：打开零件【实例 8.1.3.SLDPRT】,如图 8.1.4.1 所示。

步骤二：在模型树中,右击【注解】后选中【显示特征尺寸】,如图 8.1.4.2 所示。

名称	数值/方程式	
⊟ 全局变量		
"A"	= 100	
"B"	= 150	
"C"	= 20	

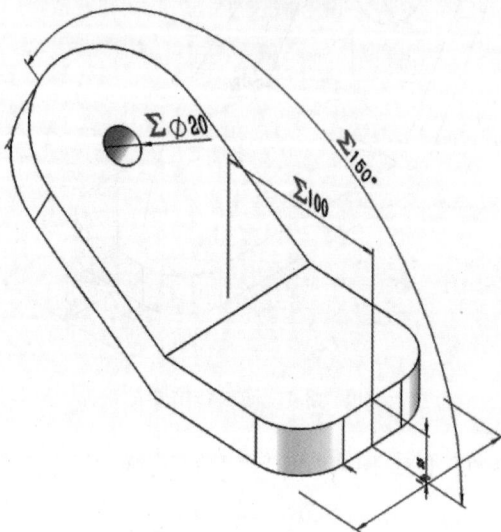

图 8.1.3.6　定义所需尺寸

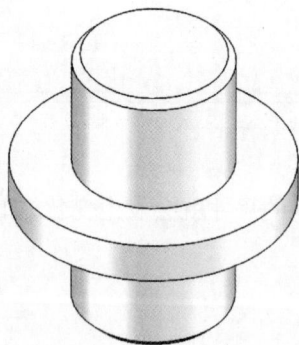

动画
链接数值

图 8.1.4.1　打开零件

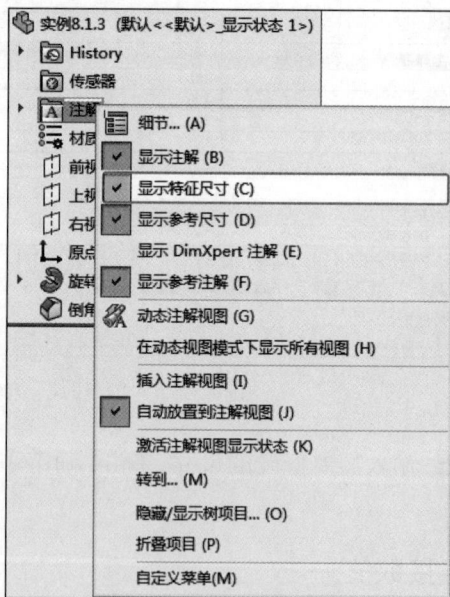

实例8.1.3 (默认<<默认>_显示状态 1>)
- History
- 传感器
- 注解
- 材质
- 前视
- 上视
- 右视
- 原点
- 旋转
- 倒角

细节... (A)
✓ 显示注解 (B)
✓ 显示特征尺寸 (C)
✓ 显示参考尺寸 (D)
　显示 DimXpert 注解 (E)
✓ 显示参考注解 (F)
　动态注解视图 (G)
　在动态视图模式下显示所有视图 (H)
　插入注解视图 (I)
✓ 自动放置到注解视图 (J)
　激活注解视图显示状态 (K)
　转到... (M)
　隐藏/显示树项目... (O)
　折叠项目 (P)
　自定义菜单(M)

图 8.1.4.2　显示特征尺寸

步骤三：鼠标右键选择上半部分圆柱的高度尺寸，单击选择【链接数值】，如图 8.1.4.3 所示。

步骤四：在"共享数值"对话框里输入 A，单击【确定】按钮，完成对于上半部分圆柱高度的变量设置，如图 8.1.4.4 所示。

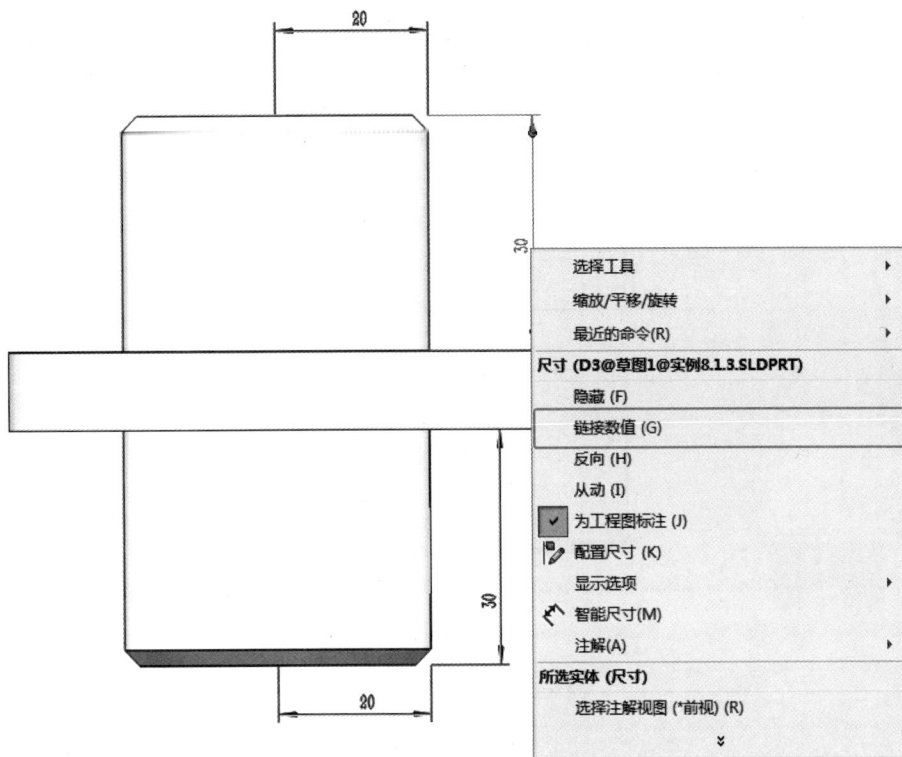

图 8.1.4.3 选择【链接数值】

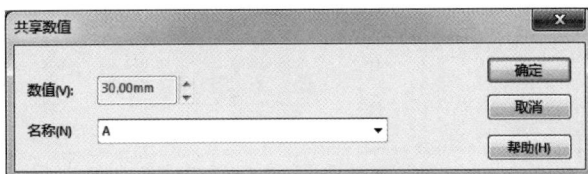

图 8.1.4.4 定义数值及名称

步骤五: 鼠标右键单击下半部分圆柱高度尺寸上的【链接数值】,选择"共享数值"对话框→"名称"下拉列表→【A】选项,定义两者的链接尺寸,如图 8.1.4.5 所示。

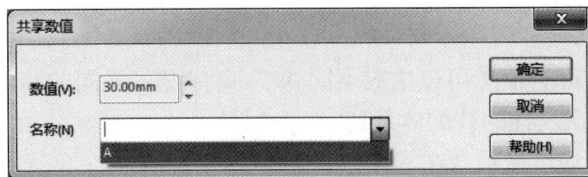

图 8.1.4.5 定义链接尺寸名称

步骤六: 完成设置,两个圆柱的高度尺寸出现红色的链接符号,修改其中的一个【链接数值】尺寸,两个尺寸就会同时改变。完成尺寸链接后的效果如图 8.1.4.6 所示。

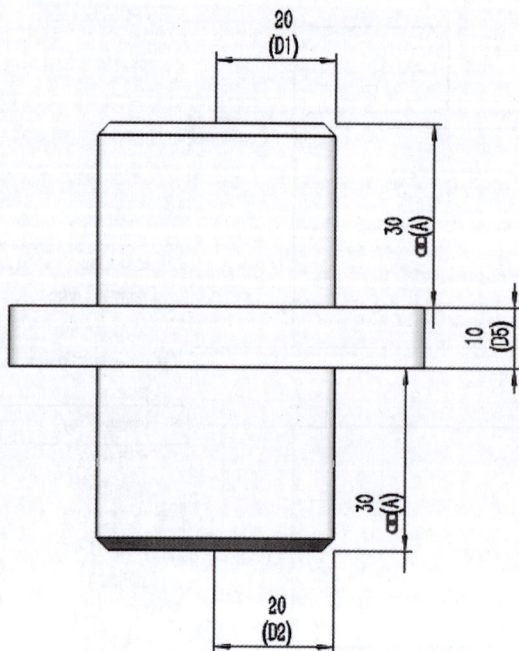

图 8.1.4.6　链接尺寸成功

步骤七：重建模型。尺寸修改完成后，选择下拉菜单【编辑】→【重建模型】命令，或按"Ctrl+B"键重建模型。

8.2　配置

8.2.1　配置的作用

配置让您可以在单一的文件中对零件或装配体生成多个设计变化。配置提供了简便的方法来开发与管理一组有着不同尺寸的零部件或其他参数的模型。

要生成一个配置，先指定名称与属性，然后再根据您的需要来修改模型以生成不同的设计变化。

•在零件文档中，配置使您可以生成具有不同尺寸、特征和属性（包括自定义属性）的零件系列。

•在装配体文档中，配置使您可以生成不同的零部件配置、不同的装配体特征参数或不同的尺寸或配置特定的自定义属性的装配体系列。

•在工程图文档中，您可显示您在零件和装配体文档中所生成的配置的视图。

您可使用以下任何方法生成配置：

•手工生成配置。

•使用系列零件设计表在 Microsoft Excel 电子表格中生成并管理配置。您可在工程图中显示系列零件设计表。

•使用"修改配置"对话框为经常配置的参数生成和修改配置。

　　在系列零件设计表或"修改配置"对话框中生成的自定义属性自动添加到摘要信息对话框中的指定配置标签中。

8.2.2 配置的生成

　　手工生成配置：根据使用所需建立相对应的配置，以下为手工生成配置的操作步骤。

　　步骤一：打开配置文件【螺母 M14】，FeatureManager 设计树顶部单击【ConfigurationManager】选项卡，如图 8.2.2.1 所示。

　　步骤二：右键【螺母 M14】→【添加配置】，如图 8.2.2.2 所示。

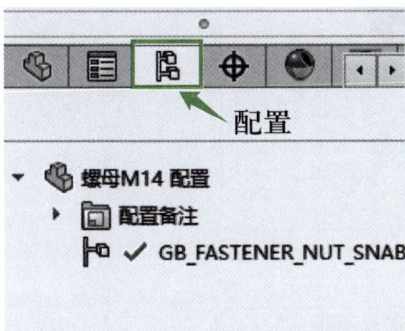

图 8.2.2.1　配置清单　　　　　　　　　图 8.2.2.2　添加配置

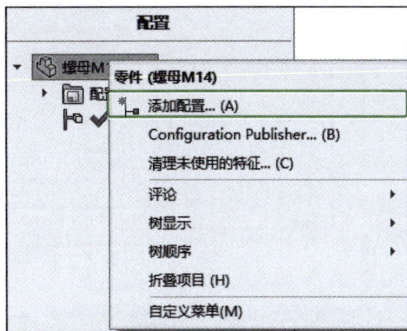

动画
配置的生成

　　步骤三：输入配置名称"配置一"，单击【√】，如图 8.2.2.3 所示。

　　步骤四：删除默认配置，如图 8.2.2.4 所示。

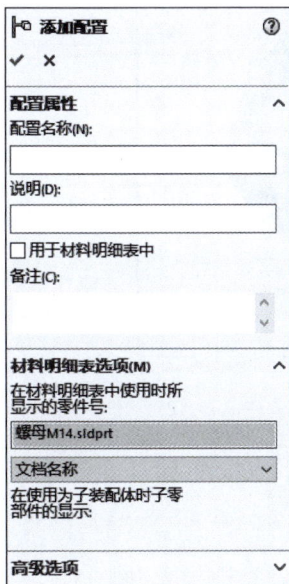

图 8.2.2.3　配置名称　　　　　　　　　图 8.2.2.4　删除默认配置

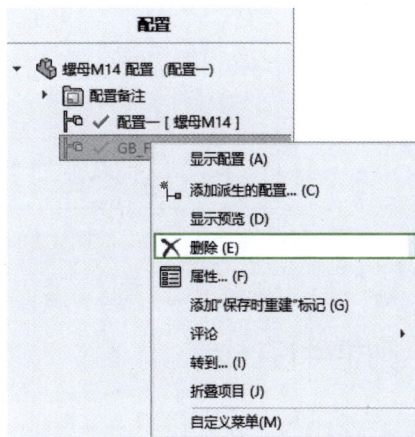

　　步骤五：为尺寸添加配置，单击草图，右击尺寸数值，选择【配置尺寸】，如图 8.2.2.5 所示。

　　步骤六：弹出"修改配置"对话框，输入所需配置尺寸，单击【确定】按钮，如图 8.2.2.6 所示。

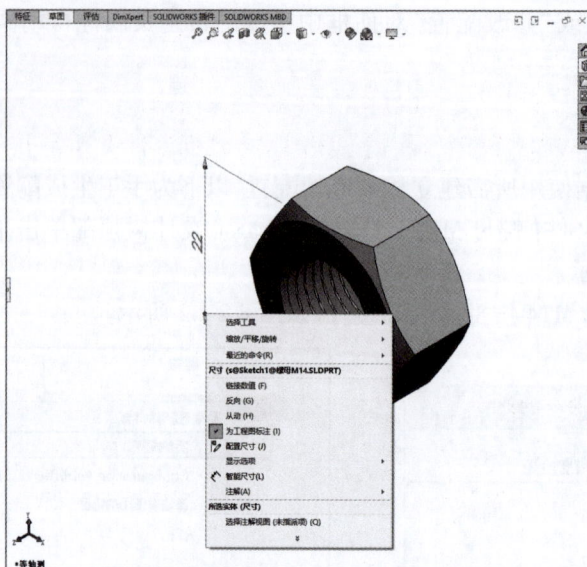

图 8.2.2.5　配置尺寸

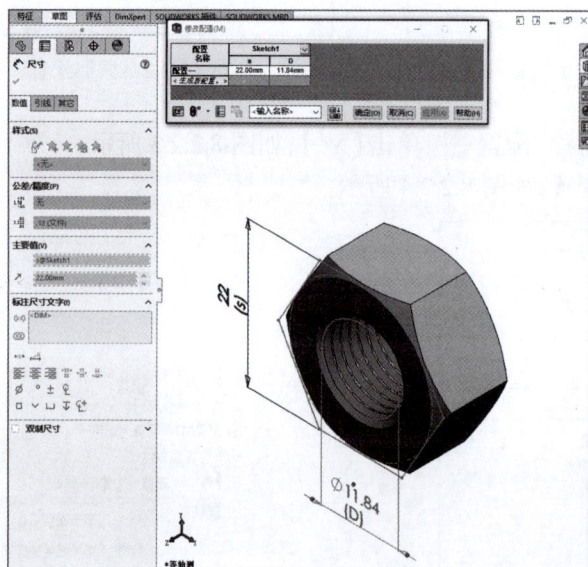

图 8.2.2.6　修改配置

8.3　系列零件设计表

8.3.1　系列零件设计表的作用

在设计零件的过程中,经常会遇到一些形状相同但尺寸各异的零部件。在用 SolidWorks 绘制模型时,如果该类零件的数量少,尚可逐件绘制,但是当该类零件的数量特别多时就不再适合逐件绘制,采用创建系列零件设计表的方法来生成零件模型可使设计变得轻松而又简单。

8.3.2 系列零件设计表的生成方式

步骤一:打开配置文件【泵体 .SLDPRT 】,如图 8.3.2.1 所示。

步骤二:单击【SOLIDWORKS MBD 】→【表格 】→【系列零件设计表 】,如图 8.3.2.2 所示。

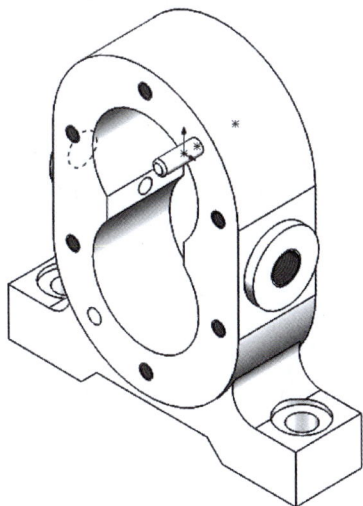

动画
系列零件设计表的
生成方式

动画
使用配置生成表格

图 8.3.2.1 配置文件

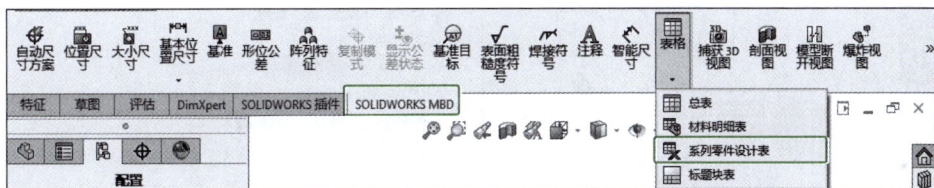

图 8.3.2.2 SOLIDWORKS MBD

步骤三:选择自动生成,取消选择"新参数""新配置"复选框,如图 8.3.2.3 所示。选择尺寸以添加到系列零件设计表,单击【确定】按钮,如图 8.3.2.4 所示。

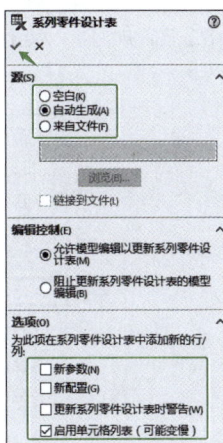

图 8.3.2.3 创建系列零件设计表

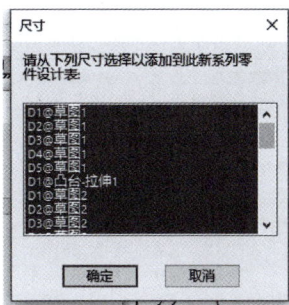

图 8.3.2.4 选择所需尺寸

步骤四: 生成系列零件设计表"泵体",如图 8.3.2.5 所示。

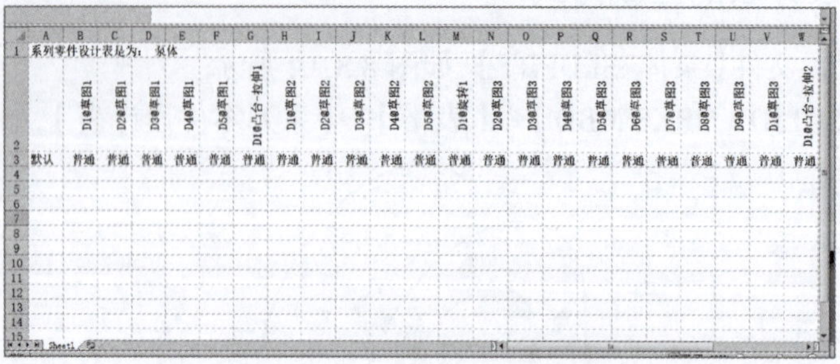

图 8.3.2.5　生成系列零件设计表

8.3.3　控制参数

步骤一: 打开配置文件【泵体 .SLDPRT】,如图 8.3.3.1(a)所示。

步骤二: 单击设计树顶部的【Configuration Manager】,属性管理器显示此次编辑表格所生成的零件,如图 8.3.3.1(b)所示。

动画
控制参数 1

动画
控制参数 2

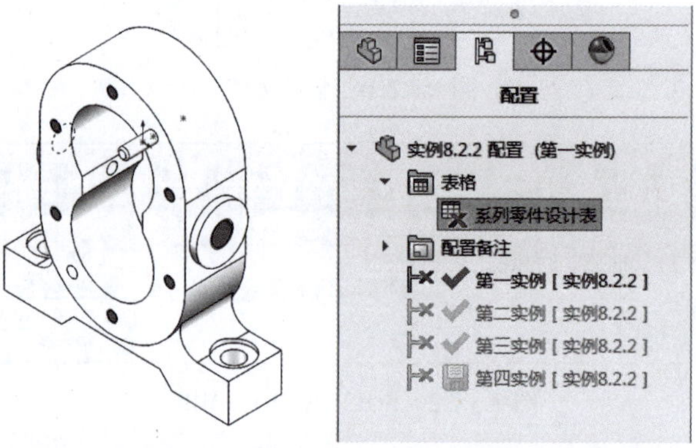

(a)　　　　　　　　　(b)

图 8.3.3.1　显示编辑零件

步骤三: 系列零件设计表各个对象默认为"普通",如图 8.3.3.2 所示。双击单元格,可以为参数输入有效的值,如图 8.3.3.3 所示。

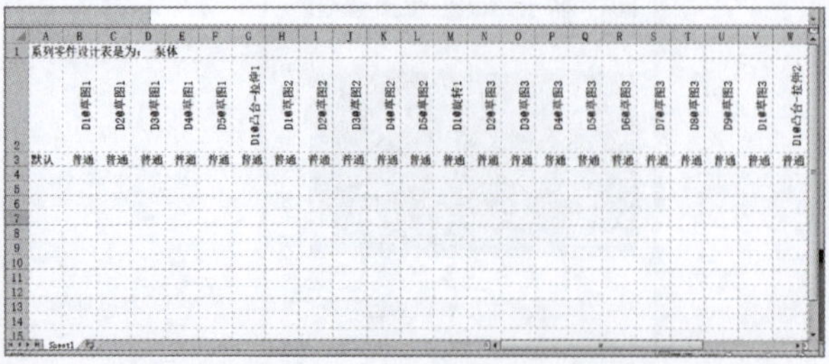

图 8.3.3.2　系列零件设计表

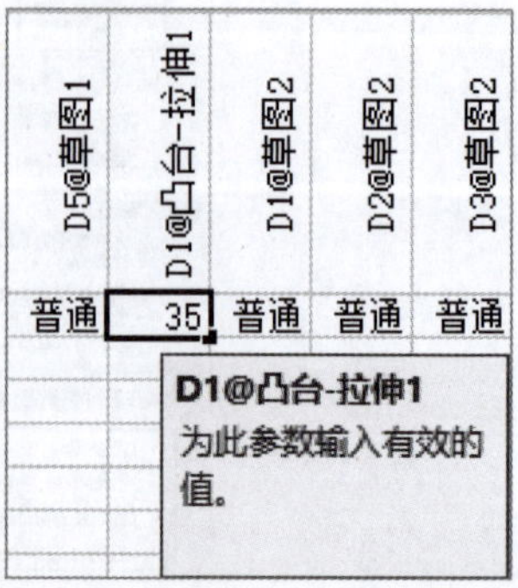

图 8.3.3.3　参数输入有效值

8.4　库特征

8.4.1　库的定义

库特征可以理解为存放在特征库里的特征,特征库里包含一个或多个特征,此类特征一般都是常用特征,如孔或槽等特征,将它们保存为库特征。可以使用几个库特征作为块来生成一个零件,这样既可以提高设计的效率,同时有助于保证模型的统一性。大多数类型的特征支持作为库特征使用,但对某些特征有一定的限制。

库特征通常由添加到基体特征的特征组成,但不包括基体特征本身。因为在一个零件中不能有两个基体特征,无法将包含基体特征的库特征添加到已经具有基体特征的零件上。然而,可以生成包括基体特征的库特征,并将其插入到空零件。

8.4.2　库特征的组成

设计库包括常用特征、常见实体,如注解、装配体及成形工具所增添的文件夹。

设计库控制所有库特征功能,包括:

- 库特征以及包含库特征的子文件夹的显示。
- 库特征零件的预览。
- 在零件的面上或图形区域的基准面上插入库特征。

8.4.3　库特征的特征

创建和插入库特征时,可以执行各种任务。限制与库特征共存。

创建库特征时,可以执行以下任务:

- 保存库特征时,将说明添加至参考。
- 将注解添加到库特征。
- 当注解插入到库特征时,要么注解本身或引线必须与特征接触才可与特征保存。库特征内包括螺旋线特征。

插入库特征时,可以执行以下任务:

- 在将库特征插入零件的同时选择配置。
- 包括链接到父零件。
- 通过更改配置、选择不同位置等方式进行编辑。
- 将注解插入带有库特征的零件。
- 在插入库特征过程中,通过单击图形区域中的方向箭头来反转草图方向。
- 将视图属性(如库特征中指定的纹理)转移到插入的特征中。

8.4.4　常用库特征的建立

以下为建立库特征的基本操作步骤:

步骤一:打开配置文件【实例 8.4.1.SLDPRT】。

步骤二:创建一个库。库的位置可以随意放置,此处在桌面新建一个文件夹,并命名为"库特征"，如图 8.4.4.1 所示。

动画
常用库特征的建立

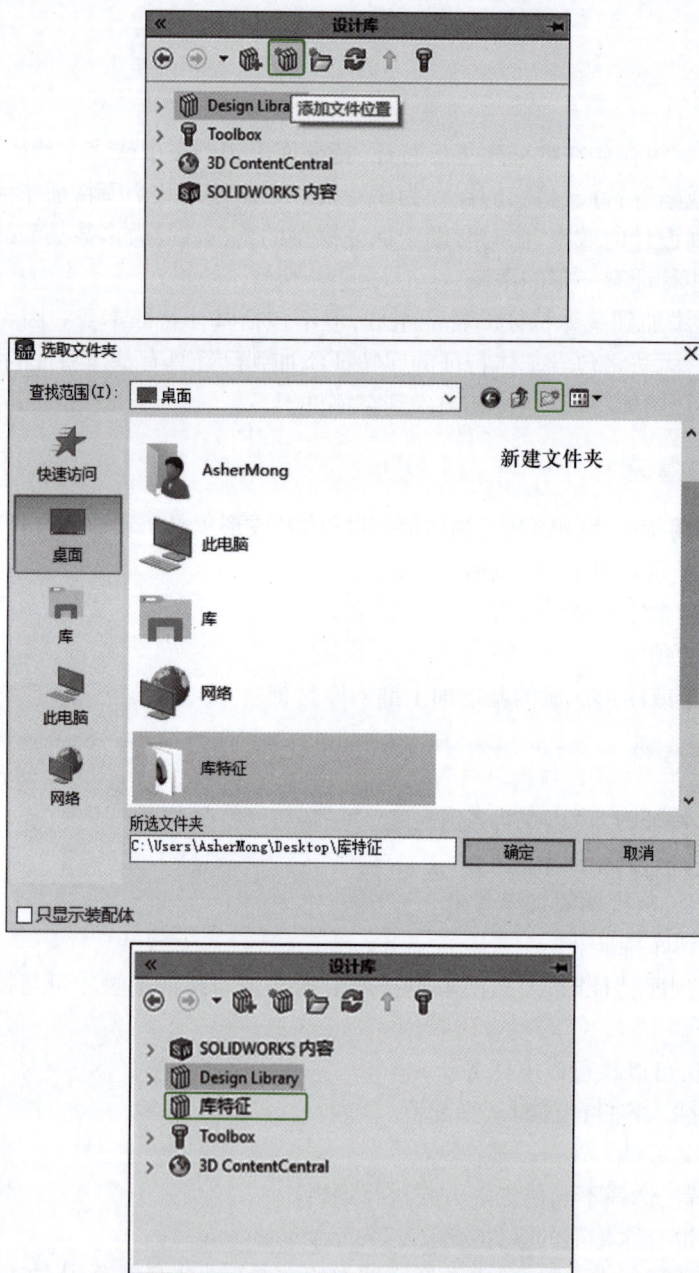

图 8.4.4.1　创建库

步骤三：单击【添加到库】按钮，选择【实例 8.4.1.SLDPRT】，将特征零件添加到库，库特征文件名称为"螺钉"，并保存到"库特征"，如图 8.4.4.2 所示。

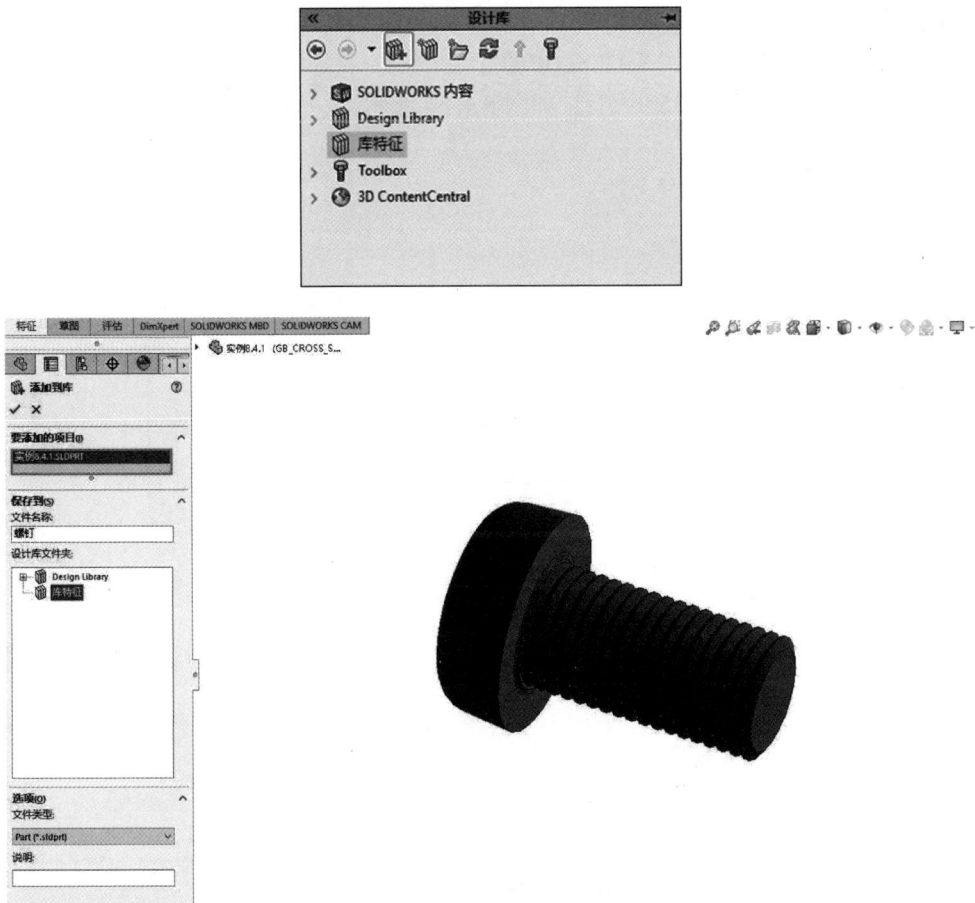

图 8.4.4.2　添加到库

步骤四:此时设计库的"库特征"下有库特征文件"螺钉",如图 8.4.4.3 所示。

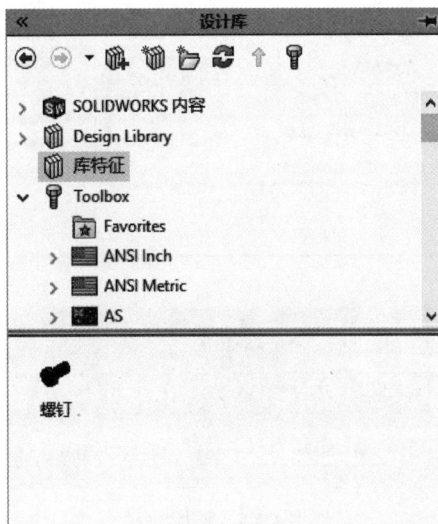

图 8.4.4.3　库特征文件"螺钉"

标准件库特征"销钉"的建立步骤如下：

步骤一： 新建配置文件【实例 8.4.3.SLDPRT】。

步骤二： 拉伸尺寸为 $\phi6\times35$ 的销钉，如图 8.4.4.4 所示。

销　GB/T 119.1　6×35

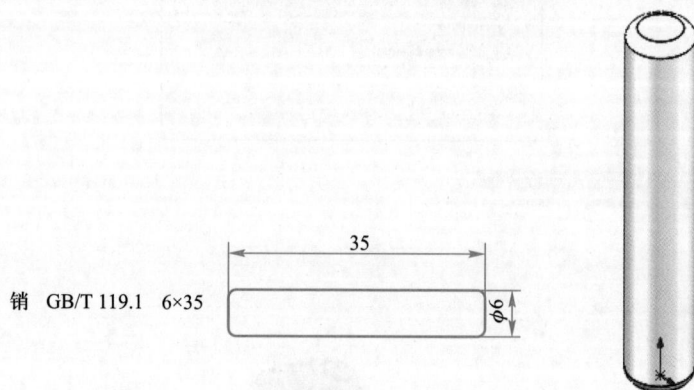

图 8.4.4.4　新建配置文件【实例 8.4.3.SLDPRT】

步骤三： 生成零件后，可以添加额外的配置，以便调用库特征得以多样化，如图 8.4.4.5 所示。

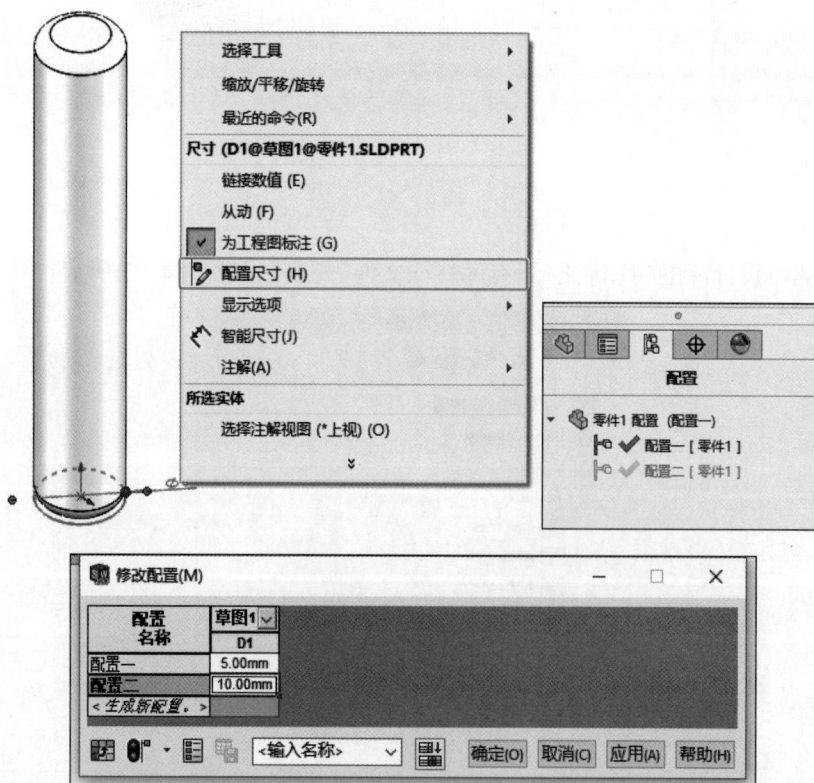

图 8.4.4.5　添加配置

步骤四:单击【添加到库】按钮,选择【实例 8.4.3.SLDPRT】,在 FeatureManager 设计树中选取添加至库特征的特征,如有多个特征可通过按住 Ctrl 键,进行多选,库特征文件名称设定为"销钉",并保存到"库特征",如图 8.4.4.6 所示。

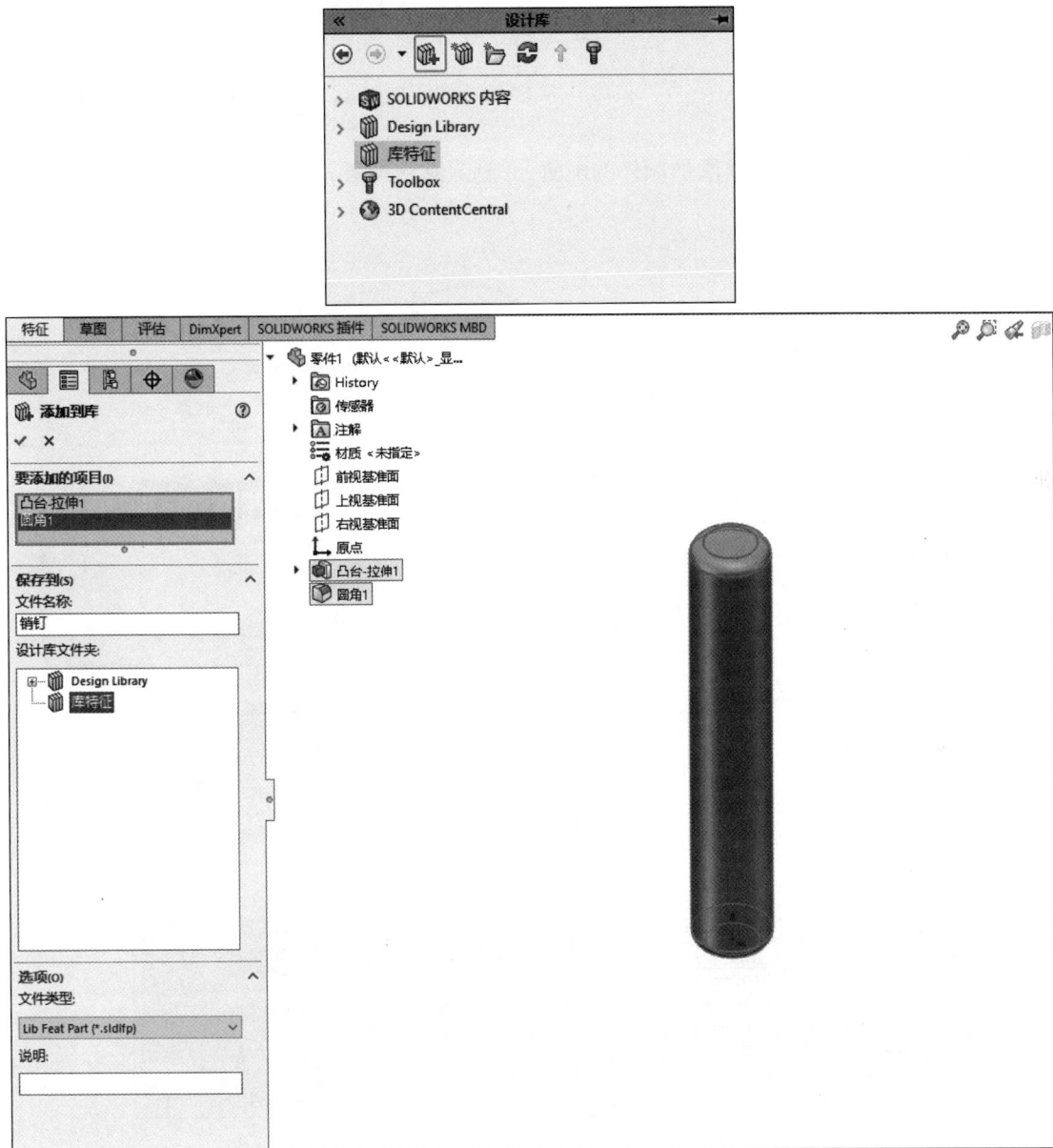

图 8.4.4.6　添加到库

标准件库特征"键"的建立步骤如下:

步骤一:新建配置文件【实例 8.4.4.SLDPRT】。

步骤二:拉伸键,如图 8.4.4.7 所示。

键：6×20

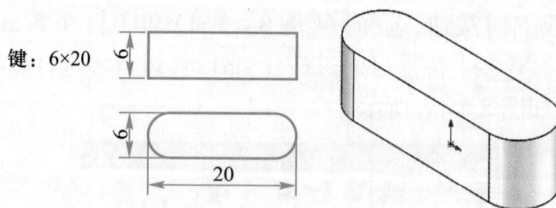

图 8.4.4.7　新建配置文件【实例 8.4.4.SLDPRT】

步骤三：生成零件后，可以添加额外的配置，并删除默认配置，以便调用库特征得以多样化，如图 8.4.4.8 所示。

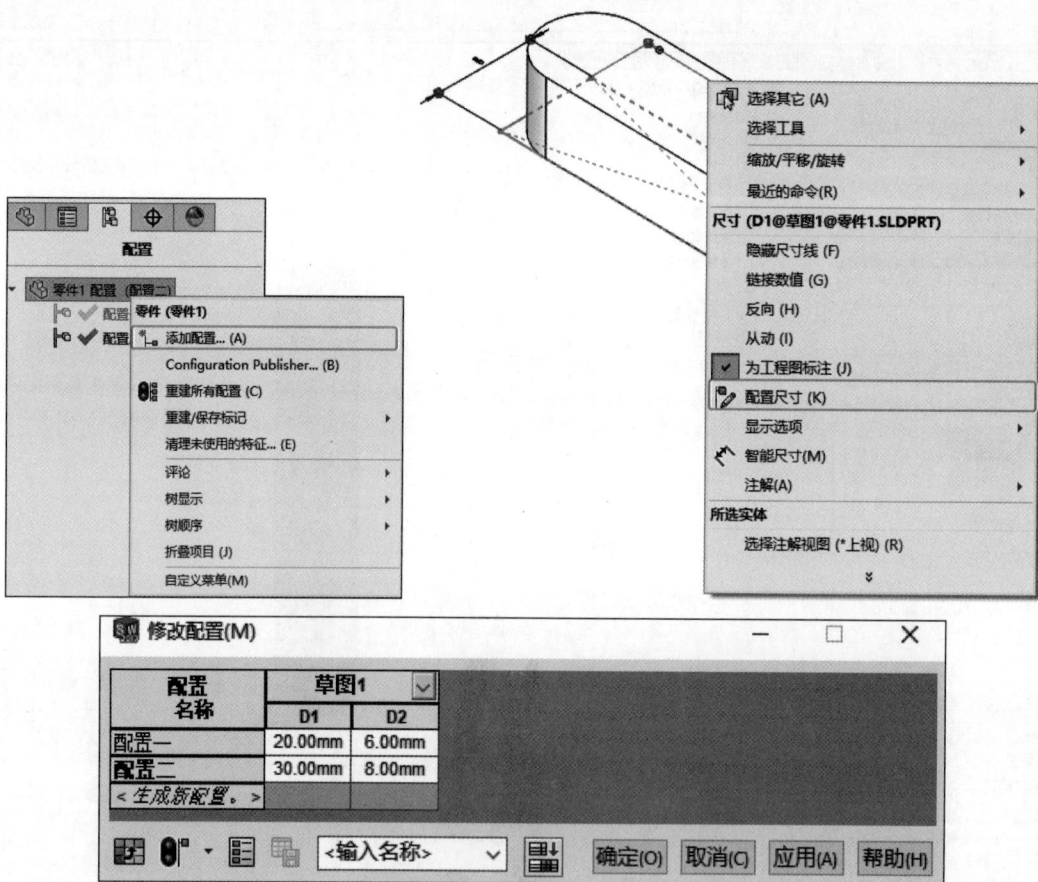

图 8.4.4.8　添加配置

步骤四：单击【添加到库】按钮，选择【实例 8.4.4.SLDPRT】，在 FeatureManager 设计树中选取添加至库特征的特征，如有多个特征可通过按住 Ctrl 键，进行多选，库特征文件名称设定为"销钉"，并保存到"库特征"，如图 8.4.4.9 所示。

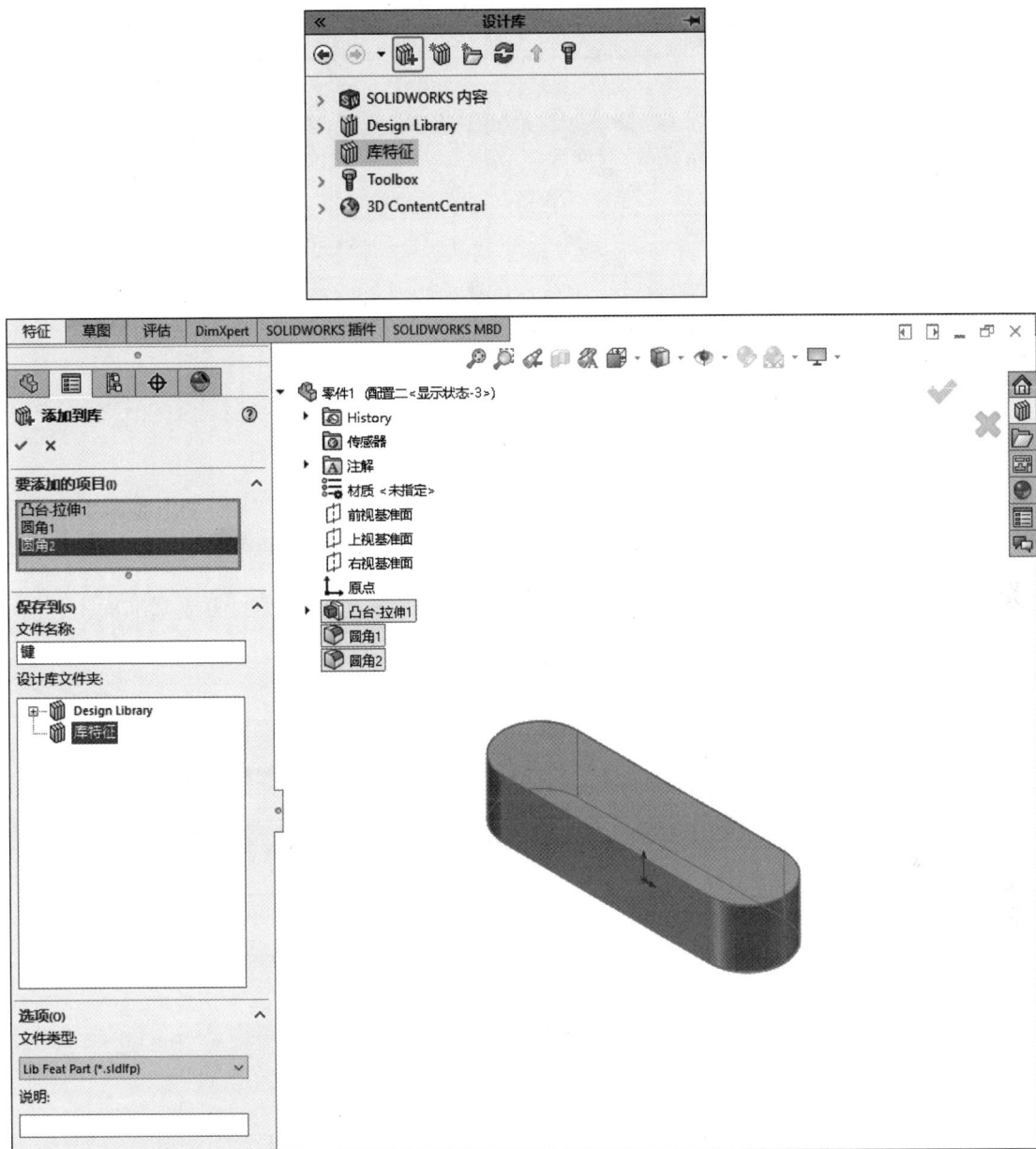

图 8.4.4.9　添加到库

动画
常用库特征的使用

8.4.5　常用库特征的使用

以下为常用库特征使用的基本操作步骤：

步骤一：打开配置文件【泵体 .SLDPRT】。

步骤二：打开配置文件后，在任务窗格中选择设计库"库特征"文件夹，浏览找出需要放置的库特征，如图 8.4.5.1 所示。

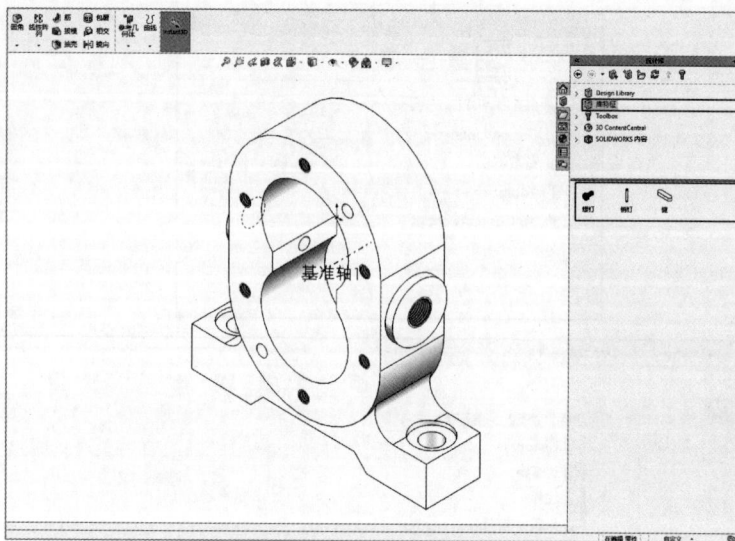

图 8.4.5.1   打开库特征文件

步骤三：从窗格中选择库特征"销钉"（$\phi 6 \times 35$），将之拖动到零件的面或基准面上，如图 8.4.5.2 所示。

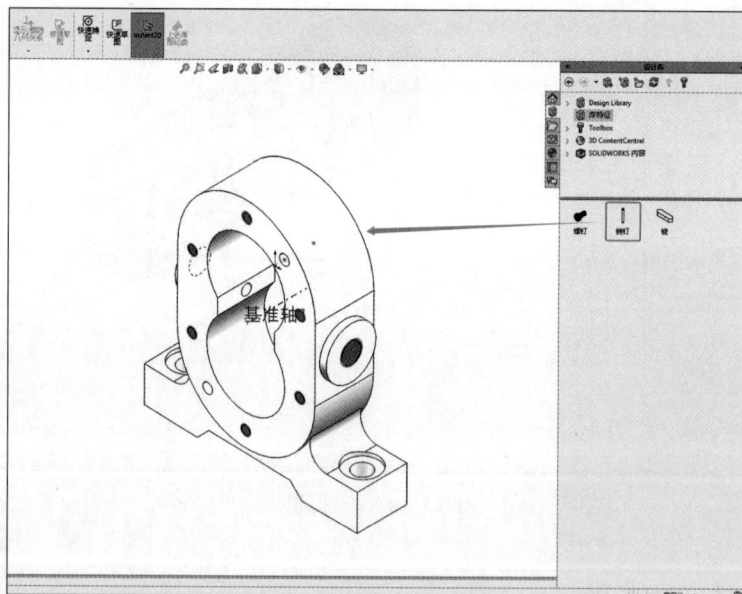

图 8.4.5.2   拖动库特征"销钉"至图形区

步骤四：选择零件上与预览窗口中高亮显示的边线或其他实体相对应的每条边线（或其他实体，如基准面）来定位库特征，如图 8.4.5.3 所示。

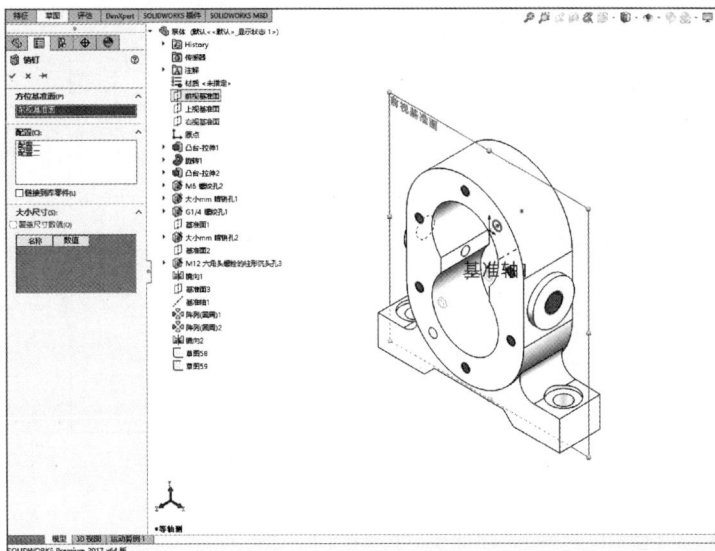

图 8.4.5.3　使用基准面定位库特征

步骤五："参考"选择【前视基准面】草图绘制点，以定位库特征，如图 8.4.5.4 所示。

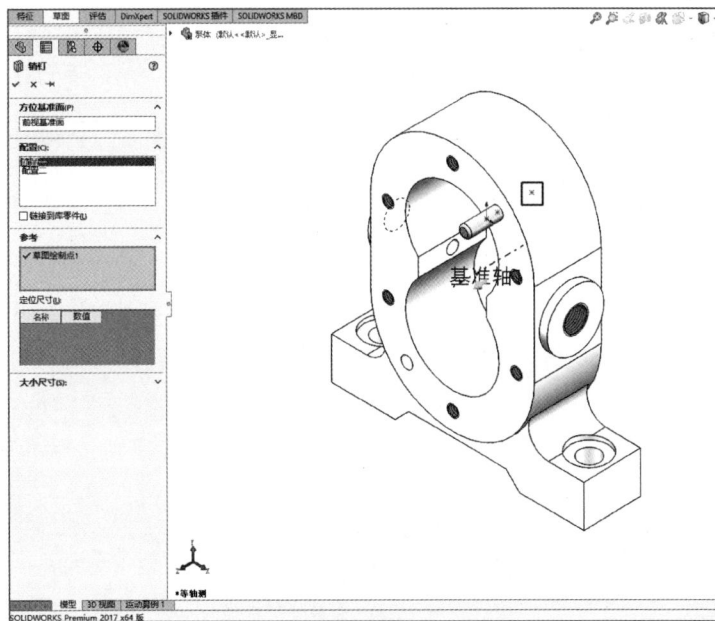

图 8.4.5.4　选择草图绘制点

　　步骤六：可以编辑数值重新定位库特征或者调整库特征大小。选择已配置尺寸【配置一】，或者在调整尺寸大小下选择覆盖尺寸数值以生成一自定义配置，单击【数值】来编辑此库特征的尺寸，如图 8.4.5.5 所示。

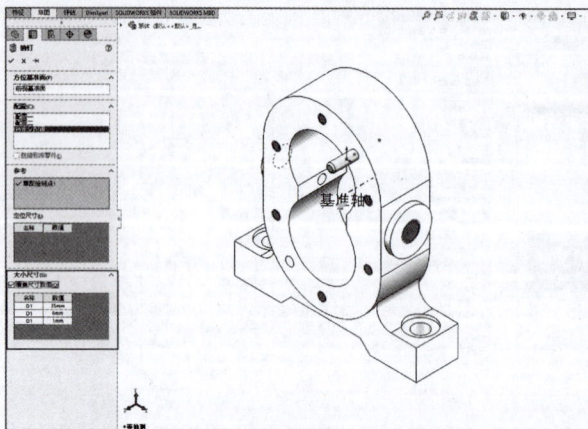

图 8.4.5.5　选择配置，修改数值

步骤七：单击【√】按钮，完成库特征引用，如图 8.4.5.6 所示。

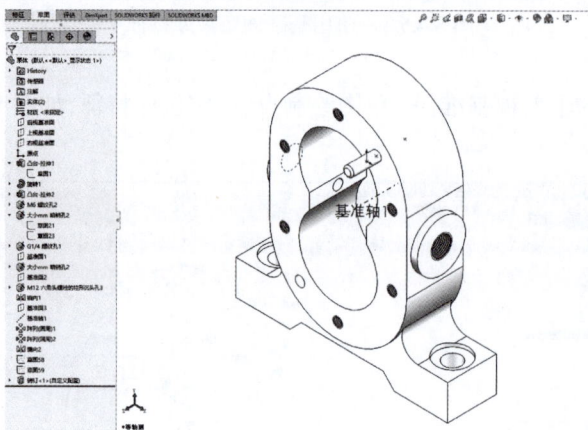

图 8.4.5.6　完成库特征引用

8.5　课后练习

一、选择题

1. 在系列零件设计表中，（　　　）是无效的表头。

    A. $备注　　　　　　　　　　　B. $属性

    C. $零件号　　　　　　　　　　D. $用户注释

2. 当系列零件很多的时候（如标准件库），可以利用（　　　）对配置进行驱动，自动生成配置。

    A. 记事本　　　　　　　　　　B. Excel 文件

    C. Word 文件　　　　　　　　　D. Access 数据库

3. 在库特征尺寸分类中，（　　　）文件夹的尺寸出现在"大小尺寸"选项组，可以修改尺寸。

    A. 内部尺寸　　　　　　　　　B. 找出尺寸

    C. 其他尺寸　　　　　　　　　D. 外部尺寸

4. 如果尺寸是系列零件设计表驱动的,是否能在视觉上区分它们。( )

 A. 不,它们看起来一样   B. 可以,它们有个 X 符号

 C. 可以,它们的颜色不同   D. 不确定

二、判断题

1. SolidWorks 可以用系列表来生成系列零件,对于装配体,不可以用系列表格来生成不同规格的装配体。( )

2. 在设计库可以存放装配体。( )

3. 在零件中插入库特征时,可直接将特征复制到零件上。( )

4. 在尺寸属性的名称定义中区分大小写。( )

5. 表格驱动的阵列是由系列零件设计表控制的。( )

6. SolidWorks 方程式的写法类似于 VB 或者 VBA,如 cos 60° 要写成 cos(60*pi/180)。( )

三、实操题

1. 标准件库特征"螺母 M14" GB/T 6170—2015 的建立,如图 8.5.0.1 所示。

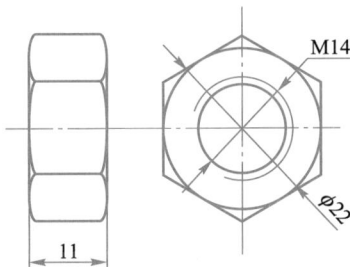

图 8.5.0.1 习题

2. 标准件库特征"螺栓 M6×25" GB/T 5781—2016 的建立,如图 8.5.0.2 所示。

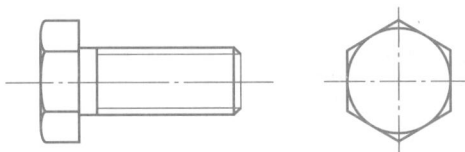

图 8.5.0.2 习题

3. 标准件库特征"内六角圆柱头螺钉 M6×25" GB/T 70.1—2000 的建立,如图 8.5.0.3 所示。

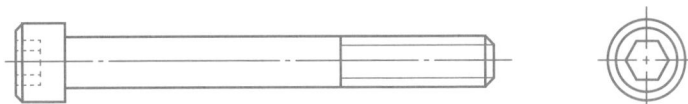

图 8.5.0.3 习题

四、零件设计表习题

1. 完成凸缘模柄（GB 2862.3—90）设计，如图 8.5.0.4 所示。

标注示例：

公称直径 d=40mm，D=85mm 的凸缘模柄

模柄 A40×85   GB 2862.3—90

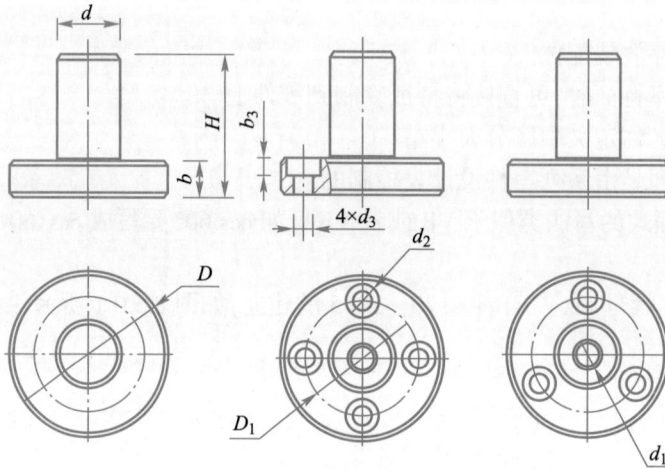

	模柄代号	\$属性@零件代号	\$属性@材料	\$属性@备注	\$状态@孔L1	\$状态@M8 六角凹头螺钉的柱形沉头孔L1	d@草图1	D1@草图1	H@草图1	h@草图1	d1@草图2	孔直径@草图4	柱形沉头孔直径@草图4	柱形沉头孔深度@草图4	D1@阵列(圆周)1
1															
2	A30X75	GB2862.3-90	Q235	A30X75	S	S	30	75	64	16	11	9	15	9	3
3	B30X75	GB2862.3-90	Q235	B30X75	U	U	30	75	64	16	11	9	15	9	4
4	C30X75	GB2862.3-90	Q235	C30X75	U	U	30	75	64	16	11	9	15	9	3
5	A40X85	GB2862.3-90	Q235	A40X85	S	S	40	85	78	18	13	11	18	11	3
6	B40X85	GB2862.3-90	Q235	B40X85	U	U	40	85	78	18	13	11	18	11	4
7	C40X85	GB2862.3-90	Q235	C40X85	U	U	40	85	78	18	13	11	18	11	3
8	A50X100	GB2862.3-90	Q235	A50X100	S	S	50	100	78	18	17	11	18	11	3
9	B50X100	GB2862.3-90	Q235	B50X100	U	U	50	100	78	18	17	11	18	11	4
10	C50X100	GB2862.3-90	Q235	C50X100	U	U	50	100	78	18	17	11	18	11	3
11	A60X115	GB2862.3-90	Q235	A60X115	S	S	60	115	90	20	17	13.5	22	13	3
12	B60X115	GB2862.3-90	Q235	B60X115	U	U	60	115	90	20	17	13.5	22	13	4
13	C60X115	GB2862.3-90	Q235	C60X115	U	U	60	115	90	20	17	13.5	22	13	3

图 8.5.0.4   凸缘模柄（GB 2862.3—90）

2. 完成圆柱头卸料螺钉(GB 2867.5—90)设计,如图 8.5.0.5 所示。

标注示例:

公称直径 d=10mm,$L=48$mm 的圆柱头卸料螺钉

卸料螺钉 10×48　　　GB 2867.5—90

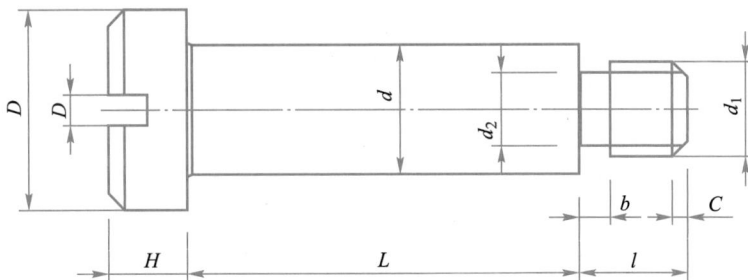

序号	螺钉规格	零件图号	材料	备注	d	L	l	d_1	D	H	d_2	t	r	r_1	b_1	b	C
1																	
2	4X20	GB2867.5-90	45	HRC35-40	4	20	3	5	7	3	1	1.4	0.2	0.3	2.2	1	0.5
3	4X22	GB2867.5-90	45	HRC35-40	4	22	3	5	7	3	1	1.4	0.2	0.3	2.2	1	0.5
4	4X25	GB2867.5-90	45	HRC35-40	4	25	3	5	7	3	1	1.4	0.2	0.3	2.2	1	0.5
5	4X28	GB2867.5-90	45	HRC35-40	4	28	3	5	7	3	1	1.4	0.2	0.3	2.2	1	0.5
6	4X30	GB2867.5-90	45	HRC35-40	4	30	3	5	7	3	1	1.4	0.2	0.3	2.2	1	0.5
7	4X32	GB2867.5-90	45	HRC35-40	4	32	3	5	7	3	1	1.4	0.2	0.3	2.2	1	0.5
8	4X35	GB2867.5-90	45	HRC35-40	4	35	3	5	7	3	1	1.4	0.2	0.3	2.2	1	0.5
9	5X20	GB2867.5-90	45	HRC35-40	5	20	4	5.5	8.5	3.5	1.2	1.7	0.4	0.5	3	1.5	0.7
10	5X22	GB2867.5-90	45	HRC35-40	5	22	4	5.5	8.5	3.5	1.2	1.7	0.4	0.5	3	1.5	0.7
11	5X25	GB2867.5-90	45	HRC35-40	5	25	4	5.5	8.5	3.5	1.2	1.7	0.4	0.5	3	1.5	0.7
12	5X28	GB2867.5-90	45	HRC35-40	5	28	4	5.5	8.5	3.5	1.2	1.7	0.4	0.5	3	1.5	0.7
13	5X30	GB2867.5-90	45	HRC35-40	5	30	4	5.5	8.5	3.5	1.2	1.7	0.4	0.5	3	1.5	0.7
14	5X32	GB2867.5-90	45	HRC35-40	5	32	4	5.5	8.5	3.5	1.2	1.7	0.4	0.5	3	1.5	0.7
15	5X35	GB2867.5-90	45	HRC35-40	5	35	4	5.5	8.5	3.5	1.2	1.7	0.4	0.5	3	1.5	0.7
16	5X38	GB2867.5-90	45	HRC35-40	5	38	4	5.5	8.5	3.5	1.2	1.7	0.4	0.5	3	1.5	0.7
17	5X40	GB2867.5-90	45	HRC35-40	5	40	4	5.5	8.5	3.5	1.2	1.7	0.4	0.5	3	1.5	0.7
18	6X25	GB2867.5-90	45	HRC35-40	6	25	4	6	10	4	1.5	2	0.4	0.5	3	1.5	0.7
19	6X28	GB2867.5-90	45	HRC35-40	6	28	4	6	10	4	1.5	2	0.4	0.5	3	1.5	0.7
20	6X30	GB2867.5-90	45	HRC35-40	6	30	4	6	10	4	1.5	2	0.4	0.5	3	1.5	0.7

图 8.5.0.5　圆柱头卸料螺钉(GB 2867.5—90)

3. 完成中间导柱下模座（GB 2855.10—90）设计，如图 8.5.0.6 所示。

标注示例：

凹模周界 $L=250$mm，$B=200$mm，厚度 $H=60$mm 的中间导柱下模座

下模座 $250 \times 200 \times 60$　GB 2855.10—90

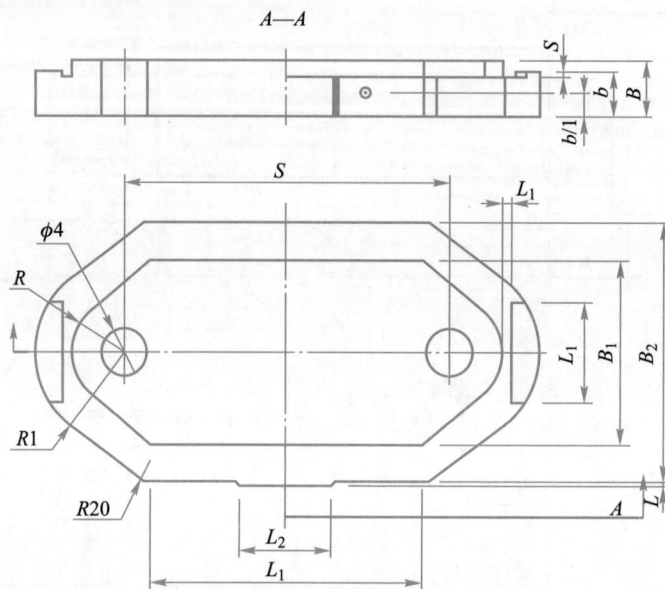

	A	B	C	D	E	F	G	H	I	J	K	L	M
	凹模周界	$属性0零件代号	$属性00材料	$属性0备注	H0位种1	h0位种2	L10革图1	S0革图1	A10革图1	A20革图1	R0革图1	120革图1	D0革图1
1													
2	60X50X25	GB2855.10-90	HT200	60X50X25	25	20	70	70	45	75	25	40	16
3	60X50X30	GB2855.10-90	HT200	60X50X30	30	20	70	70	45	75	25	40	16
4	60X60X25	GB2855.10-90	HT200	60X60X25	25	20	70	70	50	85	25	40	16
5	60X60X30	GB2855.10-90	HT200	60X60X30	30	20	70	70	50	85	25	40	16
6	80X60X30	GB2855.10-90	HT200	80X60X30	30	20	90	94	50	85	28	60	18
7	80X60X40	GB2855.10-90	HT200	80X60X40	40	20	90	94	50	85	28	60	18
8	100X60X30	GB2855.10-90	HT200	100X60X30	30	25	110	116	50	85	28	60	18
9	100X60X40	GB2855.10-90	HT200	100X60X40	40	25	110	116	50	85	28	60	18
10	80X80X30	GB2855.10-90	HT200	80X80X30	30	25	90	94	65	110	32	60	20
11	80X80X40	GB2855.10-90	HT200	80X80X40	40	25	90	94	65	110	32	60	20
12	100X80X30	GB2855.10-90	HT200	100X80X30	30	25	110	116	65	110	32	60	20
13	100X80X40	GB2855.10-90	HT200	100X80X40	40	25	110	116	65	110	32	60	20
14	120X80X30	GB2855.10-90	HT200	120X80X30	30	25	130	130	65	110	32	60	20
15	120X80X40	GB2855.10-90	HT200	120X80X40	40	25	130	130	65	110	32	60	20
16	140X80X35	GB2855.10-90	HT200	140X80X35	35	30	150	150	65	110	35	80	22
17	140X80X45	GB2855.10-90	HT200	140X80X45	45	30	150	150	65	110	35	80	22
18	100X100X3	GB2855.10-90	HT200	100X100X30	30	25	110	116	75	130	32	60	20
19	100X100X4	GB2855.10-90	HT200	100X100X40	40	25	110	116	75	130	32	60	20
20	120X100X3	GB2855.10-90	HT200	120X100X35	35	30	130	130	75	130	35	60	22
21	120X100X4	GB2855.10-90	HT200	120X100X45	45	30	130	130	75	130	35	60	22

图 8.5.0.6　中间导柱下模座（GB 2855.10—90）

第九章　扫描和放样特征建模

本章提要：

扫描特征是建模中常用的一类特征,该特征是通过沿着一条路径移动轮廓(截面)来生成基体、凸台、切除实体,生成曲面。放样特征也是建模中常用的一类特征,该特征是通过将多个轮廓进行过渡生成或切除实体,生成曲面。

内容要点：

- 扫描特征
- 放样特征

9.1　扫描特征

9.1.1　扫描特征轮廓

扫描特征是将一个轮廓沿着指定的路径掠过而生成的。扫描特征分为凸台扫描和切除扫描特征,图 9.1.1.1 所示为凸台扫描特征。要创建或重新定义一个扫描特征给定两大特征要素,即路径和轮廓。

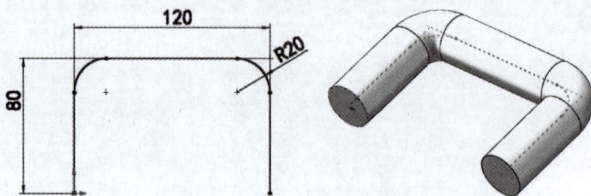

微课
扫描特征轮廓

图 9.1.1.1　凸台扫描特征

对于扫描凸台特征,轮廓必须是封闭环。若是曲面扫描,则轮廓可以是开放也可以是闭合。

步骤一:新建配置文件。

步骤二:选择菜单栏中的【插入】→【草图绘制】→【上视基准面】命令。

步骤三:单击【草图】工具栏中的【圆】按钮,如图 9.1.1.2 所示。

图 9.1.1.2　草图绘制菜单栏

步骤四:绘制一个直径为 30 mm 的圆,如图 9.1.1.3 所示。

步骤五:单击【退出草图】,完成草图绘制。

微课
扫描路径要求

9.1.2　扫描路径要求

路径可以是一张草图、一条曲线或模型边线。

路径的起点必须位于轮廓的基准面上。

不论是截面、路径还是所要形成的实体,都不能出现自相交的情况。

步骤一:选择菜单【插入】→【草图绘制】→【前视基准面】命令。

步骤二:单击【草图】绘图栏中的【直线】命令,如图 9.1.2.1 所示。

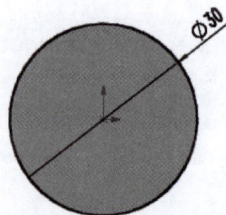

图 9.1.1.3　绘制草图

图 9.1.2.1　草图绘制菜单栏

步骤三：绘制一段线段，如图 9.1.2.2 所示。

步骤四：单击【退出草图】，完成草图。

9.1.3 简单扫描

以下为创建扫描特征的操作步骤：

步骤一：选择菜单【插入】→【凸台 / 基体】→【扫描】命令，或单击【特征】工具栏中的【扫描】按钮，系统弹出"扫描"属性管理器，如图 9.1.3.1 所示。

步骤二：选择扫描轮廓。

步骤三：选择扫描路径。

步骤四：选择引导线，采用系统默认的引导线。

步骤五：在"扫描"属性管理器左上角单击【√】按钮，完成凸台扫描特征的创建。

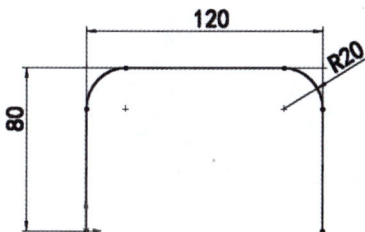

图 9.1.2.2 草图

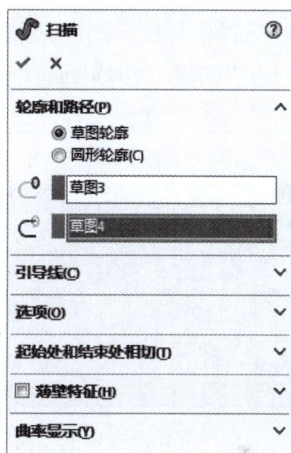

图 9.1.3.1 "扫描"属性管理器

"扫描"属性管理器中各选项的含义如下：

"轮廓和路径"：定义扫描轮廓和路径。

"轮廓"：设定用来生成扫描的草图轮廓（截面）。

"路径"：设定轮廓扫描的路径。

"引导线"：在轮廓沿路径扫描时加以引导。

"选项"：控制轮廓在沿路径扫描时加以引导。

"起始处和结束处相切"：定义起始 / 结束处的相切类型。

"薄壁特征"：通过薄壁设定扫描厚度。

"曲率显示"：曲率和弯曲对于曲面的反光效果和设计方案的整体美感都有很大的影响。

9.1.4 扫描切除

下面以图 9.1.4.1 为例，说明创建切除 – 扫描操作步骤。

步骤一：新建配置文件。

步骤二：绘制扫描轮廓，扫描路径，矩形实体拉伸高度为 10 mm。尺寸参照图 9.1.4.2~图 9.1.4.4 所示。

(a) 切除前   (b) 切除后

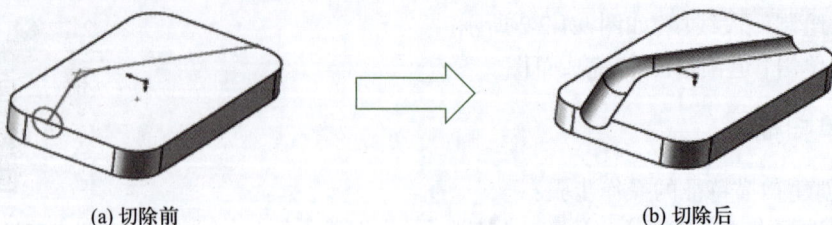

图 9.1.4.1 切除 – 扫描特征

步骤三:选择命令。选择下拉菜单【插入】→【切除】→【扫描】命令,或单击【特征】→【扫描】按钮,系统弹出"切除 – 扫描"属性管理器。

步骤四:选择扫描轮廓。选择图 9.1.4.3 所示的扫描轮廓。

步骤五:选择扫描路径。选择图 9.1.4.4 所示的扫描路径。

步骤六:选择引导线,采用系统默认的引导线。

步骤七:在"切除 – 扫描"属性管理器中单击【√】按钮,完成切除 – 扫描的创建。

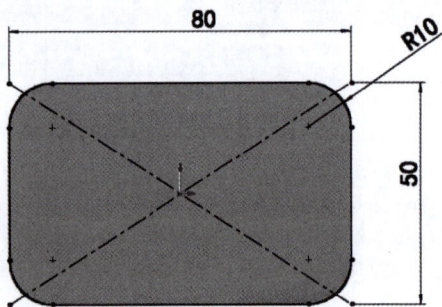

图 9.1.4.2 矩形拉伸

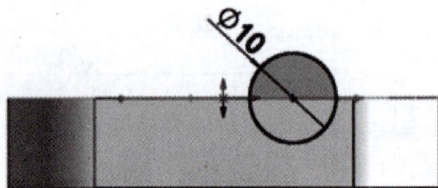

图 9.1.4.3 扫描轮廓

微课
使用引导线扫描

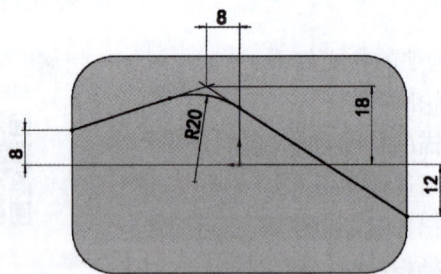

动画
使用引导线扫描

图 9.1.4.4 扫描路径

9.1.5 使用引导线扫描

下面以【实例 9.1.5.1.SLDPRT】为例(图 9.1.5.1),说明创建引导线扫描操作步骤。

步骤一:新建文件。选择下拉菜单【文件】→【新建】→【零件】→【确定】,进入建模环境,选择下拉菜单【插入】→【草图绘制】。

步骤二:选择【前视基准面】进行草图绘制,绘制实例中所需要的圆,如图 9.1.5.2 所示。

步骤三:选择【右视基准面】绘制直线,如图 9.1.5.3 所示。

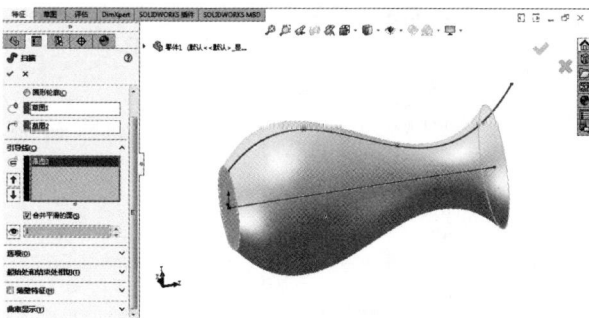

图 9.1.5.1　引导线扫描实例

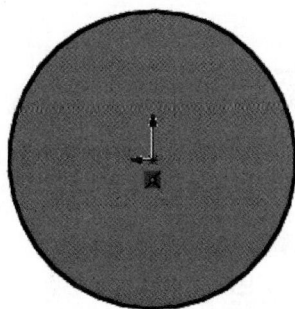

图 9.1.5.2　草图轮廓

步骤四: 在右视基准面绘制所需样条曲线(扫描时引导线),如图 9.1.5.4 所示。

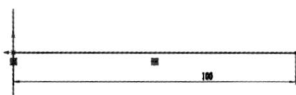

图 9.1.5.3　扫描路径

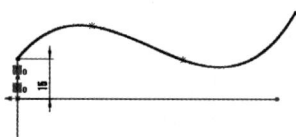

图 9.1.5.4　扫描引导线

步骤五: 单击控制面板【扫描】按钮,轮廓选择前视图【草图轮廓】,路径选择右视图【直线】,引导线选择右视图【样条曲线】。扫描结果如图 9.1.5.5 所示。

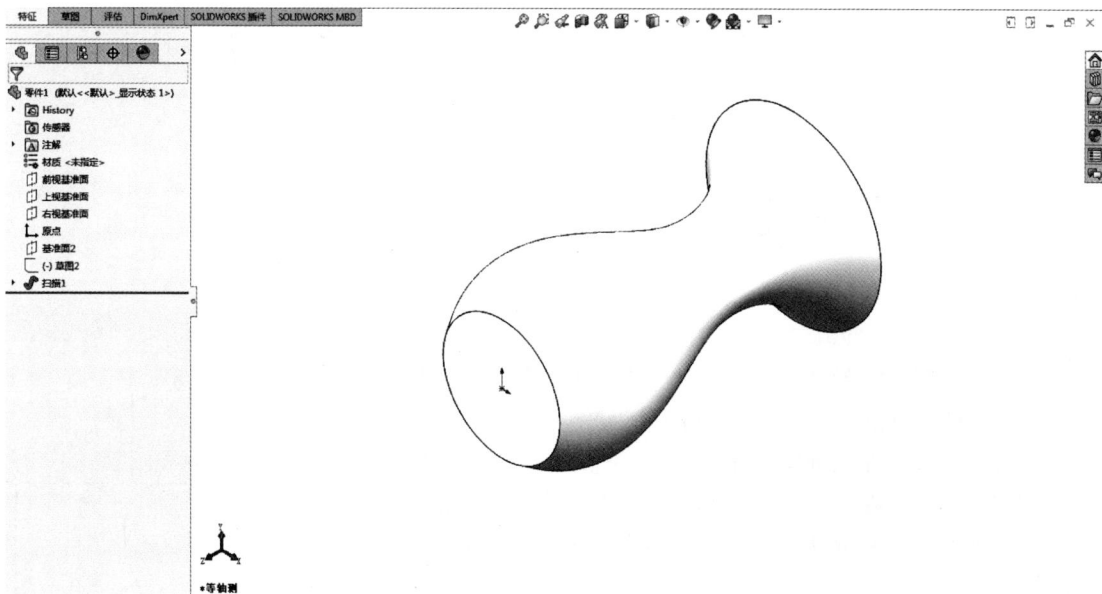

图 9.1.5.5　引导线扫描实例

9.1.6　扫描特征实例

下面以【实例 9.1.6.1.SLDPRT】为例(图 9.1.6.1),说明创建引导线扫描的操作步骤。

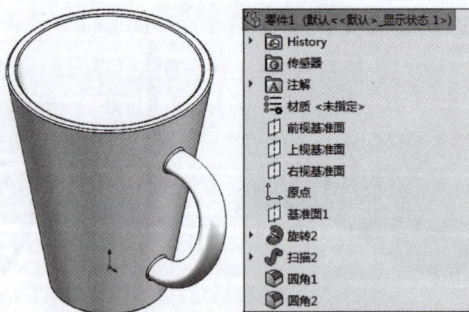

图 9.1.6.1　零件模型及相应的模型树

步骤一：新建配置文件。选择下拉菜单【文件】→【新建】→【零件】→【确定】，进入建模环境。

步骤二：创建如图 9.1.6.2 所示的旋转特征中的旋转草图。选择下拉菜单【插入】→【凸台/基体】→【旋转】，选择【前视基准面】，绘制一段线段如图 9.1.6.2 所示的长度为 5 mm 的直线为旋转轴，旋转生成的模型如图 9.1.6.3 所示。

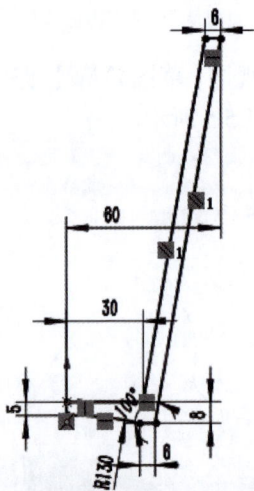

图 9.1.6.2　旋转草图

图 9.1.6.3　旋转模型

步骤三：绘制扫描路径。选择下拉菜单【插入】→【草图绘制】→选择【前视基准面】，绘制样条曲线，如图 9.1.6.4 所示。

步骤四：创建扫描界面的平面。选择下拉菜单【插入】→【参考几何体】→【基准面】，通过第一参考选择样条曲线的开头点，第二参考选择样条曲线，即可创建出如图 9.1.6.5 所示的基准平面。

步骤五：鼠标右键单击设计树中基准平面创建草图。在草图零点绘制出所需扫描轮廓，如图 9.1.6.6 所示。

步骤六：扫描特征创建。选择下拉菜单【插入】→【凸台/基体】→【扫描】，如图 9.1.6.7 所示。

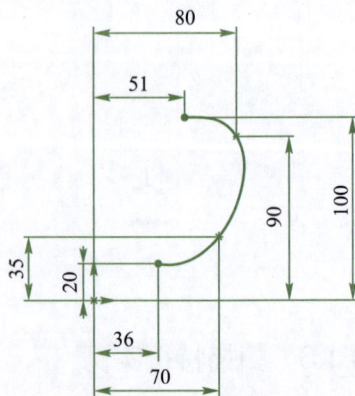

图 9.1.6.4　扫描路径

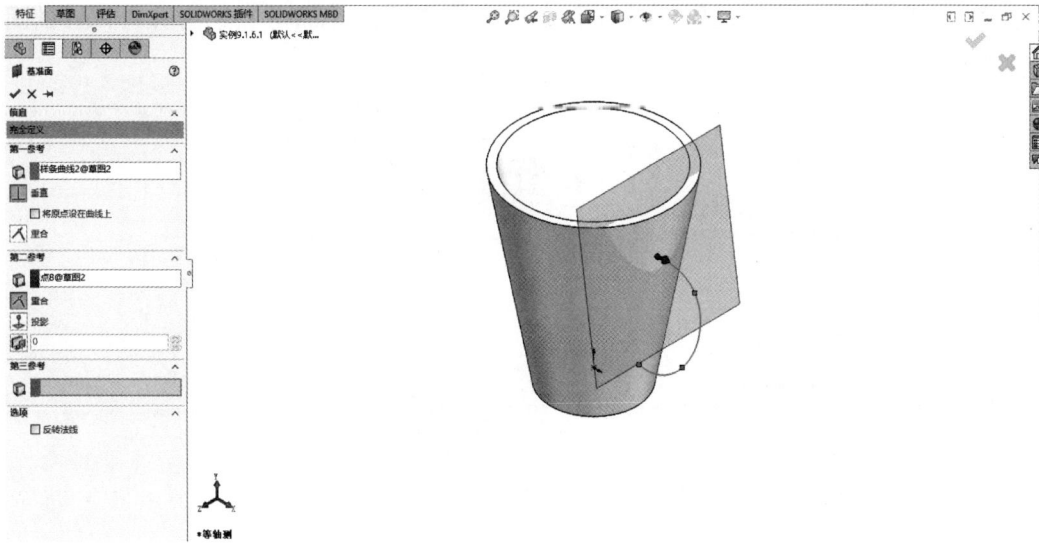

图 9.1.6.5 通过点线创建基准平面

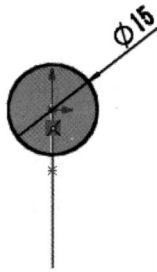

图 9.1.6.6 扫描轮廓

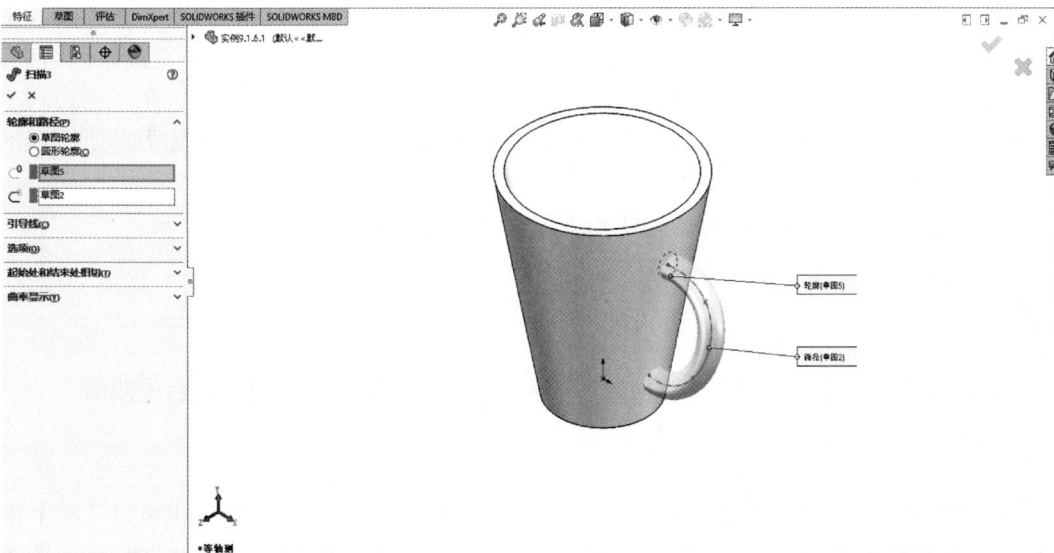

图 9.1.6.7 扫描操作过程

步骤七：圆角特征创建。选择下拉菜单【插入】→【特征】→【圆角】，绘制出一个*R*1的圆角，如图9.1.6.8所示。

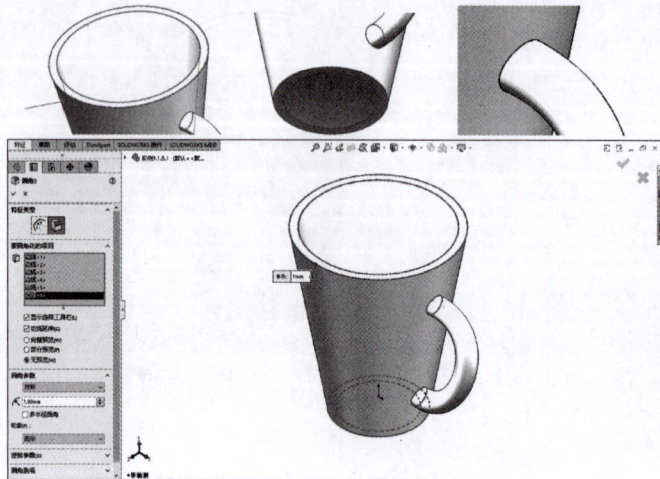

图9.1.6.8 美化外观

扫描特征的特点：

• 对于基体或凸台，扫描特征轮廓必须是闭合的；对于曲面扫描，特征轮廓则可以是闭合的也可以是开放的。

• 扫描路径可以为开放的或闭合的。

• 扫描路径可以是一张草图中包含的一组草图曲线、一条曲线或一组模型边线。

• 扫描路径的起点必须位于轮廓的基准面上。

• 不论是截面、路径或所形成的实体，都不能出现自相交叉的情况。

• 可以使用任何草图曲线、模型边线或曲线作为引导线。

• 在引导线和轮廓上的顶点之间，或在引导线和轮廓中用户定义的草图点之间必须是穿透几何关系。穿透几何关系使截面沿着路径改变大小、形状或两者均改变。截面受曲线的约束，但曲线不受截面的约束。

• 当使用引导线生成扫描时，路径必须是单个实体(线条、圆弧等)或路径线段必须为相切(而不是成一定角度)。

• 在扫描功能中，可以使用薄体特征和多个轮廓生成扫描。

9.2 放样特征

放样特征通过在轮廓之间添加材质来生成实体特征，放样可以是基体、凸台或曲面。

9.2.1 放样特征要求

使用两个或多个轮廓生成放样特征，仅第一个或最后一个轮廓可以是点，也可以这两个轮廓都是点，对于实体放样，第一个和最后一个轮廓必须是由分割线生成的模型面或面，或是平面轮廓或曲面。

可以使用引导线或中心线参数控制放样特征的中间轮廓。

放样特征可以生成薄壁特征。

放样特征可以分为下列 3 种类型：

（1）简单放样。

（2）使用平面轮廓引导线放样和使用空间轮廓引导线放样。

（3）使用中心线放样。

微课
简单放样

动画
简单放样

9.2.2　简单放样

简单放样就是不设置引导线及中心线的一种放样方法。

创建简单放样的操作步骤如下：

步骤一： 建立我们所需要的基准面。使用现有的基准面，或者可以通过现有的基准面进行偏移及成一定角度建立新的基准面，基准面之间不一定要平行或者垂直。

步骤二： 通过建立新的基准面草图，绘制所需放样的头尾轮廓，生成两个或多个轮廓。

步骤三： 单击工具栏中的【放样凸台 / 放样切割】按钮，完成简单放样特征的建立。

通过【实例 9.2.2.1.SLDPRT】的建模过程（图 9.2.2.1），讲述简单放样的基本操作步骤。

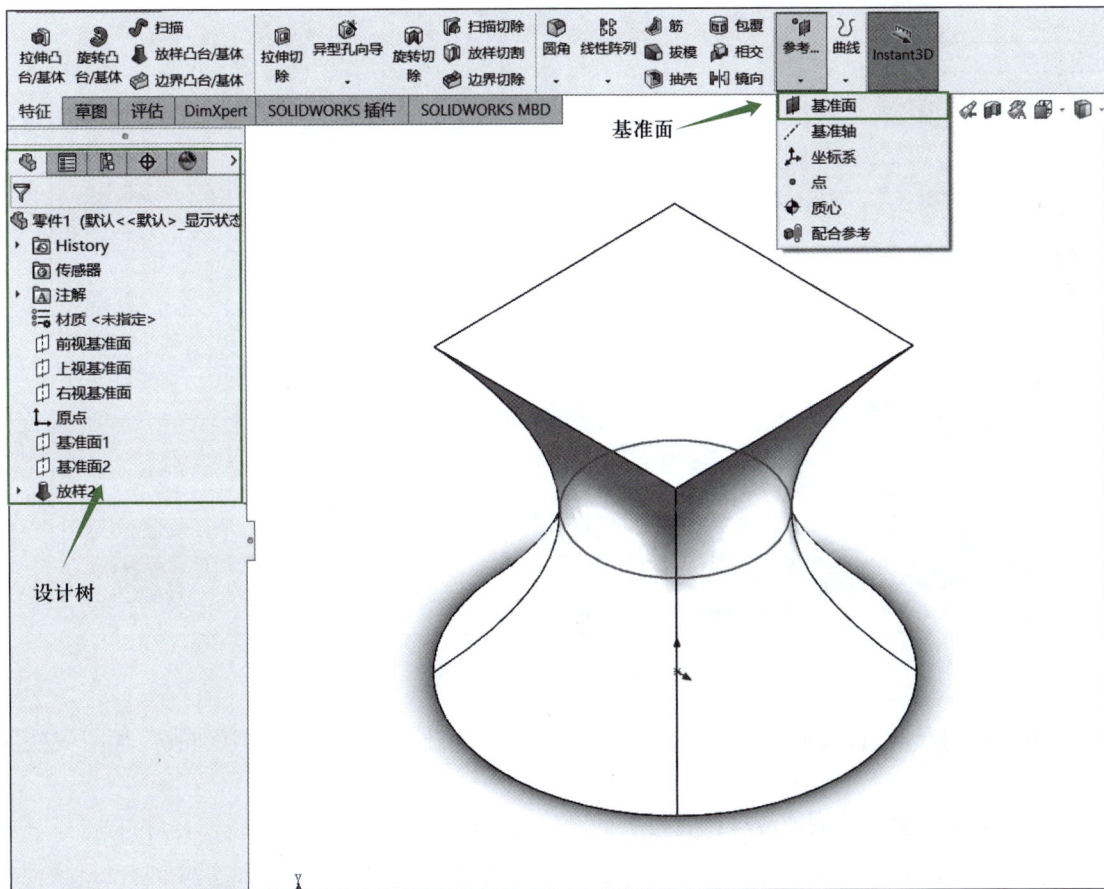

图 9.2.2.1　简单放样实例

步骤一：通过左侧设计树中的上视基准面快速创建草图，并绘制出一个如图 9.2.2.2 所示的轮廓。

步骤二：单击菜单栏中的【参考几何体】，选择【基准面】，选择第一参考为【上视基准面】，偏移距离设置为 20 mm，要生成的基准面数设置为 2，如图 9.2.2.3 所示。

步骤三：创建完基准面 1 和基准面 2 后，依次在原点创建直径 24 mm 的圆和边长 35 mm 的正方形。

步骤四：隐藏基准面 1 和基准面 2，选择【放样凸台/基体】命令，如图 9.2.2.4 所示。

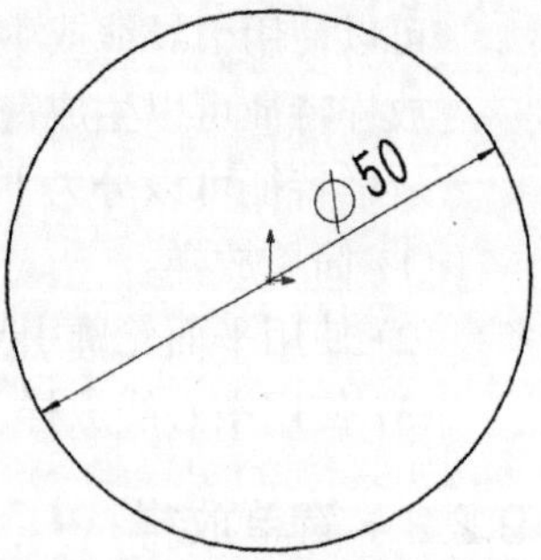

图 9.2.2.2　绘制草图

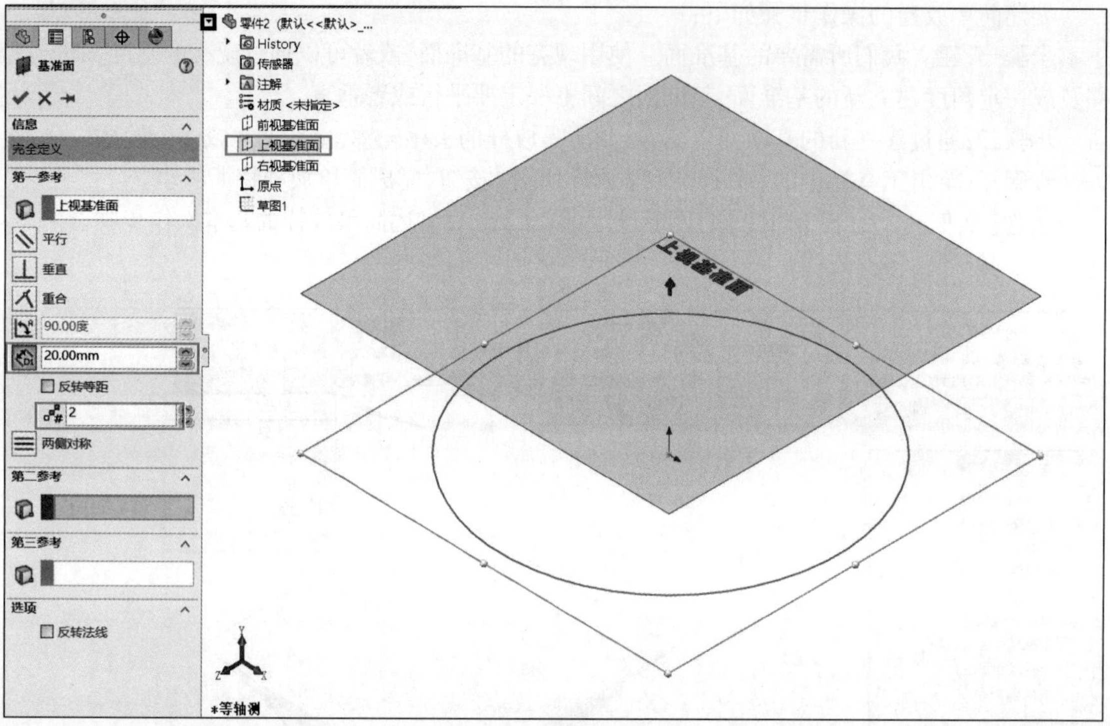

图 9.2.2.3　偏移基准面

图 9.2.2.4　工具栏

步骤五：选择截面轮廓。依次选择草图 1 和草图 2 作为凸台放样特征的截面轮廓，如图 9.2.2.5 所示。

步骤六：单击【√】，完成放样凸台特征的定义。

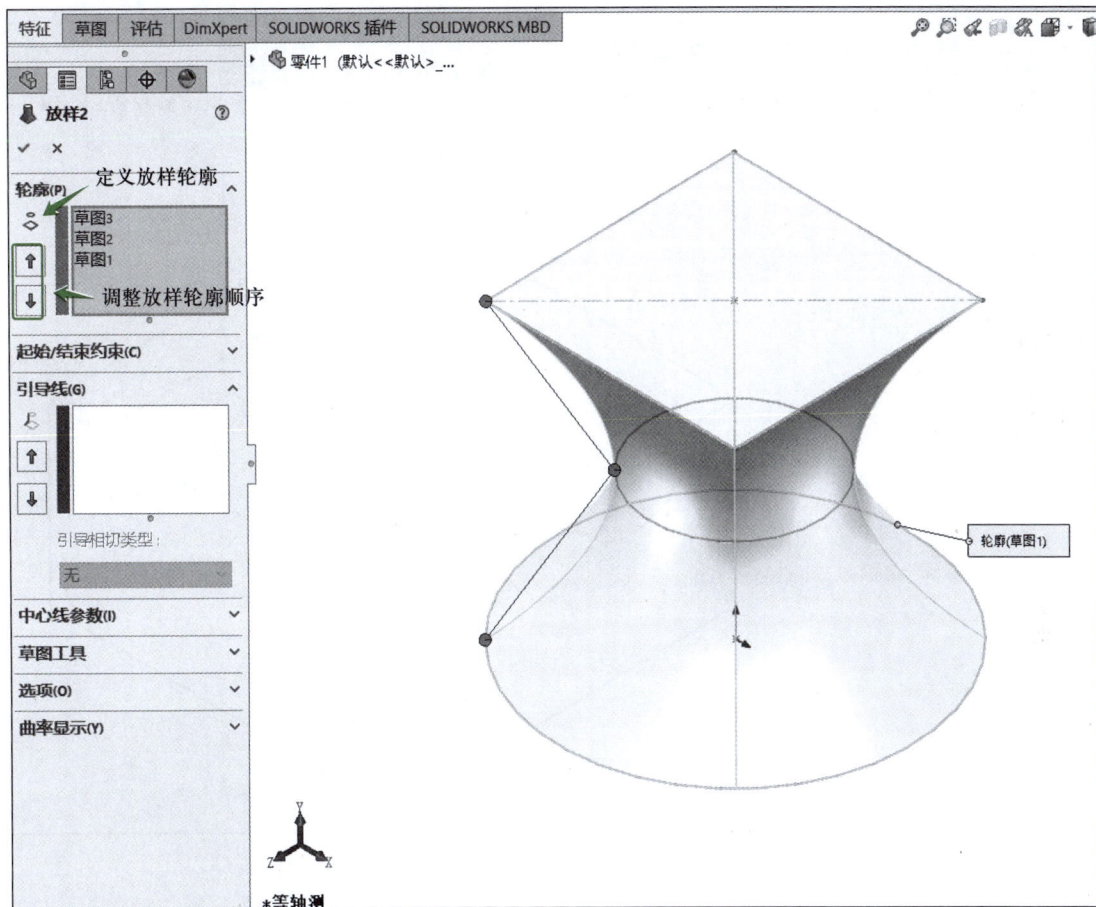

图 9.2.2.5　放样特征

9.2.3　使用引导线放样

使用引导线放样是通过两个或两个以上的草图轮廓,并使用一条或多条引导线生成的放样。
引导线的使用应注意:

- 引导线必须与轮廓相交。
- 可以使用任意数量的引导线。
- 可以使用任何草图曲线、模型边线或是曲线作为引导线。

微课　使用引导线放样
动画　使用引导线放样

创建引导线放样的操作步骤如下:

步骤一:创建草图轮廓。使用现有的基准面,绘制出放样所需的头尾轮廓,生成两个或多个轮廓。

步骤二:创建引导线。通过已建立的草图轮廓,绘制出放样所需的引导线。

步骤三:单击工具栏中的【放样凸台 / 放样切割】按钮,完成放样特征的建立。

接下来,通过如图 9.2.3.1 所示的模型,讲述引导线放样的基本操作。

步骤一:新建草图轮廓。通过左侧设计树中的上视基准面快速创建草图,并绘制出一个边长为 100 mm 的正方形,如图 9.2.3.2 所示。

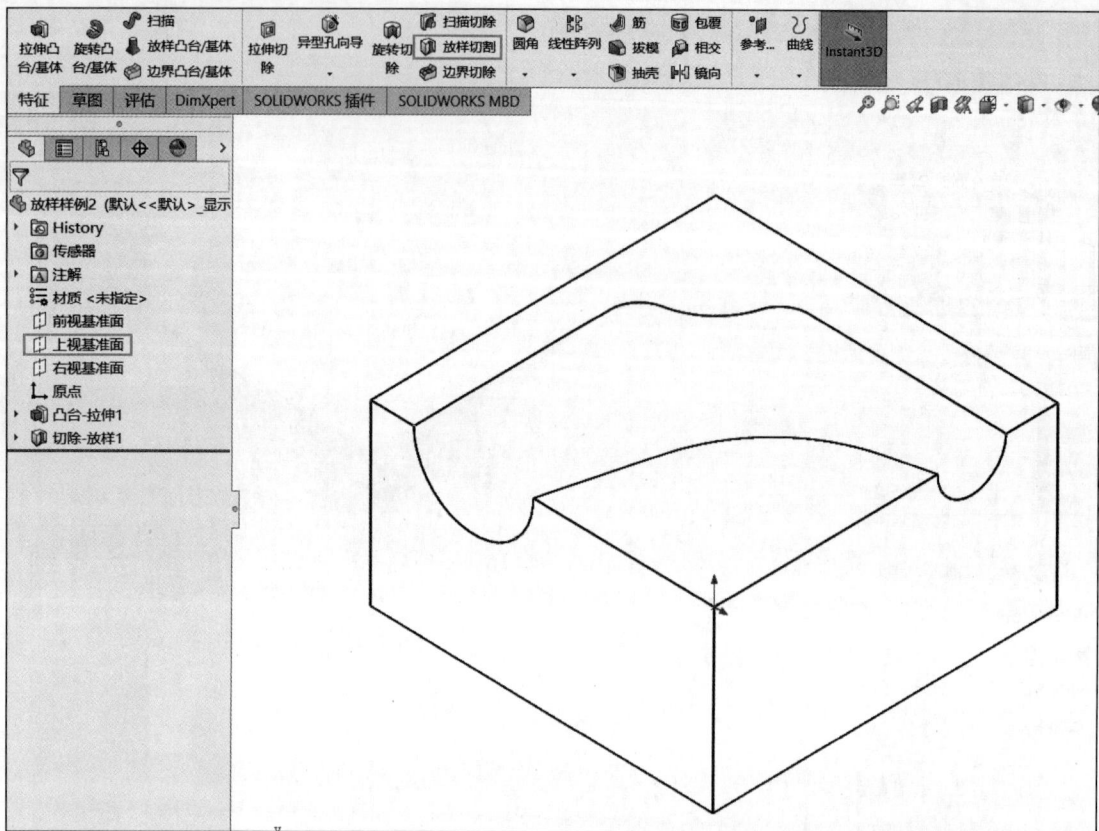

图 9.2.3.1　引导线放样模型

步骤二:使用【拉伸】命令,拉伸出一个高为 50 mm 的长方体。

步骤三:建立草图轮廓。在长方体的主视图和右视图建立半径分别为 17.5 mm 和 10 mm 的半圆(封闭的),如图 9.2.3.3 所示。

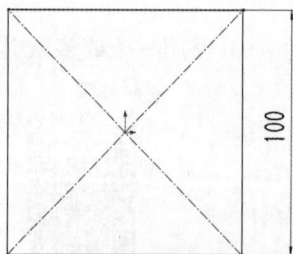

图 9.2.3.2　草图轮廓

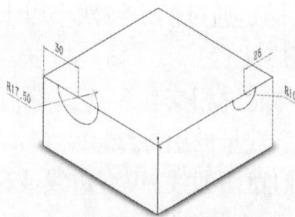

图 9.2.3.3　草图轮廓

步骤四:建立引导线轮廓。选择俯视图创建草图,并绘制出如图 9.2.3.4 所示的轮廓。

步骤五:选择截面。单击工具栏中的【放样切割】按钮,选择草图轮廓和引导线,如图 9.2.3.5 所示。

步骤六:单击【√】按钮,完成引导线放样切除命令。

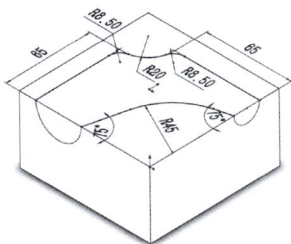

图 9.2.3.4　引导线轮廓

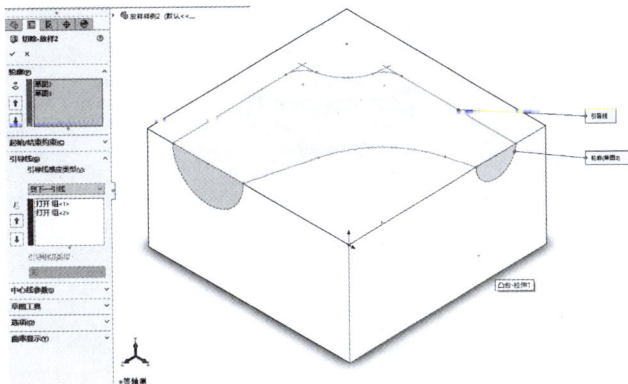

图 9.2.3.5　引导线放样特征

9.2.4　使用中心线放样

使用一条变化的中心线作为引导线的放样,所有中间截面的草图基准面都与此中心线垂直。中心线可以是绘制的曲线、模型边线或曲线。

创建中心线放样的操作步骤如下:

步骤一:创建草图轮廓。使用现有的基准面,绘制出放样所需的头尾轮廓,生成两个或多个轮廓。

步骤二:创建中心线。通过已建立的草图轮廓,绘制出放样所需的中心线。

步骤三:单击工具栏中的【放样凸台 / 放样切割】按钮,完成放样特征的建立。

接下来,通过如图 9.2.4.1 的模型,讲述中心线放样的基本操作。

步骤一:新建一个零件模型。

步骤二:新建草图截面 1。在上视基准面上创建直径为 50 mm 的圆,如图 9.2.4.2 所示。

步骤三:新建草图截面 2。在前视基准面上创建草图轮廓,如图 9.2.4.3 所示。

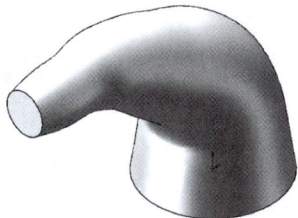

图 9.2.4.1　中心线放样模型

微课　使用中心线放样

动画　使用中心线放样

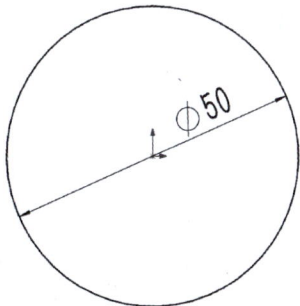

图 9.2.4.2　草图 1

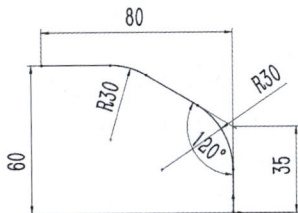

图 9.2.4.3　草图 2

步骤四:建立基准面。第一参考选择草图 2 直线的端点,第二参考选择直线,创建基准面 1,如图 9.2.4.4 所示。

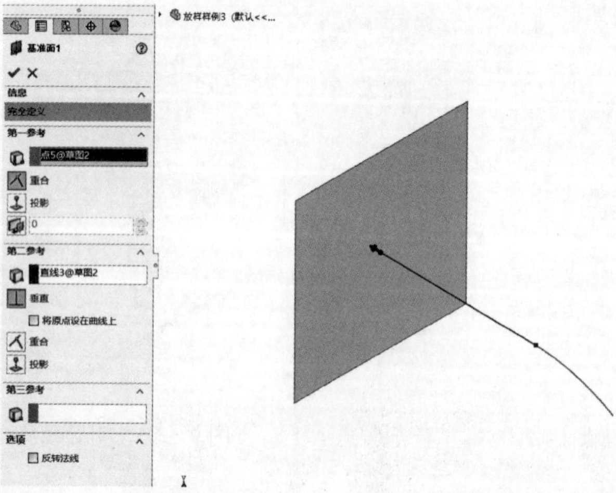

图 9.2.4.4   基准面

步骤五:新建草图截面 3。在基准面 1 上创建直径为 15 mm 的圆。

步骤六:选取放样凸台命令。选择草图 1 和草图 3 作为截面轮廓,选择草图 2 为中心线参数(界面中绿色的点可以用鼠标拖动),如图 9.2.4.5 所示。

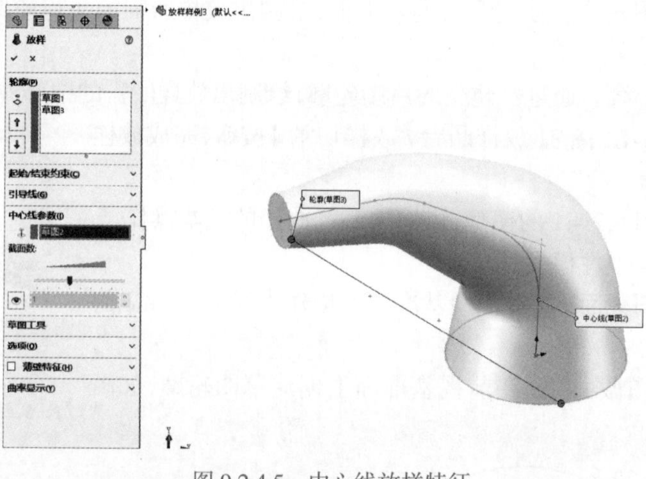

图 9.2.4.5   中心线放样特征

步骤七:单击【√】,完成中心线放样特征的定义。

放样特征的特点:

(1) 放样的截面草图必须有两个或两个以上。

(2) 在多个截面草图中仅第一个或最后一个轮廓可以是点,也可以这两个轮廓均为点。

(3) 对于实体放样,第一个和最后一个轮廓必须是由分割线生成的模型面,或是平面轮廓,或是曲面。

(4) 截面草图可以使用分割线在模型面上生成空间轮廓,也可以是模型边线构成的空间轮廓。

(5) 引导线必须与所有轮廓相交。

(6) 在引导线和轮廓上的顶点之间,或在引导线和轮廓中用户定义的草图点之间必须是穿透几何关系。

(7) 可以使用任意数量的引导线。

(8) 可以使用任何草图曲线、模型边线或曲线作为引导线。

9.3　综合实例

图 9.3.0.1　莫比乌斯环

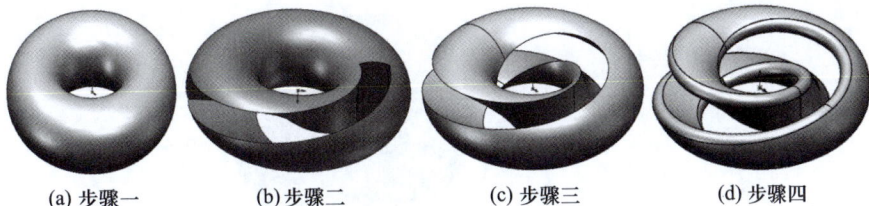

【实例 1】　应用扫描功能创建莫比乌斯环,如图 9.3.0.1 所示。

建模分析:莫比乌斯环是由扫描实体特征、扫描切除、倒圆角即可完成,建模步骤如图 9.3.0.2 所示。

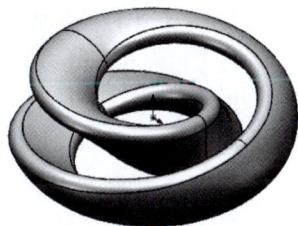

(a) 步骤一　　　　　(b) 步骤二　　　　　(c) 步骤三　　　　　(d) 步骤四

图 9.3.0.2　建模步骤

步骤一:分别在两个基准面上绘制出 $\phi 100$ 和 $\phi 50$ 的圆,再进行扫描。

(1) 在上视基准面及右视基准面分别绘制两个 $\phi 100$ 和 $\phi 50$ 的圆,如图 9.3.0.3 所示。

(2) 单击【扫描】,轮廓选择 $\phi 50$ 的圆,扫描路径选择 $\phi 100$ 的圆,即可完成步骤一,如图 9.3.0.4 所示。

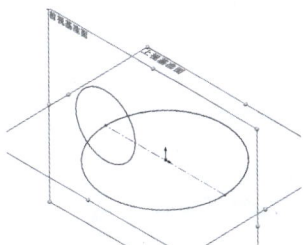

图 9.3.0.3　扫描轮廓及路径

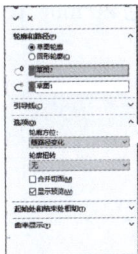

图 9.3.0.4　初步模型

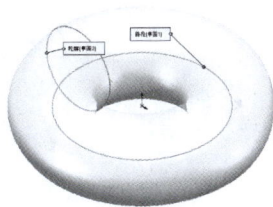

步骤二:继续在上视基准面创建草图,绘制 $R50$ 的半圆,然后再在前视基准面绘制一个矩形。

(1) 在上视基准面上创建草图,以零点为圆心绘制出一个 $R50$ 的半圆,如图 9.3.0.5 所示。

(2) 然后再在前视基准面创建草图,以半圆的端点为中心绘制出一个宽 20 mm、长 55 mm 的矩形,如图 9.3.0.6 所示。

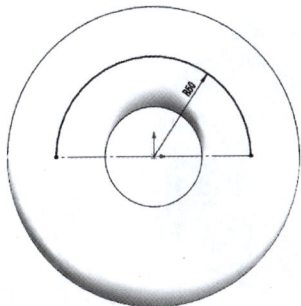

图 9.3.0.5　扫描路径

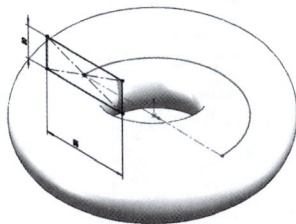

图 9.3.0.6　扫描轮廓

微课
扫描综合实例

动画
扫描综合实例

（3）单击【扫描切除】→【扫描轮廓】选择矩形，扫描路径选择 R50 的半圆：

① 接着单击【选项】→【轮廓方位】→【随路径变化】；

②【轮廓扭转】→【指定扭转值】；

③【扭转控制】→【度数】；

④ 接着输入 90°，就完成了步骤二，如图 9.3.0.7 所示。

（4）由于模型默认的白色没有那么显眼，可以在右侧的"外观、布局和贴图"材料库给模型进行一个染色。

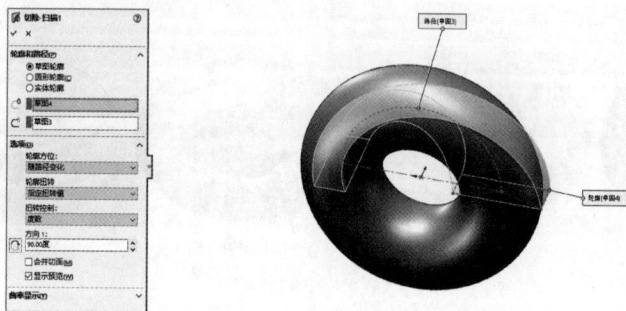

图 9.3.0.7 扫描切除后模型

步骤三：重复步骤二的操作，完成另外一面的扫描切除。

（1）同样是在上视基准面创建草图，绘制出另外一半径 R50 的半圆，如图 9.3.0.8 所示。

（2）然后在前视基准面创建草图，绘制宽 20 mm、长 55 mm 的矩形，如图 9.3.0.9 所示。

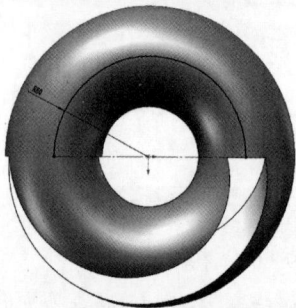

图 9.3.0.8 扫描路径

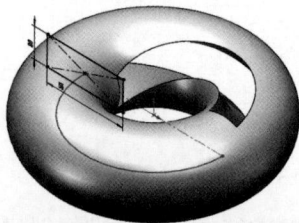

图 9.3.0.9 扫描轮廓

（3）重复一遍步骤二的扫描切除过程，因为绘制的是对称的另一半，所以需要单击【反转扭转方向】，这样才能使两个扫描结果完成衔接，如图 9.3.0.10 所示。

图 9.3.0.10 扫描切除后模型

步骤四：进行最后的倒圆角，因为它们都是属于圆弧相接，所以单击【圆角】按钮，拾取模型中的两条圆弧线，圆弧半径为 R5。创建的莫比乌斯环效果如图 9.3.0.11 所示。

【实例 2】 应用放样特征创建叶轮模型，如图 9.3.0.12 所示。

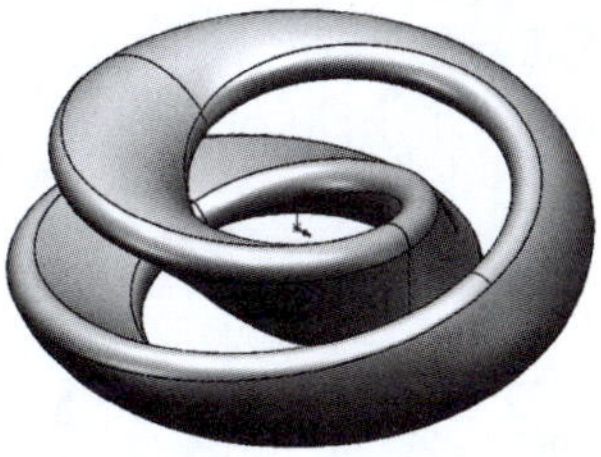

图 9.3.0.11 莫比乌斯环

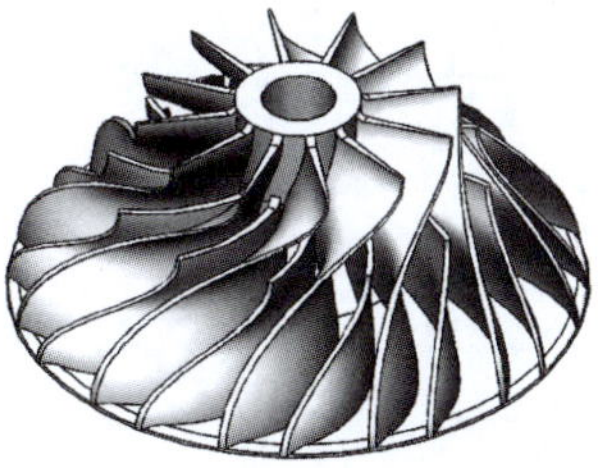

图 9.3.0.12 叶轮

微课
放样综合实例

建模分析：

(1) 分别在 5 个基准面上绘制出放样轮廓，使用【放样凸台/基体】生成叶片特征。

(2) 最后进行旋转叶片特征后进行倒角即可。

建模步骤如图 9.3.0.13 所示。

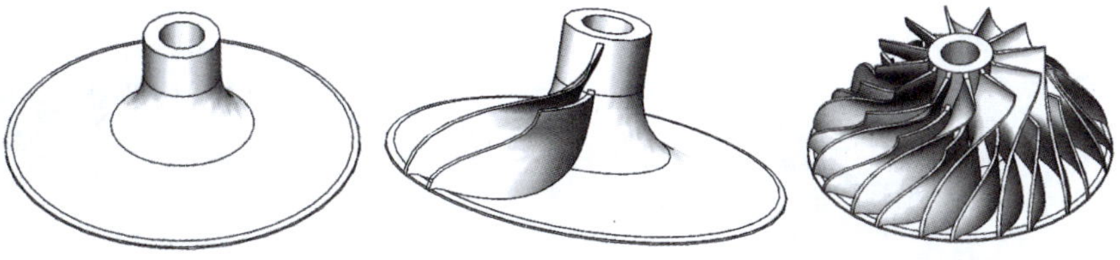

(a) 步骤一　　　(b) 步骤二　　　(c) 步骤三

图 9.3.0.13 建模步骤

动画
放样综合实例

步骤一：绘制旋转轮廓，围绕中心线进行旋转，单击左边设计树中的前视基准面创建草图，绘制出如图 9.3.0.14 所示的旋转轮廓。

步骤二：分别在 5 个视图上绘制出放样轮廓。

(1) 在上视基准面上创建草图，并绘制如图 9.3.0.15 所示的放样轮廓。

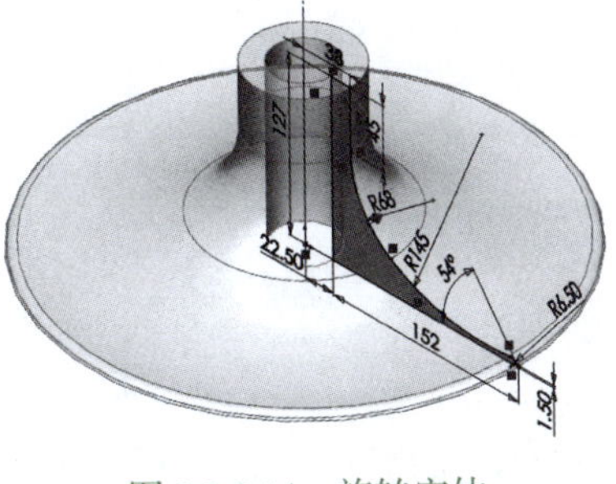

图 9.3.0.14 旋转实体

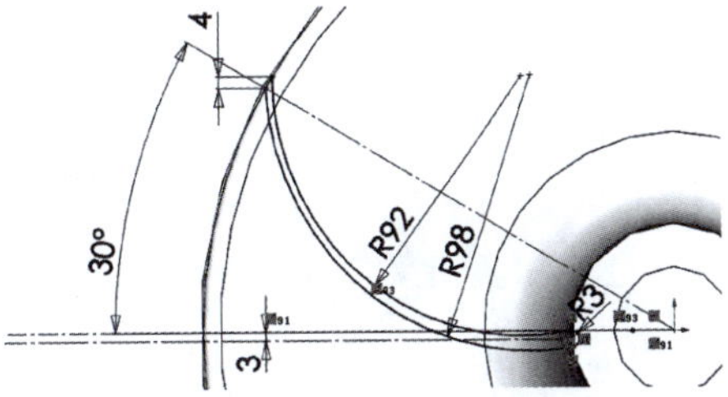

图 9.3.0.15 放样轮廓

(2) 单击【参考几何体】→【基准面】→【第一参考】，选择已有实体中间的圆，即可创建出如图 9.3.0.16 所示的基准面。

(3) 在新的基准面上创建草图，并把图 9.3.0.15 中的放样轮廓转换实体引用。先绘制出如图 9.3.0.17 所示的第二个放样轮廓。

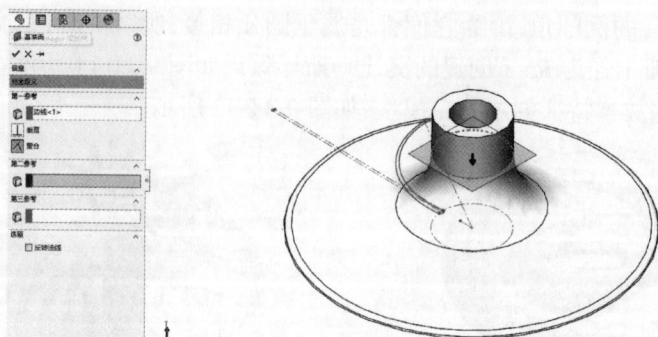

图 9.3.0.16 创建新基准面

(4) 再单击实体顶面,创建一个新的草图,绘制出如图 9.3.0.18 所示的第三个放样轮廓。

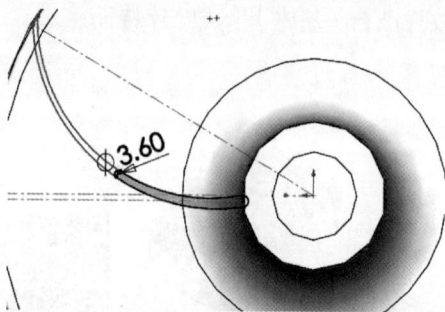

图 9.3.0.17 放样轮廓

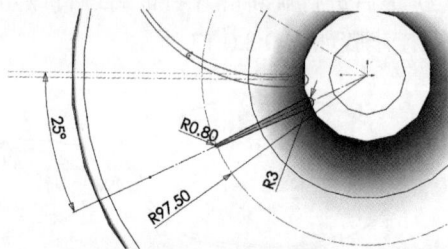

图 9.3.0.18 放样轮廓

(5) 单击【放样凸台 / 基体】→【放样轮廓】,选择上述三个不同基准面上绘制出的放样轮廓线(注意:选择放样轮廓线时,要选择好起始点,起始点一定要在三个轮廓线的同一个地方,要不然就会错位,得不到想要的实体)。最后在开始约束及结束约束中选择【垂直于轮廓】,其主要目的是为了使放样实体更好的衔接,如图 9.3.0.19 所示。

(6) 同样在实体顶面创建草图,转换实体引用出两个圆后进行拉伸,如图 9.3.0.20 所示。

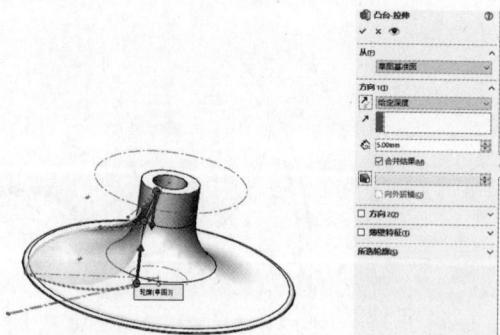

图 9.3.0.19 放样实体

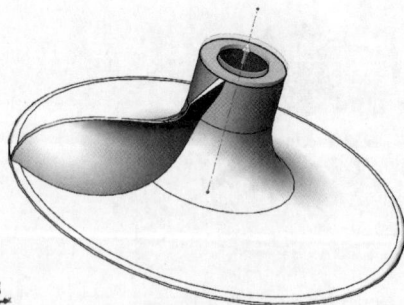

图 9.3.0.20 拉伸实体

(7) 在上视基准面上创建草图,并绘制出如图 9.3.0.21 所示的放样轮廓。

(8) 继续在如图 9.3.0.16 所创建的基准面上创建草图,并把上一步创建的放样轮廓进行转换实体引用,如图 9.3.0.22 所示。

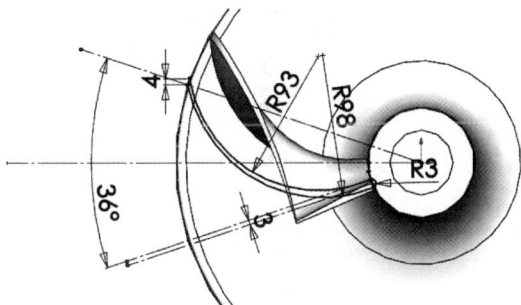

图 9.3.0.21　放样轮廓

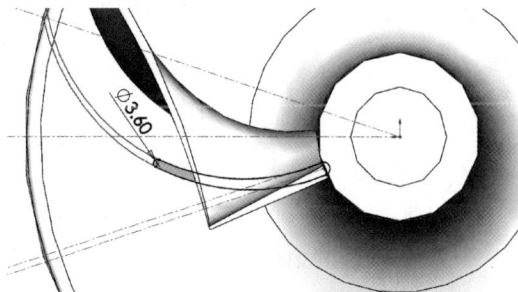

图 9.3.0.22　转换实体引用的放样轮廓

（9）单击【放样凸台／基体】→【放样轮廓】选择刚绘制在两个基准面上的放样轮廓，并且起始／结束约束都选择【垂直于轮廓】，即可放样出如图 9.3.0.23 所示的实体。

图 9.3.0.23　放样实体

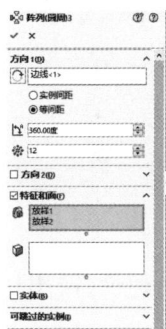

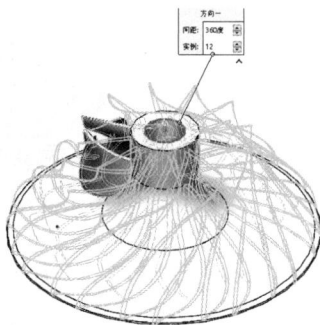

步骤三：进行放样实体阵列，倒圆角。

（1）单击【圆周阵列】→【阵列轴】选择顶面上任意一个圆，即可得到圆心轴。

（2）"阵列特征"选择两个放样实体，"总角度"输入 360，"实例数"输入 12，如图 9.3.0.24 所示，单击【√】即可。

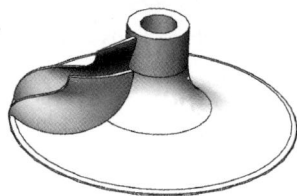

图 9.3.0.24　阵列实体

（3）最后给叶片倒圆角 R5，如图 9.3.0.25 所示。

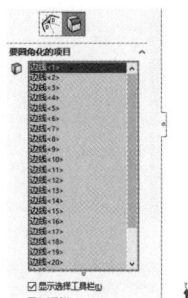

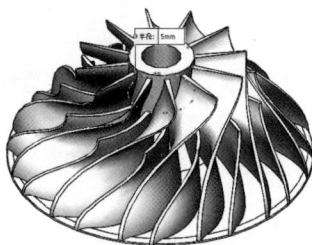

图 9.3.0.25　叶片倒圆角

通过两个或多个以上的截面，按一定的顺序在截面之间过渡，从而形成一定的形状，所以选择截面时一定要有顺序,并且选择垂直于轮廓时,放样出来的轮廓能跟实体更平滑的衔接。

9.4　课后练习

一、选择题

1. 创建扫描特征时,"方向/扭转控制"选项选择【随路径变化】,可使截面(　　　)。
    A. 与路径的角度始终保持不变
    B. 总是与起始截面保持平行
    C. 与起始截面在沿路径扭转时保持平行
    D. 与起始截面在沿路径扭转时保持角度不变

2. 如图所示,如图 9.4.0.1 所示建立的模型特征是通过 ＿＿＿＿＿ 命令完成,并且有 ＿＿＿＿＿ 引导线。(　　　)
    A. 放样特征;1 条　　　　　　　　B. 扫描特征;2 条
    C. 放样特征;2 条　　　　　　　　D. 放样特征;未使用引导线

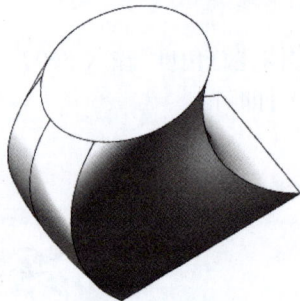

图 9.4.0.1　习题

3. 如图 9.4.0.2 所示,轮廓为圆、路径为零件的一条边的切除扫描,使用(　　　)选择可以完成。
    A. 全部贯通　　　　　　　　　　B. 保持相切
    C. 与结束端面对齐　　　　　　　D. 切除到下一面

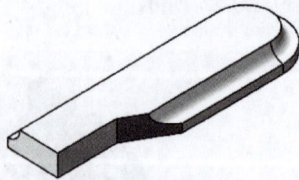

图 9.4.0.2　习题

4. 以下说法错误的是(　　　)。
    A. 扫描特征中扫描路径是开放的
    B. 扫描特征中扫描路径是闭合的
    C. 扫描特征中扫描路径必须是开放的
    D. 扫描特征中扫描轮廓是闭合的

5. 以下说法错误的是（　　　）。

　　A. 放样特征可以使用一个轮廓生成放样

　　B. 放样特征可以使用两个轮廓生成放样

　　C. 放样特征可以使用两个或两个以上轮廓生成放样

　　D. 放样特征第一个轮廓和最后一个轮廓都可以为点

二、判断题

1. 扫描是沿某一路径移动一个轮廓（剖面）来生成基体、凸台、切除或曲面。（　　　）

2. 扫描特征中对于基体或凸台扫描特征轮廓可以是闭合的，也可以是开放的。（　　　）

3. 扫描特征中引导线必须与轮廓或轮廓草图中的点重合。（　　　）

4. 放样通过在轮廓之间进行过渡生成特征。（　　　）

5. 放样可以是基体、凸台、切除或曲面。（　　　）

三、简答题

1. 简述扫描特征和放样特征的区别。

2. 简述扫描特征的特点。

3. 简述放样特征的特点。

四、制作模型

1. 根据图 9.4.0.3 所示的工程图，创建零件三维模型。

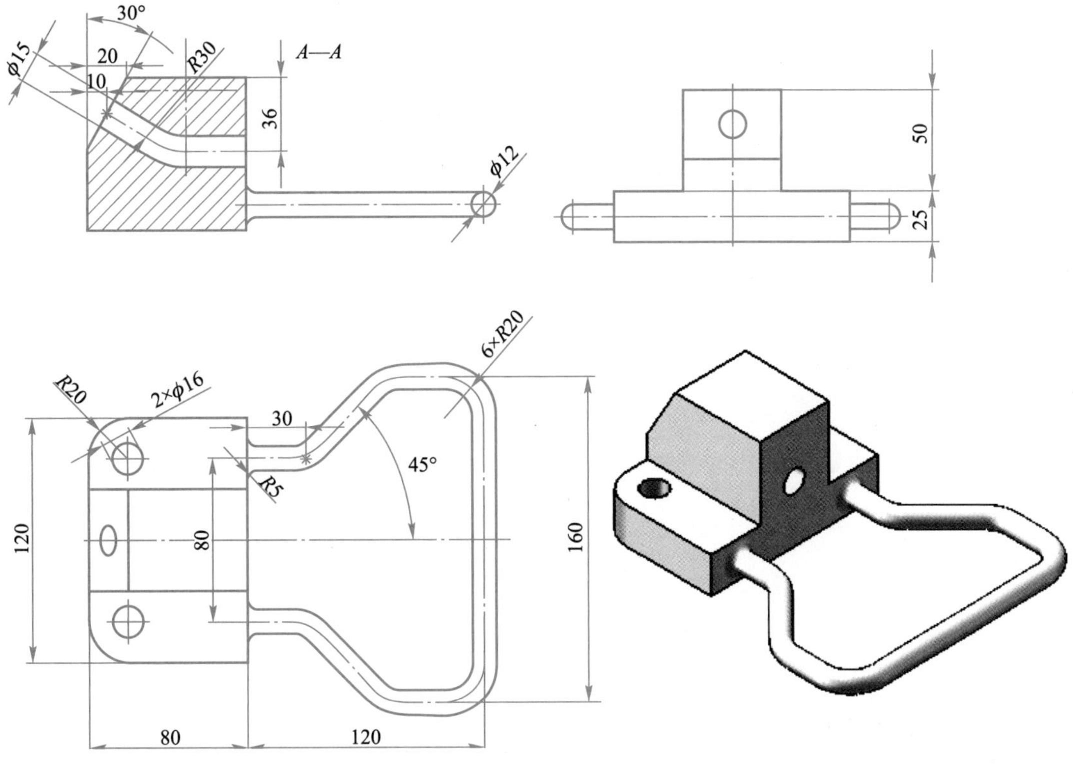

图 9.4.0.3　习题

2. 根据图 9.4.0.4 所示的工程图,创建零件三维模型。

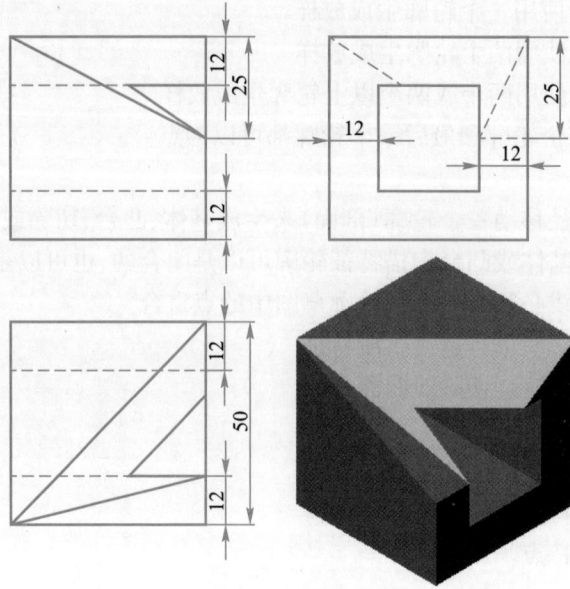

图 9.4.0.4   习题

第十章 工程图设计

本章提要：

在产品的研发、设计和制造等过程中,各类技术人员需要经常进行交流和沟通,工程图则是经常使用的交流工具。尽管随着科学技术的发展,3D 设计技术有了很大的发展与进步,但是三维模型并不能将所有的设计参数表达清楚,有些信息(如加工要求的尺寸精度、几何公差和表面粗糙度等)仍然需要借助二维的工程图将其表达清楚。因此工程图的创建是产品设计中较为重要的环节,也是设计人员最基本的能力要求。

内容要点：

- 创建工程图的一般过程
- 工程图环境的设置
- 各种视图的创建
- 视图的操作
- 尺寸的自动标注和手动标注
- 尺寸公差的标注
- 尺寸的操作
- 注释文本的创建
- 表面粗糙度的标注
- 基准符号和几何公差的标注

10.1 工程图概述

10.1.1 工程图组成

零件和装配体设计完成后,需要将其信息在工程图中表达出来,这样才能向工程技术人员传递具体的几何形状和尺寸信息,最终指导工人进行零件的加工和装配。

工程图与生成工程图的相应零件、装配体模型是互相链接的文件,对其中任何一个文件进行更改都会导致其他文件的相应更新。

SolidWorks 将工程图分为图纸格式和图纸两层,图纸格式在底层,图纸在上层。图纸格式通常用于设置图纸中固定的内容,如图纸的大小、图框格式、标题栏,也可以加入注释文字。图纸是用来建立工程图、绘制集合元素、添加注释文字的。用户绝大部分的操作都是在图纸层完成的。在图纸层,无法对图纸格式进行编辑。一个工程图中可包含多张图纸。

10.1.2 工程图格式文件建立

SolidWorks 工程图建立是以零件或装配体模型为基础的,因此在建立工程图之前,必须保存相关的零件或装配体模型文件。

工程图文件的新建有两种方法:一是单击标准工具栏中的【新建】按钮,在弹出的"新建SolidWorks 文件"对话框中选择【工程图】图标,直接生成默认格式的工程图,或者单击【高级】按钮,出现不同的工程图格式,根据需要进行选择,如图 10.1.2.1 所示;二是先打开欲生成工程图的零件或装配体,选择菜单栏中的【文件】→【从零件制作工程图】命令,出现"图纸格式 / 大小"对话框,如图 10.1.2.2 所示,选择一种图纸格式,进入工程图模式。

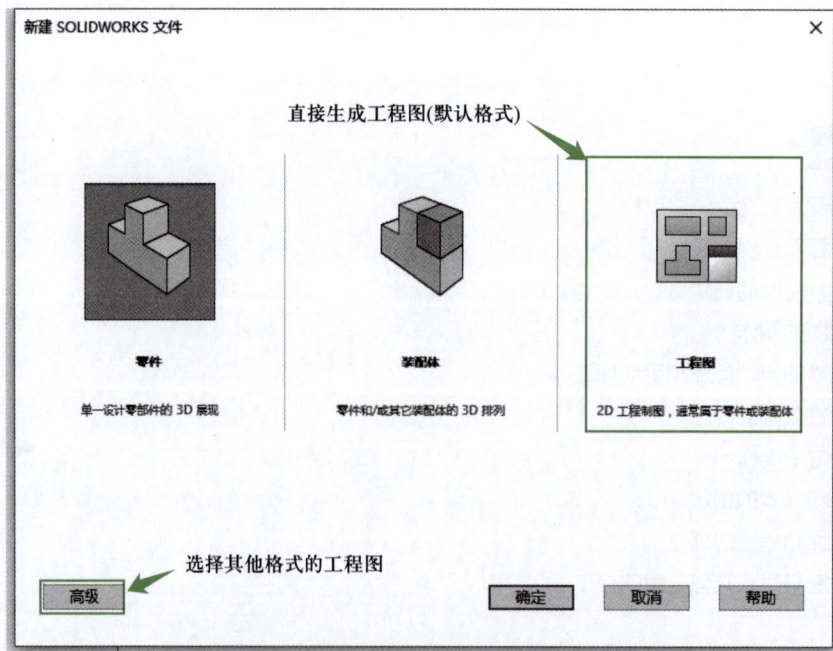

图 10.1.2.1 "新建 SolidWorks 文件"对话框

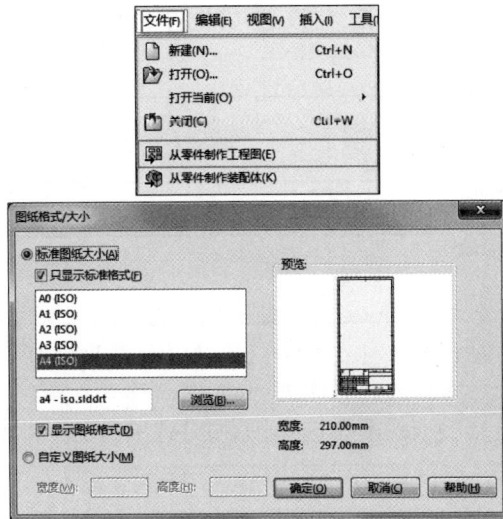

图 10.1.2.2　"图纸格式／大小"对话框

10.1.3　工程图环境及基本参数的设置

我国国家标准（GB 标准）对工程图作出了许多规定，如尺寸文本的方位与字高、尺寸箭头的大小等。下面详细介绍设置符合 GB 标准的工程图环境的操作步骤。

步骤一:选择菜单栏中的【工具】→【选项】命令，系统弹出"系统选项(S)－几何关系／捕捉"对话框。

步骤二:选择【系统选项】选项卡，在该选项卡的下方选择【几何关系／捕捉】，设置如图 10.1.3.1 所示的参数。

图 10.1.3.1　"系统选项(S)－几何关系／捕捉"对话框

步骤三：选择【文档属性】选项卡，在该选项卡的下方选择【绘图标准】选项，设置如图 10.1.3.2 所示的参数。

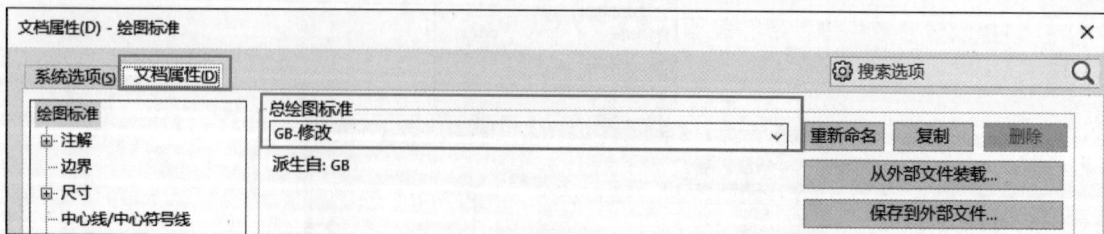

图 10.1.3.2 【文档属性(D)– 绘图标准】对话框

步骤四：在【文档属性】选项卡的下方选择【尺寸】选项，设置如图 10.1.3.3 所示的参数。

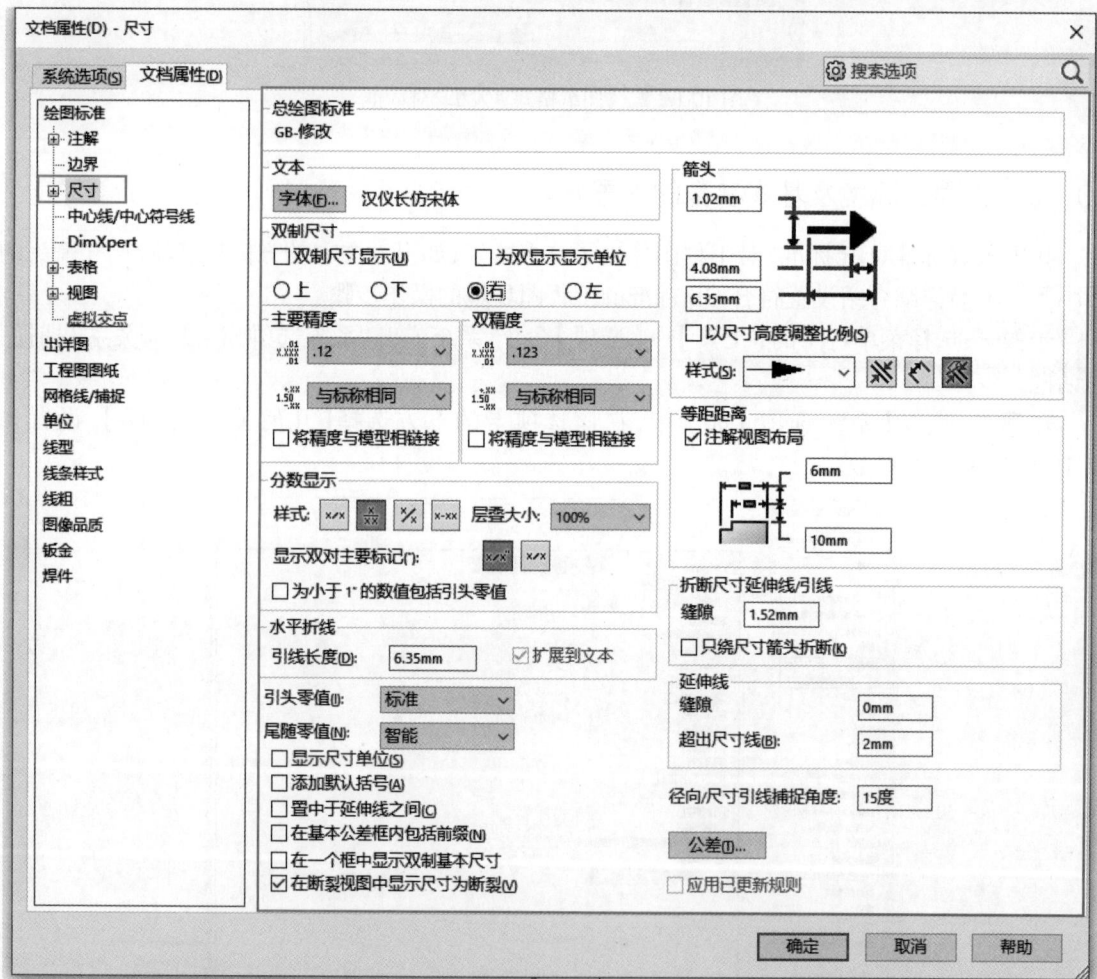

图 10.1.3.3 "文档属性(D)– 尺寸"对话框

说明：选择菜单栏中的【插入】→【工程图视图】命令，下面说明该菜单中的命令，如图 10.1.3.4 所示。

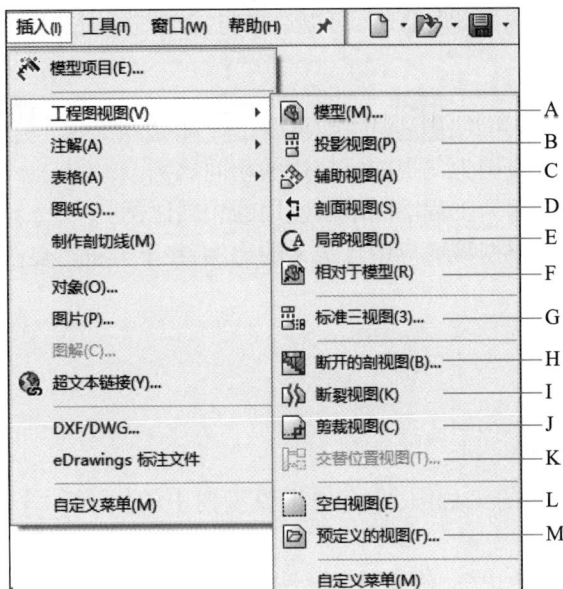

图 10.1.3.4 【工程图视图】菜单

A:插入零件(或装配体)模型并创建基本视图。

B:创建投影视图。

C:创建辅助视图。

D:创建剖面视图(全剖、半剖、阶梯剖和旋转剖等视图)。

E:创建局部视图。

F:创建相对视图。

G:创建标准三视图(主视图、俯视图和左视图)。

H:创建局部的剖视图。

I:创建断裂视图。

J:创建剪裁视图。

K:将一个工程视图精确叠加于另一个工程视图之上。

L:创建空白视图。

M:创建预定义的视图。

工程图命令中有很多区域是一样的,例如显示样式、比例等,如图 10.1.3.5 和图 10.1.3.6 所示,在下面统一说明:

图 10.1.3.5 "显示样式"区域

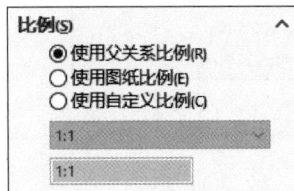

图 10.1.3.6 "比例"区域

使用父关系样式：取消选择此复选框，可以选择与父视图不同的显示样式。

显示样式包括：

⬚线架图；⬚隐藏线可见；⬚消除隐藏线；⬚带边线上色；⬚上色。

使用父关系比例：可以应用为父视图所使用的相同比例。

使用图纸比例：可以应用为工程图图纸所使用的相同比例。

使用自定义比例：可以根据需要应用自定义的比例，在下方进行更改。

10.2　标准视图

10.2.1　工程图图框加载

步骤一：新建一张空白的工程图，右键单击模型树中的【图纸 1】→【属性】，如图 10.2.1.1 所示。

步骤二：选择图纸格式的边框，修改图纸属性，单击【应用更改】按钮，如图 10.2.1.2 所示。

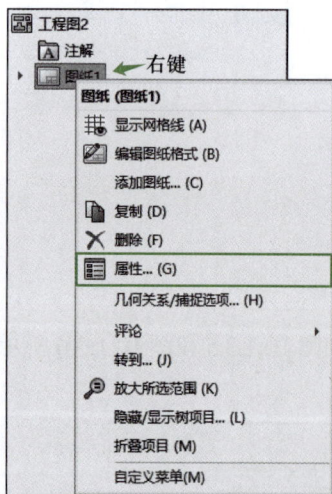

图 10.2.1.1　【图纸 1】右键快捷菜单

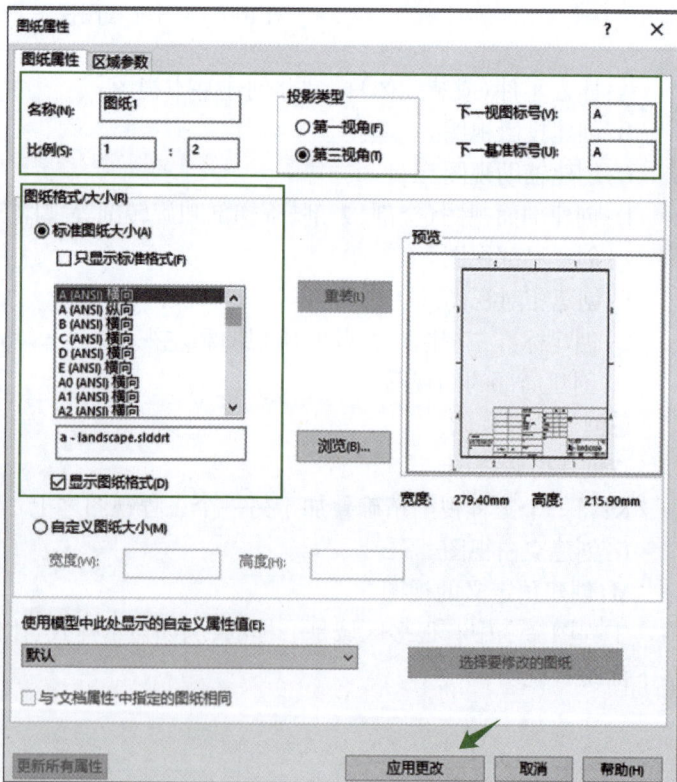

图 10.2.1.2　"图纸属性"对话框

10.2.2　标准三视图

标准三视图能为所显示的零件或装配体同时生成三个相关的默认正交视图（前视、右视、左视、上视、下视及后视）。所使用的视图方向基于零件或装配体中的视向（前视、右视、上视），视向为固定,无法更改。

前视图、上视图及侧视图有固定的对齐关系,前视图会带动上视图和侧视图进行移动,上视图可以竖直移动,侧视图可以水平移动。上视图和侧视图与前视图有对应关系,右键单击上视图和侧视图,然后选择跳到父视图,会返回到前视图。可以使用多种方法来生成标准三视图。

操作方法:创建标准三视图。

步骤一:新建工程图,选择工具栏中【视图布局】→【标准三视图】命令,如图 10.2.2.1 所示。

图 10.2.2.1　工具栏

步骤二:单击【浏览】按钮,选择配置文件【实例 10.2.2.SLDPRT】,单击【√】按钮,如图 10.2.2.2 所示。

步骤三:系统生成标准三视图,如图 10.2.2.3 所示。

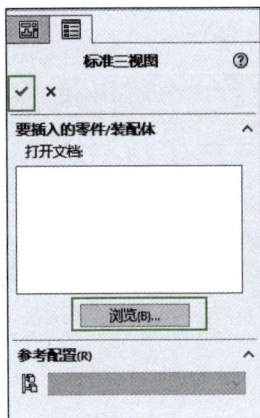

图 10.2.2.2　【标准三视图】对话框

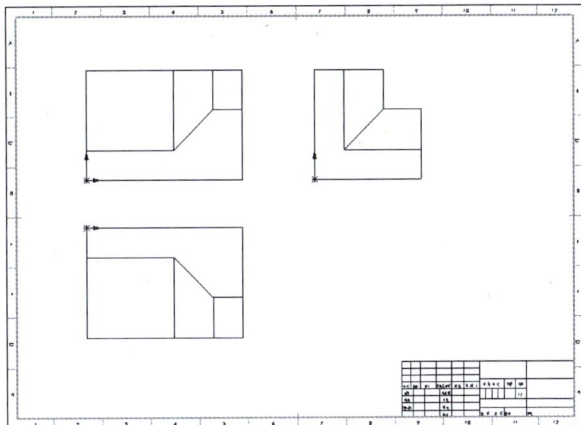

图 10.2.2.3　标准三视图

10.2.3　相对视图

相对模型视图是一个正交视图(前视、右视、左视、上视、下视以及后视),由模型中两个直交面或基准面及各自的具体方位的规格定义。可使用该视图类型将工程图中第一个正交视图设定到与默认设置不同的视图,然后可使用投影视图工具生成其他正交视图。

对于标准件和装配体,整个零件或装配体显示在所产生的相对视图中。对于多体零件(如焊件),只有选定的实体才被使用。

操作方法:创建相对视图。

步骤一:新建工程图,选择菜单栏【插入】→【工程视图】→【相对于模型】命令,如图 10.2.3.1 所示。

步骤二:选择图形区域中的工程图视图,系统转换到另一窗口中打开的模型,或用右键单击图形区域,从弹出的快捷菜单中选择【从文件插入】命令来打开模型,如图 10.2.3.2 所示,双击打开配置文件【实例 10.2.3.SLDPRT 】。

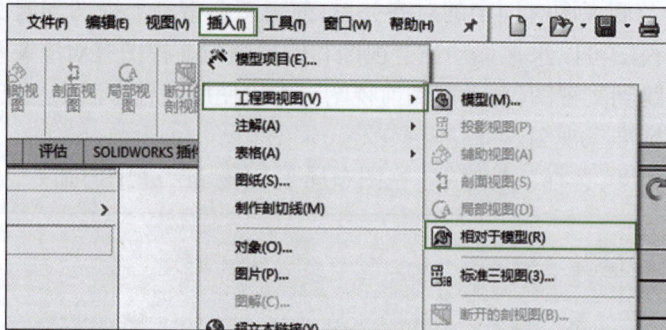

图 10.2.3.1   菜单栏

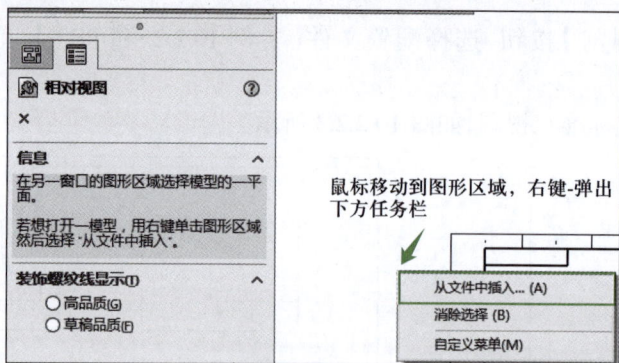

图 10.2.3.2   "相对视图"属性管理器

步骤三:在模型树中,选择【 方向 】→【 第一方向 】→【 前视 】选项(也可以选择右视、上视、左视等,根据自己所需要进行选择),如图 10.2.3.3 所示。

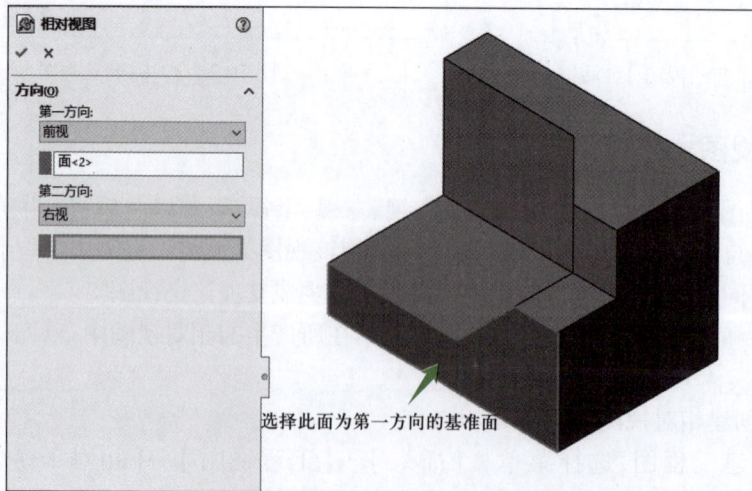

图 10.2.3.3   相对视图 – 第一方向

步骤四:在模型树中,选择【 方向 】→【 第二方向 】→【 右视 】选项(也可以选择上视、左视、下视等。选择基准面的时候,两个基准面不能都定义为面向相同的方向),如图 10.2.3.4 所示,单击【√】按钮,系统返回工程图界面。

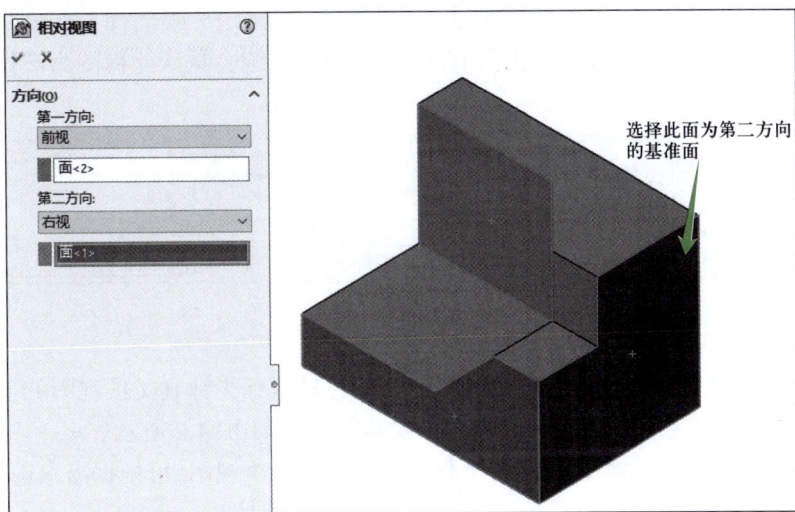

图 10.2.3.4　相对视图 – 第二方向

步骤五:在图形区域合适位置放置此视图,单击【√】按钮,完成操作,如图 10.2.3.5 所示。

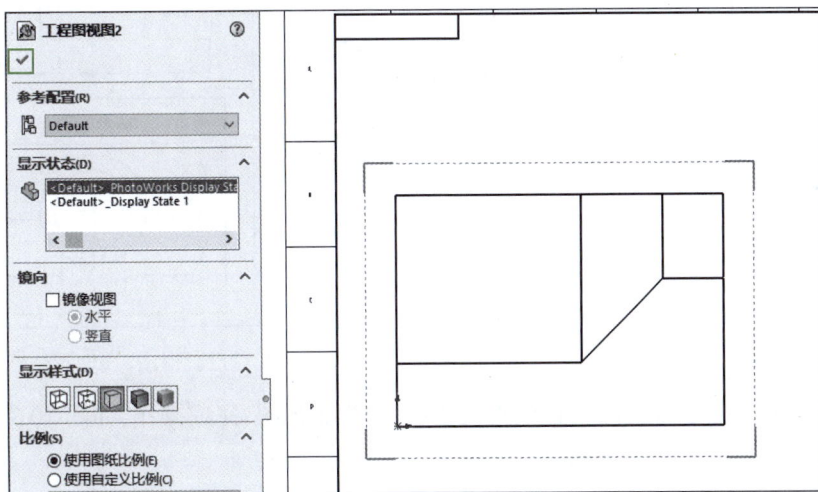

图 10.2.3.5　工程图视图

10.3　派生工程图

10.3.1　投影视图

投影视图通过以八种可能投影之一折叠现有视图而生成,所产生的视向受在工程图图纸属性中定义的"第一角"或"第三角"投影法设定的影响。从一个已存在的视图展开新视图而添加一个投影视图。

操作方法：创建投影视图。

步骤一：打开配置文件【实例 10.3.1.SLDDRW】。

步骤二：在工具栏中选择【视图布局】→【投影视图】命令，或选择【插入】→【工程图视图】→【投影视图】命令，图形区域里面只有一个视图时，系统会默认此视图为被投影视图，如图 10.3.1.1 所示。

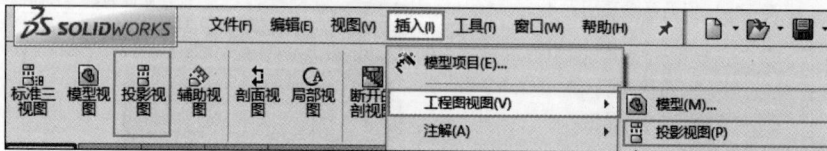

图 10.3.1.1　工具栏

步骤三：选择一所需视图，此时选择投影俯视图，移动鼠标指针到父项视图的下方，在合适的图形区域单击以放置新视图，生成投影视图，完成操作，如图 10.3.1.2 所示。

步骤四：再次单击【投影视图】，此时工程图图纸上有两个视图，可根据需求选择投影所用的工程视图，如图 10.3.1.3 所示。

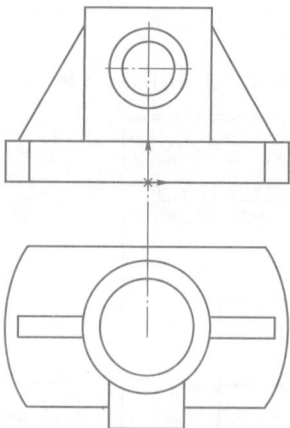

图 10.3.1.2　俯视图

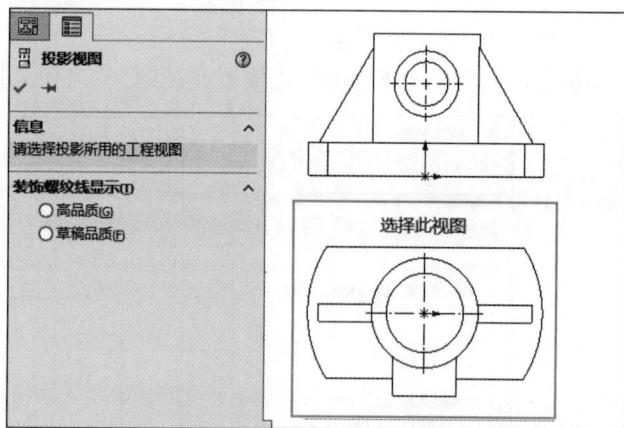

图 10.3.1.3　"投影视图"属性管理器

步骤五：选择视图，在合适的位置放置视图，生成投影视图，完成操作，如图 10.3.1.4 所示。

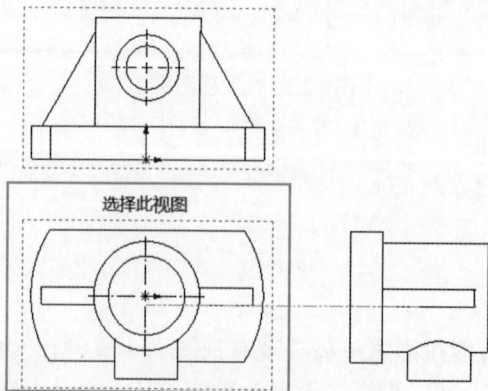

图 10.3.1.4　左视图

10.3.2 辅助视图

辅助视图类似于投影视图,但它是垂直于现有视图中参考边线的展开视图。投影方向垂直于所选视图的参考边线,但参考边线一般不能为水平或者垂直,否则生成的就是投影视图。

创建辅助视图的操作步骤如下:

步骤一:打开配置文件【实例 10.3.2.SLDDRW】。

步骤二:在工具栏中选择【视图布局】→【辅助视图】命令,如图 10.3.2.1 所示。

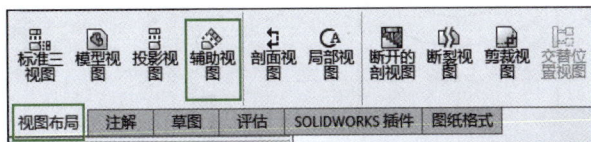

微课
创建辅助视图

图 10.3.2.1 工具栏

步骤三:选择参考边线,在合适的位置放置视图,生成辅助视图,在"工程图视图"属性管理器中单击【√】按钮,完成操作,如图 10.3.2.2 所示。

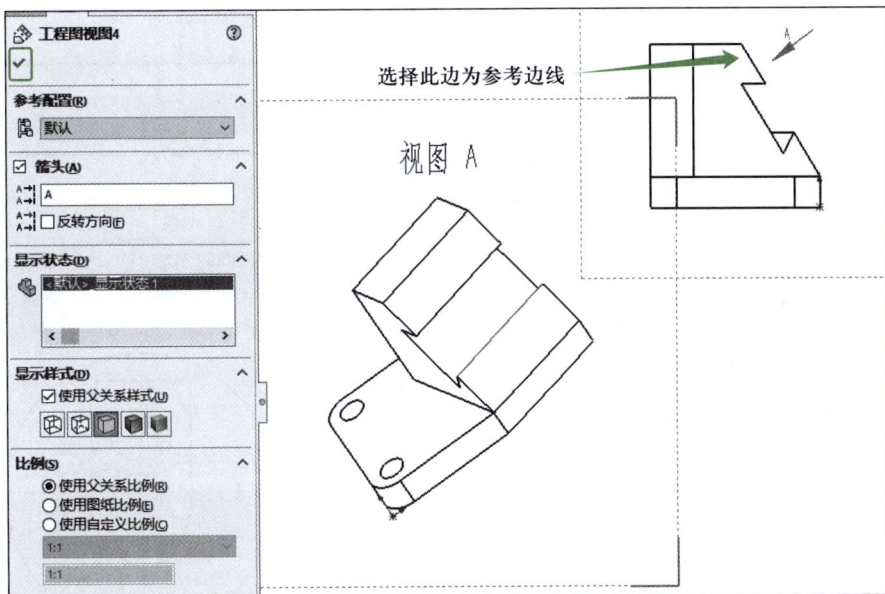

图 10.3.2.2 辅助视图

微课
创建旋转视图

10.3.3 旋转视图

旋转视图可以让工程图视图的方向进行改变。

旋转视图的操作步骤如下:

步骤一:打开配置文件【实例 10.3.3.SLDDRW】。

步骤二:鼠标指针移动到图形区域中的工程图视图内,右击,选择【缩放/平移/旋转】→【旋转视图】命令,如图 10.3.3.1 所示。

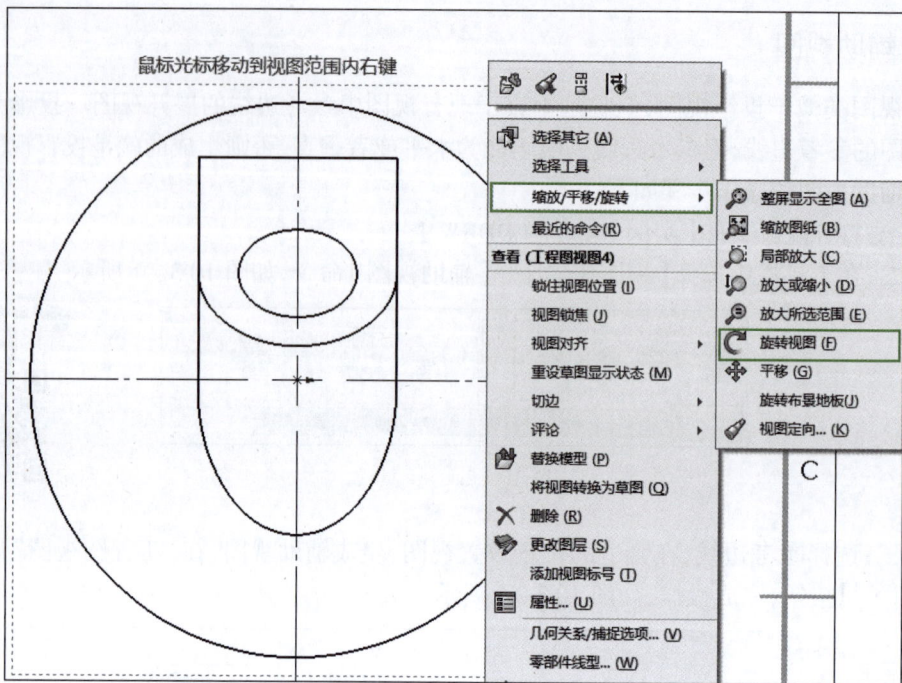

图 10.3.3.1　旋转视图

步骤三: 系统弹出"旋转工程视图"对话框,修改工程视图角度为 90° (旋转方向为逆时针,可以根据需求修改角度),单击【应用】按钮,完成操作,如图 10.3.3.2 所示。

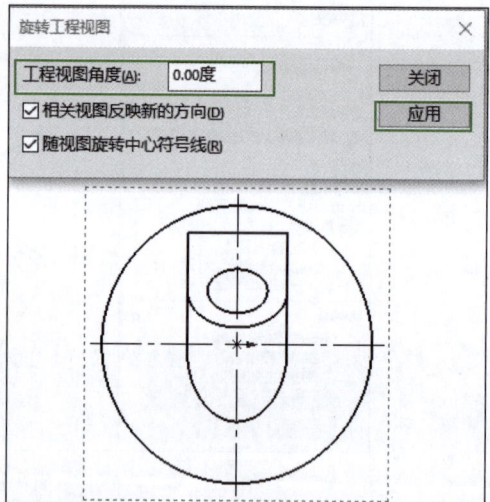

10.3.4　剪裁视图

剪裁视图通过隐藏除了所定义区域之外的所有内容而集中于工程图视图的某部分,未剪裁的部分使用草图(通常是圆或其他闭合的轮廓)进行闭合。除了局部视图或已用于生成局部视图的视图,可以裁剪任何工程视图。由于没有生成新的视图,剪裁视图可以节省操作步骤。

创建剪裁视图的操作步骤如下:

步骤一: 打开配置文件【实例 10.3.4.SLDDRW】。

步骤二: 在工具栏中选择【草图】→【圆】命令,如图 10.3.4.1 所示。

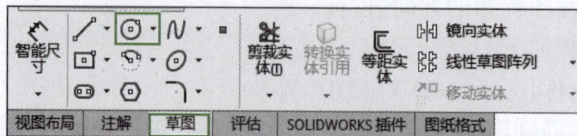

图 10.3.3.2　旋转工程视图

微课
创建剪裁视图

图 10.3.4.1　工具栏

步骤三:鼠标指针移动到工程图视图中,绘制一个圆(此圆为辅助作用不需要进行尺寸约束),如图 10.3.4.2 所示。

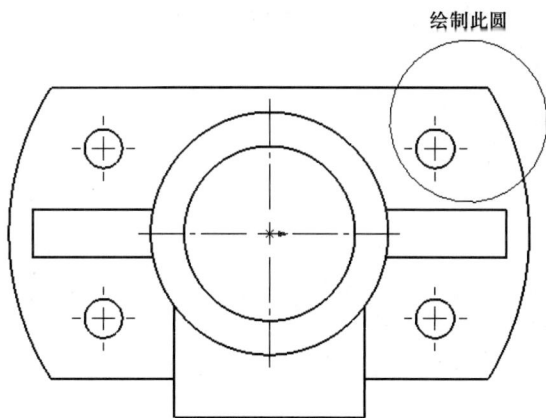

图 10.3.4.2　绘制圆

步骤四:选择在工程图视图中所绘制的圆,在工具栏中选择【视图布局】→【剪裁视图】命令,如图 10.3.4.3 所示。

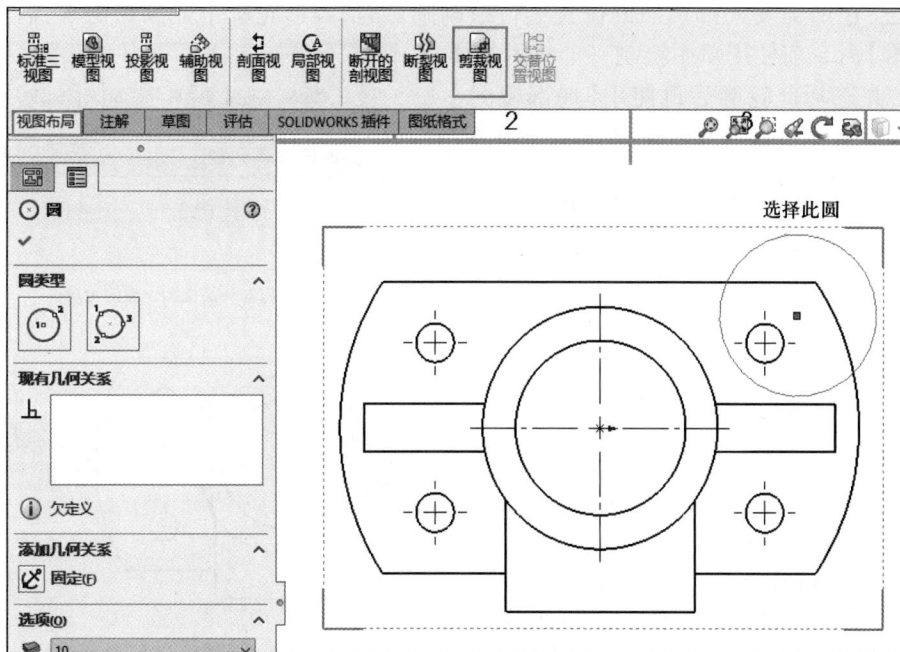

图 10.3.4.3　剪裁视图

步骤五:单击【√】按钮,完成操作,如图 10.3.4.4 所示。

10.3.5　局部视图

局部视图是在工程图中生成一个局部视图来显示一个视图的某个部分(通常是以放大比例显示)。局部视图可以是正交视图、空间(等轴测)视图、剖面视图、剪裁视图、爆炸装配体视图或另一局部视图。放大的部分使用草图（通常是圆或其他闭合的轮廓）进行闭合。可设定默认局部视图比例缩放系数,此决定局部视图的比例为父视图的系数。

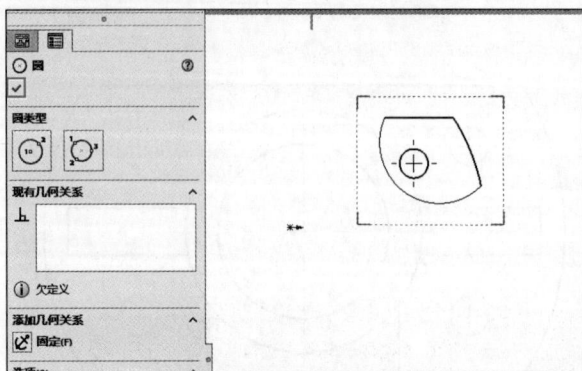

微课
创建局部视图

图 10.3.4.4　剪裁视图

　　操作方法:创建局部视图。
　　步骤一:打开配置文件【实例 10.3.5.SLDDRW】。
　　步骤二:在工具栏中选择【视图布局】→【局部视图】命令,如图 10.3.5.1 所示。
　　步骤三:在所需要局部视图的位置进行绘制圆(如果圆形轮廓不能满足需求,需要在使用
【局部视图】命令前使用草图绘制一个封闭的样条曲线轮廓,并选择此轮廓后再使用【局部视图】),
在绘制圆形后,会出现一个未放置的局部视图,在
合适的位置放置,单击 ✔ 按钮,如图 10.3.5.2 所示。

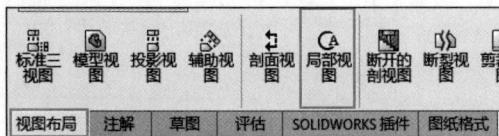

图 10.3.5.1　工具栏

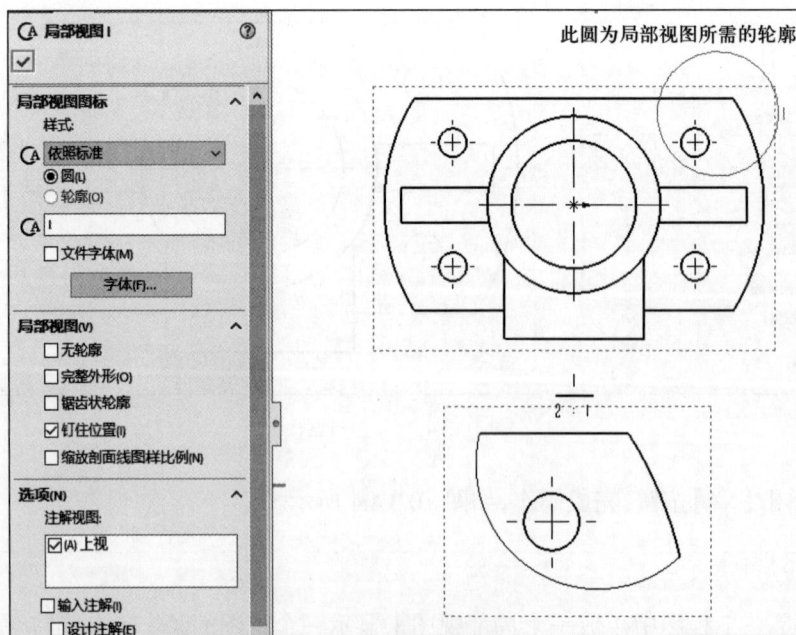

图 10.3.5.2　局部视图

10.3.6 断裂视图

在机械制图中,经常会遇到一些细长形的零部件,若要反映整个零件的尺寸形状,需要大幅面的图纸来绘制,因此为了节省图纸幅面,又能将零件形状尺寸表示出来,在实际绘图中常采用断裂视图。断裂视图指的是从工程视图中删除选定两点之间的视图部分,将余下的两部分合并成一个带折断线的视图。断裂视图不能为局部视图、剪裁视图或空白视图。

操作方法:创建断裂视图

步骤一:打开配置文件【实例 10.3.6.SLDDRW 】。

步骤二:工具栏中选择【 视图布局 】→【 断裂视图 】命令,如图 10.3.6.1 所示。

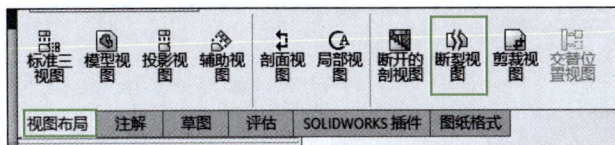

图 10.3.6.1 工具栏

微课
创建断裂视图

步骤三:在图形区域选择工程图视图,在需要进行断裂视图表示的位置进行操作,选择要断裂的长度范围,如图 10.3.6.2 所示。

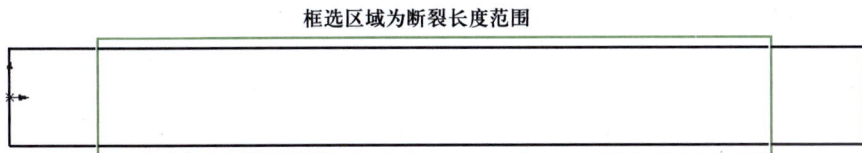

框选区域为断裂长度范围

图 10.3.6.2 框选区域

步骤四:移动鼠标指针到框选区域的左、右两端单击,放置断裂线,不修改断裂视图属性的参数,如图 10.3.6.3 所示。

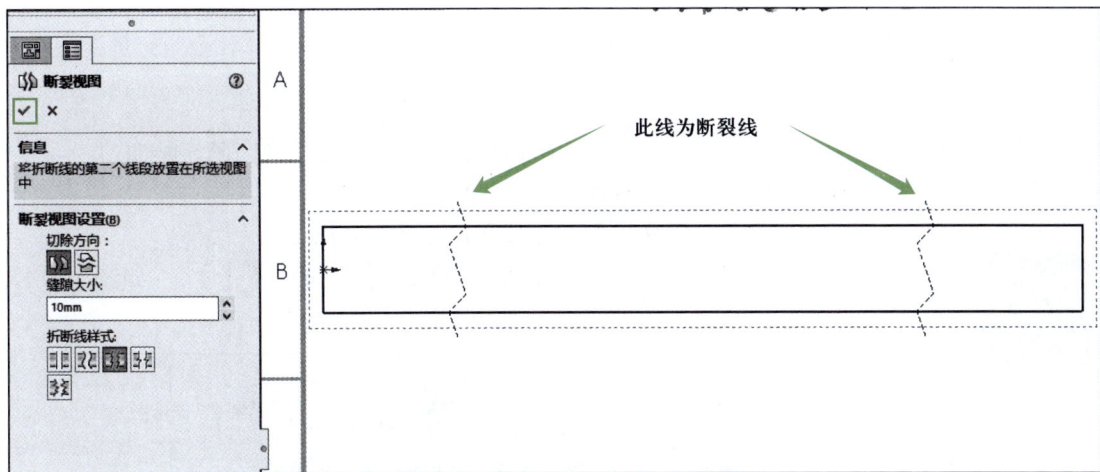

此线为断裂线

图 10.3.6.3 "断裂视图"属性管理器

步骤五:两端的断裂线放置完成后,得到断裂视图,单击【 √ 】按钮,完成操作,如

图 10.3.6.4 所示。

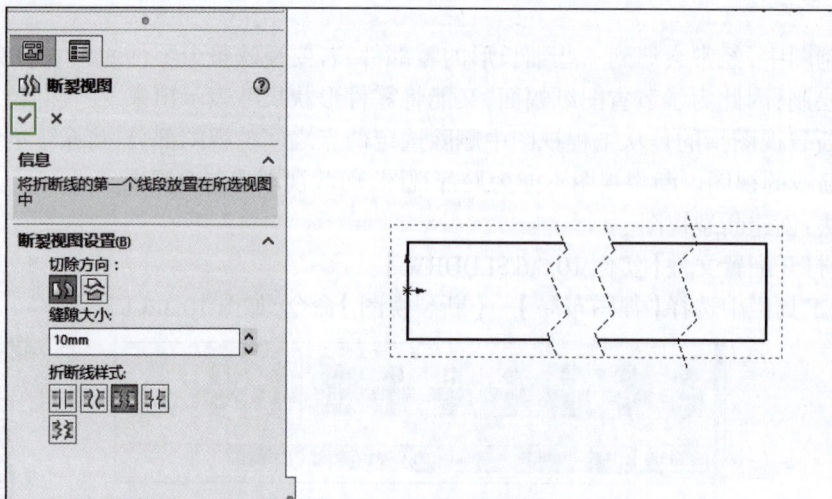

图 10.3.6.4　断裂视图

下面讲解"断裂视图"属性管理器中的区域内容：

添加竖直折断线：生成断裂视图时，将视图沿水平方向断开。

添加水平折断线：生成断裂视图时，将视图沿竖直方向断开。

缝隙大小：改变折断线缝隙之间的间距。

折断线样式：定义折断线的类型：

直线切断、曲线切断、锯齿线切断、小锯齿线切断、锯齿状切除。

10.4　剖面视图

10.4.1　全剖视图

全剖视图是使用剖切面完全地剖开零件所得的剖视图，可以通过剖视图制作断面图。

微课
创建全剖视图

操作方法：创建全剖视图。

步骤一：打开配置文件【实例 10.4.1.SLDDRW】。

步骤二：在工具栏中选择【视图布局】→【剖面视图】命令，如图 10.4.1.1 所示。

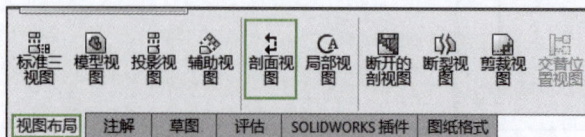

图 10.4.1.1　工具栏

步骤三：系统弹出"剖面视图辅助"属性管理器，选择【切割线】→【水平】命令，选择圆心切割线的位置,如图 10.4.1.2 所示。

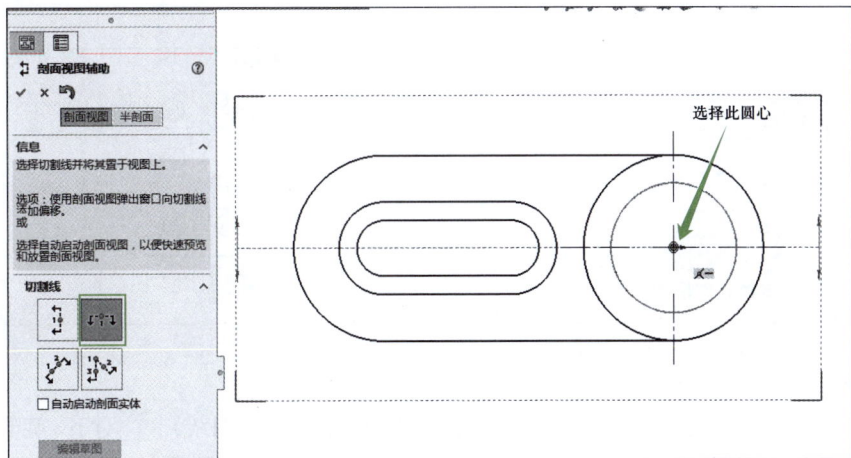

图 10.4.1.2 "剖面视图辅助"属性管理器

步骤四:系统在图形区域弹出剖面视图工具栏,单击【√】按钮,如图 10.4.1.3 所示。

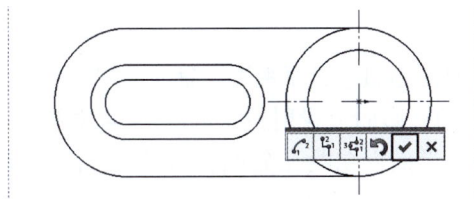

图 10.4.1.3 剖面视图工具栏

步骤五:在图形区域合适的位置放置视图,生成全剖视图,在剖面视图属性中单击【√】按钮,完成操作,如图 10.4.1.4 所示。

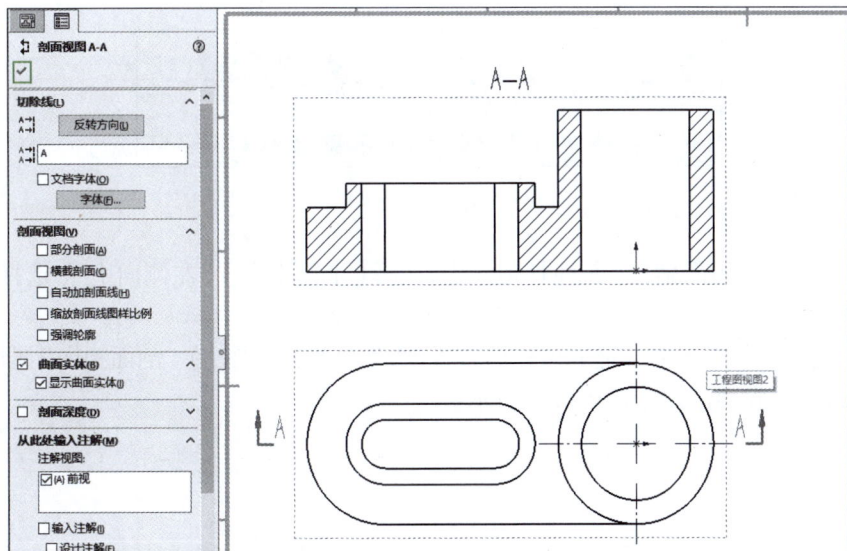

图 10.4.1.4 全剖视图

下面说明"剖面视图"属性管理器中的内容(图 10.4.1.5 和图 10.4.1.6):

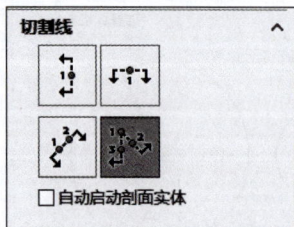

图 10.4.1.5　切割线区域

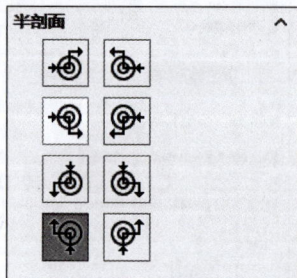

图 10.4.1.6　半剖面区域

竖直切割线、水平切割线、辅助视图(带角度的切割线)、对齐(旋转剖)、顶部右侧、顶部左侧、底部右侧、底部左侧、左侧向下、右侧向下、左侧向上、右侧向上。

10.4.2　半剖视图

在 SolidWorks 中半剖视图是通过【剖面视图】命令完成制作的,半剖视图是当物体具有对称平面时,向垂直于对称平面的投影面上投射所得的图形,以对称中心线为界,一半画成视图,另一半画成剖视图的组合图形。半剖视图既充分地表达了机件的内部形状,又保留了机件的外部形状。

操作方法:创建半剖视图。

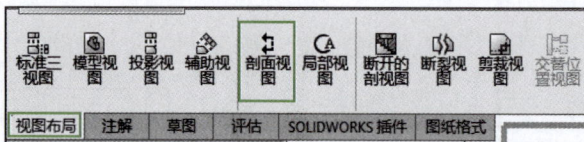

步骤一:打开配置文件【实例 10.4.2.SLDDRW】。

步骤二:在工具栏中选择【视图布局】→【剖面视图】命令,如图 10.4.2.1 所示。

微课
创建半剖视图

图 10.4.2.1　工具栏

步骤三:在"剖面视图辅助"属性管理器中,选择【半剖面】→【左侧向上】,选择中心点,如图 10.4.2.2 所示。

步骤四:选择在图形区域合适的位置放置视图,生成半剖视图,在"剖面视图"属性管理器中单击【√】按钮,完成操作,如图 10.4.2.3 所示。

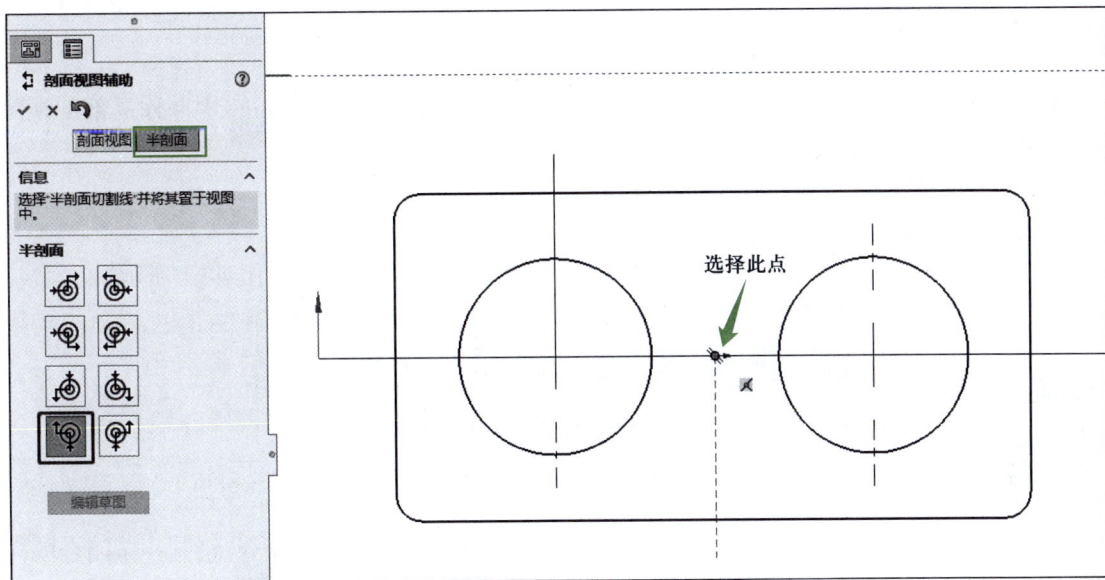

图 10.4.2.2 "剖面视图辅助"属性管理器

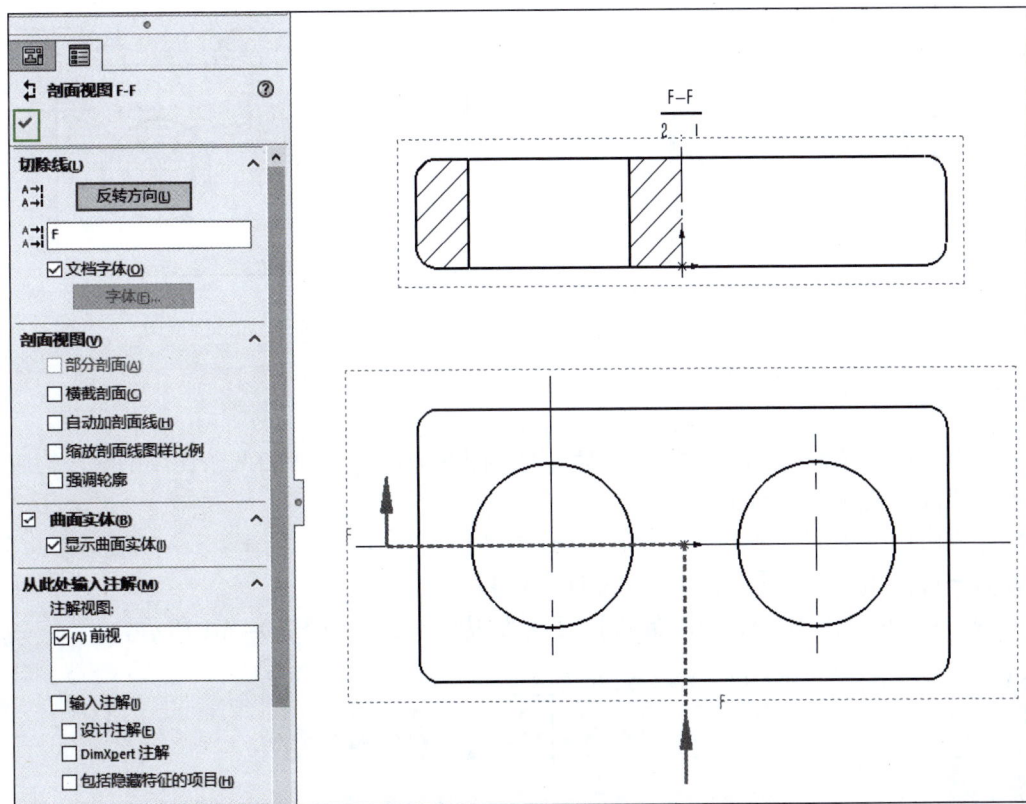

图 10.4.2.3 半剖视图

10.4.3　局部剖视图

局部剖视图是用剖切面局部地剖开零部件所得的剖视图,在 SolidWorks 中制作局部剖视图使用【断开的剖视图】命令。

操作方法:创建局部剖视图。

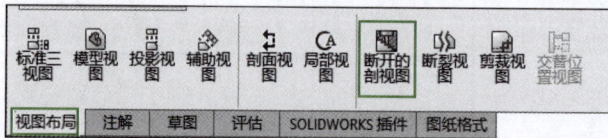

步骤一:打开配置文件【实例 10.4.3.SLDDRW】。

步骤二:在工具栏中选择【视图布局】→【断开的剖视图】命令,如图 10.4.3.1 所示。

微课
创建局部剖视图

图 10.4.3.1　工具栏

步骤三:使用【断开的剖视图】命令时会自动的使用【样条曲线】的命令,绘制一条闭合的样条曲线在需要局部剖的位置,系统弹出"断开的剖视图"属性管理器,指定剖切深度或选择一切割到的实体来为断开的剖视图指定深度,修改剖切深度为 4 mm,单击【√】按钮,如图 10.4.3.2 所示。

步骤四:系统生成局部剖视图,完成操作,如图 10.4.3.3 所示。

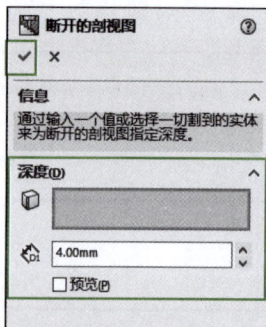

图 10.4.3.2　"断开的剖视图"属性管理器

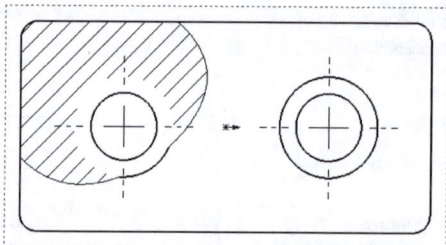

图 10.4.3.3　局部剖视图

10.4.4　旋转剖视图

旋转剖视图是完整的截面视图,生成旋转剖视图的剖切线,必须由两条连续的线段构成,并且这两条线段必须具有一定的夹角。

操作方法:创建旋转剖视图。

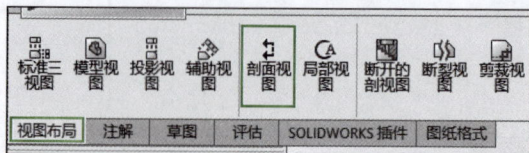

步骤一:打开配置文件【实例 10.4.4.SLDDRW】。

步骤二:在工具栏中选择【视图布局】→【剖面视图】命令,如图 10.4.4.1 所示。

微课
创建旋转剖视图

图 10.4.4.1　工具栏

步骤三:系统弹出"剖面视图辅助"属性管理器,选择【切割线】→【对齐】命令,选择圆心 1、圆心 2、圆心 3,系统弹出新的工具条,单击【√】按钮,如图 10.4.4.2 所示。

步骤四:系统出现预览,在视图右侧放置新视图,单击【√】按钮,完成操作,如图 10.4.4.3 所示。

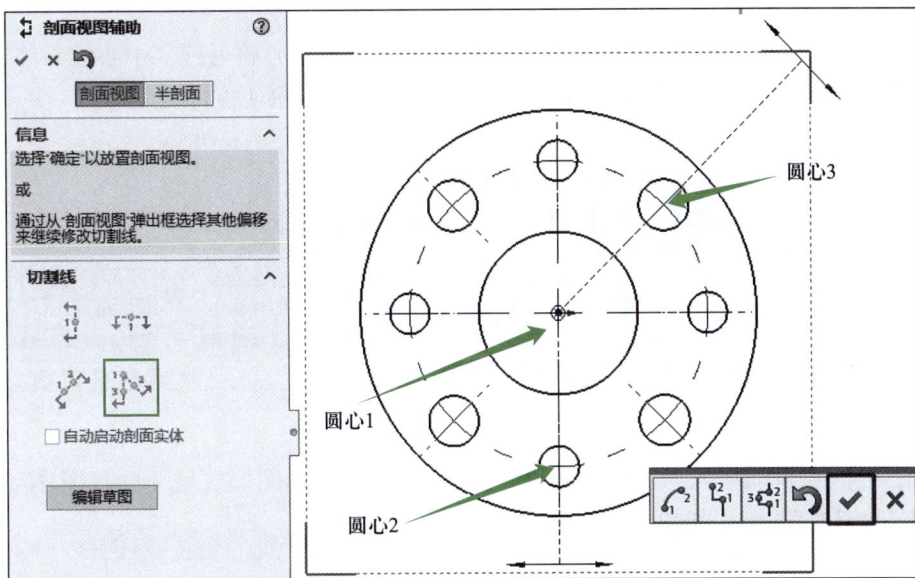

图 10.4.4.2 "剖面视图辅助"属性管理器

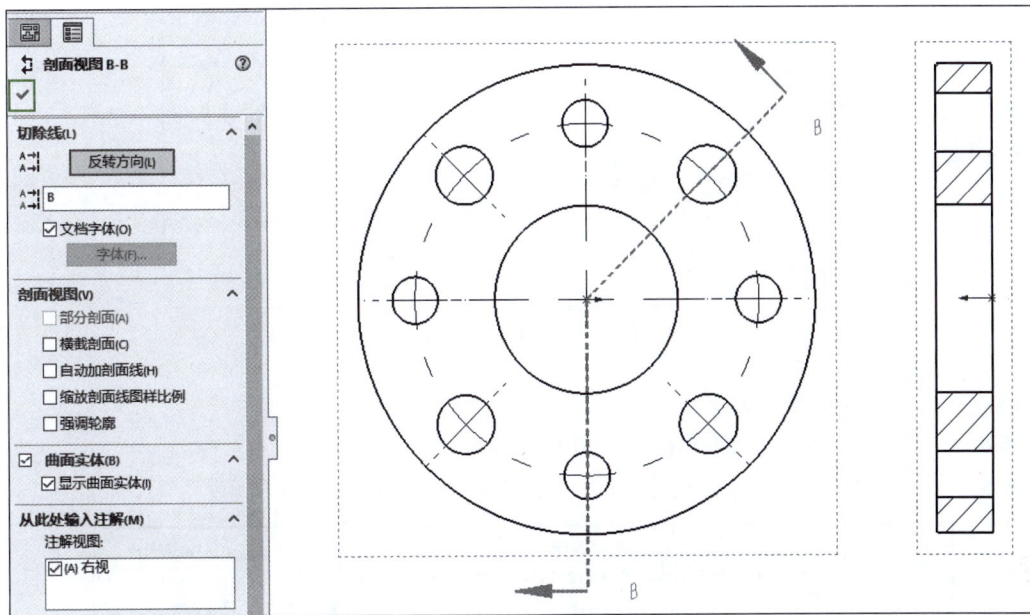

图 10.4.4.3 旋转剖视图

10.5　工程图的尺寸标注和技术要求

10.5.1　中心符号线和中心线

中心符号线是在圆形边线、槽口边线或草图实体上添加中心符号线。中心线是添加中心线到视图所选实体。中心符号线和中心线都可以通过自动和手动添加的。

创建中心符号线的操作步骤如下：

步骤一：打开配置文件【实例 10.5.1.1.SLDDRW】。

步骤二：在工具栏中选择【注解】→【中心符号线】命令，如图 10.5.1.1 所示。

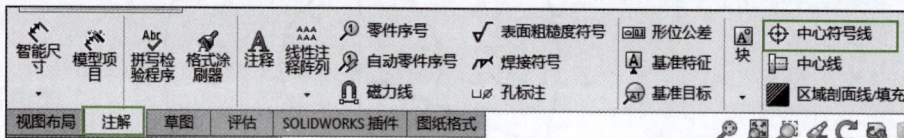

图 10.5.1.1　工具栏

步骤三：选中"自动插入"中的"对于所有孔"复选框，选择图形区域中的视图，生成中心符号线，单击【√】按钮，结果如图 10.5.1.2 所示。

微课
创建中心符号线
和中心线

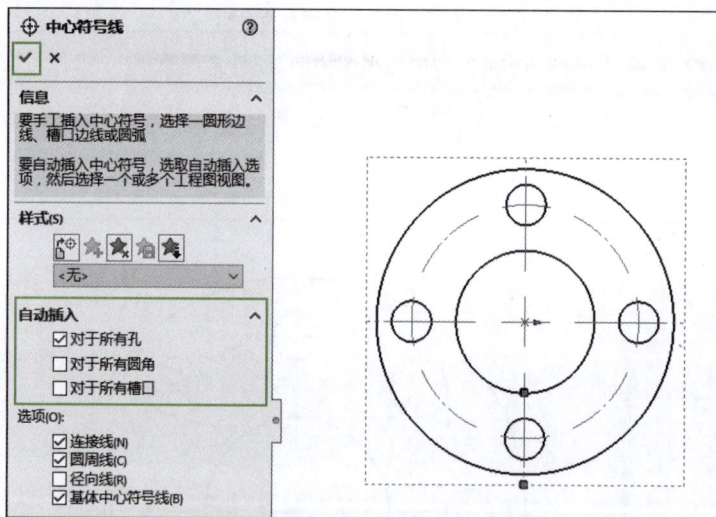

图 10.5.1.2　"中心符号线"属性管理器

创建中心线的操作步骤如下：

步骤一：打开配置文件【实例 10.5.1.2.SLDDRW】。

步骤二：在工具栏中选择【注解】→【中心线】命令，如图 10.5.1.3 所示。

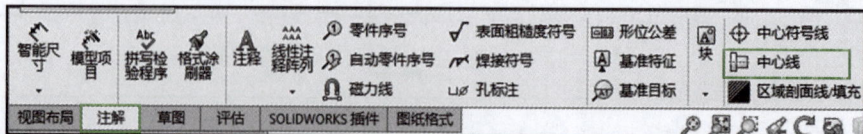

图 10.5.1.3　工具栏

步骤三：选中“自动插入”中的“选择视图”复选框，选择图形区域中的视图，生成中心线，单击【√】按钮，结果如图 10.5.1.4 所示。

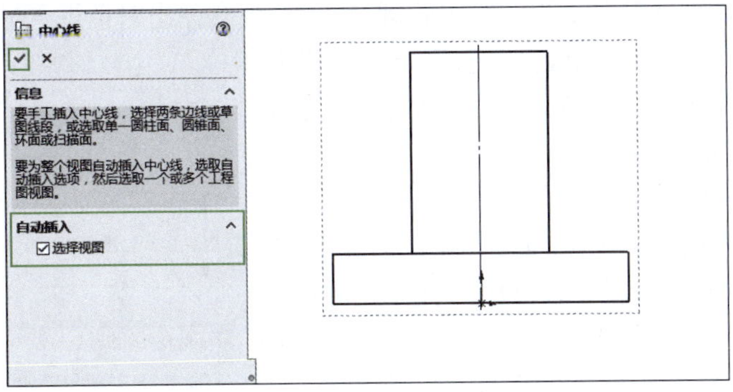

图 10.5.1.4　“中心线”属性管理器

10.5.2　插入模型项目

插入模型项目可以将模型文件(零件或装配体)中的尺寸、注解以及参考几何体插入到工程图中。

操作方法：创建插入模型项目。

步骤一：打开配置文件【实例 10.5.2.SLDDRW】。

步骤二：在工具栏中选择【注解】→【模型项目】命令，如图 10.5.2.1 所示。

微课
创建插入模型项目

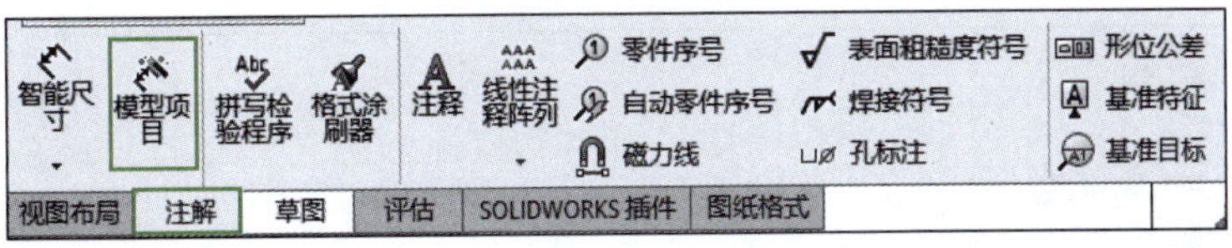

图 10.5.2.1　工具栏

步骤三：选择从尺寸、注解或参考几何体组框中插入模型项目的类型，然后为模型中的所有特征选择插入模型项目的工程图视图，完成操作，单击【√】按钮，如图 10.5.2.2 所示。

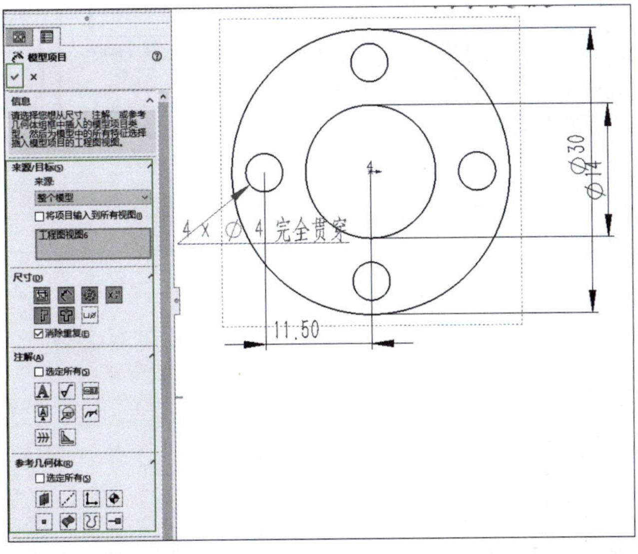

图 10.5.2.2　模型项目

10.5.3　从动尺寸

标注一个尺寸导致过定义草图的封闭轮廓草图,系统会弹出对话框,如图 10.5.3.1 所示。如果选择【将此尺寸设为从动】单选按钮,系统会把此尺寸设为从动尺寸;如果选择【保留此尺寸为驱动】单选按钮,将导致草图过定义。

当绘制上一个实体以生成封闭轮廓的草图时,可能与根据其他草图实体的几何关系冲突。在此情况下,上一个草图实体的尺寸会造成草图被过定义,冲突的尺寸变为从动尺寸。

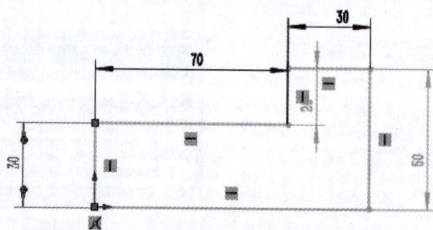

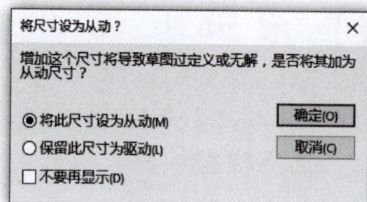

10.5.4　公差标注

在 SolidWorks 中,公差标注通过对尺寸对话框进行修改、编辑让公差显示出来。

添加公差标注的操作步骤如下:

步骤一:打开配置文件【实例 10.5.4.SLDDRW 】。

图 10.5.3.1　"将尺寸设为从动?"对话框

步骤二:双击 $\phi 30$ 尺寸,弹出"尺寸"属性管理器,选择"公差 / 精度"中的【对称】选项,将最大变量改为 0.10 mm,单击【√】按钮,完成公差标注,如图 10.5.4.1 所示。

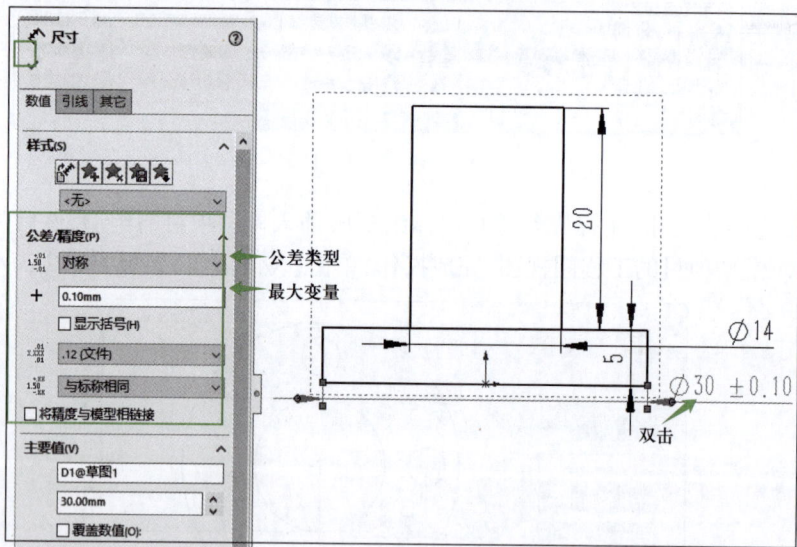

微课
创建公差标注

图 10.5.4.1　创建公差标注

10.6　工程图注解

10.6.1　注释

使用注释给工程图添加文字和标号。在文档中,注释可为自由浮动或固定,也可带有一条指向某项(面、边线或顶点)的引线而放置。注释可以包含简单的文字、符号、参数文字或超文本链接。引线可以是直线、折线或多转折引线。

操作方法:添加注释。

步骤一:打开配置文件【实例 10.6.1.SLDDRW 】。

步骤二:在工具栏中选择【注解】→【注释】命令,如图 10.6.1.1 所示。

图 10.6.1.1　工具栏

步骤三:系统弹出"注释"属性管理器,在图形区域合适位置处单击出现"格式化"工具条,添加相应注释,单击【√】按钮,完成操作,如图 10.6.1.2 所示。

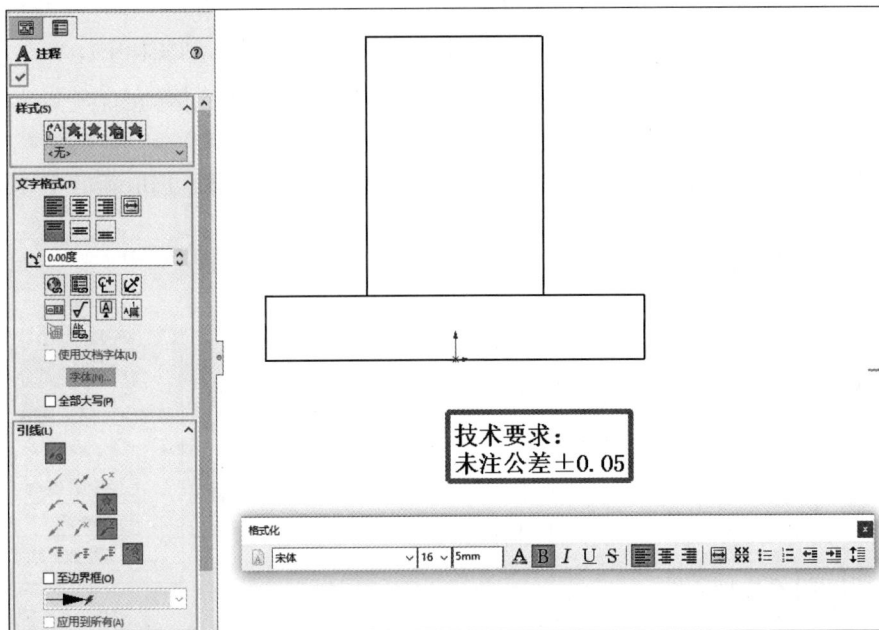

图 10.6.1.2　添加注释

下面说明"注释"属性管理器的内容。

1. 文字格式(图 10.6.1.3)

≣【左对齐】、≣【居中】、≣【右对齐】。

▦【套合文字】单击以压缩或扩展选定的文本。

⤺【角度】正的角度逆时针旋转注释。

⊛【插入超文本链接】给注释添加超文本链接,整个注释成为超文本链接。

⬚【链接到属性】允许从工程图中的任何模型访问工程图属性

图 10.6.1.3　"文字格式"栏

和零部件属性,以便添加到文本字符串。

ᴳᵗ【添加符号】访问符号库给文本添加符号。将指针放置在想使符号出现的注释文本框中,然后单击添加符号。

ᴺ【锁定 / 解除锁定注释】只在工程图中可用。将注释固定到位,当编辑注释时,可调整边界框,但不能移动注释本身。

▣▣【插入形位公差】在注释中插入形位公差符号。形位公差 PropertyManager 和“属性”对话框打开,用于定义符号。

√【插入表面粗糙度符号】在注释中插入表面粗糙度符号。表面粗糙度 PropertyManager 打开,用于定义符号。

ᴬ【插入基准特征】在注释中插入基准特征符号。基准特征 PropertyManager 打开,用于定义符号。

ᴬ㎄【添加区域】将区域信息插入到文字中。

㎄【标识注解库】在带标识注解库的工程图中,将标识注解插入到注释中。

ᴬᵇᶜ㎄【链接表格单元格】链接注释到任何材料明细表或孔表格单元格的内容。

【使用文档字体】使用在“文档属性 – 注释”中指定的字体。

【字体】当未使用文档字体时,单击字体以打开选择字体对话框。选取新的字体样式、大小及其他文本效果。

【全部大写】将注释文本设置为大写显示。

2. 引线(图 10.6.1.4)

/【引线】从注释生成到工程图的简单引线。

/【多转折引线】从注释生成到工程图的具有一个或多个折弯的引线。

Sˣ【样条曲线引线】从注释生成到工程图的样条曲线引线。要修改样条曲线引线,请选择注释并拖动控制顶点。

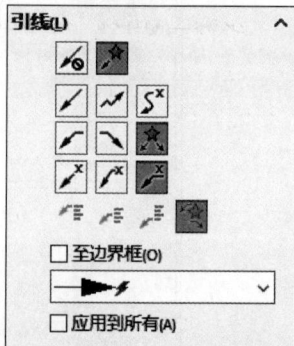

图 10.6.1.4　“引线”栏

/ꝑ【无引线】不生成引线。

★【自动引线】如果选取诸如模型或草图边线之类的实体则自动插入引线。

/【引线靠左】从注释的左侧开始。

↘【引线向右】从注释的右侧开始。

✕【引线最近】选择从注释的左侧或右侧开始,取决于哪一侧最近。

/ˣ【直引线】引线是一条直线。

/ˣ【弯引线】引线是一条折弯线。

/ˣ【下划线引线】引线是一条直线,但字体在线上与直线形成一条折弯线。

/Ⲡ【在上部附加引线】在多行注释中,附加引线到注释上端。

/Ⲡ【在中央附加引线】在多行注释中,附加引线到注释中央。

【在底部附加引线】在多行注释中,附加引线到注释底端。

【最近端附加引线】最近端附加引线。

【至边界框】选择以定位边界框而非注释内容的引线。与注释相关的引线根据边界框的尺寸而非义本垂直对齐。

【箭头样式】选择箭头样式。将根据视图标准应用适当的箭头。

【应用到所有】选择该选项将更改应用到所选注释的所有箭头。如果所选注释有多条引线,而自动引线未选中,可以为每个单独引线使用不同的箭头样式。

10.6.2　表面粗糙度

操作方法:添加表面粗糙度。

步骤一:打开配置文件【实例 10.6.2.SLDDRW】。

步骤二:在工具栏中选择【注解】→【表面粗糙度符号】命令,如图 10.6.2.1 所示。

图 10.6.2.1　工具栏

步骤三:出现"表面粗糙度"属性管理器,将"符号布局"中的"加工方法 / 代号"修改成"Ra 3.2",在合适的位置放置,单击【√】按钮,完成操作,结果如图 10.6.2.2 所示。

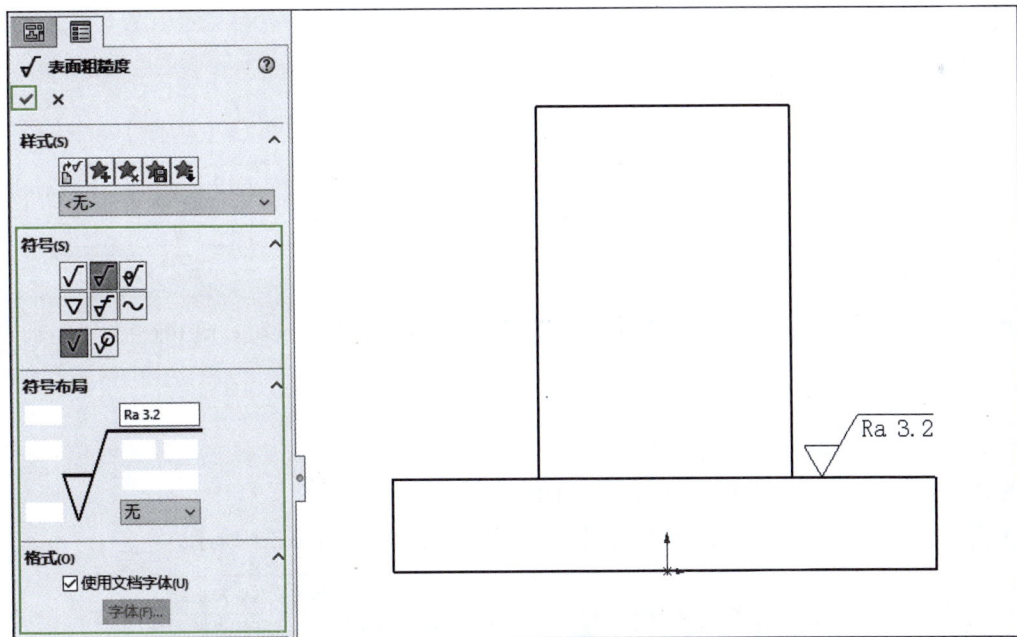

图 10.6.2.2　添加表面粗糙度

下面说明"表面粗糙度"属性管理器的内容(图 10.6.2.3~ 图 10.6.2.5):

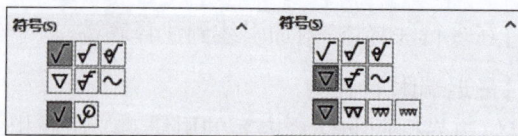

图 10.6.2.3　"符号"栏

✔【基本】、✔【要求切削加工】、✔【禁止切削加工】、✔【本地】、✔【全周】、▽【JIS 基本】、✔【需要 JIS 切削加工】、～【禁止 JIS 切削加工】。

如果选择 JIS 基本或需要 JIS 切削加工,则有数种曲面纹理可供使用:

▽【JIS 曲面纹理 1】、ⱲⱲ【JIS 曲面纹理 2】、ⱲⱲ【JIS 曲面纹理 3】、ⱲⱲⱲ【JIS 曲面纹理 4】。

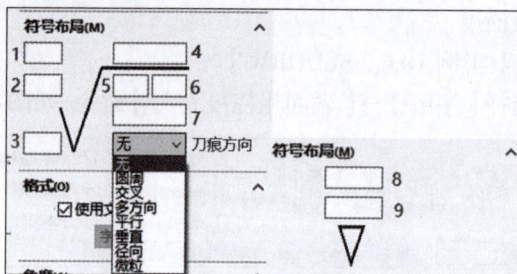

图 10.6.2.4　"符号布局"栏

1 为最大粗糙度、2 为最小粗糙度、3 为材料移除系数、4 为加工方法 / 代号、5 为抽样长度、6 为其他粗糙度值、7 为粗糙度间隔。

对于 JIS 符号:

8 为粗糙度 "Rz/Rmax"、9 为粗糙度 "Ra"。

刀痕方向:√c【圆形】、√x【交叉】、√M【多方向】、√=【平行】、√⊥【垂直】、√R【径向】、√P【微粒】。

【角度】为符号设定旋转的角度,正的角度逆时针旋转注释。
还可以设定下列旋转:

✔【竖立】、⌐【旋转 90°】、✔【垂直】、✔【垂直(反转)】。

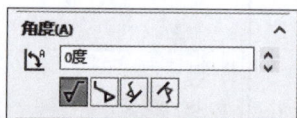

图 10.6.2.5　"角度"栏

10.6.3　基准特征

操作方法:创建基准特征。

步骤一:打开配置文件【实例 10.6.3.SLDDRW】。

步骤二:在工具栏中选择【注解】→【基准特征】命令,如图 10.6.3.1 所示。

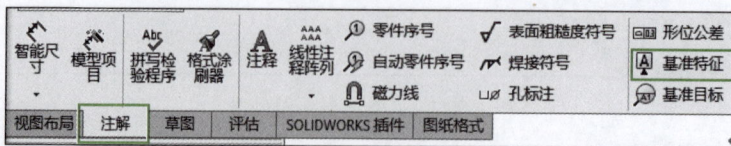

微课
创建基准特征

图 10.6.3.1　工具栏

步骤三：系统弹出"基准特征"属性管理器，在图形区域合适位置放置基准特征，单击【√】按钮，完成操作，结果如图 10.6.3.2 所示。

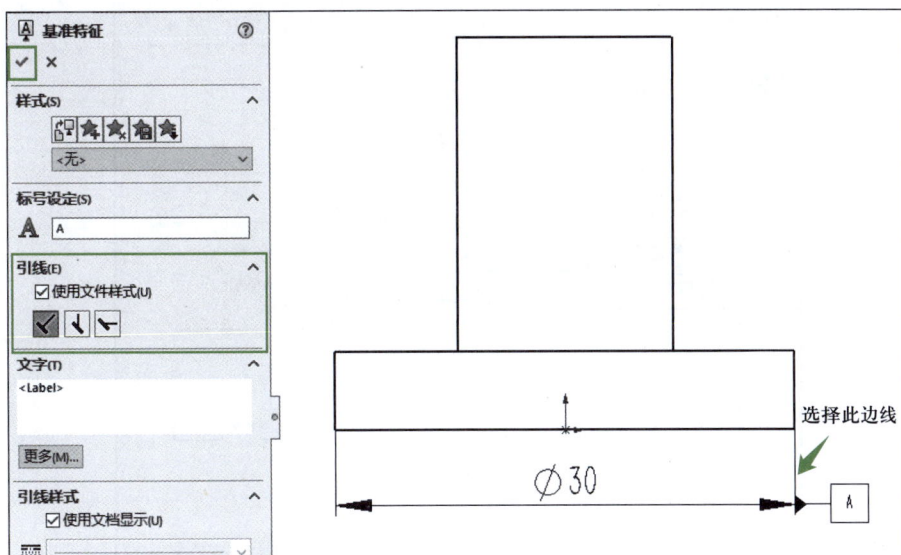

图 10.6.3.2 创建基准特征

下面说明"基准特征"属性管理器的内容（图 10.6.3.3）：

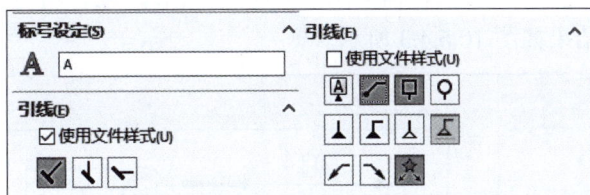

图 10.6.3.3 "标号设定"和"引线"区域

🔲【方形】、🔘【圆形】、🅰【无引线】、✔【垂直】、↘【竖直】、←【水平】、↗【引线】、⊥【实三角形】、⊥【带肩角的实三角形】、⊥【虚三角形】、⊥【带肩角的虚三角形】、↗【引线靠左】、↘【引线向右】、✕【引线最近】。

10.6.4 形位公差

操作方法：创建形位公差。

步骤一：打开配置文件【实例 10.6.4.SLDDRW】。

步骤二：在工具栏中选择【注解】→【形位公差】命令，如图 10.6.4.1 所示。

微课
创建形位公差

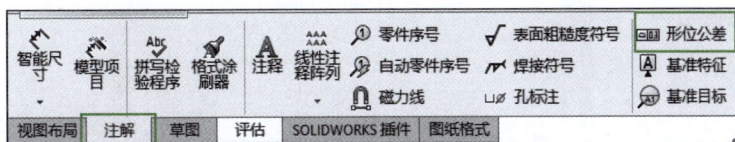

图 10.6.4.1 工具栏

步骤三：系统弹出"属性"对话框，修改对话框中的参数，结果如图 10.6.4.2 所示。

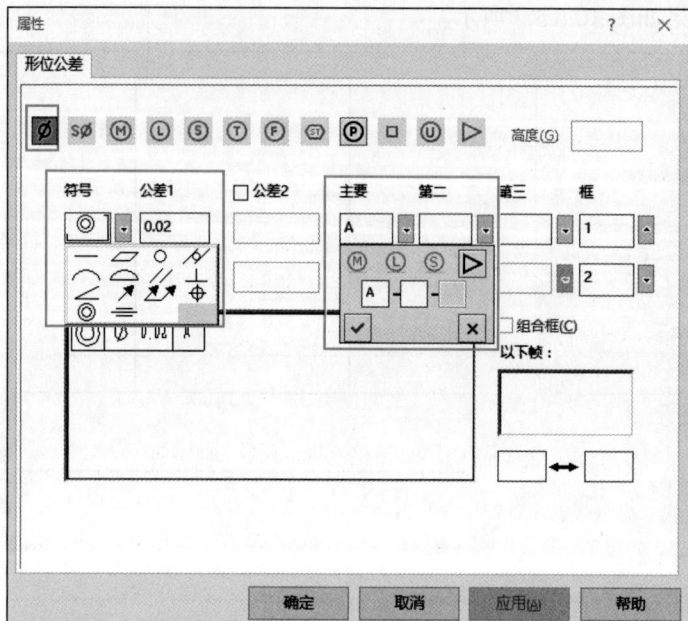

图 10.6.4.2　"属性"对话框

步骤四：修改"形位公差"属性管理器中的参数，在图形区域合适位置放置形位公差，单击【√】按钮，完成操作，结果如图 10.6.4.3 所示。

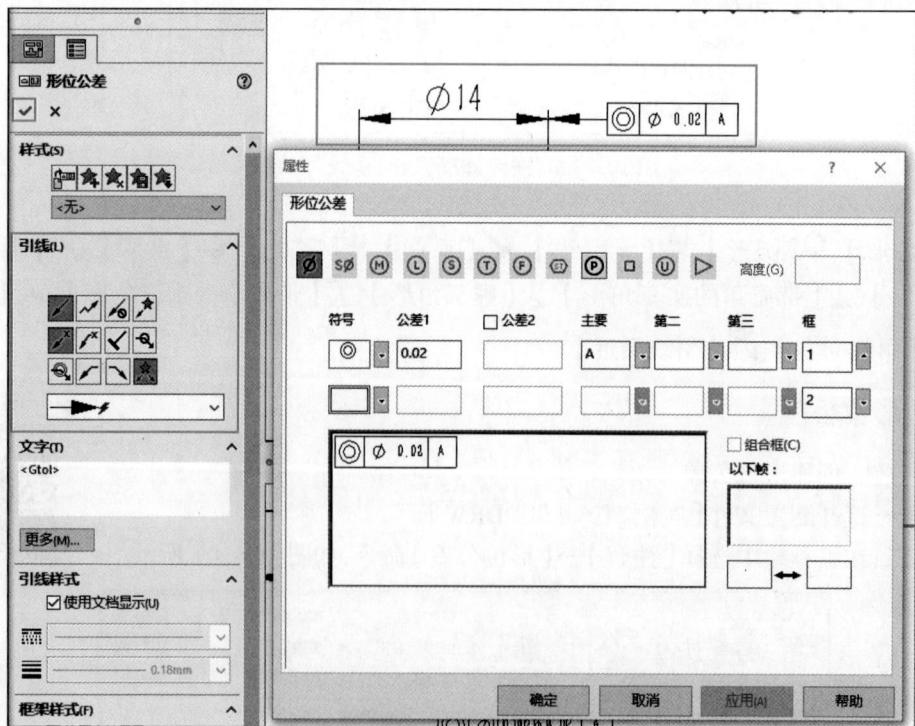

图 10.6.4.3　创建形位公差

10.6.5 孔标注

【孔标注】工具将从动直径尺寸添加到由【异型孔向导】或圆形切割特征所生成的孔。
操作方法:创建孔标注。
步骤一:打开配置文件【实例 10.6.5.SLDDRW】。
步骤二:在工具栏中选择【注解】→【孔标注】命令,如图 10.6.5.1 所示。

微课
创建孔标注

图 10.6.5.1 工具栏

    步骤三:在图形区域,选择一个圆,在合适的位置放置,生成孔标注,系统弹出"尺寸"属性管理器,单击【√】按钮,完成操作,如图 10.6.5.2 所示。

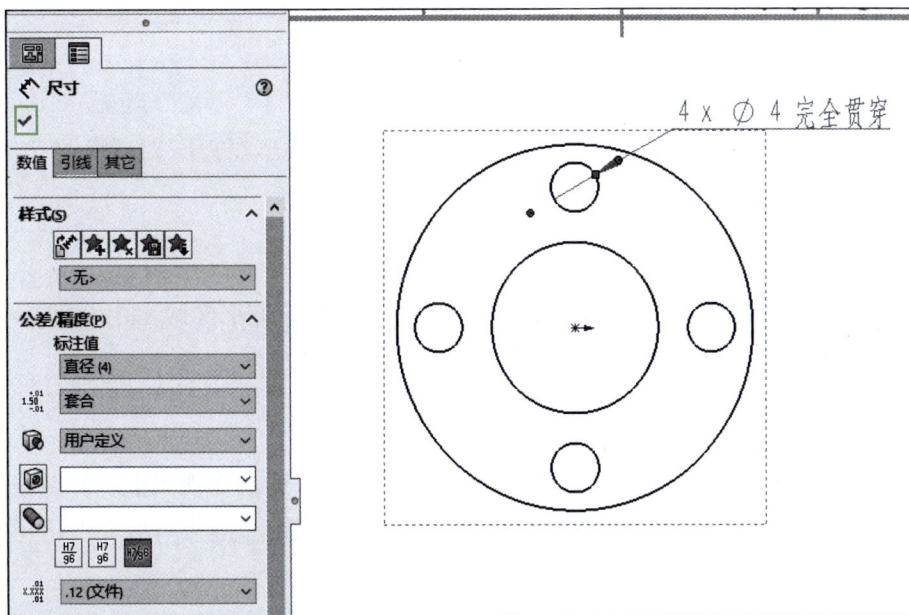

图 10.6.5.2 创建孔标注

10.7 工程图综合应用案例

    创建如图 10.7.0.1 所示的工程图。
1. 新建一个工程图文件
    步骤一:选择菜单栏中的【文件】→【新建】命令,系统弹出"新建 SolidWorks 文件"对话框,选择【工程图】,单击【确定】按钮。系统进入"工程图"工作环境,同时弹出"模型视图"对话框。

图 10.7.0.1　工程图综合应用案例

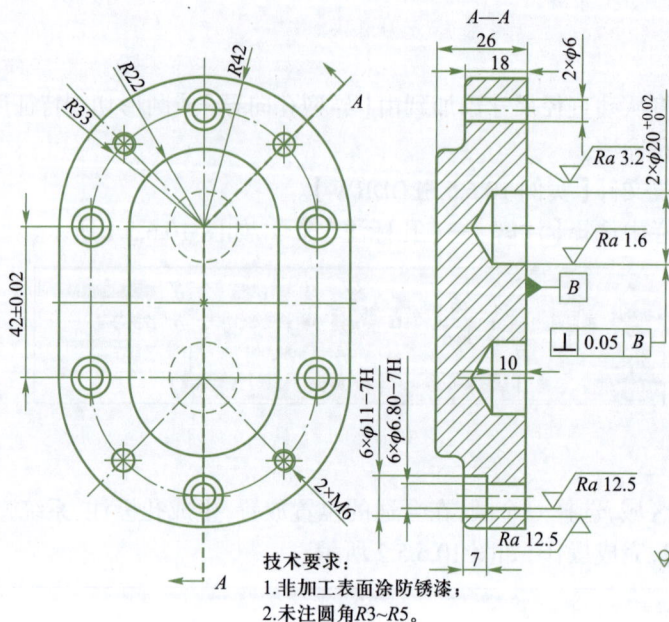

步骤二:单击"模型视图"对话框中的【浏览】按钮,系统弹出"打开"对话框,在该对话框中选择【案例 .SLDPRT】文件,单击【打开】按钮。

2. 创建视图布局

步骤一:将鼠标指针移动到图形区域,会出现主视图的预览,选择合适的位置放置生成的主视图,同时系统弹出"投影视图"属性管理器,将鼠标指针移动到图形区域,会出现投影视图的预览,选择在主视图下方放置一个投影视图,单击【√】按钮。

步骤二:定义图纸属性。将图纸属性比例修改为 1 ∶ 1,将图纸大小修改为 A3(GB),双击主视图,将投影视图的显示样式修改为【隐藏线可见】。

步骤三:创建"剖面视图",在工具栏中选择【视图布局】→【剖面视图】命令,系统弹出"剖面视图辅助"属性管理器,选择切割线类型为【对齐】,修改文字与箭头线形大小,如图 10.7.0.2 所示。

3. 添加注解

步骤一:添加"中心符号线"和"中心线"。在工具栏中选择【注解】→【中心符号线】或【中心线】命令,通过【中心符号线】和【中心线】命令添加中心线,如图 10.7.0.3 所示。

步骤二:添加尺寸标注。在工具栏中选择【注解】→【智能尺寸】命令,通过【智能尺寸】命令标注所需尺寸,如图 10.7.0.4 所示。

步骤三:添加尺寸公差和修改标注尺寸文字,选择需要标注尺寸公差的尺寸,系统弹出"尺寸"属性管理器,在属性管理器中进行修改,如图 10.7.0.5 所示。

步骤四:添加形位公差,在工具栏中选择【注解】→【形位公差】命令,通过【形位公差】命令在所需添加形位公差处进行添加,如图 10.7.0.6 所示。

步骤五:添加【基准特征】,在工具栏中选择【注解】→【基准特征】命令,通过【基准特征】

命令在所需添加基准特征处进行添加,如图 10.7.0.6 所示。

步骤六:添加【表面粗糙度符号】,在工具栏中选择【注解】→【表面粗糙度符号】命令,通过【表面粗糙度符号】命令添加表面粗糙度符号,如图 10.7.0.7 所示。

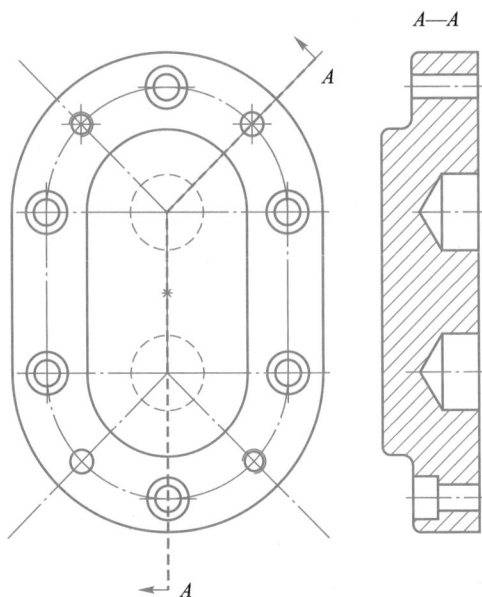
图 10.7.0.2 创建剖面视图

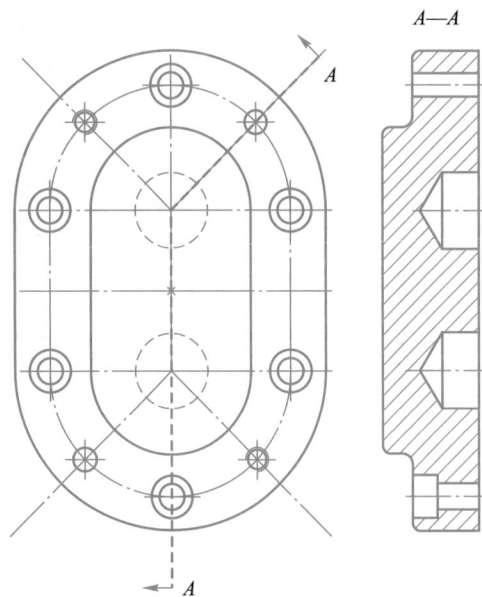
图 10.7.0.3 添加中心线

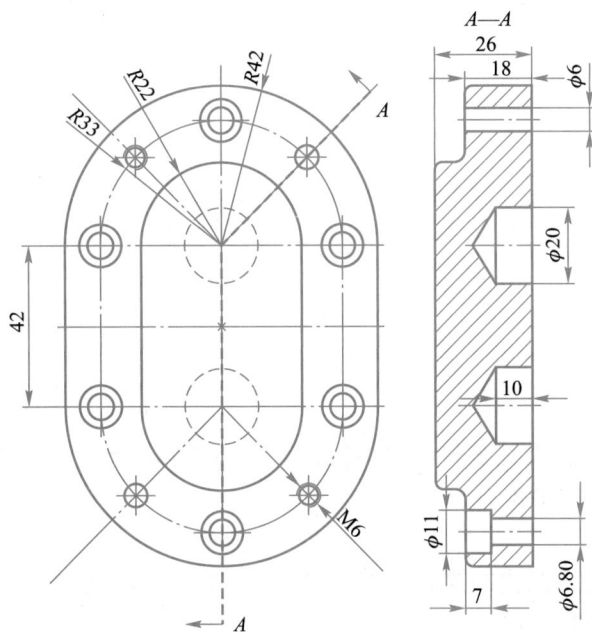
图 10.7.0.4 标注尺寸

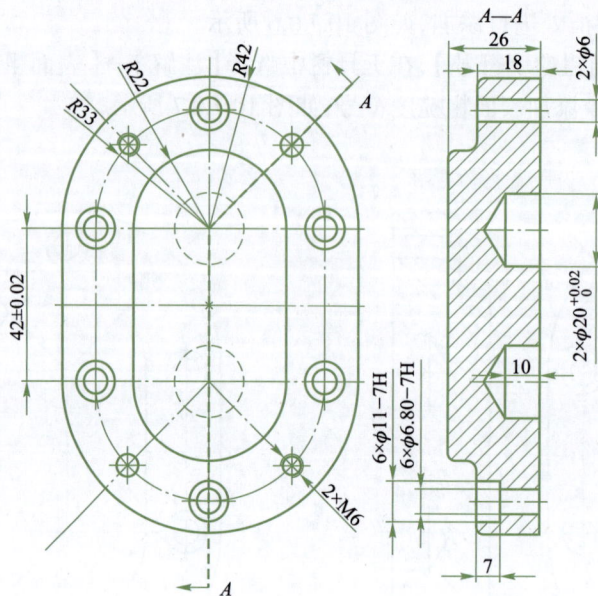

图 10.7.0.5　添加尺寸公差和修改标注尺寸文字

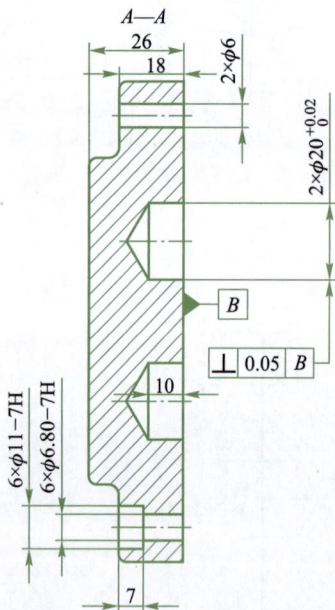

图 10.7.0.6　形位公差和基准特征

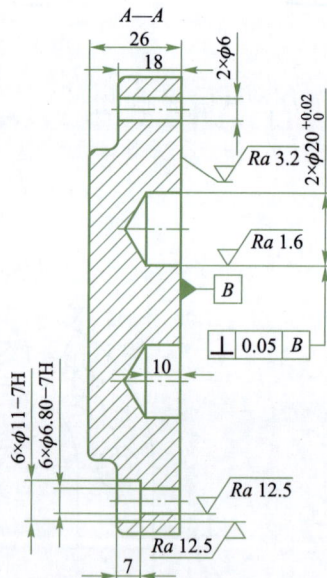

图 10.7.0.7　表面粗糙度符号

步骤七:添加【注解】,在任务栏中选择【注解】→【注释】命令,通过【注释】命令在图纸合适位置添加注释,如图 10.7.0.8 所示。

4. 保存文件

步骤一:调整视图在图纸内的摆放位置,调整尺寸、形位公差、基准特征、注释在图纸内的位置,如图 10.7.0.9 所示。

步骤二:选择【文件】→【另存为】命令,系统弹出"另存为"对话框,将文件命名为"案例 10.7",单击【保存】按钮保存。

技术要求:
1.非加工表面涂防锈漆;
2.未注圆角R3~R5。

图 10.7.0.8　注释

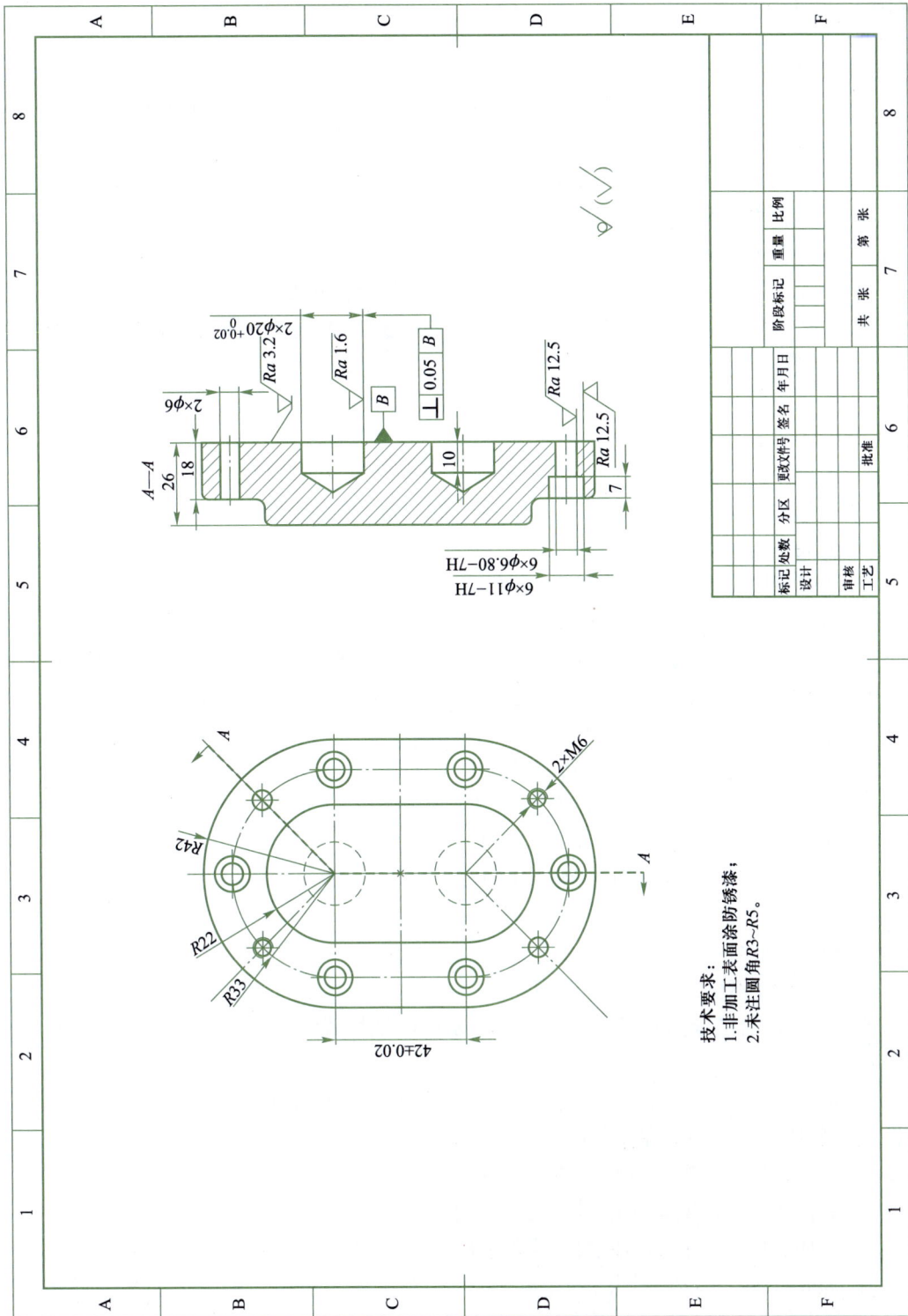

图 10.7.0.9 工程图案例

技术要求：
1.非加工表面涂防锈漆；
2.未注圆角R3~R5。

10.8　课后练习

一、选择题

1. 在工程图中,常常要用到符合标准的图纸格式,(   )来编辑图纸模板。

A. 直接在现有的图纸上画边框

B. 进入【编辑图纸格式】中定制边框

C. 直接利用原来在二维软件中的标准格式

2. 在 SolidWorks 工程图中,是否可以定制图层?(   )

A. 可以   B. 不可以   C. 不知道

3. 在某个图纸文件中,由于要表达的视图信息很多,而图纸的图幅又是固定的,下面哪种处理方法最不可取。(   )

A. 把视图摆放得挤一点

B. 把视图的比例定义小一点

C. 在文件中添加一张新图纸

4. 要快速生成一个零件的标准三视图,在 SolidWorks 中采用的方法是(   )。

A. 生成定向视图,再投影

B. 选中零件的名称,拖到图纸区城内

C. 用线条画出各个视图的轮廓线

5. 在工程图中,可以通过插入模型项目以把零件的所有特征尺寸插入到视图中,然后调整这些尺寸的摆放,得到满意的效果。如何将一个尺寸从一个视图转移到另外一个视图上(尺寸在该视图上能够显示出来)?(   )

A. 鼠标左键选中后直接拖到新的视图中

B. 鼠标左键选中后,按下 Ctrl 键,拖到新的视图中

C. 鼠标左键选中后,按下 Shift 键,拖到新的视图中

6. 在工程图中,将一个视图的比例改小为原来的一半,该视图上的尺寸数值会(   )。

A. 不变

B. 变为原来的一半

C. 有些尺寸不变,有些尺寸会变小

7. SolidWorks 的工程图除了可以保存为本身的图纸格式和 DWG 格式的文件外,能不能保存成 JPG 格式的图片?(   )

A. 能   B. 不能   C. 不知道

8. 怎样解除视图间的对齐关系?(   )

A. 单击视图,在该视图属性中修改对齐关系

B. 在下拉菜单中选择【插入】→【工程视图】命令

C. 在视图中右击,在弹出的快捷菜单中选择【视图对齐】命令

9. 在 SolidWorks 中画剖视图的方法是(   )。

A. 利用【剖面视图功能】,选取一点作为剖面位置,自动生成剖面视图

B. 选择视图,投影到另一位置,选择【生成剖面视图】

C. 右键选择视图,在属性中选择【生成剖视图】,再选择一个方向

10. 当在选项中将单位从"毫米"改为"英寸"后,图纸上的尺寸数值会不会发生变化?
(　　　)

    A. 会　　　　　　　　　　B. 不会　　　　　　　　　C. 不知道

11. 在使用【断裂视图】命令的过程中,下列哪种草图不会产生断裂视图?(　　　)

    A. 一笔画成的封闭样条曲线

    B. 两笔画成的封闭样条曲线

    C. 矩形草图方框

12. 识别工程视图图标 (　　　)。

    A. 辅助视图　　　　　　B. 模型视图　　　　　　C. 投影视图

13. 识别工程视图图标 (　　　)。

    A. 局部视图　　　　　　B. 断裂视图　　　　　　C. 断开的剖视图

14. SolidWorks 可以给一个装配体生成交替位置视图,表示出零部件在不同位置时的状态。
在生成新的位置视图时,轮廓线默认的线形是(　　　)。

    A. 实线　　　　　　　　B. 中心线　　　　　　　C. 双点画线

15. 在 SolidWorks 工程图中,可以直接使用【尺寸标注】,此尺寸与【插入模型项目】中的尺
寸有什么区别?(　　　)

    A. 直接标注的尺寸总有括号,去不掉

    B. 直接标注的尺寸不能修改数值

    C. 没有什么区别

16. 在特征尺寸中,怎样给尺寸标注公差?(　　　)

    A. 右击尺寸,在弹出的快捷菜单中选择【标注公差】命令

    B. 单击选择尺寸,在其属性中选择公差标注的类型

    C. 双击尺寸,在数值栏中输入公差

17. 将一个直径尺寸修改成半径表示,下列做法不正确的是(　　　)。

    A. 右击尺寸,在"属性"对话框中取消选中"显示为直径尺寸"复选框

    B. 右击尺寸,在"显示选项"中选择【显示成半径】

    C. 右击尺寸,在弹出的快捷菜单中选择【显示成半径】命令

18. 用【修改草图】可以轻易地移动和旋转复杂的草图,它属于(　　　)命令。

    A. 标准工具　　　　　　B. 草图绘制工具　　　　C. 草图绘制

19. 在工程图中生成剖面视图,但发现视图中有隐藏线可见。如将隐藏线隐藏,下列做法正
确的是(　　　)。

    A. 选择该视图,然后在"显示样式"区域选择消除隐藏线

    B. 选择"视图"中的"隐藏显示注解"

    C. 右击视图,在弹出的快捷菜单中选择【重设草图显示状态】命令

    D. 以上说法都不正确

20. 在工程图中,控制装配的零部件不被生成剖面线,必须编辑(　　　)。

    A. 剖面线属性　　　　　B. 剖面范围　　　　　　C. 剖面视图属性　　　　D. 特征范围

21. 如图 10.8.0.1 所示尺寸标注中,使用(   )命令实现。

　　A. 智能尺寸　　　　　　　　　B. 基准尺寸

　　C. 尺寸链　　　　　　　　　　D. 共线 / 径向对齐

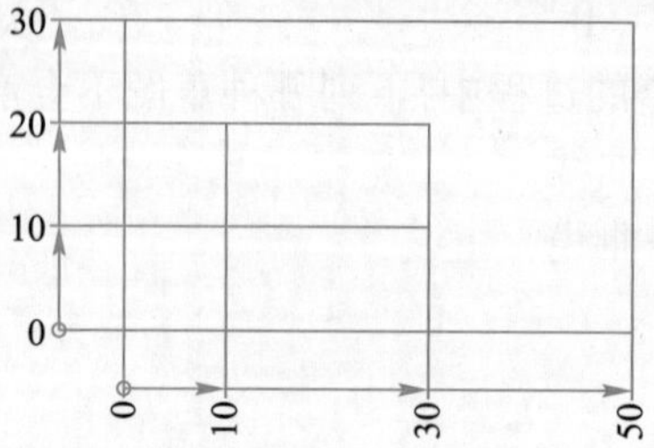

图 10.8.0.1　习题

22. 在图样中标注锥度时,其锥度符号应配置在(   )。

　　A. 基准线上　　　　　　　　　B. 指引线上

　　C. 轴线上　　　　　　　　　　D. A、B 选项均可

23. 选择视图中的封闭样条曲线,采用(   )命令会产生如图 10.8.0.2 右侧视图所示的效果(即原视图中只保留样条曲线内部的视图)。

　　A. 剪裁视图　　　　　　　　　B. 局部视图

　　C. 断开的剖视图　　　　　　　D. 断裂视图

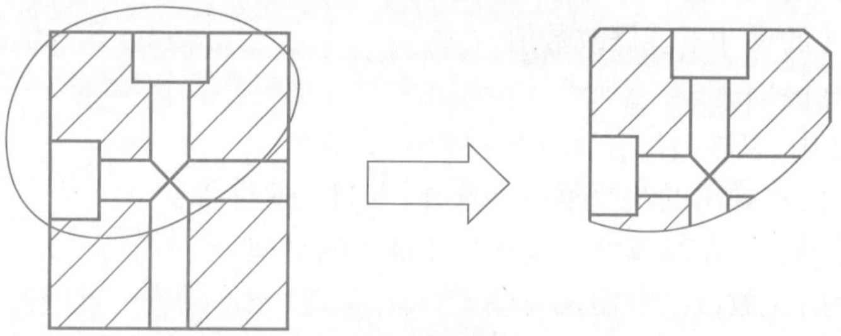

图 10.8.0.2　习题

24. 如图 10.8.0.3 所示左侧视图中绘制一条封闭的样条曲线,选择该样条曲线,采用(   )命令生成右侧所示的视图。

　　A. 投影视图　　　　　　　　　B. 剖面视图

　　C. 断开的剖视图　　　　　　　D. 局部剖视图

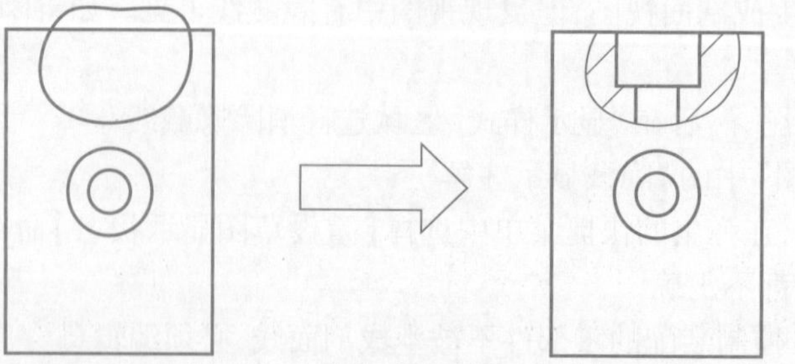

图 10.8.0.3　习题

25. 如图 10.8.0.4 所示左侧视图中,采用(　　　)命令产生右侧图所示的效果。
    A. 投影视图
    B. 剖面视图
    C. 断开的剖视图
    D. 局部视图

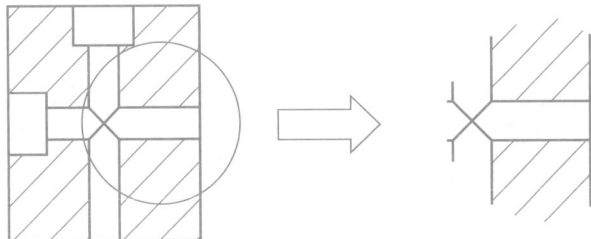

图 10.8.0.4　习题

26. 如图 10.8.0.5 所示,按所给定的主、俯视图,下列(　　　)图形为该形体的左视图。

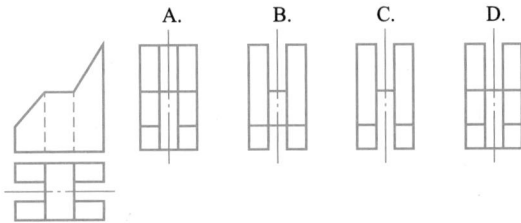

图 10.8.0.5　习题

27. 如图 10.8.0.6 所示,视图的显示方式从左图变成右图,应使用什么操作? (　　　)
    A. 右击视图,在弹出的快捷菜单中选择【切边】→【切边可见】命令
    B. 右击视图,在弹出的快捷菜单中选择【切边】→【切边不可见】命令
    C. 右击视图,在弹出的快捷菜单中选择【切边】→【带线型显示切边】命令
    D. 右击视图,在弹出的快捷菜单中选择【切边】→【隐藏切边】命令

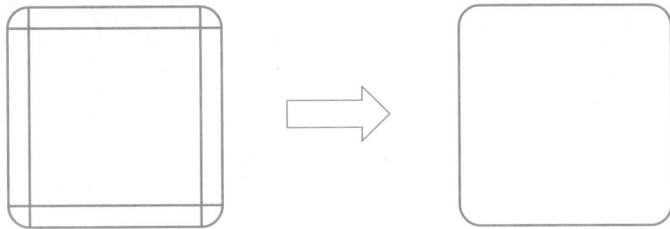

图 10.8.0.6　习题

二、判断题

1. 在工程图中,视图比例的改变会影响该视图上的尺寸数值。(　　　)
2. 在工程图中,快速将一个尺寸从一个视图移动到另外一个视图的方法是选中尺寸后,按住 Shift 键,拖到新的视图中。(　　　)

3. 用第一角、第三角画法画出的技术图样,一般均属于多面正投影图。(　　)

4. 剖视图的剖面区域中可再作一次局部的剖切,采用这种表达方法时,两个剖面区城的剖面线方向应错开,但间隔应相等。(　　)

5. 凡是比一般公差大的公差,图形中均无须注出公差。(　　)

6. 为利用预先印制的图纸及便于布置图形,允许将 A3 幅面图纸的短边水平放置,但应使标题栏位于图纸的左下角。(　　)

7. 当用局部视图表示机件上某部分的结构时,无论该结构是否对称,均可将局部视图配置在相应视图中的该结构附近,并用细点画线连接两图,且无须另行标注。(　　)

8. 在一个 SolidWorks 工程图文件中,能够包含多张图纸,从而可以使多个零件、装配的工程图都在一个工程图文件中。(　　)

三、制作工程图

1. 打开配置文件【习题 1.SLDPRT】,创建图 10.8.0.7 所示的工程图视图。

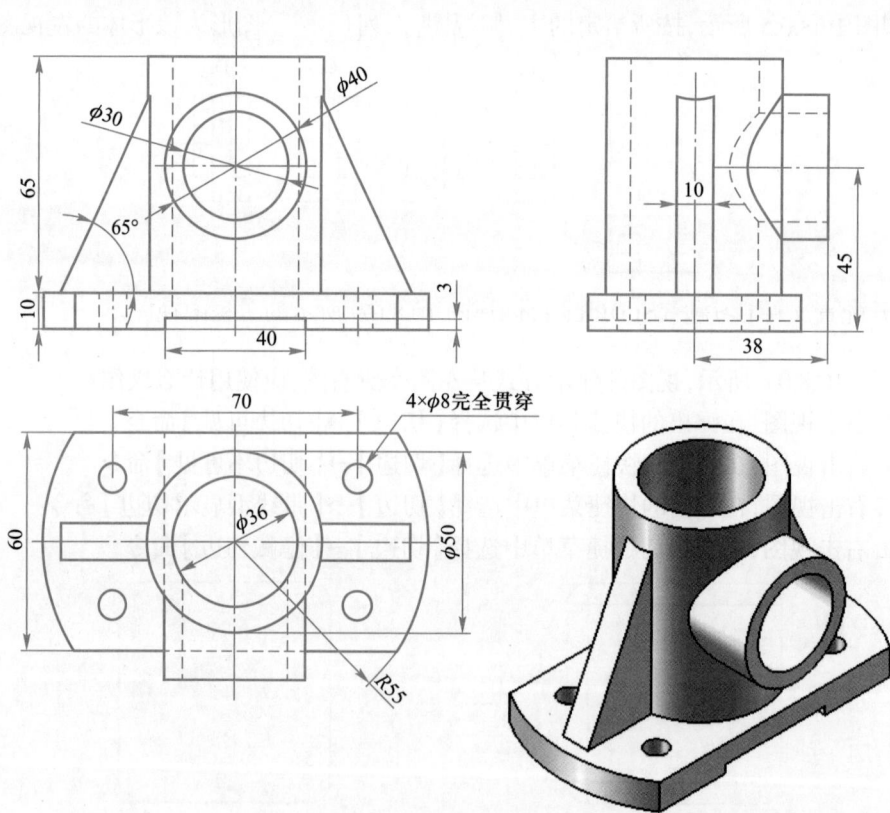

图 10.8.0.7　习题

2. 打开配置文件【习题 2.SLDPRT】,创建图 10.8.0.8 所示的工程图视图。

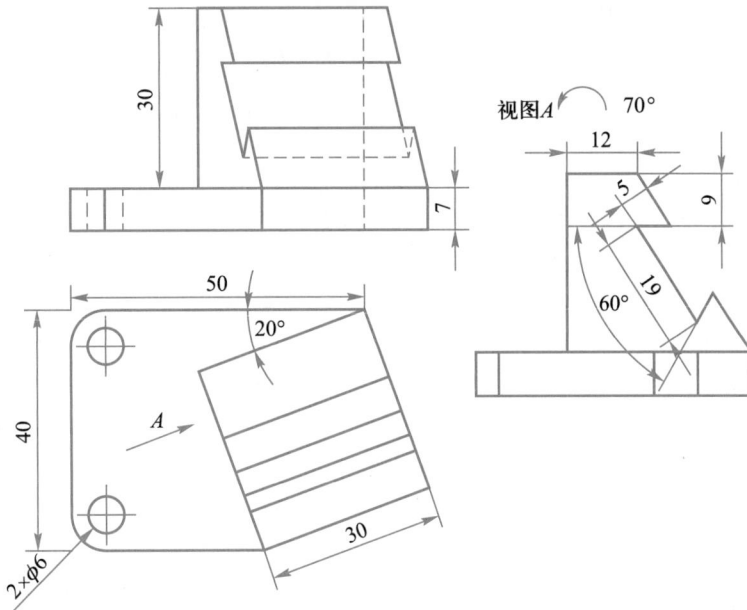

图 10.8.0.8 习题

3. 打开配置文件【习题 3.SLDPRT】,创建图 10.8.0.9 所示的工程图视图。

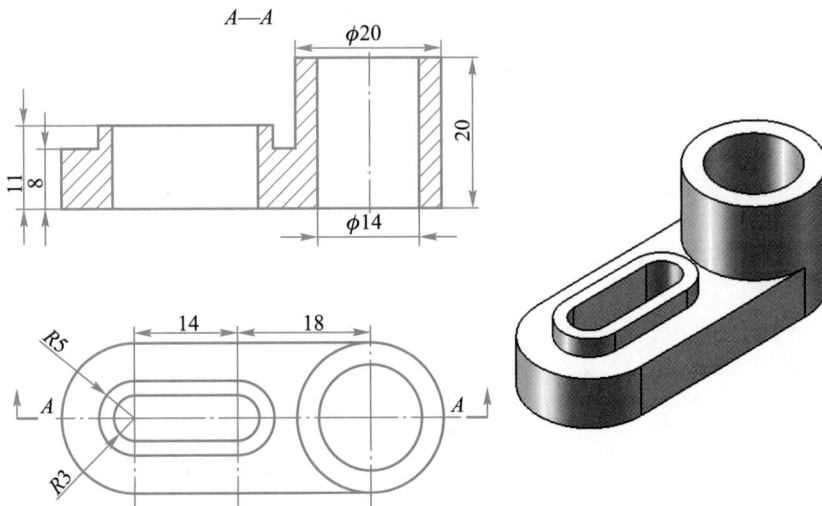

图 10.8.0.9 习题

4. 打开配置文件【习题 4.SLDPRT】，创建图 10.8.0.10 所示的工程图视图。

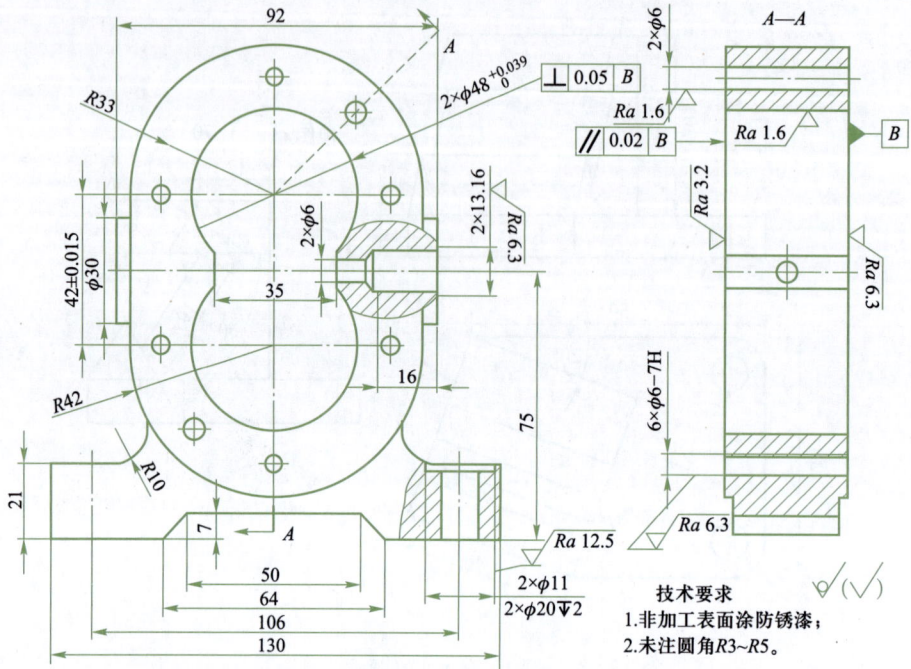

图 10.8.0.10　习题

5. 打开配置文件【习题 5.SLDPRT】，创建图 10.8.0.11 所示的工程图视图。

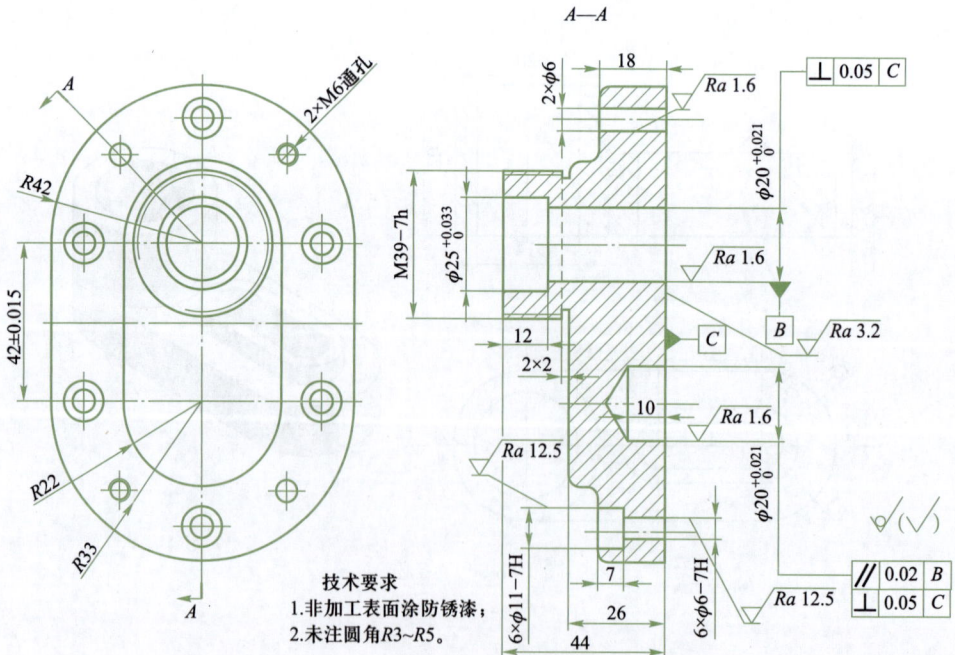

图 10.8.0.11　习题

6. 打开配置文件【习题 6.SLDPRT】，创建图 10.8.0.12 所示的工程图视图。

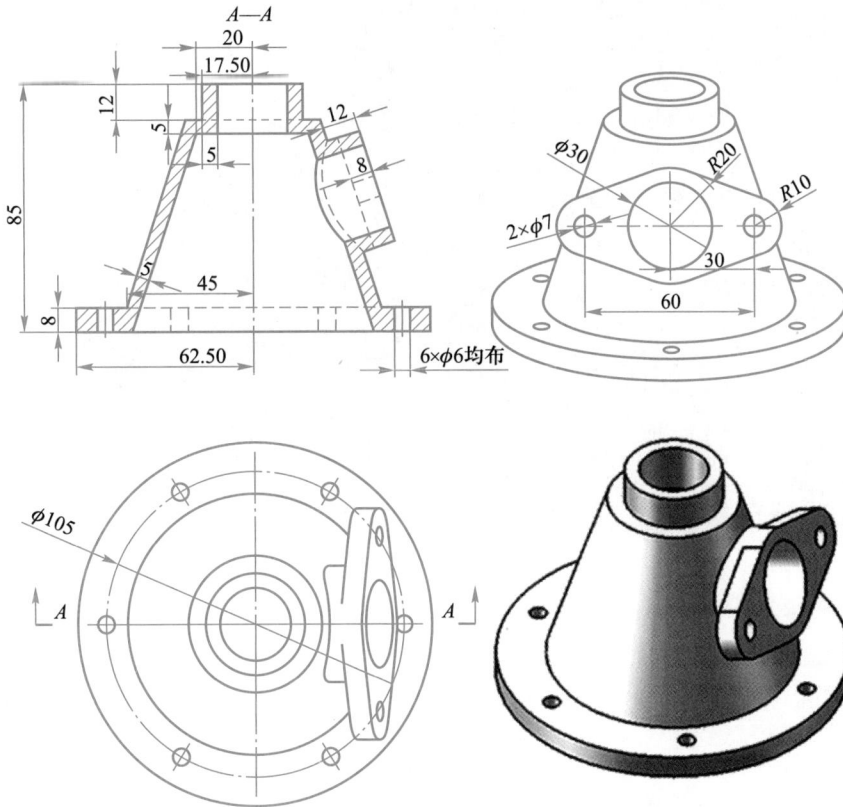

图 10.8.0.12 习题

第十一章 装配特征

本章提要:

　　一个产品往往由多个零件组合(装配)在一起,SolidWorks 中零件的组合是在装配模块中完成的。当生成新零件时,可以直接参考其他零件并保持这种参考关系。在装配环境中,可以方便地设计和修改零部件,使 SolidWorks 的性能得到极大地提高。通过本章的学习,可以了解产品装配的一般过程,掌握一些基本的装配技能。

内容要点:

- 装配体基本操作
- 装配配合的编辑定义
- 零件的复制、阵列和镜像
- 装配爆炸视图的创建

11.1   装配体基本操作

创建由许多零部件所组成的复杂装配体,这些零部件可以是零件或其他装配体,称为子装配体。对于大多数的操作,两种零部件的行为方式是相同的。添加零部件到装配体,在装配体和零部件之间生成一链接。当 SolidWorks 打开装配体时,将查找零部件文件以在装配体中显示。零部件中的更改自动反映在装配体中。装配体文件名称的扩展名为 .sldasm。

11.1.1   零部件插入

插入零部件的基本步骤:

步骤一:选择菜单栏中【文件】→【新建】命令,弹出"新建 SolidWorks 文件"对话框,如图 11.1.1.1 所示。

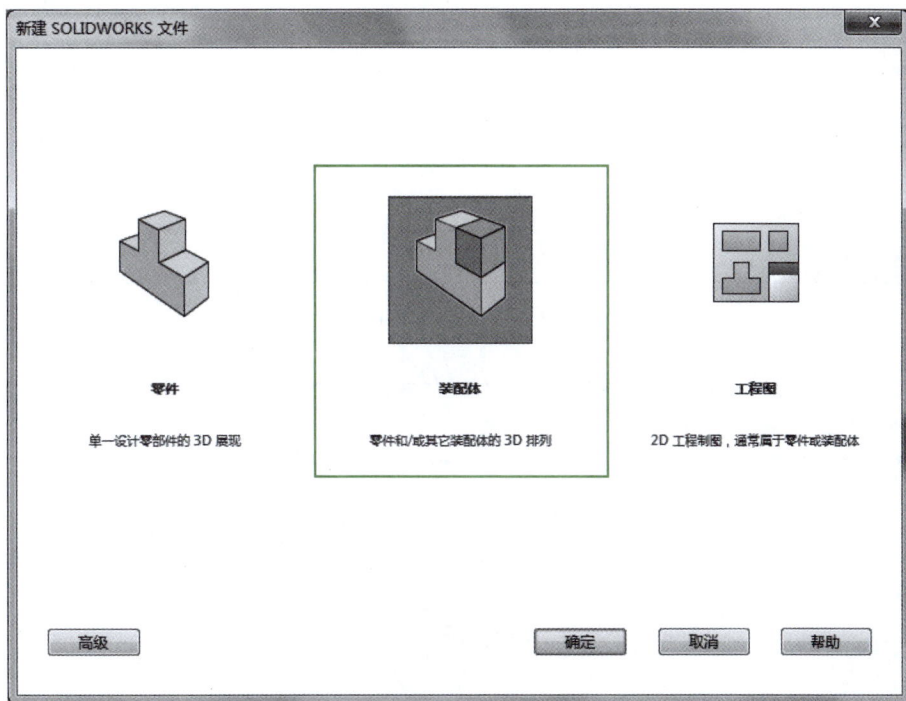

图 11.1.1.1   "新建 SolidWorks 文件"对话框

步骤二:单击【装配体】图标,单击【确定】按钮,进入装配体制作界面。

步骤三:在"装配体"属性管理器中,单击【插入零部件】选项卡中的【浏览】按钮,弹出装配体制作界面,如图 11.1.1.2 所示。

步骤四:选择一个零件作为装配体的基准零件,单击【打开】按钮,在视图区合适位置单击放置零件,调整视图【等轴测】,即可得到导入零件后的界面,如图 11.1.1.3 所示。

步骤五:放置第二个零件,将一个零部件(单个零件或子装配体)放入此装配体中,文件会与装配体链接,模型在装配体中,文件数据依然保存在原零部件文件中。

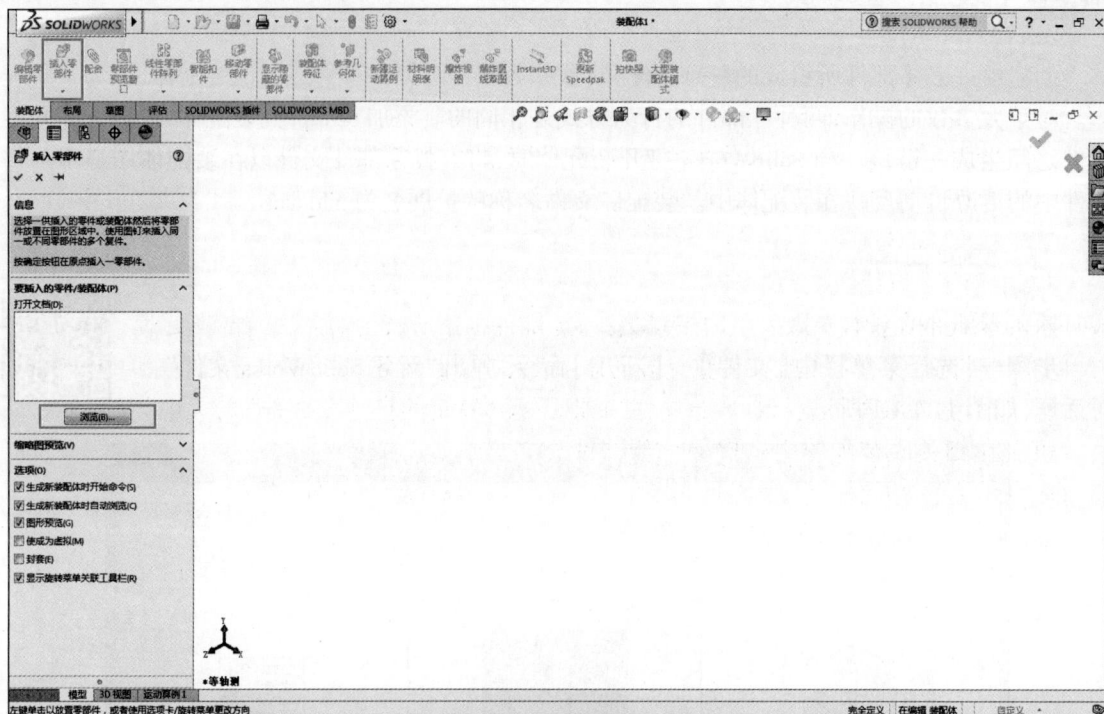

图 11.1.1.2　装配体制作界面

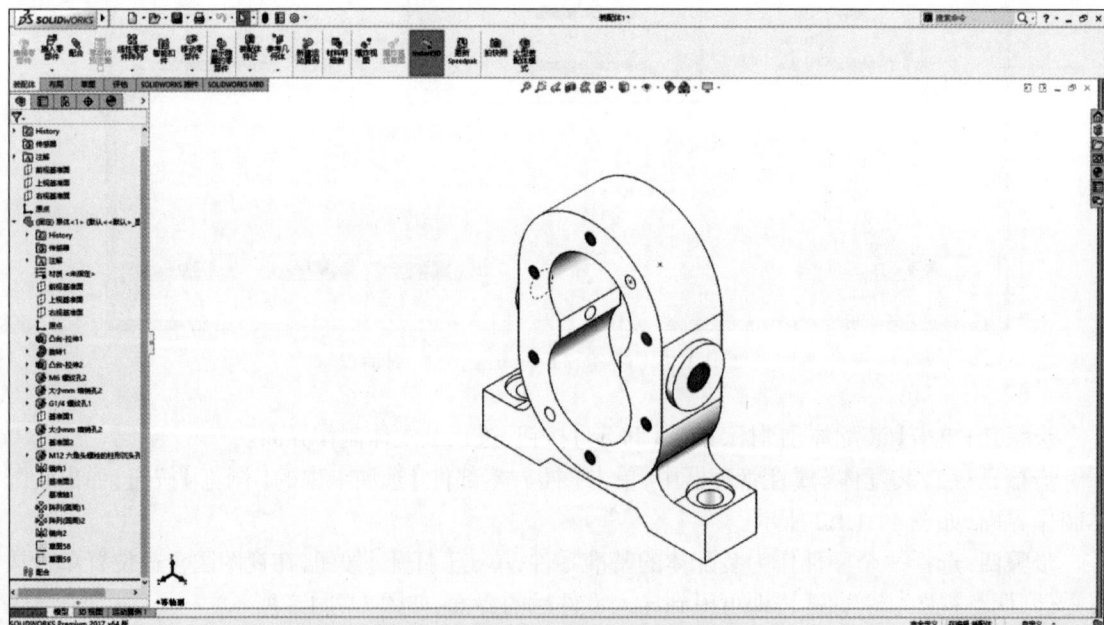

图 11.1.1.3　导入零件后的界面

11.1.2 建立装配体的方法

（1）自下而上的方法

"自下而上"设计法是比较传统的方法。先设计并造型零部件，然后插入到装配体中，使用配合定位零部件。如果需要更改零部件，必须单独编辑零部件，更改可以反映在装配体中。

对于先前制造、现售的零部件或标准零部件而言，属于优先技术。这些零部件不根据设计的改变而更改其形状和大小，除非选择不同的零部件。本书中的装配文件都采用自下而上设计法。

（2）自上而下的方法

"自上而下"设计法中，零部件的形状、大小及位置可以在装配体中进行设计。"自上而下"设计法的优点是在设计更改发生时变动更少，零部件根据所产生的方法而自我更新。可以在零部件的某些特征、完整零部件或者整个装配体中使用"自上而下"设计法。通常在实践中使用"自上而下"设计法对装配体进行整体布局，并捕捉装配体特定的自定义零部件的关键环节。

可以在相关联装配体中生成一个新部件，也可以在相关联装配体中生成新的子装配体。

装配体中生成零部件的操作步骤如下：

步骤一：新创建一个装配体文件。

步骤二：选择菜单栏中的【插入】→【零部件】→【新零件】命令，如图 11.1.2.1 所示。在关联装配体中选择一个对象，在设计树中添加一个新零件，如图 11.1.2.2 所示。

步骤三：在设计树新建零件上右击，弹出如图 11.1.2.3 所示的快捷菜单，选择【编辑】命令，进入零件编辑模式。

图 11.1.2.1　插入新零件

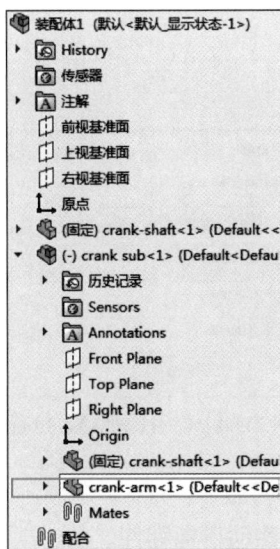

步骤四：零件绘制完成后，单击右上角 按钮，返回至装配环境。

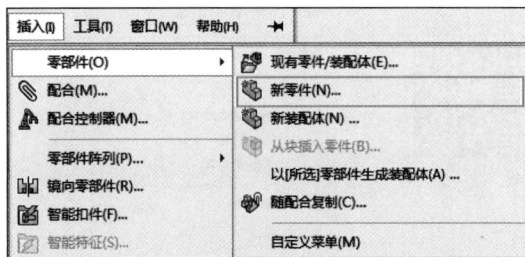

图 11.1.2.2　设计树

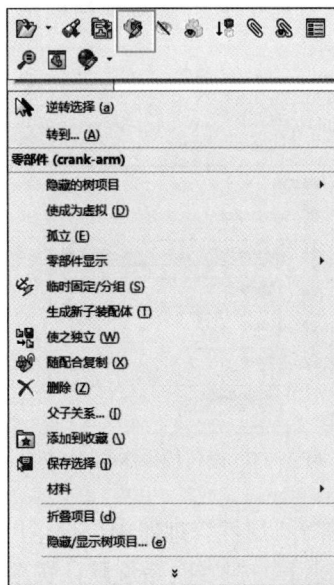

图 11.1.2.3　进入零件编辑模式

11.1.3　零部件的移动

在放置第二个零件时,可能与第一个组件重合,或者其方向和方位不便于进行装配放置,解决方法如下:

单击【装配体】工具栏中的【移动零部件】按钮,或选择【工具】→【零部件】→【移动】命令,系统弹出"移动零部件"属性管理器,如图11.1.3.1所示。

"移动零部件"属性管理器中"移动类型"下拉列表中提供了以下5种移动方式,如图11.1.3.2所示,具体说明如下:

【自由拖动】选项:选中目标零件移动鼠标指针,零件将随鼠标指针移动。

【沿装配体XYZ】选项:目标零件沿装配体的 X 轴、Y 轴或 Z 轴移动。

【沿实体】选项:目标零件沿所选中元素进行移动。

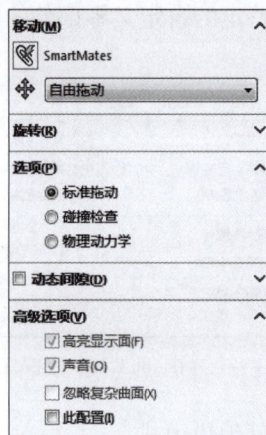

图11.1.3.1　"移动零部件"属性管理器

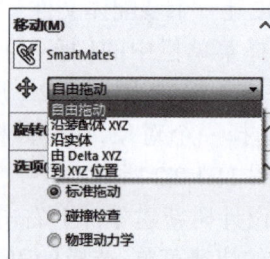

图11.1.3.2　移动零部件的类型

【由Delta XYZ】选项:通过在对话框中输入 X 轴、Y 轴和 Z 轴的变化值来移动目标零件,如图11.1.3.3所示。

【到XYZ位置】选项:通过在对话框中输入移动后的 X、Y、Z 的具体数值来移动目标零件,如图11.1.3.4所示。

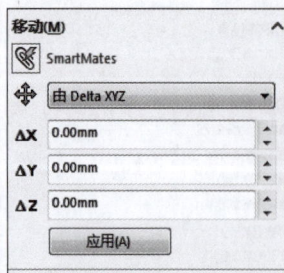

图11.1.3.3　设置【由Delta XYZ】

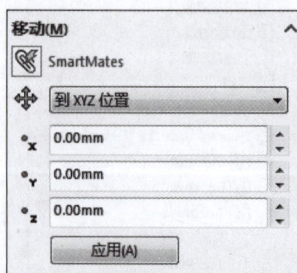

图11.1.3.4　设置【到XYZ位置】

"移动零部件"属性管理器中提供了以下3种单选项,说明如下:

【标准拖动】单选按钮:系统默认选项,根据移动方式来移动目标零件。

【碰撞检查】单选按钮:系统将自动检查碰撞,目标零件将不会与其他零件发生碰撞。

【物理动力学】单选按钮:用鼠标拖动目标零件时,此零部件会向所接触零部件施加一个力。

11.1.4　零部件的旋转

单击【装配体】工具栏中的【旋转零部件】按钮,或选择【工具】→【零部件】→【旋转】命令,系统弹出"旋转零部件"属性管理器,如图 11.1.4.1 所示。

"旋转零部件"属性管理器中"旋转类型"下拉列表中提供了以下 3 种旋转方式,如图 11.1.4.2 所示,具体说明如下:

【自由拖动】选项:选择目标零部件并沿任何方向旋转。

【对于实体】选项:选择一条直线、边线或轴,然后围绕所选实体旋转目标零件。

【由 Delta XYZ】选项:通过在属性管理器中输入 X 轴、Y 轴和 Z 轴的变化值来旋转目标零件。

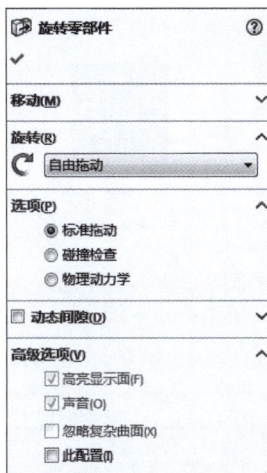

微课
零部件的旋转

图 11.1.4.1　"旋转零部件"属性管理器　　　图 11.1.4.2　旋转零部件的类型

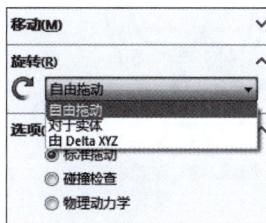

11.2　配合方式

微课
添加配合关系

在 SolidWorks 中,一个零件通过装配配合添加到装配体后,它的位置会随着与其有约束关系的零部件的位置改变而相应的改变,而且配合设置值作为参数可以随时修改,并可与其他参数建立关系方程,这样整个装配体实际上是一个参数化的装配体。

使用配合关系,可相对于其他零部件来精确定位零部件,还可定义零部件如何相对于其他的零部件移动和旋转。只有添加了完整的配合关系,才算完成了装配体模型。

选择所对应对齐条件:

【同向对齐】:以所选对象的法向或轴向的相同方向来配合零部件。

【反向对齐】:以所选对象的法向或轴向的相反方向来配合零部件。

系统会根据所选对象,列出有效配合类型。单击对应的配合类型按钮,选择配合类型。

【重合】配合:使两个零件的所选对象面与面、面与直线、直线与直线、点与直线、点与面之间重合,并且改变朝向。

【平行】配合:使两个零件上的所选对象直线或面处于平行位置,并且改变朝向。

【垂直】配合:将所选对象直线或平面处于夹角 90° 垂直的位置,并且改变朝向。

【相切】配合:将所选对象处于相切位置(至少有一个对象为圆柱面、圆锥面或球面),并且改变朝向。

【同轴心】配合:圆柱与圆柱、圆柱与圆锥、圆形与圆弧边线之间具有相同的轴,使所选对象处于重合位置。

以下为齿轮油泵装配过程基本步骤,装配如图 11.2.0.1 所示。

步骤一:新建配置文件。在"新建 SolidWorks 文件"对话框中选择【装配体】选项,单击【确定】按钮,如图 11.2.0.2 所示,进入装配环境。

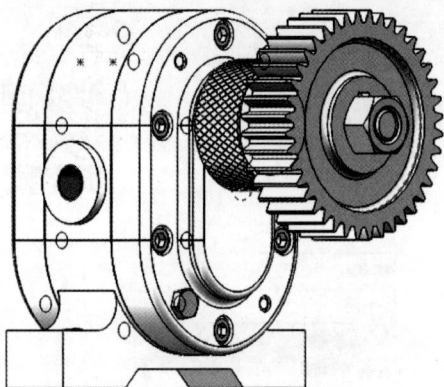

图 11.2.0.1　齿轮油泵

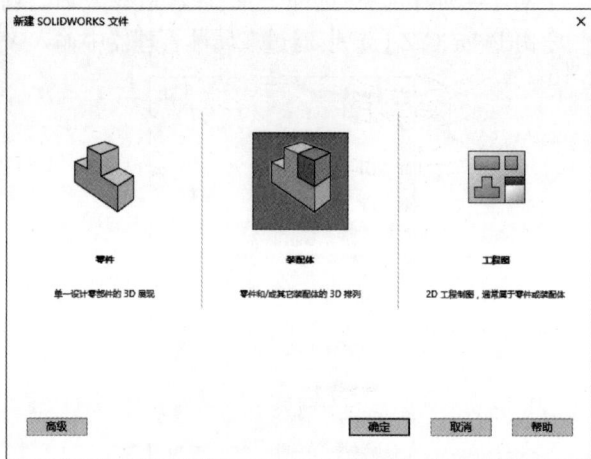

图 11.2.0.2　新建配置文件

步骤二:添加配置零件。

(1) 插入零部件:进入装配环境,系统自动弹出"装配体"对话框,单击【浏览】按钮,在"打开"对话框中选取配置文件【左泵盖 .SLDPRT】,单击【打开】按钮。

(2) 单击【确定】按钮,将零件固定在原点位置,如图 11.2.0.3 所示。

步骤三:添加图 11.2.0.4 所示零件【密封纸垫 .SLDPRT】。

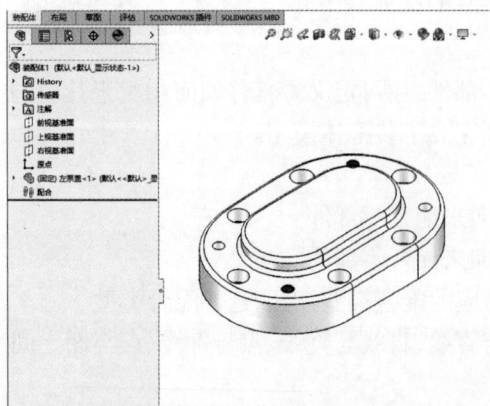

图 11.2.0.3　添加配置零件

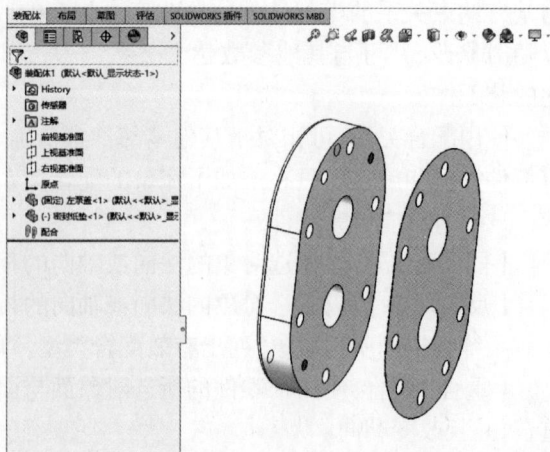

图 11.2.0.4　密封纸垫

选择控制面板【插入零部件】，单击【浏览】按钮，在"打开"对话框中选取配置文件【密封纸垫.SLDPRT】，单击【打开】按钮。

步骤四：添加配合。

（1）选择控制面板【配合】命令，弹出"配合"属性管理器。

（2）添加【同轴心】配合。选择属性管理器中【同轴心】选项，选取图11.2.0.5所示高亮面为同轴心面，单击【√】按钮。

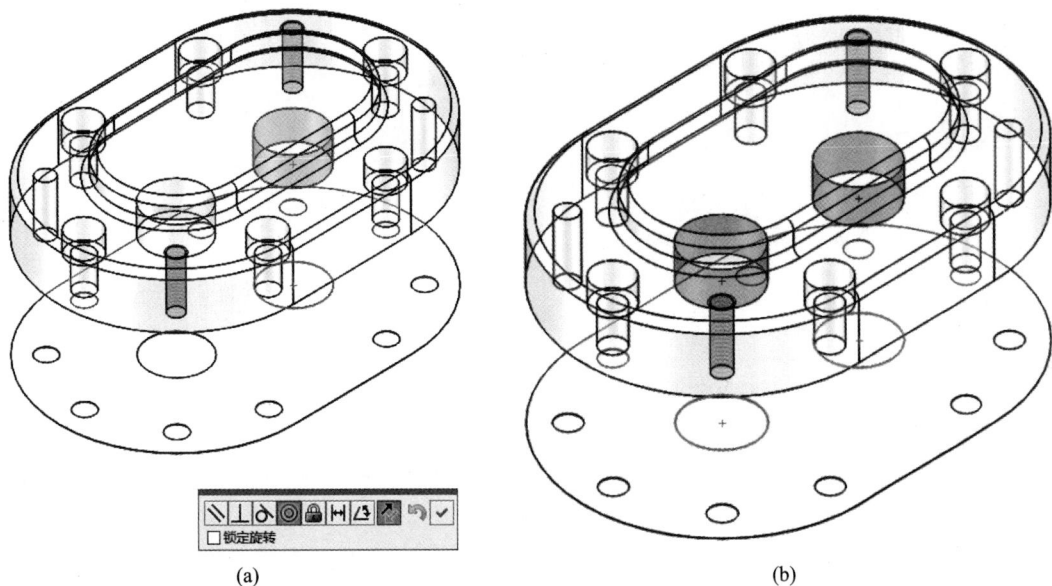

(a)　　　　　　　　　　(b)

图 11.2.0.5 【同轴心】配合

（3）添加【重合】配合。选择属性管理器中【重合】选项，选取图11.2.0.6所示高亮面为重合面，单击【√】按钮。完成效果如图11.2.0.7所示。

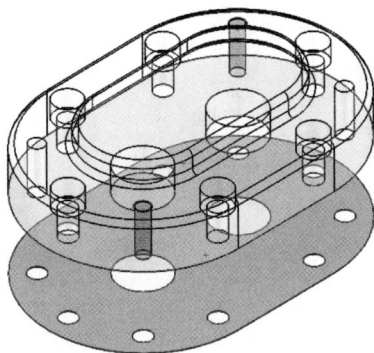

图 11.2.0.6 【重合】配合　　　　　图 11.2.0.7 【重合】配合效果

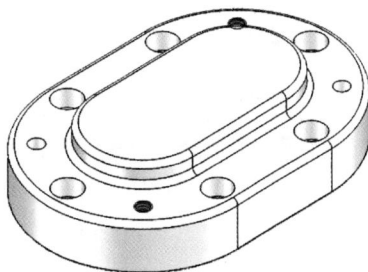

步骤五：添加图11.2.0.8所示零件【泵体.SLDPRT】和图11.2.0.9所示零件【销钉6×35.SLDPRT】。

（1）选择控制面板【插入零部件】，单击【浏览】按钮，在"打开"对话框中选取配置文件【泵体.SLDPRT】，单击【打开】按钮。

（2）选择控制面板【插入零部件】，单击【浏览】按钮，在"打开"对话框中选取配置文件【销钉 6×35.SLDPRT 】,单击【打开】按钮。

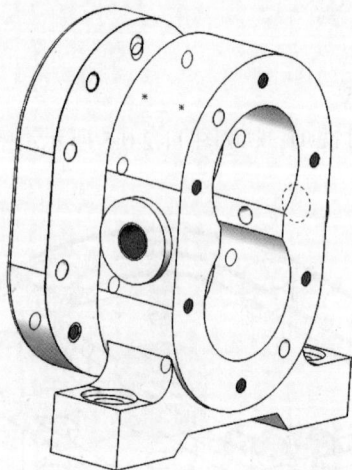

图 11.2.0.8　添加【泵体 .SLDPRT 】

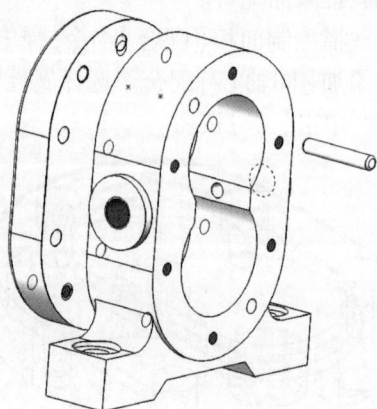

图 11.2.0.9　添加【销钉 6×35.SLDPRT 】

步骤六:添加配合。

(1) 复制【销钉 6×35.SLDPRT 】。

(2) 选择控制面板【配合】命令,弹出"配合"属性管理器。

(3) 添加【同轴心】配合。选择属性管理器中【同轴心】选项,选取图 11.2.0.10 所示高亮面为同轴心面,单击【√】按钮。

(4) 添加【重合】配合。选择属性管理器中【重合】选项,选取销钉底面与泵体前视基准面为重合面,单击【√】按钮,如图 11.2.0.11 所示。

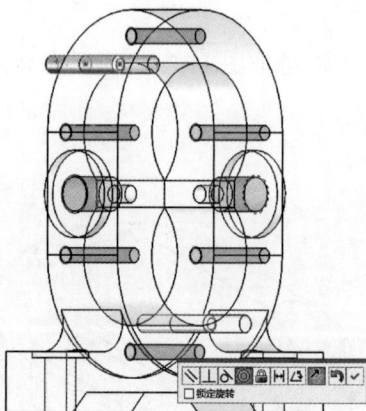

图 11.2.0.10　【同轴心】配合

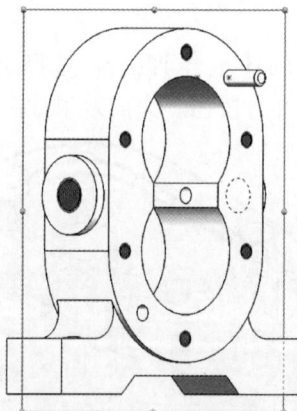

图 11.2.0.11　【重合】配合

(5) 重复【重合】配合步骤,将复制的四个【销钉 6×35】配合至【泵体】,如图 11.2.0.12 所示。

步骤七:添加配合。

(1) 选择控制面板【配合】命令,弹出"配合"属性管理器。

(2) 添加【同轴心】配合。选择属性管理器中【同轴心】选项,选取如图 11.2.0.13 所示高亮面为同轴心面,单击【√】按钮。

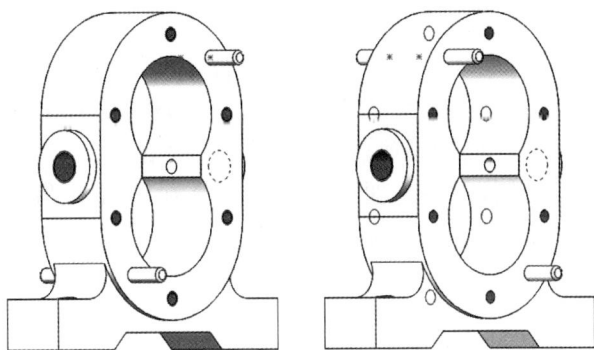

图 11.2.0.12 【重合】配合

（3）添加【重合】配合。选择属性管理器中【重合】选项,选取如图 11.2.0.14 所示高亮面为重合面,单击【√】按钮。

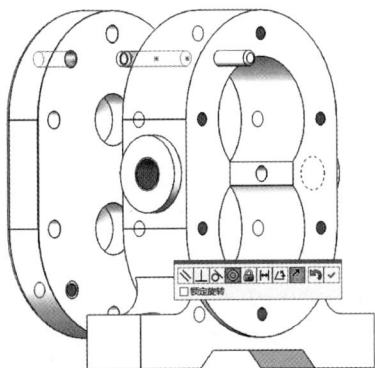

图 11.2.0.13 【同轴心】配合

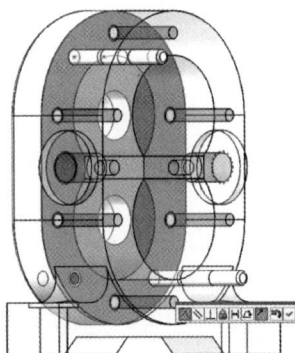

图 11.2.0.14 【重合】配合

步骤八:添加图 11.2.0.15 所示零件【长齿轮轴 .SLDPRT】和图 11.2.0.16 所示零件【短齿轮轴 .SLDPRT】。

（1）选择控制面板【插入零部件】,单击【浏览】按钮,在"打开"对话框中选取配置文件【长齿轮轴 .SLDPRT】,单击【打开】按钮。

（2）选择控制面板【插入零部件】,单击【浏览】按钮,在"打开"对话框中选取配置文件【短齿轮轴 .SLDPRT】,单击【打开】按钮。

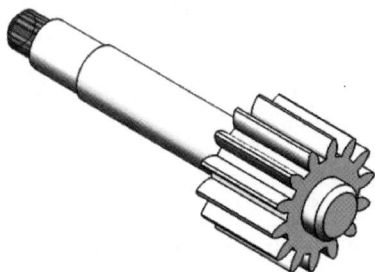

图 11.2.0.15 打开【长齿轮轴 .SLDPRT】文件

图 11.2.0.16 打开【短齿轮轴 .SLDPRT】文件

步骤九:添加配合。

(1) 选择控制面板【配合】命令,弹出"配合"属性管理器。

(2) 添加【同轴心】配合。选择属性管理器中【同轴心】选项,选取短齿轮轴圆柱面与左泵盖凹槽面,如图 11.2.0.17 所示高亮面为同轴心面,单击【√】按钮。

(3) 添加【重合】配合。选择属性管理器中【重合】选项,选取短齿轮轴端面与左泵盖底面,如图 11.2.0.18 所示高亮面为重合面,单击【√】按钮。

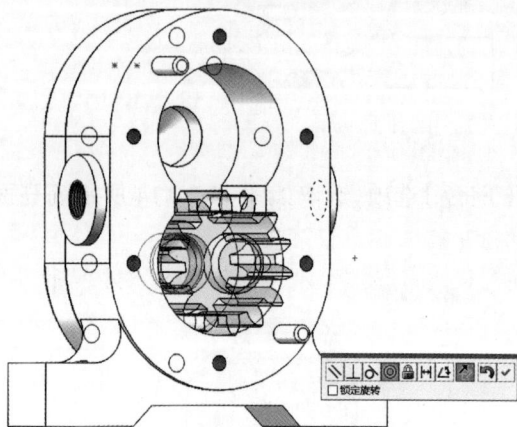

图 11.2.0.17 【同轴心】配合　　　　　　　　　图 11.2.0.18 【重合】配合

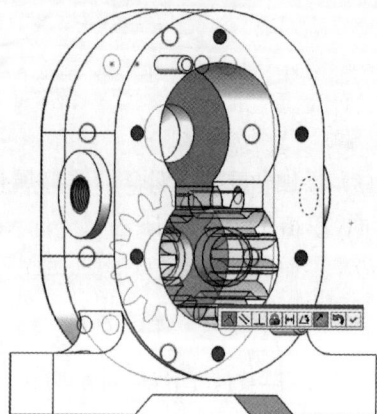

步骤十:添加配合。

(1) 重复步骤九,配合【长齿轮轴 .SLDPRT】,如图 11.2.0.19 所示。

(2) 添加【平行】配合。选择属性管理器中【平行】选项,选取长齿轮轴键槽面与底座安装面,如图 11.2.0.20 所示高亮面为平行面,单击【√】按钮。

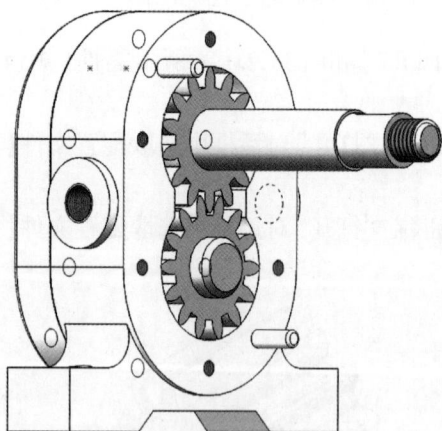

图 11.2.0.19 【长齿轮轴 .SLDPRT】配合　　　　　　图 11.2.0.20 【平行】配合

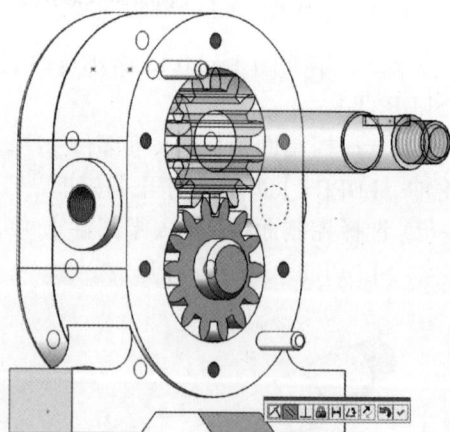

步骤十一:添加图 11.2.0.21 所示零件【密封纸垫 .SLDPRT】。

(1) 选择控制面板【插入零部件】,单击【浏览】按钮,在"打开"对话框中选取配置文件【密封纸垫 .SLDPRT】,单击【打开】按钮。

(2) 重复步骤四,添加【同轴心】配合、【重合】配合,如图 11.2.0.22 所示。

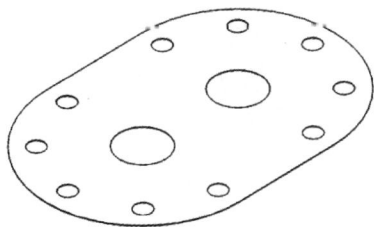

图 11.2.0.21 打开【密封纸垫 .SLDPRT 】文件

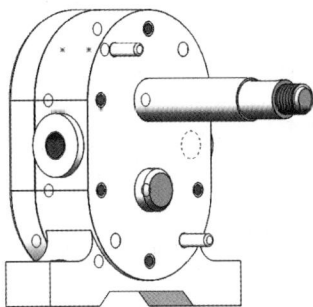

图 11.2.0.22 添加配合

步骤十二:添加配合。

(1) 添加【同轴心】配合。选择属性管理器中【同轴心】选项,选取长齿轮轴承外表面与右泵盖孔面,如图 11.2.0.23 所示高亮面,单击【√】按钮。

(2) 添加【同轴心】配合。选择属性管理器中【同轴心】选项,选取短齿轮轴承外表面与右泵盖凹槽面,如图 11.2.0.24 所示高亮面,单击【√】按钮。

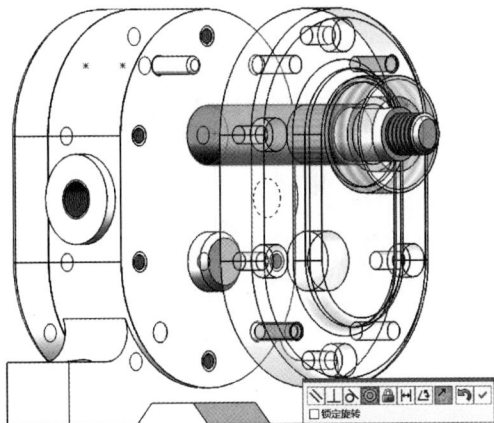

图 11.2.0.23 【同轴心】配合

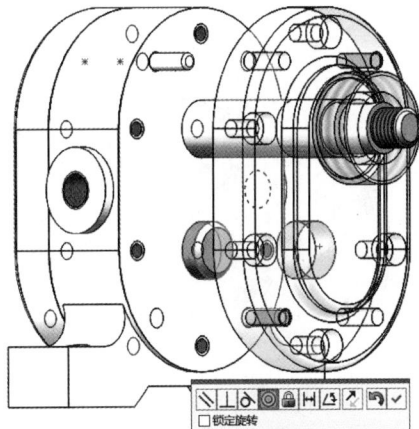

图 11.2.0.24 【同轴心】配合

(3) 添加【重合】配合。选择属性管理器中【重合】选项,选取密封纸垫底面与右泵盖底面,如图 11.2.0.25 所示高亮面,单击【√】按钮。

步骤十三:添加图 11.2.0.26 所示零件【填料压盖 .SLDPRT 】和图 11.2.0.27 所示零件【压盖螺母 .SLDPRT 】。

(1) 选择控制面板【插入零部件】,单击【浏览】按钮,在"打开"对话框中选取配置文件【填料压盖 .SLDPRT 】,单击【打开】按钮。

(2) 选择控制面板【插入零部件】,单击【浏览】按钮,在"打开"对话框中选取配置文件【压盖螺母 .SLDPRT 】,单击【打开】按钮。

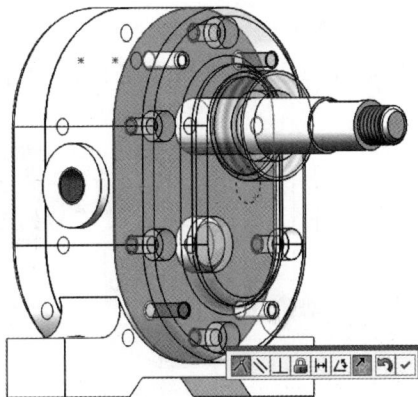

图 11.2.0.25 【重合】配合

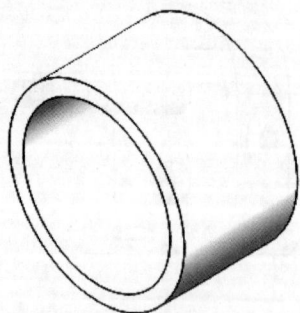

图 11.2.0.26　打开【填料压盖 .SLDPRT】文件

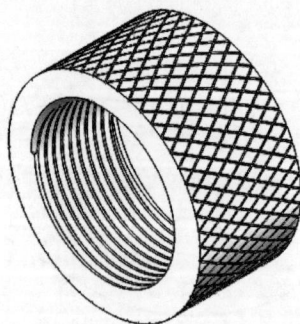

图 11.2.0.27　打开【压盖螺母 .SLDPRT】文件

步骤十四：添加配合。

（1）添加【同轴心】配合。选择属性管理器中【同轴心】选项，选取长齿轮轴承外表面与填料压盖内面，如图 11.2.0.28 所示高亮面，单击【√】按钮。

（2）添加【重合】配合。选择属性管理器中【重合】选项，选取填料压盖底面与右泵盖顶面，如图 11.2.0.29 所示高亮面，单击【√】按钮。

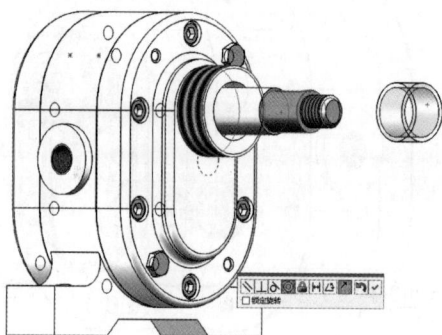

图 11.2.0.28　【同轴心】配合

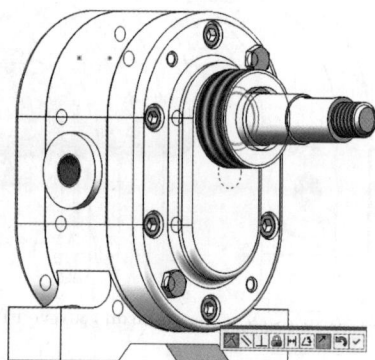

图 11.2.0.29　【重合】配合

（3）添加【同轴心】配合。选择属性管理器中【同轴心】选项，选取长齿轮轴承外表面与压盖螺母同轴面，如图 11.2.0.30 所示高亮面，单击【√】按钮。

（4）添加【重合】配合。选择属性管理器中【重合】选项，选取压盖螺母螺纹顶面与填料压盖顶面，如图 11.2.0.31 所示高亮面，单击【√】按钮。

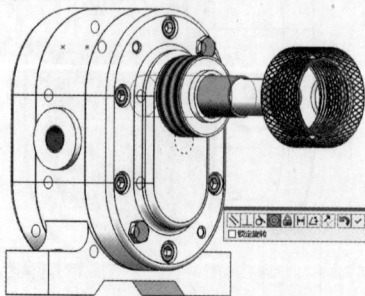

图 11.2.0.30　【同轴心】配合

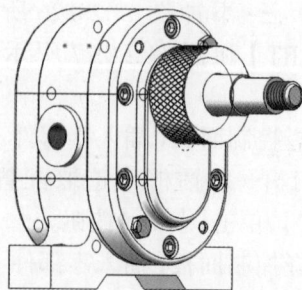

图 11.2.0.31　【重合】配合

步骤十五：添加图 11.2.0.32 所示零件【键 6×20.SLDPRT】和图 11.2.0.33 所示零件【大齿轮 .SLDPRT】。

(1) 选择控制面板【插入零部件】，单击【浏览】按钮，在"打开"对话框中选取配置文件【键 6×20.SLDPRT】，单击【打开】按钮。

(2) 选择控制面板【插入零部件】，单击【浏览】按钮，在"打开"对话框中选取配置文件【大齿轮 .SLDPRT】，单击【打开】按钮。

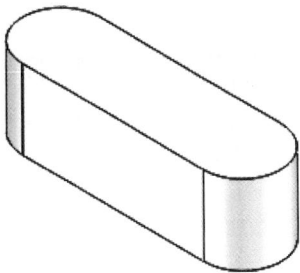

图 11.2.0.32　打开【键 6×20.SLDPRT】文件　　　图 11.2.0.33　打开【大齿轮 .SLDPRT】文件

步骤十六：添加配合。

(1) 添加【重合】配合。选择属性管理器中【重合】选项，选取键的侧面、底面与长齿轮轴键槽底面、侧面，如图 11.2.0.34 所示高亮面，单击【√】按钮。

(2) 添加【同轴心】配合。选择属性管理器中【同轴心】选项，选取大齿轮与长齿轮轴同轴面，如图 11.2.0.35 所示高亮面，单击【√】按钮。

(3) 添加【重合】配合。选择属性管理器中【重合】选项，使键与键槽相配合，如图 11.2.0.36 所示高亮面，单击【√】按钮。

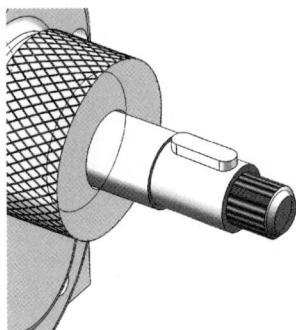

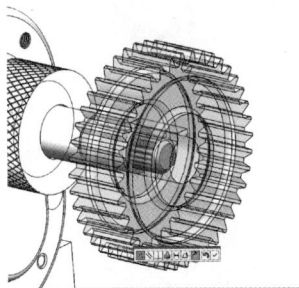

图 11.2.0.34　【重合】配合

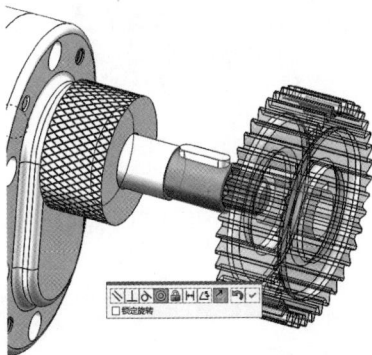

图 11.2.0.35　【同轴心】配合　　　图 11.2.0.36　【重合】配合

(4) 添加【重合】配合。选择属性管理器中【重合】选项，选取大齿轮底面与长齿轮轴阶梯面,如图 11.2.0.37 所示高亮面,单击【√】按钮。

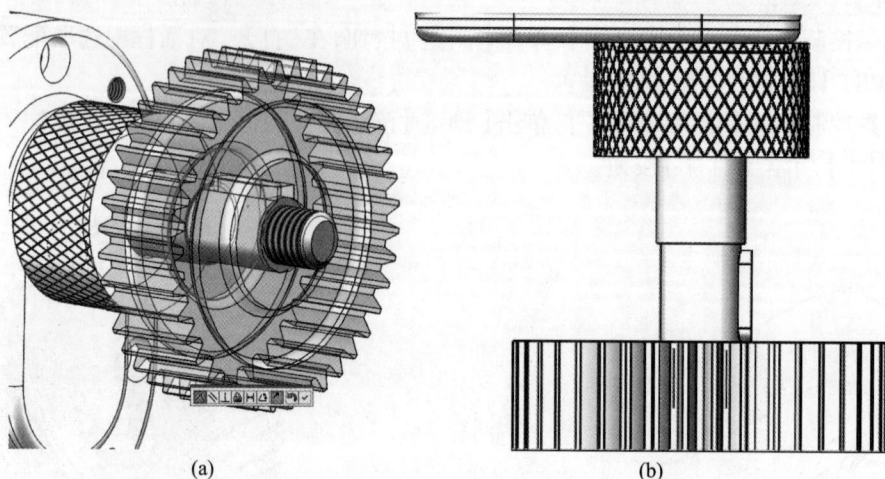

图 11.2.0.37　【重合】配合

步骤十七:添加图 11.2.0.38 所示零件【螺母 M14.SLDPRT】。

(1) 选择控制面板【插入零部件】,单击【浏览】按钮,在"打开"对话框中选取配置文件【螺母 M14.SLDPRT】,单击【打开】按钮。

(2) 添加【同轴心】配合、【重合】配合。使螺母与长齿轮轴外螺纹段啮合,如图 11.2.0.39 所示,单击【√】按钮。

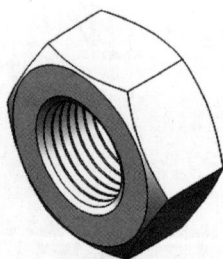

图 11.2.0.38　打开【螺母 M14.SLDPRT】文件

图 11.2.0.39　添加配合

步骤十八:添加图 11.2.0.40 所示零件【螺钉 M6×25.SLDPRT】和图 11.2.0.41 所示零件【内六角螺钉 M6×25.SLDPRT】。

(1) 选择控制面板【插入零部件】,单击【浏览】按钮,在"打开"对话框中选取配置文件【螺钉 M6×25.SLDPRT】,单击【打开】按钮。

(2) 选择控制面板【插入零部件】,单击【浏览】按钮,在"打开"对话框中选取配置文件【内六角螺钉 M6×25.SLDPRT】,单击【打开】按钮。

图 11.2.0.40 打开【螺钉 M6×25.SLDPRT】文件

图 11.2.0.41 打开【内六角螺钉 M6×25.SLDPRT】文件

步骤十九:添加配合。

(1) 复制【螺钉 M6×25】×3。

(2) 添加【同轴心】配合、【重合】配合。使螺钉 M6×25 与螺纹孔相配合,如图 11.2.0.42 所示,单击【√】按钮。

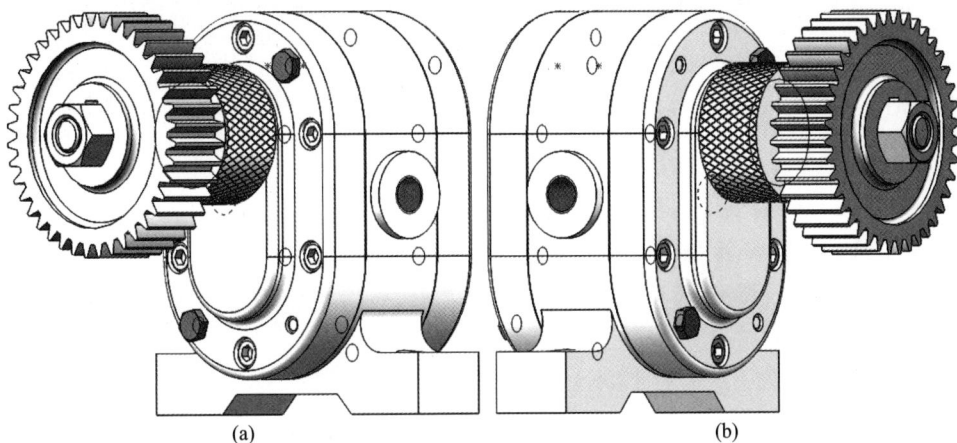

(a)   (b)

图 11.2.0.42 配合螺钉 M6×25

(3) 复制【内六角螺钉 M6×25】×11。

(4) 添加【同轴心】配合、【重合】配合。使内六角螺钉 M6×25 与螺纹孔相配合,如图 11.2.0.43 所示,单击【√】按钮。

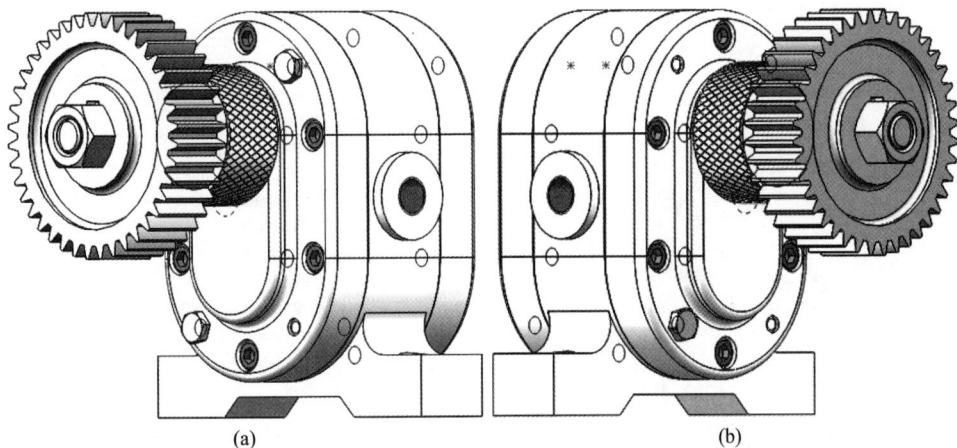

(a)   (b)

图 11.2.0.43 配合内六角螺钉 M6×25

11.3　装配中的零件操作

动画
零部件复制

11.3.1　零部件复制

SolidWorks 可以将已经在装配体中的零部件进行复制,操作步骤如下。

步骤一:新建配置文件,打开装配文件【泵体.SLDPRT】和【销钉 6×35.SLDPRT】,如图 11.3.1.1 所示。

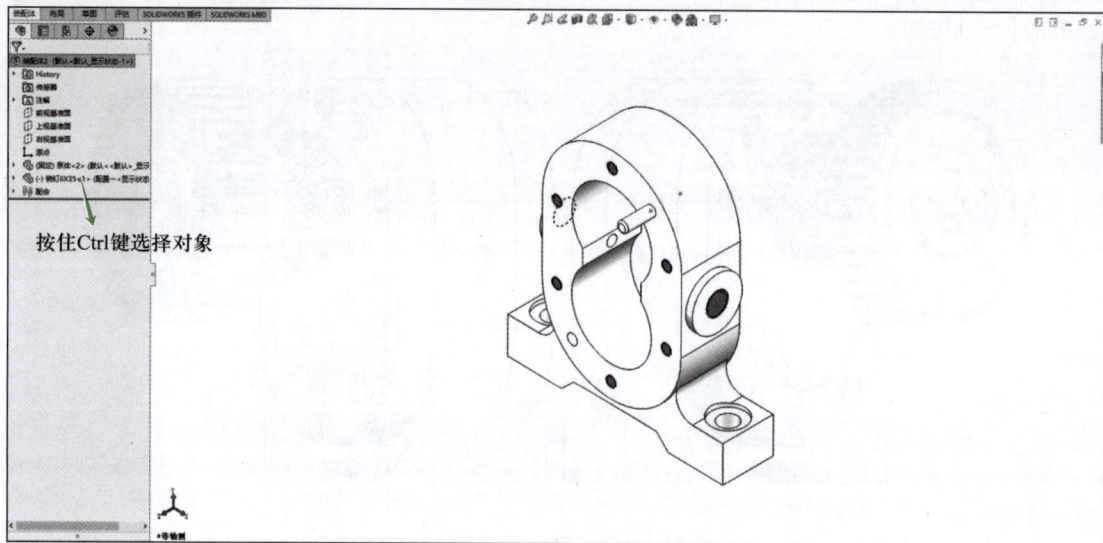

按住Ctrl键选择对象

图 11.3.1.1　选择复制对象

步骤二:按住 Ctrl 键,在设计树中选择要进行复制的对象零部件,然后将其拖动到图形显示区合适的位置,复制后如图 11.3.1.2 所示。复制后的设计树如图 11.3.1.3 所示。

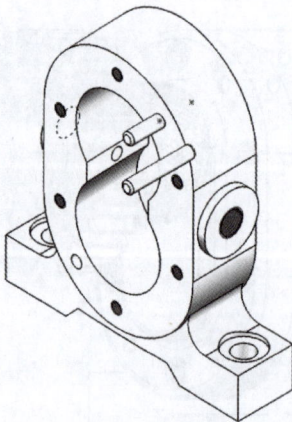

图 11.3.1.2　销钉复制后

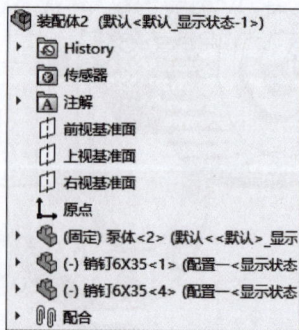

图 11.3.1.3　复制后的设计树

步骤三:添加对应配合关系,如图 11.3.1.4 所示。

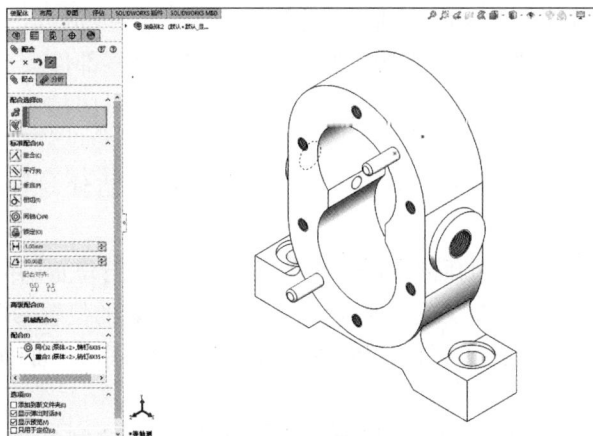

图 11.3.1.4 添加配合关系

零部件添加配合关系的基本操作步骤如下：

步骤一: 选择菜单栏中的【插入】→【配合】命令，或单击【装配体】工具栏中【配合】按钮，系统弹出"配合"属性管理器，如图 11.3.1.5 所示。

步骤二: 在图形编辑区中的零部件上选择需要装配的对象，所选对象会显示在"要配合实体"列表框中，如图 11.3.1.6 所示。

图 11.3.1.5 "配合"属性管理器

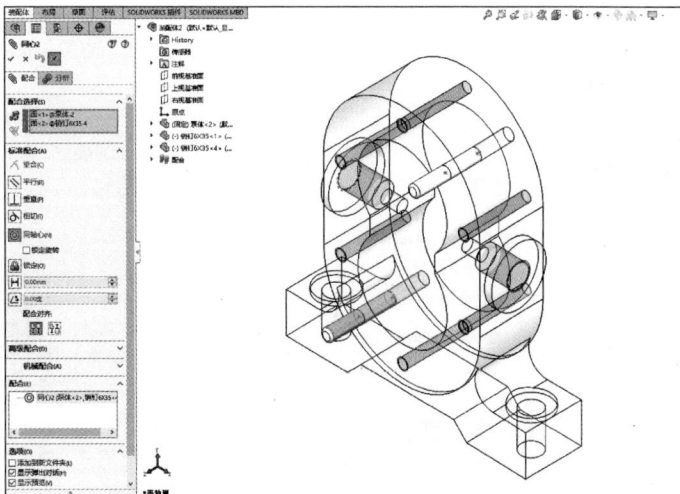

图 11.3.1.6 "要配合实体"列表框

步骤三: 选择所对应对齐条件。

【同向对齐】:以所选对象的法向或轴向的相同方向来配合零部件。

【反向对齐】:以所选对象的法向或轴向的相反方向来配合零部件。

步骤四:系统会根据所选对象,列出有效配合类型。单击对应的配合类型按钮,选择配合类型。

【重合】配合:使两个零件的所选对象(面与面、面与直线、直线与直线、点与直线、点与面)之间重合,并且改变朝向。

【平行】配合:使两个零件上的所选对象(直线或面)处于平行位置,并且改变朝向。

【垂直】配合:将所选对象(直线或平面)处于夹角 90° 垂直的位置,并且改变朝向。

【相切】配合:将所选对象处于相切位置(至少有一个对象为圆柱面、圆锥面或球面),并且改变朝向。

【同轴心】配合:圆柱与圆柱、圆柱与圆锥、圆形与圆弧边线之间具有相同的轴,使所选对象处于重合位置。

11.3.2 零部件阵列

零部件阵列可以分为线性阵列和圆周阵列。

线性阵列可以将对象零部件沿指定方向进行阵列复制,以下是线性阵列操作步骤:

步骤一:打开装配文件【实例 11.3.2.1.SLDASM】。

步骤二:选择菜单栏中【插入】→【零部件阵列】→【线性阵列】命令,弹出"线性阵列"属性管理器,如图 11.3.2.1 所示。

步骤三:确定阵列方向。在图形显示区选择一条边作为参考方向,再根据零部件需要选择【反向】按钮调整阵列方向,如图 11.3.2.2 所示。

步骤四:确定间距和实例数。

步骤五:单击【√】按钮,完成线性阵列操作。

微课
零部件阵列

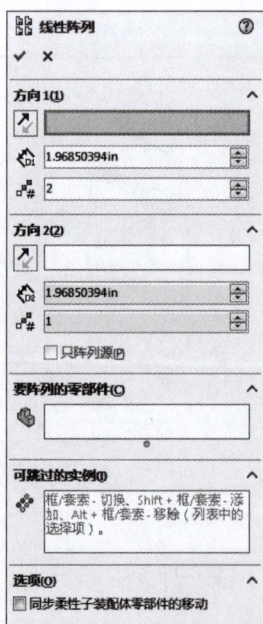

图 11.3.2.1 "线性阵列"属性管理器

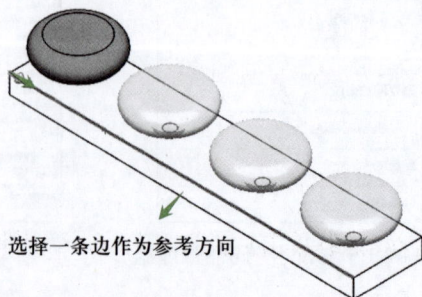

选择一条边作为参考方向

图 11.3.2.2 确定阵列方向

圆周阵列可以将对象零部件沿指定轴进行阵列复制，以下是圆周阵列操作步骤。

步骤一： 选择菜单栏中【插入】→【零部件阵列】→【圆周阵列】命令，弹出"圆周阵列"属性管理器，如图11.3.2.3所示。

步骤二： 确定阵列轴，选取如图11.3.2.4所示的临时轴为阵列轴。

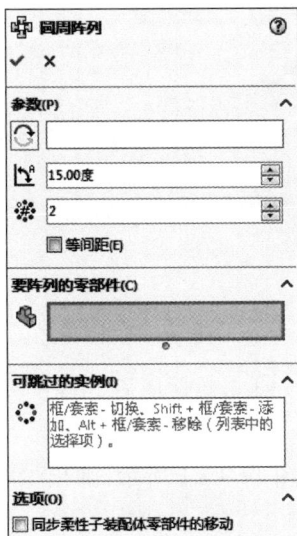

图11.3.2.3　"圆周阵列"属性管理器

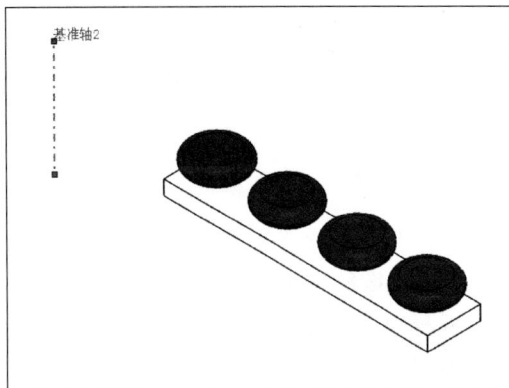

图11.3.2.4　选取阵列轴

步骤三： 设置角度以及实例数，如图11.3.2.5所示。

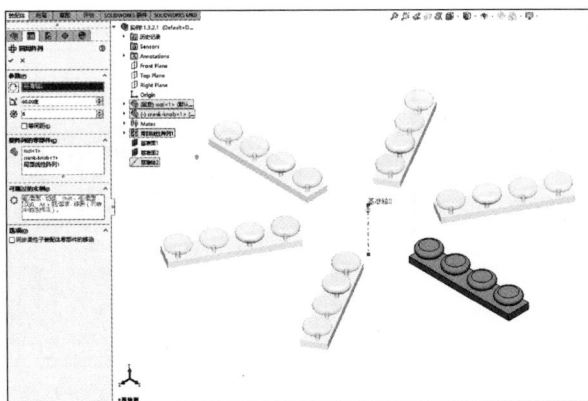

图11.3.2.5　设置参数数值

步骤四： 单击【√】按钮，完成圆周阵列，效果如图11.3.2.6所示。

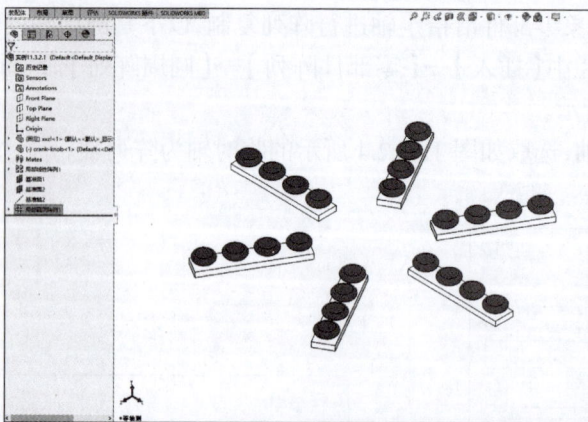

图 11.3.2.6　圆周阵列效果

11.3.3　零部件镜像

装配体中,经常出现多个对象关于某一平面对称的情况,这时通常将原有部件进行镜像复制,以下是零部件镜像的操作步骤:

步骤一:选择菜单栏中【插入】→【镜像零部件】命令,如图 11.3.3.1 所示,弹出"镜像零部件"属性管理器,如图 11.3.3.2 所示。

微课
零部件镜像

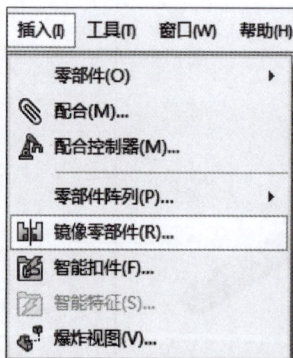

图 11.3.3.1　【镜像零部件】命令

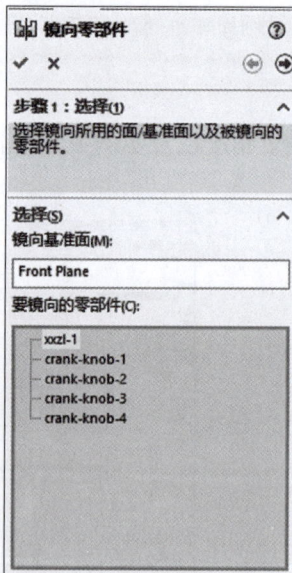

图 11.3.3.2　"镜像零部件"属性管理器

步骤二:选择镜像基准面,选取如图 11.3.3.3 所示的【Front Ptane】基准平面作为镜像基准面。

步骤三:确定要镜像的对象零部件,在图形显示区或者设计树中选取要镜像的零部件。

步骤四:单击【√】按钮,完成零部件镜像操作。

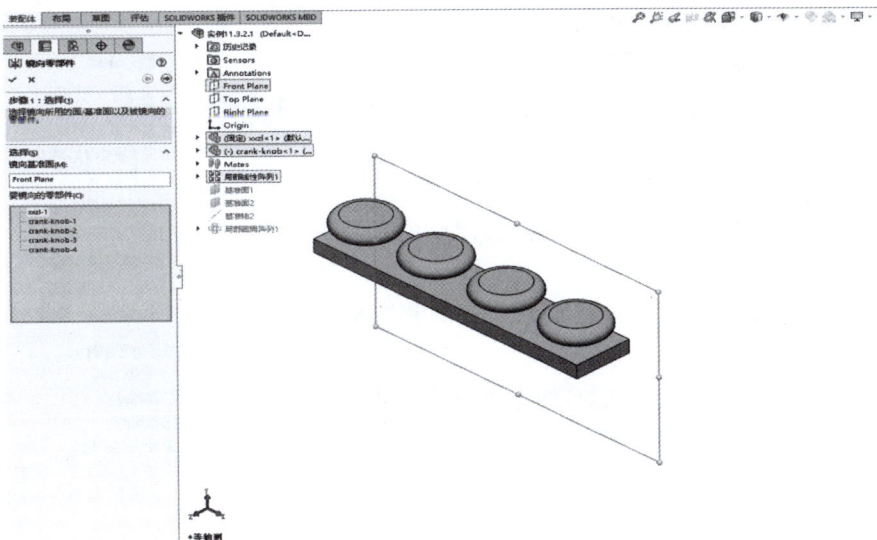

图 11.3.3.3　确定镜像基准平面

11.4　装配体检查

干涉检查操作步骤如下：

步骤一：打开配置文件【齿轮油泵装配体 .SLDASM】，如图 11.4.0.1 所示。

步骤二：选择菜单栏中的【工具】→【评估】→【干涉检查】命令，弹出"干涉检查"属性管理器，如图 11.4.0.2 所示。

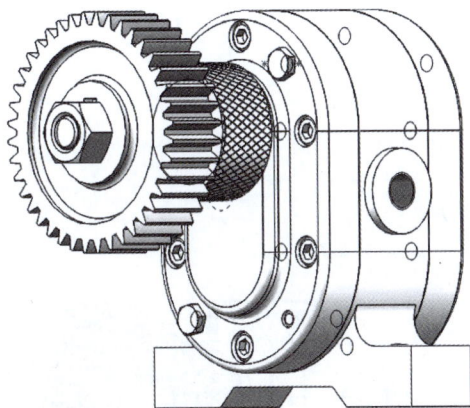

图 11.4.0.1　配置文件【齿轮油泵装配体 .SLDASM】

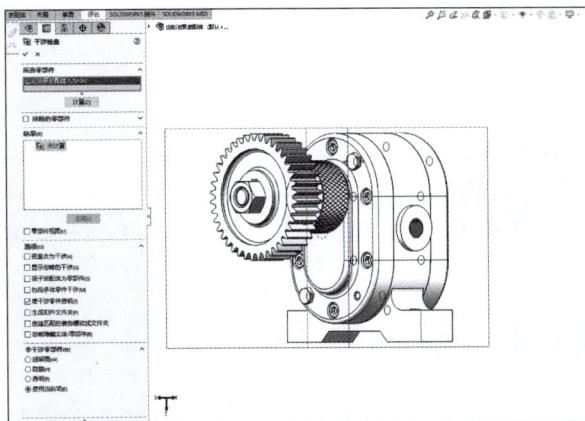

图 11.4.0.2　"干涉检查"属性管理器

　　步骤三：选中"视重合为干涉""显示忽略的干涉""使干涉零件透明"复选框，单击【计算】按钮，如图 11.4.0.3 所示。

图 11.4.0.2 所示"干涉检查"属性管理器选项说明如下：

视重合为干涉：将重合零部件视为干涉。

显示忽略的干涉：分析时系统显示忽略的干涉。

视子装配体为零部件：将子装配体作为单一的零部件。

包括多体零件干涉：选择将实体之间的干涉包括在多实体零部件内。

使干涉零件透明：将所选干涉的零部件透明显示。

生成扣件文件夹：将扣件（如螺母、螺栓）之间的干涉隔离，其结果为单独文件夹。

创建匹配的装饰螺纹线文件夹：创建对应的装饰螺纹线，其结果为单独文件夹。

忽略隐藏实体／零部件：忽略隐藏的实体或零部件。

线架图：线架图模式显示非干涉零部件。

隐藏：隐藏非干涉零部件。

透明：透明模式显示非干涉零部件。

使用当前项：以当前模式显示非干涉零部件。

步骤四：干涉检查结果出现在"结果"选项组中，选项组中显示干涉类型、干涉数量、干涉零件等信息，如图 11.4.0.4 所示。

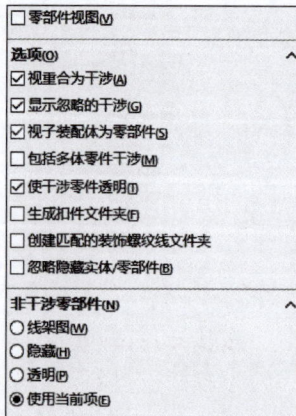

图 11.4.0.3　装配体检查

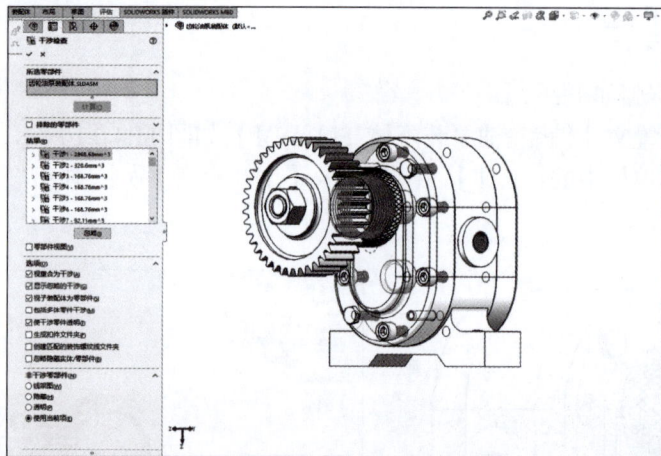

微课
创建爆炸视图

图 11.4.0.4　干涉检查结果

11.5　爆炸视图

为了在制造、销售和维修中直观地检查分析各个零部件之间的关系，将装配体中各零部件按照配合条件来生成爆炸视图，使各个零部件从装配体中分离出来。

11.5.1　创建爆炸视图

下面介绍爆炸视图的操作步骤，如图 11.5.1.1 和图 11.5.1.2 所示。

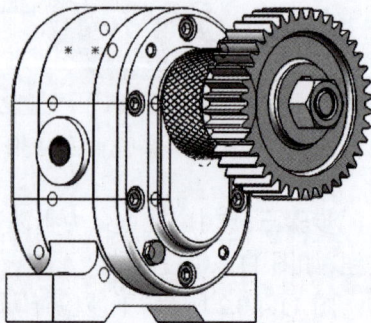

图 11.5.1.1　爆炸前

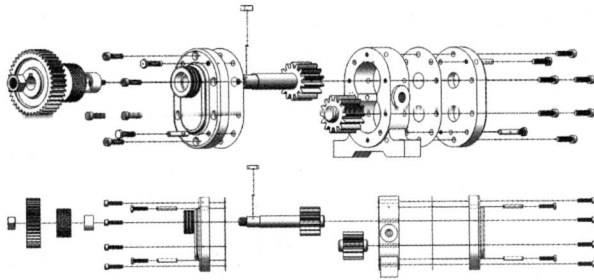

图 11.5.1.2　爆炸后

步骤一： 打开配置文件【齿轮油泵装配图 .SLDASM 】，如图 11.5.1.3 所示。

步骤二： 选择菜单【插入】→【爆炸视图】命令，或单击【装配体】工具栏中的【爆炸视图】按钮，系统弹出"爆炸"属性管理器，如图 11.5.1.4 所示。

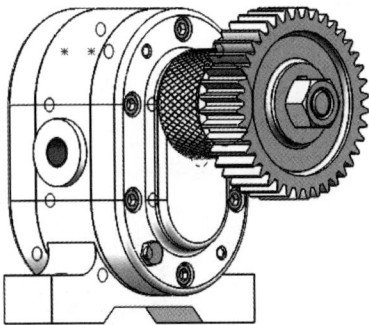

图 11.5.1.3　配置文件【齿轮油泵装配
图 .SLDASM 】

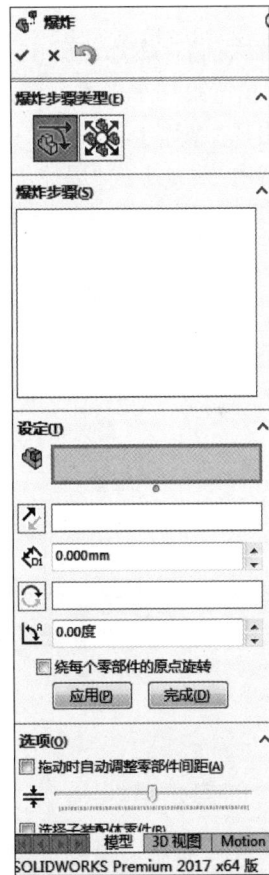

图 11.5.1.4　"爆炸"属性管理器

步骤三： 定义需要爆炸的零部件，确定爆炸步骤类型。在"设定"选项组"爆炸步骤零部件"列表框中，单击需要爆炸的零部件，此时所选零部件高亮显示，并出现一个移动坐标系，如图 11.5.1.5 所示。

步骤四: 确定爆炸方向。选择一个坐标轴确定爆炸方向,并且可以定义坐标轴的正反方向。

步骤五: 定义爆炸距离。在"设定"选项组中"爆炸距离"后的文本框中输入需要定义的值,或拖动至合适区域,如图 11.5.1.6 所示。

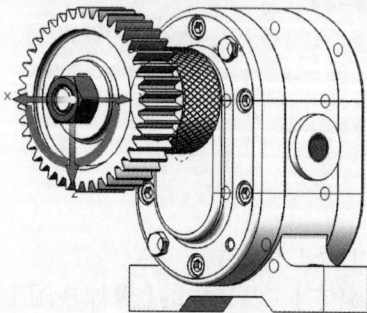

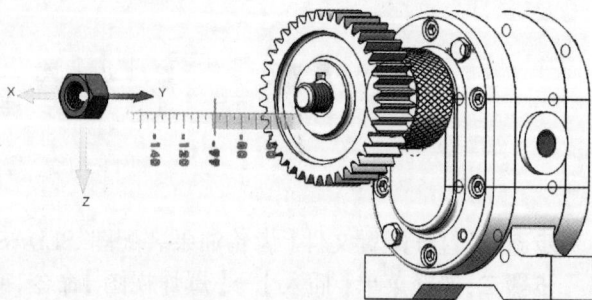

图 11.5.1.5　定义需要爆炸的零部件　　　　　图 11.5.1.6　定义爆炸距离

步骤六: 储存爆炸步骤 1。在"设定"选项组中,单击【反向】按钮,调整爆炸视图,单击【应用】按钮预览第一个爆炸视图,单击【完成】按钮,第一个爆炸视图创建完成,并且"爆炸步骤"选项组中出现"爆炸步骤 1"或"链 1",如图 11.5.1.7 所示。

步骤七: 重复生成"爆炸步骤 1"的步骤,将其他所需零部件爆炸,最终完成爆炸视图。

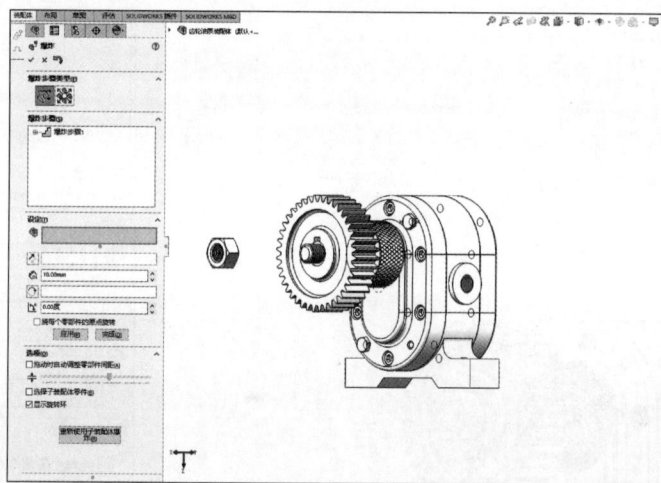

图 11.5.1.7　储存爆炸步骤

11.5.2　创建步路线

为了更好地显示爆炸视图各零部件之间的路径与配合关系,可通过创建步路线来添加或编辑爆炸零部件之间几何关系的 3D 草图。

步骤一: 选择命令。选择菜单栏中的【插入】→【爆炸直线草图】命令,或单击控制面板【装配体】→【爆炸直线草图】,系统弹出图 11.5.2.1 所示的"步路线"属性管理器。

步骤二: 选取所需连接对象。选择长齿轮轴外螺纹面与螺母 M14 内螺纹面,如图 11.5.2.2 所示。

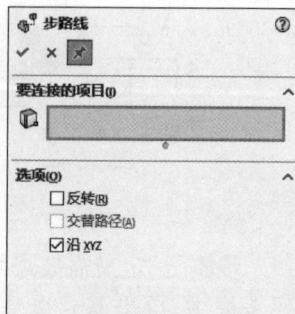

图 11.5.2.1　"步路线"属性管理器

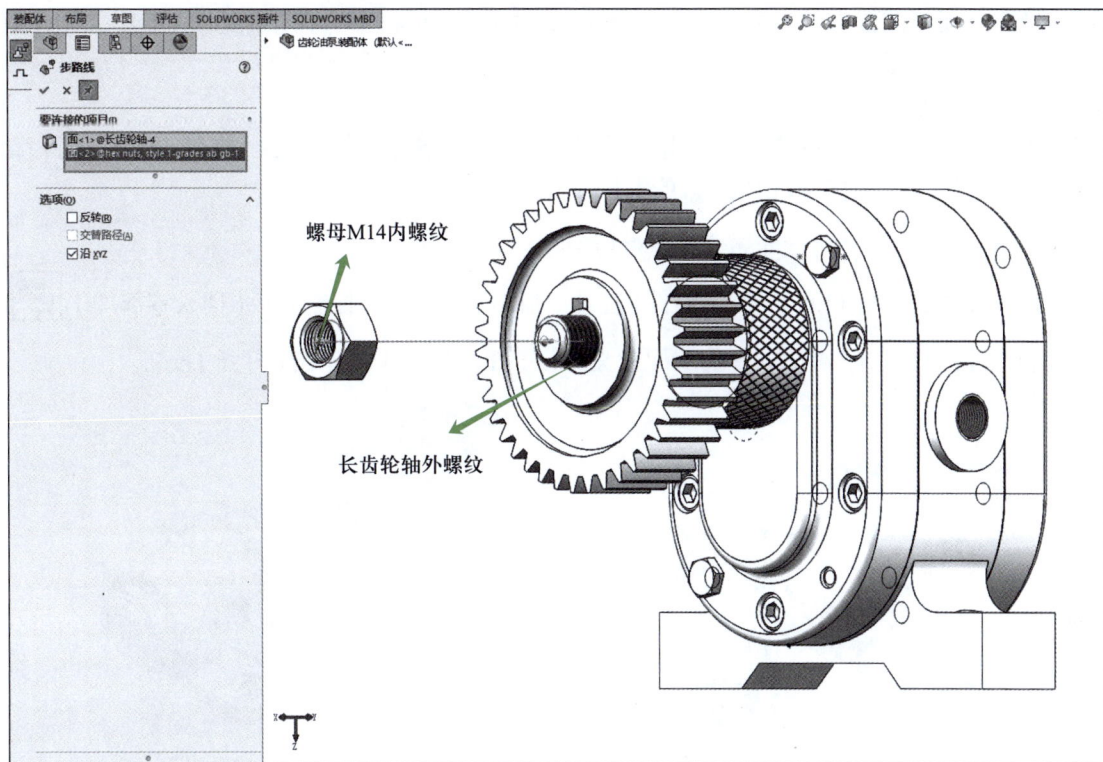

图 11.5.2.2　选取连接对象

步骤三:根据配合关系将所有零部件添加步路线,如图 11.5.2.3 所示。

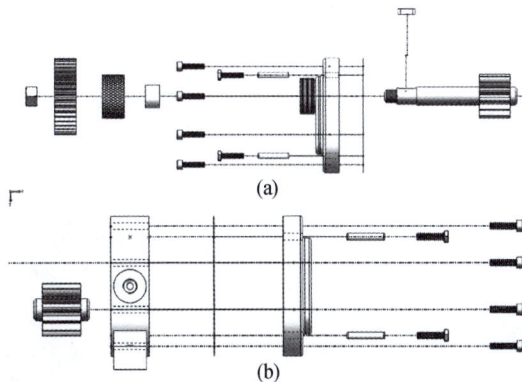

图 11.5.2.3　完成步路线

11.6　装配体综合应用实例

　　以图 11.6.0.1 所示综合应用实例柱塞泵为例,详细讲解装配特征等多部件装配体的装配过程,进一步熟悉 SolidWorks 的装配操作。

　　以下为柱塞泵装配过程的基本步骤。

步骤一:新建配置文件。在"新建 SolidWorks 文件"对话框中选择【装配体】选项,单击【确定】按钮,进入装配环境。

步骤二:添加配置零件。

(1)进入装配环境后系统自动弹出"开始装配体"对话框,单击【浏览】按钮,在"打开"对话框中选取配置文件【泵体 .SLDPRT】,单击【打开】按钮。

(2)单击 ✓ 按钮,将零件固定在原点位置。

步骤三:添加如图 11.6.0.2 所示零件【柱塞 .SLDPRT】。选择控制面板【插入零部件】,单击【浏览】,在"打开"对话框中选取配置文件【柱塞 .SLDPRT】,单击【打开】按钮。

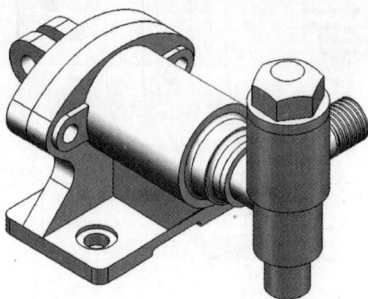

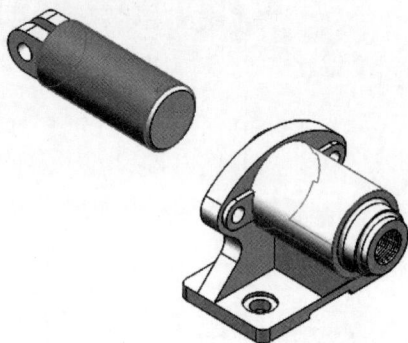

图 11.6.0.1　柱塞泵　　　　　　　　图 11.6.0.2　添加【柱塞 .SLDPRT】文件

步骤四:添加配合。

(1)选择控制面板【配合】命令,弹出"配合"属性管理器。

(2)添加【同轴心】配合。选择属性管理器中【同轴心】◎ 选项,选取如图 11.6.0.3 所示的两个面为同轴心面,单击 ✓ 按钮。

(3)添加【重合】配合。选择属性管理器中【重合】 选项,选取如图 11.6.0.4 所示的两个面为重合面,单击 ✓ 按钮。

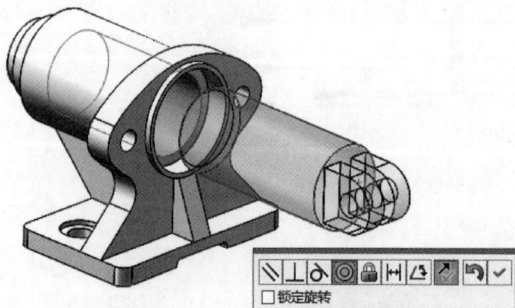

图 11.6.0.3　选取同心轴面　　　　　　　图 11.6.0.4　选取重合面

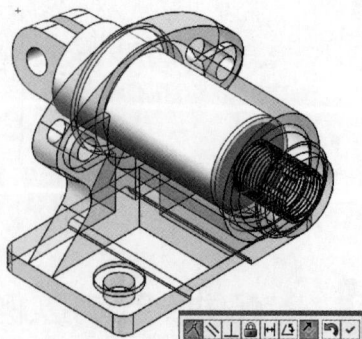

步骤五:添加图 11.6.0.5 所示零件【填料压盖 .SLDPRT】和相应配合。

(1)选择控制面板【配合】命令,弹出"配合"属性管理器。

（2）添加【同轴心】配合。选择属性管理器中【同轴心】 ◎ 选项，选取如图 11.6.0.6 所示的两个面为同轴心面，单击 ✓ 按钮。

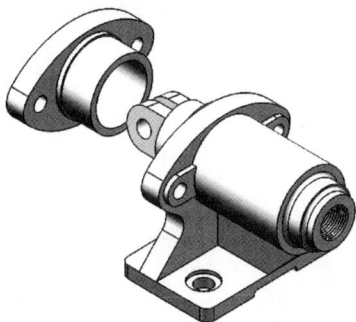

图 11.6.0.5 添加【填料压盖 .SLDPRT】

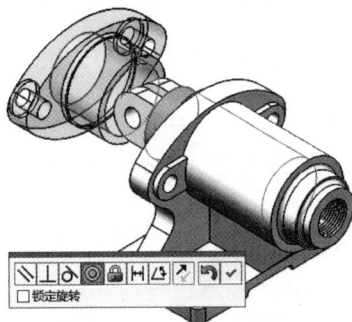

图 11.6.0.6 选取同轴心面

（3）添加【同轴心】配合。选择属性管理器中【同轴心】 ◎ 选项，选取如图 11.6.0.7 所示的两个面为同轴心面，单击 ✓ 按钮。

（4）添加【重合】配合。选择属性管理器中【重合】 入 选项，选取如图 11.6.0.8 所示的两个面为重合面，单击 ✓ 按钮。

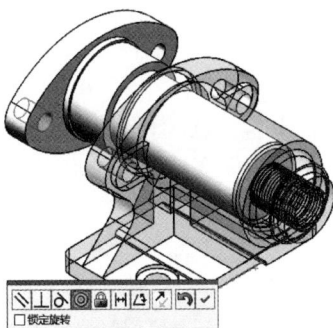

图 11.6.0.7 选取同轴心面

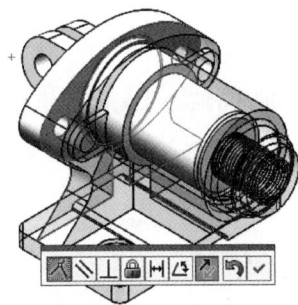

图 11.6.0.8 选取重合面

（5）添加【平行】配合。选择属性管理器中【平行】 ◎ 选项，选取如图 11.6.0.9 所示的两个面为平行面，单击 ✓ 按钮。

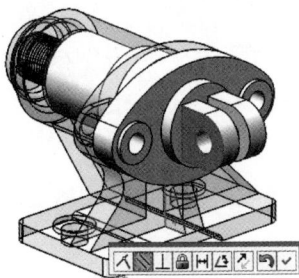

图 11.6.0.9 选取平行面

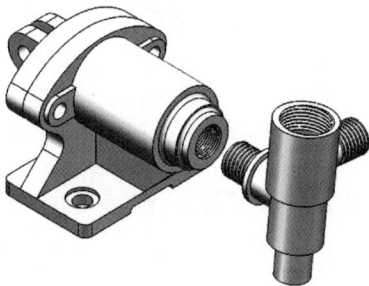

图 11.6.0.10 添加【阀体 .SLDPR】

步骤六：添加图 11.6.0.10 所示零件【阀体 .SLDPRT 】和相应配合。

（1）选择控制面板【配合】命令，弹出"配合"属性管理器。

（2）添加【同轴心】配合。选择属性管理器中【同轴心】 ◎ 选项，选取如图 11.6.0.11 所示的两个面为同轴心面，单击 ✓ 按钮。

（3）添加【重合】配合。选择属性管理器中【重合】 ⚒ 选项，选取如图 11.6.0.12 所示的两个面为重合面，单击 ✓ 按钮。

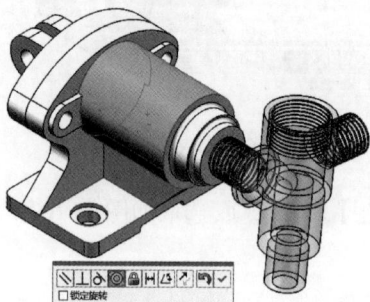

图 11.6.0.11　选取同轴心面　　　　　图 11.6.0.12　选取重合面

步骤七：添加图 11.6.0.13 所示零件【上阀瓣 .SLDPRT 】【下阀瓣 .SLDPRT 】，并添加相应配合。

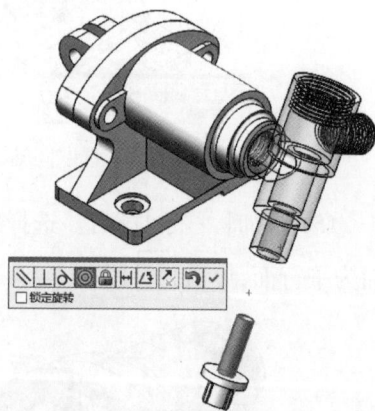

（1）选择控制面板【配合】命令，弹出"配合"属性管理器。

（2）添加【同轴心】配合。选择属性管理器中【同轴心】 ◎ 选项，选取如图 11.6.0.14 所示的两个面为同轴心面，单击 ✓ 按钮。

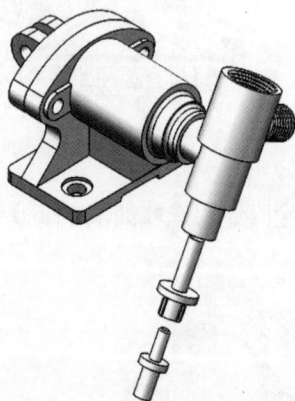

图 11.6.0.13　添加【上阀瓣 .SLDPRT 】和【下阀瓣 .SLDPRT 】　　　图 11.6.0.14　选取同轴心面

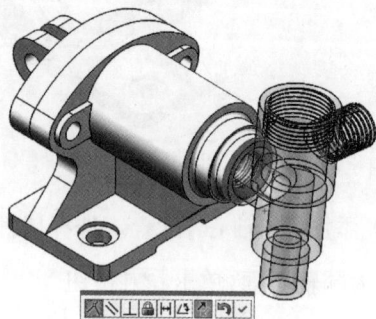

（3）添加【重合】配合。选择属性管理器中【重合】 ⚒ 选项，选取如图 11.6.0.15 所示的两个面为重合面，单击 ✓ 按钮。

（4）添加【同轴心】配合。选择属性管理器中【同轴心】 ◎ 选项，选取如图 11.6.0.16 所示的两个面为同轴心面，单击 ✓ 按钮。

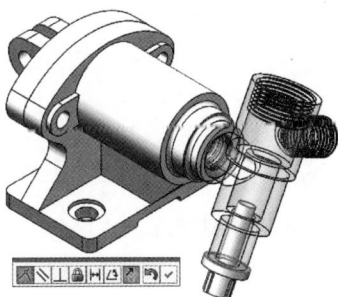

图 11.6.0.15 选取重合面

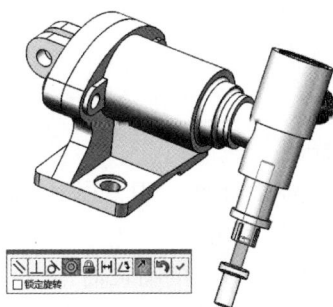

图 11.6.0.16 选取同轴心面

（5）添加【重合】配合。选择属性管理器中【重合】 选项，选取如图 11.6.0.17 所示的两个面为重合面，单击 按钮。

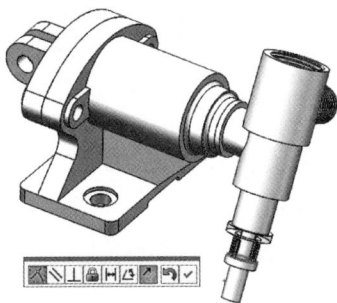

图 11.6.0.17 选取重合面

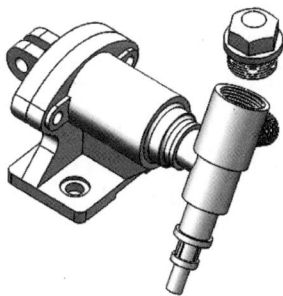

图 11.6.0.18 添加【阀盖 .SLDPRT】

步骤八：添加图 11.6.0.18 所示零件【阀盖 .SLDPRT】和相应配合。

（1）添加【同轴心】配合。选择属性管理器中【同轴心】 选项，选取如图 11.6.0.19 所示的两个面为同轴心面，单击 按钮。

（2）添加【重合】配合。选择属性管理器中【重合】 选项，选取如图 11.6.0.20 所示的两个面为重合面，单击 按钮。

（3）添加【平行】配合。选择属性管理器中【平行】 选项，选取如图 11.6.0.21 所示的两个面为平行面，单击 按钮。

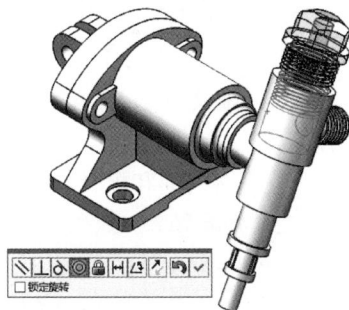

图 11.6.0.19 选取同轴心面

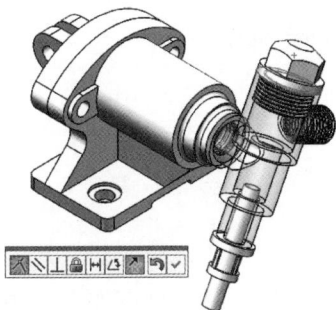

图 11.6.0.20 选取重合面

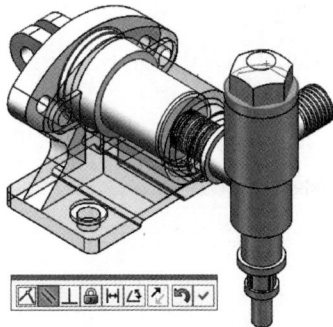

图 11.6.0.21 选取平行面

11.7　课后练习

一、选择题

1. 在装配体中对两个圆柱面做同轴心配合时,应该选择(　　)。
　　A.圆柱端面的圆形边线　　　　　　B.圆柱面或者是圆形边线
　　C.通过圆柱中心的临时轴　　　　　D.以上所有均可

2. 在装配时,如何把多个零件同时插入到一个空的装配体文件中(　　)。
　　A.把所有零件打开,一起拖到装配体中
　　B.选择【插入】→【零部件】→【已有零部件】命令,选择所有零件,再单击打开
　　C.直接在资源管理器中找到文件,全部选中后拖到装配体中
　　D.新建一个文档导入

3. 在 SolidWorks 装配中,手动拖动一个零部件 A,在"移动零部件"属性管理器中,选中【物质动力】单选按钮,当零部件 A 与其他零部件 B(不是固定的)想接触,会(　　)。
　　A.发生碰撞,零部件 A 停止移动
　　B.零部件 A 驱动零部件 B 在所允许的自由度范围内移动和旋转
　　C.零部件 A 继续运动,穿过零部件 B,而零部件 B 保持不动

4. 在装配体中对零件进行镜像旋转时,有时候要区分左右版本,应(　　)。
　　A.在单独的选择框中选择添加要区分左右的零部件
　　B.在选择框中要区分左右的零部件打【√】
　　C.单独将需要区分左右的零部件镜像

5. 在装配体中,压缩某个零部件,与其有关的装配关系(　　)。
　　A.不会被压缩　　　　　　B.压缩　　　　　　C.删除

6. 装配文件的 FeatureManager 设计树与零件 FeatureManager 设计树相比,多了以下(　　)项目。
　　A.右视面和配合　　　　　　B.右视面　　　　　　C.配合

二、判断题

1. 在装配文件的管理设计树内,能改变零部件的次序。(　　)
2. 第一个放入到装配体中的零件,默认为固定。(　　)
3. 在一个装配体中,子装配体可以以不同的配置来显示该子装配体的不同实例。(　　)

三、装配题

1. 根据如图 11.7.0.1 所示连杆盖、连杆、连杆联结销的二维工程图,建立三个零件的三维模型。
2. 将所生成的零件装配成连杆装配体。
3. 生成装配体爆炸图。

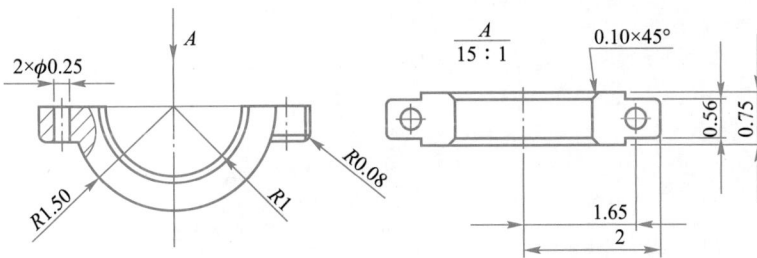

（a）连杆盖

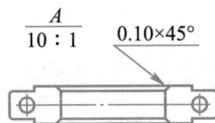

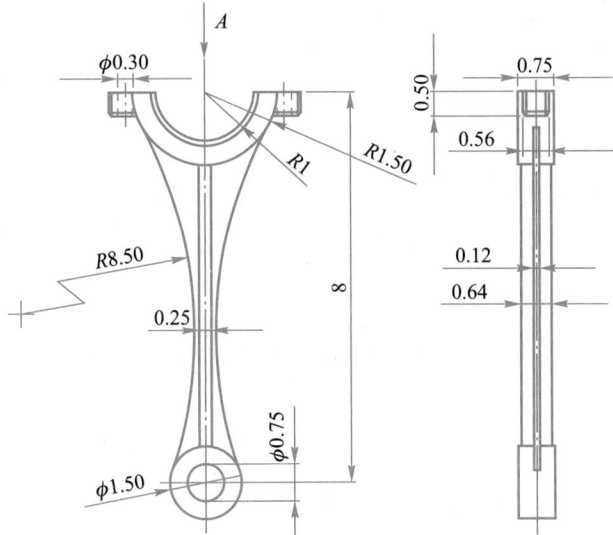

（b）连杆

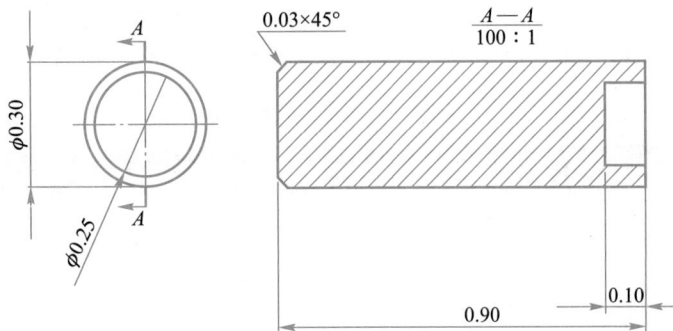

（c）连杆联结销

图 11.7.0.1 习题

第十二章　CSWA 考证考点

微课
CSWA 考证介绍

CSWA 的全称为 Certified SolidWorks Associate。

CSWA 考试是全面的在线测试, 源自企业 / 行业 / 工程 / 标准的需求。由美国 SolidWorks 总部统一出题, 衡量学生在以下方面的能力:

三维建模技术

- 零件与装配体
- 二维草图, 几何原理
- 工程图基础

设计流程

设计意图

工程原则

- 质量属性
- 材料
- 设计迭代

行业惯例和标准的识别

CSWA 认证考试在互联网上进行, 其考题由计算机自动随机生成, 每位考生都不一样。考试卷面总共 14 题, 具体见表 12.0.0.1。考试自动计时, 自动评卷打分, 当场获知考试结果。

表 12.0.0.1　考题分类及分数

分类	题量	分数	总分
绘图理论	3	5	15
基本零件建模	2	15	30
中等零件建模	2	15	30
高级零件建模	3	15	45
装配体建模	4	30	120
总分			240

考试时间：3 小时（180 分钟）

及格分数：165 分（68.75%）

【考点汇总】

草图实体：直线、中心线（构造线）、矩形、圆、圆弧、槽口、圆角／倒角；

草图工具：等距、转换实体引用、镜像、剪裁；

草图几何关系；

草图尺寸标注；

拉伸凸台、拉伸切除、旋转凸台、旋转切除；

圆角和倒角；

阵列特征：线性、圆形阵列；

特征的成形条件：起始条件和终止条件；

参考几何体：基准面；

编辑材料、查看质量属性；

装配体插入零部件；

装配体标准零件配合：重合、平行、垂直、相切、同心、距离、角度；

基准面与临时轴作为配合参考；

参考几何体：坐标系；

工程图纸与视图。

12.1   考点一　绘制草图与创建实体

12.1.1   零件模型的建立

在 SolidWorks 中,零件模型的建立是基于【预设零件】给予的【草图特征】对应生成【实体】,并对【草图】或【实体】的【应用特征】进行编辑,得到最终的【零件】,如图 12.1.1.1 所示。

微课
考点一　绘制草图
与创建实体

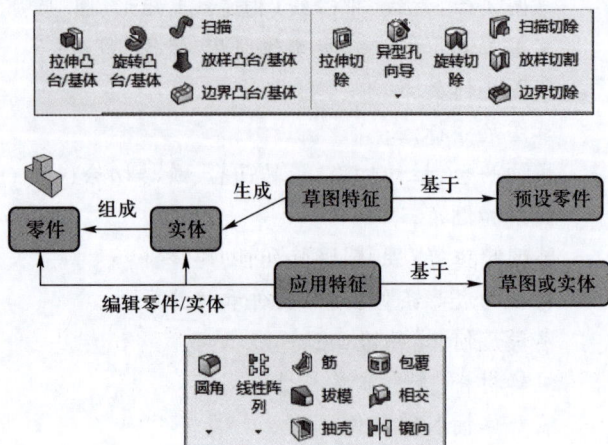

图 12.1.1.1　零件模型的建立

由此得知,零件的创建基于特征,特征的创建基于草图。

12.1.2   基准面

SolidWorks 建模界面内提供了三个默认的基准面,即【前视基准面】【上视基准面】和【右视基准面】,如图 12.1.2.1 所示。

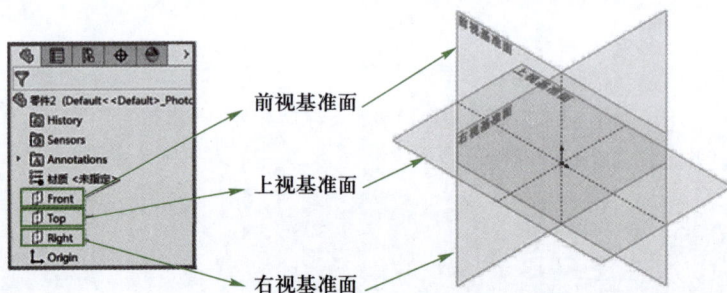

图 12.1.2.1　SolidWorks 2017 的基准面

12.1.3   一般建模步骤

编辑草图和编辑特征是实体生成的两个步骤。

编辑草图的步骤如下:

步骤一:选择一个平面(基准面或实体的平面),如图 12.1.3.1 所示。

步骤二:在【草图】工具栏中,单击【草图绘制】按钮,如图 12.1.3.2 所示。

步骤三:编辑草图。

步骤四:单击图形区域右上角的 ⤵ 按钮,完成并退出草图,如图 12.1.3.3 所示。**注意:若单**

击 ✖ 按钮,则草图将恢复到编辑之前的状态,即退出草图环境但对更改内容不做保存。

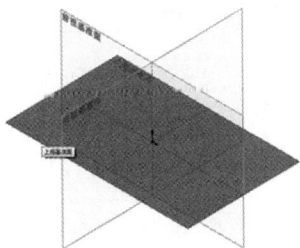

图 12.1.3.1 选择基准面

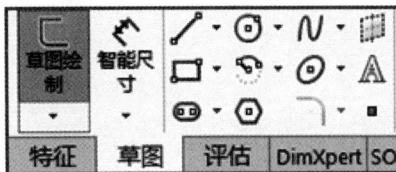

图 12.1.3.2 草图绘制

【拉伸凸台/基体】特征的创建步骤如下:

步骤一:选中已编辑好的草图。

步骤二:在【特征】工具栏中,单击【拉伸凸台/基体】按钮或右击,在弹出的快捷菜单中选择【拉伸凸台/基体】,如图 12.1.3.4 所示。(注意:若弹出的工具栏中无【拉伸凸台/基体】命令,可在工具栏空白处右击选择【自定义...】,在弹出的"自定义"对话框中将拉伸命令拖动至图形区域工具栏中,单击【确定】完成。)

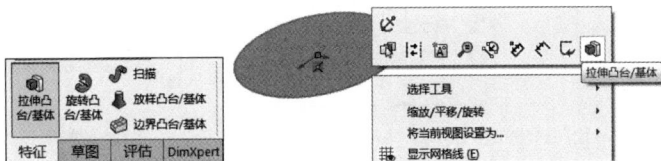

图 12.1.3.3 退出草图指示器

图 12.1.3.4 拉伸凸台/基体

步骤三:设置特征的属性。

步骤四:单击 ✔ 按钮,完成拉伸特征的创建。

12.1.4 草图创建与编辑

草图创建与编辑有以下两种方法。

方法 1:先选择命令,再选择面,如图 12.1.4.1 所示。

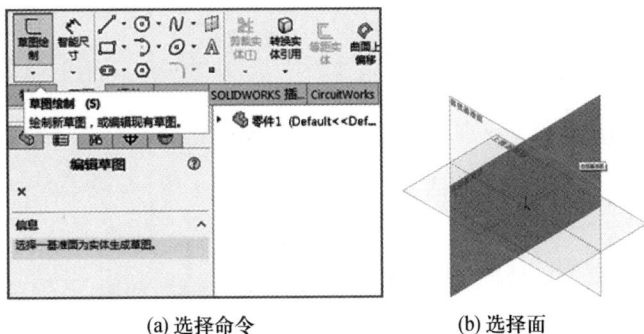

(a)选择命令   (b)选择面

图 12.1.4.1 草图绘制——创建与编辑(方法 1)

方法 2：先选择面，再选择命令，如图 12.1.4.2 所示。

（选择面，会弹出关联工具栏；右键面，选择快捷菜单中的关联工具栏；特征管理设计树中，右键基准面，选择关联工具栏）

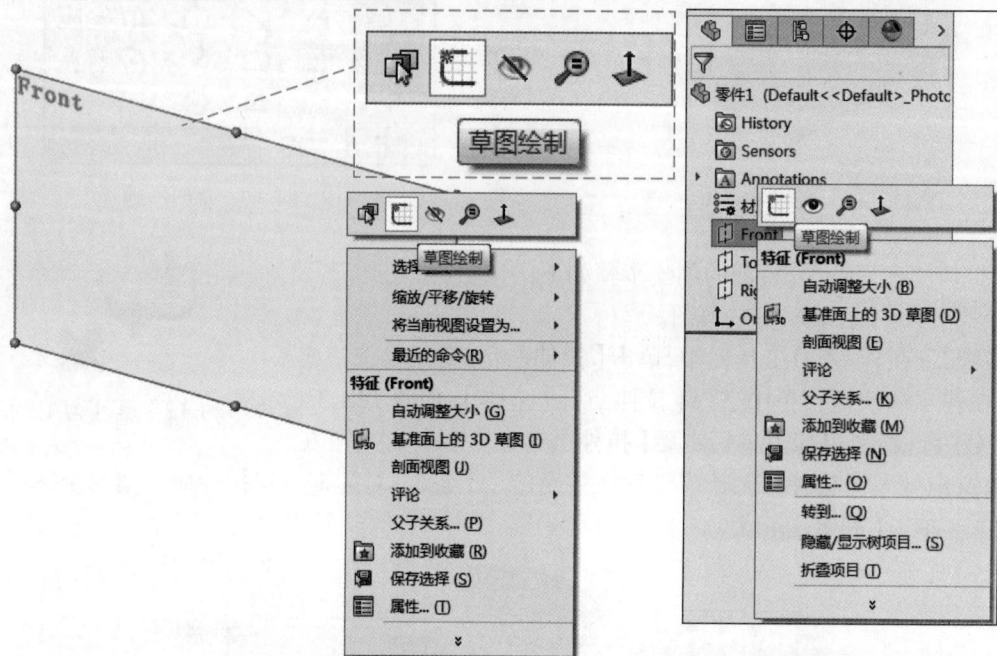

(a) 绘图区域中操作示意　　　　　(b) 特征管理设计树中操作示意

图 12.1.4.2　草图绘制——创建与编辑（方法 2）

12.1.5　草图工具

【草图】工具栏中的草图工具如图 12.1.5.1 所示。

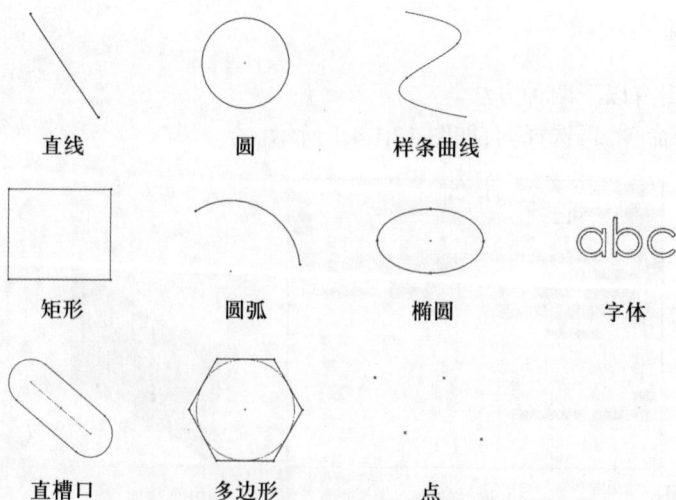

图 12.1.5.1　草图工具

12.1.6 实体建模思路

实体建模的思路分为两种：第一种是根据模型的造型，不考虑尺寸，按照三坐标空间，绘制出模型的相似造型，完成实体模型临摹；第二种是由下至上，按照图纸尺寸，分析模型结构，建成基体部分，完善细节，完成建模。

不考虑模型尺寸，建立以下三个实体，如图12.1.6.1 所示。

由下至上的建模思路，如图 12.1.6.2 所示。

【思考与理解】

在 SolidWorks 中如何确定草图形状？

【尺寸标注】

• 可定义草图中几何图形的尺寸大小。

• 可定义草图中几何图形的位置关系。

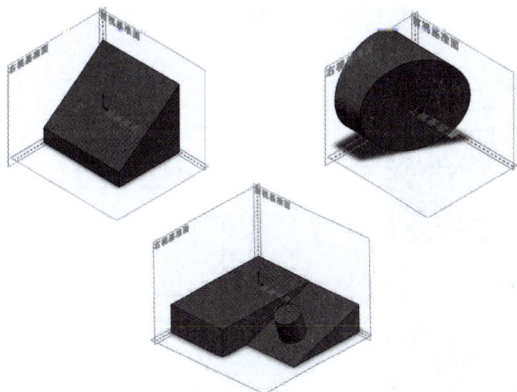

图 12.1.6.1 不考虑模型尺寸创建实体模型

动画
建模

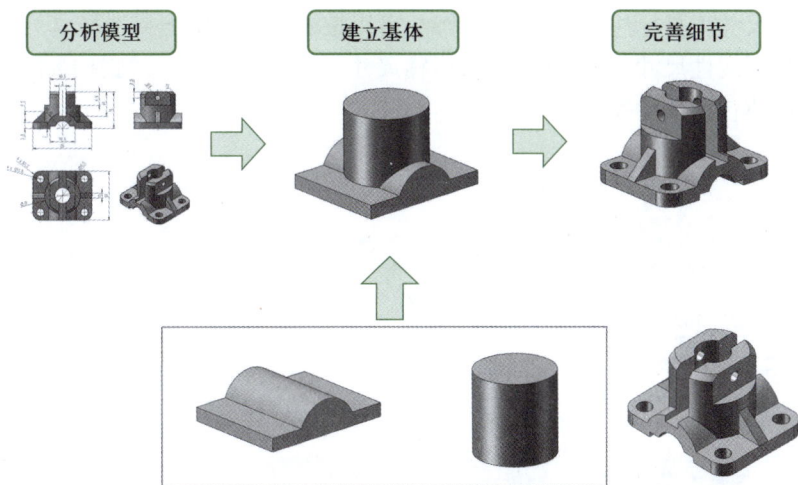

图 12.1.6.2 由下至上的建模思路

【草图几何关系】

可定义草图中几何体的相互关系。

草图尺寸标注、几何关系如图 12.1.6.3 所示。

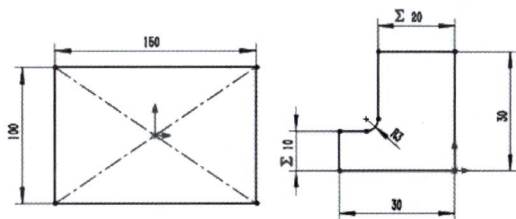

图 12.1.6.3 草图尺寸标注、几何关系

12.1.7 尺寸标注

尺寸标注区分如图 12.1.7.1 所示。

动画
形状尺寸

动画
定位尺寸

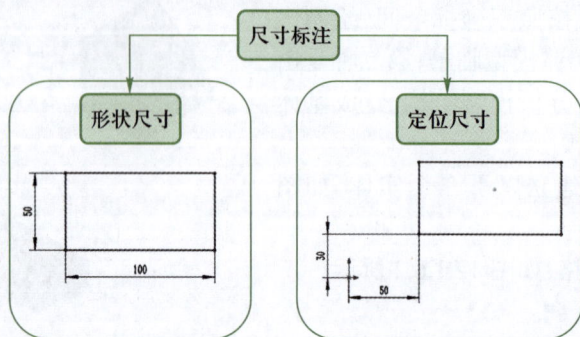

图 12.1.7.1　尺寸标注区分

尺寸类型由所选择的草图实体决定。对某些类型的尺寸标注（点到点、角度、圆），放置尺寸的位置也会影响所添加的尺寸类型。

在使用智能尺寸工具标注多个实体尺寸时，可以按 Esc 键撤销上一选择。

尺寸标注包括线性尺寸，圆、弧的尺寸，对称尺寸，相切尺寸，角度，如图 12.1.7.2 所示。

尺寸属性更改包括从动和只读两种。

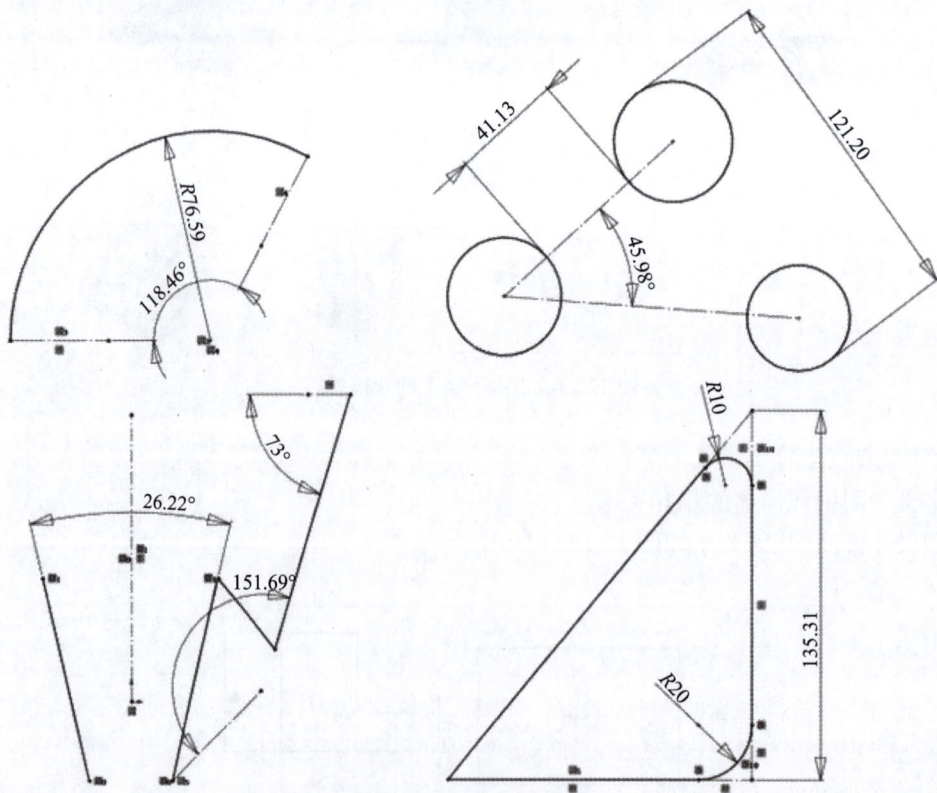

图 12.1.7.2　尺寸标注类型

12.1.8　几何关系

几何关系区分如图 12.1.8.1 所示。

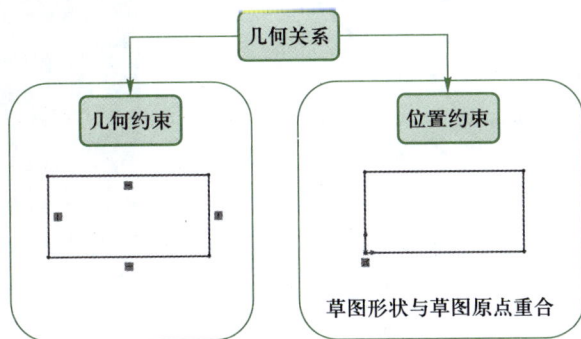

动画
几何约束

动画
位置约束

图 12.1.8.1　几何关系区分

几何关系与尺寸标注密切相关,几何关系是定义草图中图形的相互关系,同时也会受到草图尺寸的影响。

几何约束的屏幕显示控制:选择菜单栏中的【视图】→【隐藏 / 显示】→【草图几何关系】命令,可以控制草图几何约束的显示或者隐藏。

常见的几何关系如图 12.1.8.2 所示。

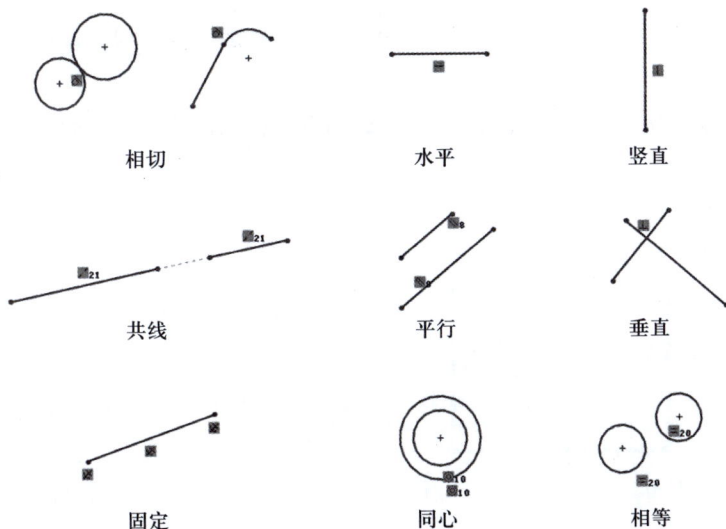

图 12.1.8.2　常见的几何关系

12.1.9　指针显示

在草图中,指针显示几何关系,如端点、中点、交叉线,如图 12.1.9.1 和图 12.1.9.2 所示。指针还可以显示实体类型,如直线、矩形、圆弧以及圆,如图 12.1.9.3 所示。

指针反馈为黄色:自动添加几何关系。

指针反馈为白色:只作为临时参考,不添加任何几何关系。

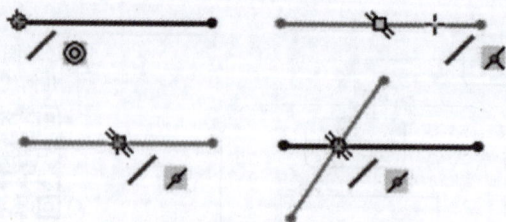

图 12.1.9.1　指针显示几何关系

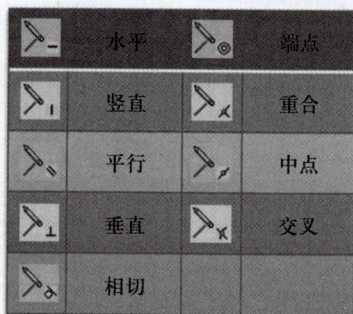

水平		端点
竖直		重合
平行		中点
垂直		交叉
相切		

图 12.1.9.2　指针显示几何关系状态

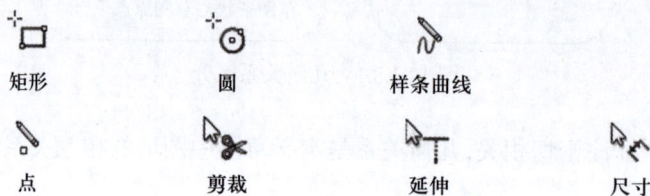

矩形　　　　　　圆　　　　　　样条曲线

点　　　　　剪裁　　　　　延伸　　　　　尺寸

图 12.1.9.3　指针显示实体 / 工具

12.1.10　推理线

推理线为虚线,在绘图时出现,显示指针和现有草图实体(或模型几何体)之间的几何关系,如图 12.1.10.1 所示。

推理线颜色:黄色虚线可以捕捉和自动添加几何关系;无色虚线辅助绘图,不添加任何几何关系,如图 12.1.10.2 所示。

🐾动画
推理线

图 12.1.10.1　推理线(虚线)

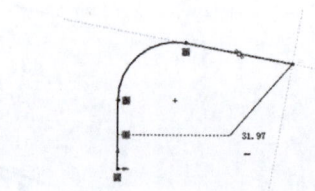

图 12.1.10.2　推理线(颜色)

12.1.11　草图状态

草图状态分为欠定义、完全定义和过定义三种,如图 12.1.11.1 所示。

• 欠定义。几何图形缺少尺寸或几何关系,此时移动草图可以改变几何体形状或位置。

• 完全定义。几何图形已经拥有足够的尺寸以及几何关系,此时移动草图不可改变几何体形状和位置。

• 过定义。几何图形的尺寸或者几何关系有冲突,此时几何图形会呈现为黄色或者红色。

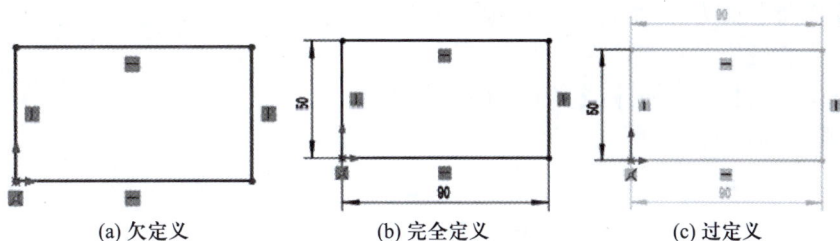

(a) 欠定义　　　　　　(b) 完全定义　　　　　　(c) 过定义

图 12.1.11.1　草图状态

12.1.12　剪裁实体工具

剪裁实体工具可剪裁或延伸草图实体,或删除草图实体,如图 12.1.12.1 所示。

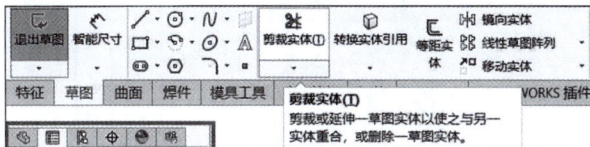

图 12.1.12.1　剪裁实体工具

剪裁实体工具选项如图 12.1.12.2 所示,其含义如下:

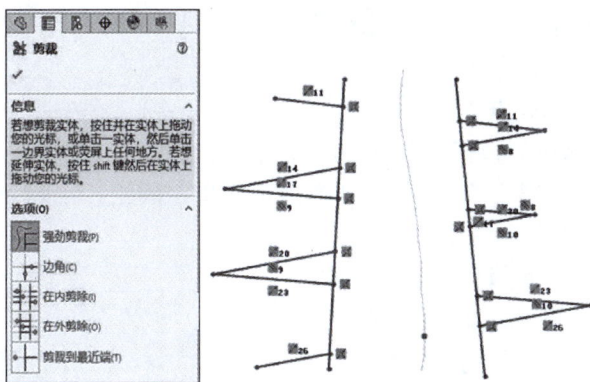

图 12.1.12.2　剪裁实体工具选项

【强劲剪裁】对鼠标划过的地方进行剪裁;

【边角】对封闭模型的边角以外多余的线段进行剪裁;

【在内剪除】选择多条线段,对内部的所有"无连接"多余线段进行剪裁;

【在外剪除】选择多条线段,对外部的所有"无连接"多余线段进行剪裁;

【剪裁到最近端】对线段进行剪裁,剪裁至最近端。

12.1.13　考点总结

- 实体(零件)生成基于特征,特征的创建基于草图;
- 通过草图生成实体或切除实体;
- 草图的三个状态:欠定义、完全定义、过定义;
- 编辑草图的一般方法:先使用草图工具绘制大致形状,再标注尺寸或添加几何关系;

- 绘制草图形状的方法:组合法、一笔画、混合法;
- 拉伸凸台特征以及拉伸切除特征;
- 一个实体(零件)是由一个或多个特征组合而成。
草图练习如图 12.1.13.1 所示。

动画
草图操作流程 1

动画
草图操作流程 2

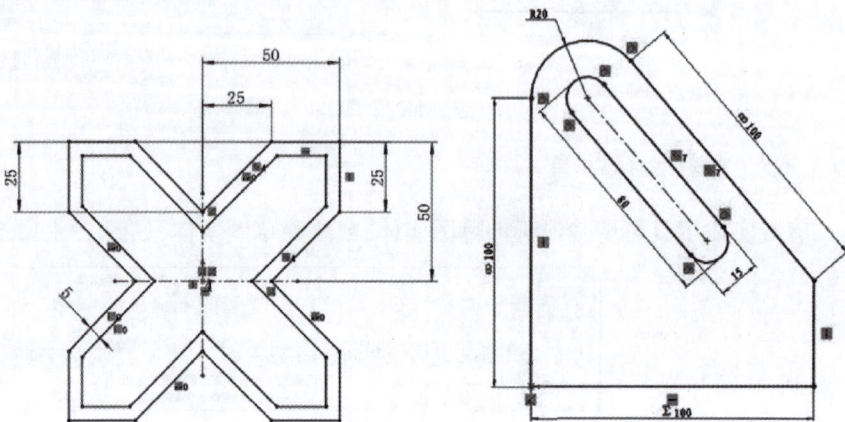

图 12.1.13.1　草图练习

12.2　考点二　拉伸凸台与拉伸切除

微课
考点二　拉伸凸
台与拉伸切除

【掌握要点】

掌握拉伸特征(图 12.2.0.1)的【终止条件】,即【给定深度】→【成形到下一面】→【成形到一面】→【到离指定面指定的距离】→【两侧对称】。

- 学会使用分割线分割平面;
- 拉伸同时添加【拔模】;
- 拔模分析与拔模特征;
- 特征的复制与粘贴。

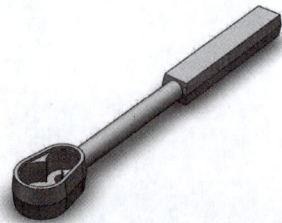

动画
拉伸凸台与
拉伸切除

12.2.1　案例教学

步骤一:选择上视基准面绘制草图,进行【拉伸凸台 / 基体】,设置成形条件为【两侧对称】,拉伸深度为 15 mm,拔模角度为 7°,如图 12.2.1.1 所示。

步骤二:选择右视基准面绘制草图,注意草图的位置,圆的直径大小为 12 mm,如图 12.2.1.2 所示。

步骤三:对草图进行【拉伸凸台 / 基体】,设置成形条件为【成形到下一面】,如图 12.2.1.3 所示。

图 12.2.0.1　拉伸凸台与拉伸切除

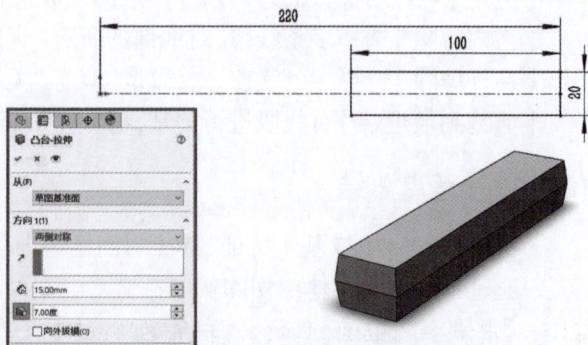

图 12.2.1.1　凸台 – 拉伸 – 两侧对称 – 拔模

步骤四：选择上视基准面绘制草图，进行【拉伸凸台 / 基体】，设置成形条件为【两侧对称】，拉伸深度为 20 mm，拔模角度为 7°，如图 12.2.1.4 所示。

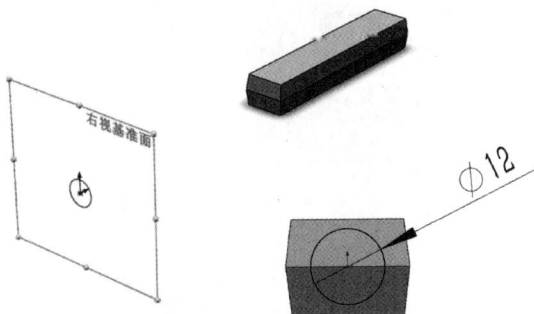

图 12.2.1.2　绘制草图 – ϕ12

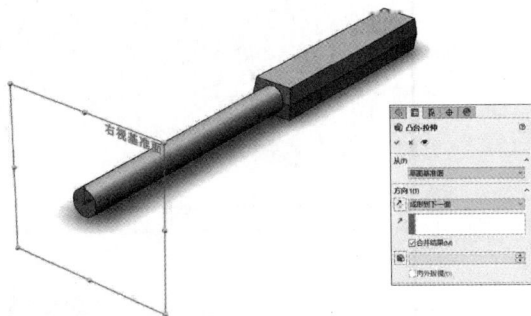

图 12.2.1.3　凸台 – 拉伸 – 成形到下一面

步骤五：选择图中平面绘制草图，并对该平面使用【等距实体】，距离为 2 mm，如图 12.2.1.5 所示。

步骤六：草图编辑完成后，进行【拉伸切除】，【拉伸深度】为 2 mm，如图 12.2.1.6 所示。

步骤七：绘制草图并进行【拉伸切除】，设置成形条件为【到离指定面指定的距离】，选择的平面为粉色轮廓面，设置距离为 5 mm，如图 12.2.1.7 所示。

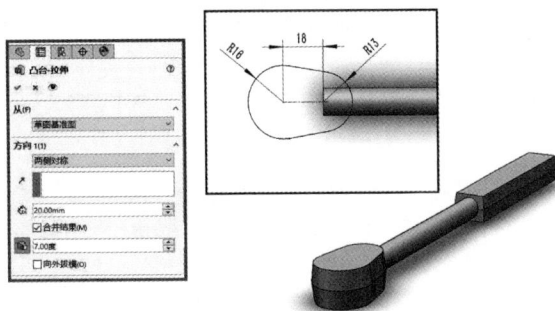

图 12.2.1.4　凸台 – 拉伸 – 两侧对称 – 拔模

步骤八：绘制草图并进行【拉伸切除】，设置成形条件为【完全贯穿】，如图 12.2.1.8 所示。

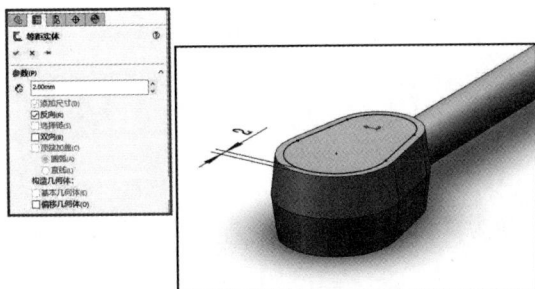

图 12.2.1.5　绘制草图 – 等距实体

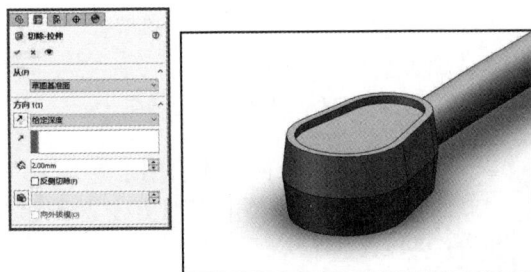

图 12.2.1.6　切除 – 拉伸

12.2.2　拉伸凸台 / 基体

如图 12.2.2.1 所示，根据图中数据（模型实例见"12.2.2 拉伸凸台、基体 .SLDPRT"）编辑草图，利用编辑完成的草图创建【拉伸凸台 / 基体】，设置终止条件为【给定深度】，拉伸深度设置为 10 mm。

粉色轮廓面

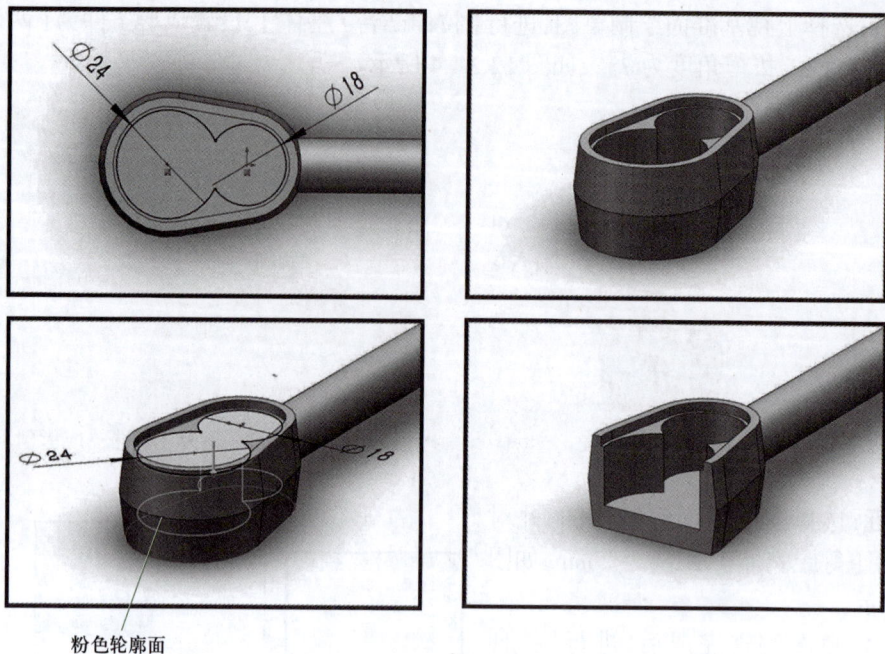

图 12.2.1.7   切除 – 拉伸 –【到离指定面指定的距离】

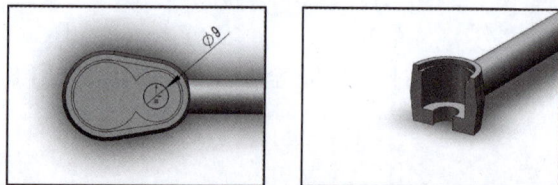

图 12.2.1.8   切除 – 拉伸 –【完全贯穿】

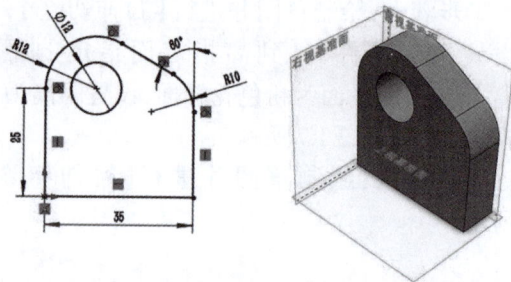

图 12.2.2.1   拉伸凸台 / 基体

12.2.3   转换实体引用及等距实体

动画
拉伸凸台 / 基体

【转换实体引用】
将模型上所选边线或草图实体转换为草图实体。
【等距实体】
通过以一指定距离等距面、边线、曲线或草图实体来添加草图实体。
转换实体引用及等距实体如图 12.2.3.1 所示。

12.2.4   拉伸切除

使用【等距实体】工具编辑图中草图(模型实例见"12.2.4 拉伸切除 .SLDPRT"),利用编辑完成的草图进行【拉伸切除】,设置终止条件为【给定深度】,切除深度设置为 9 mm,如图 12.2.4.1 所示。

引用实体

转换实体引用

转换实体引用
将模型上所选边线或草图实体转换为草图实体。

等距实体

等距实体

等距实体
通过以一指定距离等距面、边线、曲线或草图实体来添加草图实体。

10

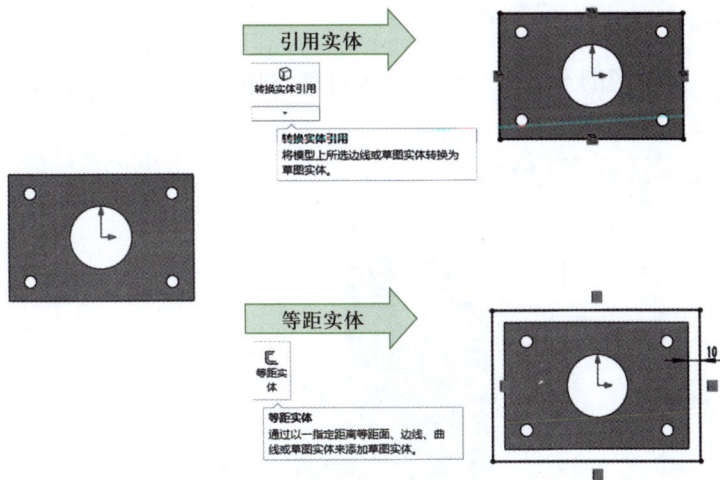

图 12.2.3.1 转换实体引用及等距实体

动画
拉伸切除

动画
反向切除

动画
开环切除

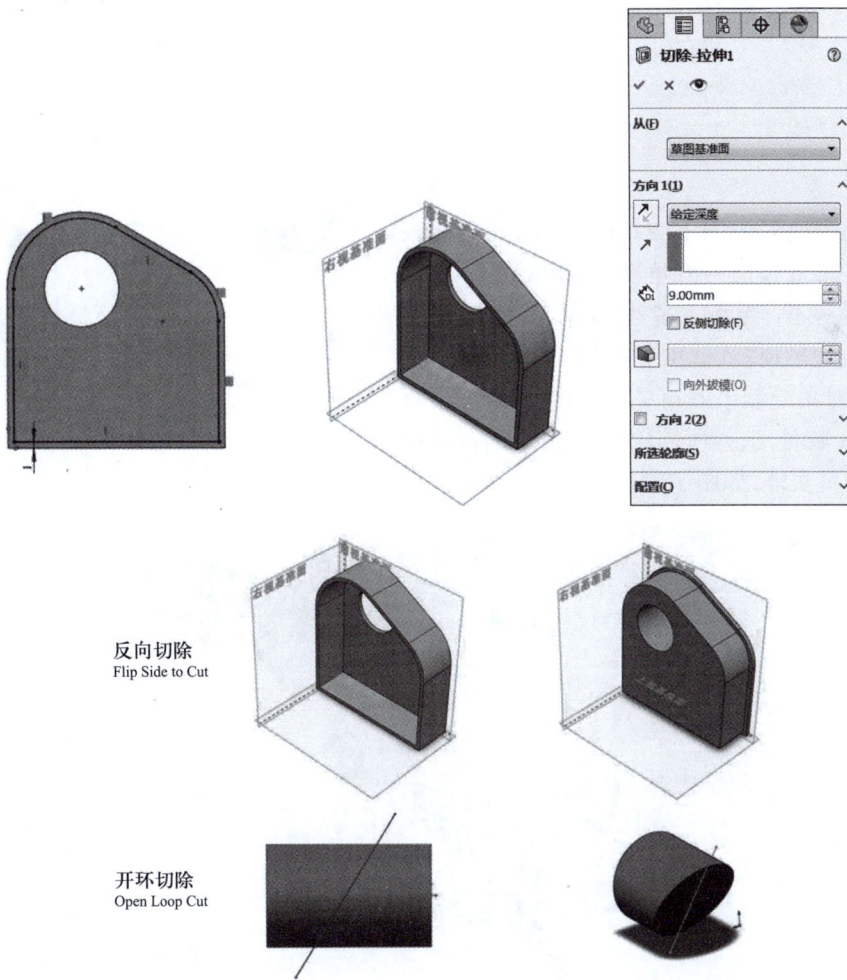

切除-拉伸1

从(F)
草图基准面

方向1(1)
给定深度

9.00mm

反侧切除(F)

向外拔模(O)

方向2(2)

所选轮廓(S)

配置(O)

反向切除
Flip Side to Cut

开环切除
Open Loop Cut

图 12.2.4.1 拉伸切除

12.2.5　薄壁特征

　　【薄壁特征】是对草图图形进行(单向、两侧对称、双向)加厚,并使用凸台 – 拉伸 – 薄壁成形的特征,如图 12.2.5.1 所示。

动画
薄壁特征

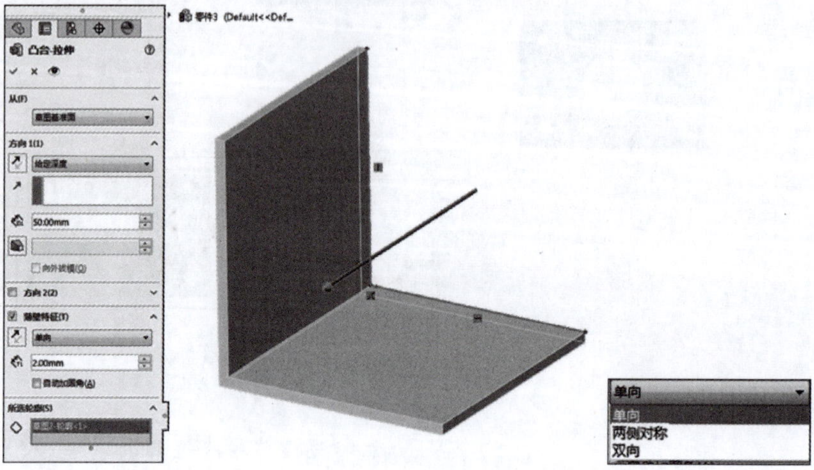

图 12.2.5.1　凸台 – 拉伸 – 薄壁特征

12.2.6　拔模

　　思考:如何快捷地完成图 12.2.6.1 所示的五角星模型(模型实例见"12.2.6 拔模 – 五角星 .SLDPRT")。

　　步骤一:创建草图,绘制【多边形】,参数设置为 φ60 mm 外接圆五边形,将其选项中的【作为构造线】选中,按照五边形的对角绘制出五角星连接线,当草图中有多于一个的封闭区域时,选择所需轮廓,使用【凸台 – 拉伸】特征生成五角星实体,如图 12.2.6.2 所示。

图 12.2.6.1　五角星模型

动画
拔模 – 五角星

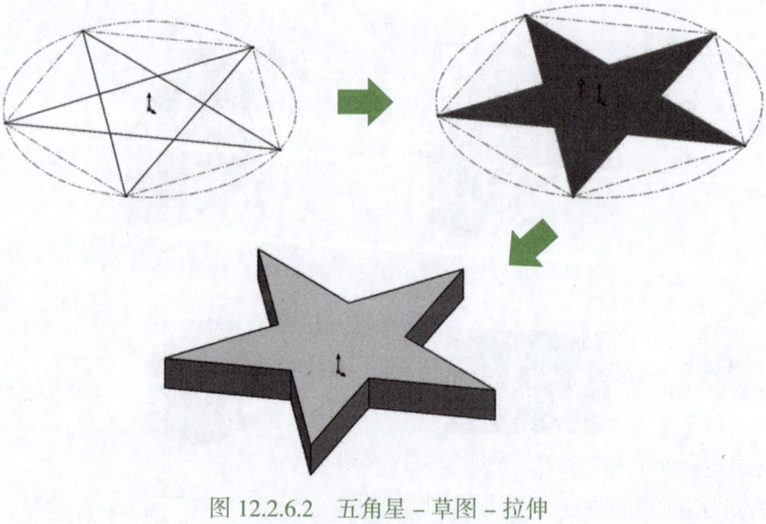

图 12.2.6.2　五角星 – 草图 – 拉伸

步骤二：五角星形状拉伸过程中，在【凸台 – 拉伸】工具栏，添加拔模角度（拉伸实体有一定的向内或向外的倾斜角度），并添加反方向的【拉伸 – 拔模】，利用【拔模】完成五角星模型，如图12.2.6.3 所示。

图 12.2.6.3　拔模 – 五角星

12.2.7　建模思考

思考：如何能快速地建立该模型。

题目：建模完成后，测量模型体积。

步骤一：观察模型（模型实例见"12.2.7 实体模型 .SLDPRT"）的摆放位置，找出模型的建模基准，根据图12.2.7.1 实体模型工程图由下至上建模而成。

步骤二：创建草图，根据图 12.2.7.1中的尺寸参数，绘制出实体模型底部凸台的草图轮廓，使用【凸台 – 拉伸】特征，将其进行拉伸成形，如图12.2.7.2 所示。

步骤三：观察图 12.2.7.1，A 向视图与底座凸台产生一定倾斜角度，利用参考几何体【创建基准面】，选择工具栏中的【参考几何体】→【基准面】命令，创建过程如图 12.2.7.3 所示。

快速创建方法：选择现有基准面，按住 Ctrl 键并拖动基准面，即可生成一个新的基准。

A 向视图与底座凸台产生一定角度，利用参考几何体【创建基准面】，"第一参考"选择凸台上表面，选择【角度】，设置为 30°；"第二参考"选择凸台上方右侧边线，选择【重合】。创建过程如图 12.2.7.4 所示。

步骤四：在创建的基准面上，创建草图，此时需要注意

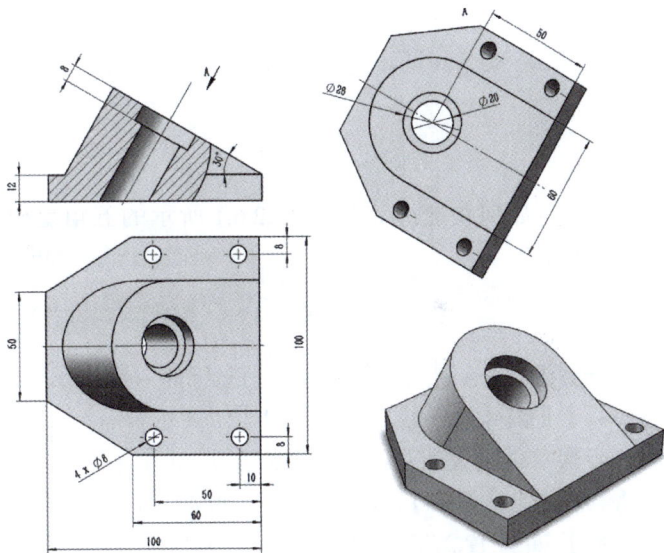

图 12.2.7.1　实体模型工程图

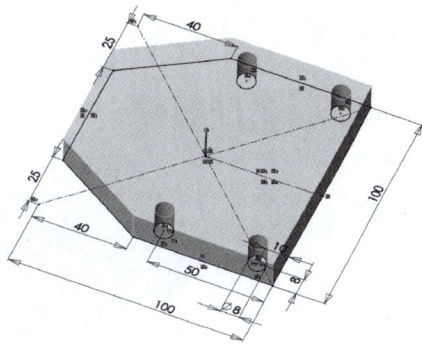

图 12.2.7.2　实体模型 – 草图 – 凸台 – 拉伸

将视角转换为【正视于】,方便绘制草图。将凸台表面上端线段【转换实体引用】,作参考中心线,绘制出视图 A 的轮廓草图,如图 12.2.7.5 所示。

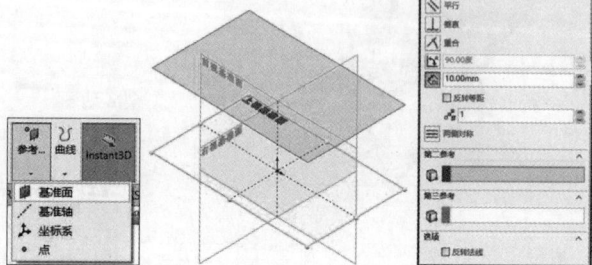

图 12.2.7.3   创建基准面

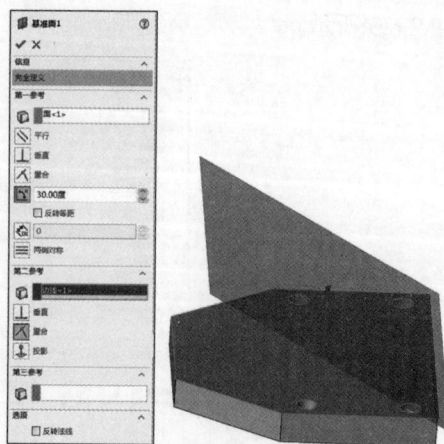

图 12.2.7.4   创建基准面 – 角度

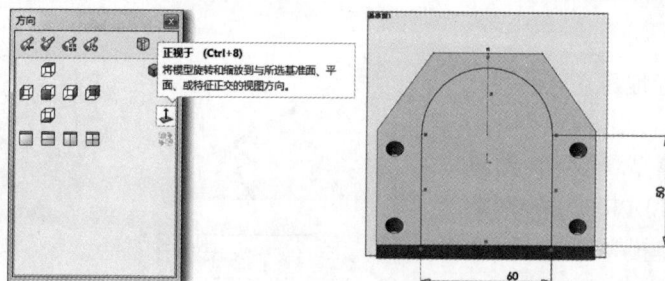

图 12.2.7.5   创建草图 – 正视于 – 绘制草图

步骤五:将绘制完成的草图进行【凸台 – 拉伸】,拉伸方向选择【反方向】,朝下,【成形到下一面】,选中【合并结果】,如图 12.2.7.6 所示。

步骤六:将【基准面 1】进行右键【隐藏】,在实体模型倾斜表面创建草图,绘制出两个孔洞,并将其【拉伸 – 切除】,将大圆 $\phi 28$ mm 向下拉伸切除 8 mm,将小圆 $\phi 20$ mm 向下拉伸切除【完全贯穿】,如图 12.2.7.7 所示。

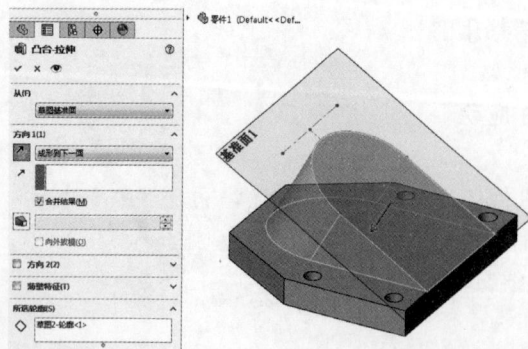

图 12.2.7.6   凸台 – 拉伸 – 成形到下一面

图 12.2.7.7   拉伸 – 切除 – 完全贯穿

步骤七：对绘制完成的实体模型创建【坐标系】，选择【参考几何体】→【坐标系】命令，如图 12.2.7.8 所示。

步骤八：对添加完成坐标系的实体模型进行计算体积，单击功能栏中的【评估】›【质量属性】按钮，计算出实体模型的体积，同时还可以计算模型的质量、表面积、重心等，如图 12.2.7.9 所示。

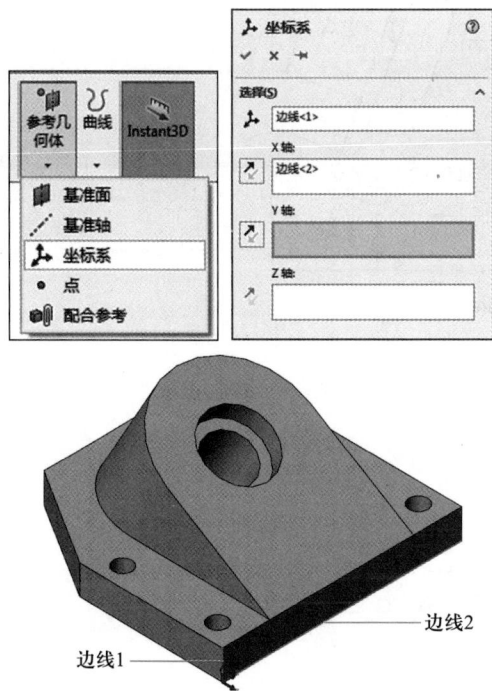

图 12.2.7.8　创建坐标系

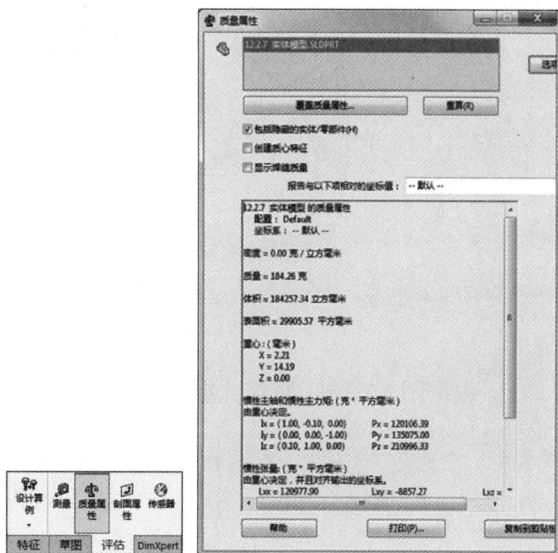

图 12.2.7.9　评估 – 质量属性

12.2.8　考点总结

- 了解拉伸特征终止条件的使用；
- 参考基准面的创建；
- 参考坐标系的创建；
- 在必要的时候创建新的基准面；
- 拉伸同时使用【拔模】属性。

【考点测试】

1. 参照图 12.2.8.1 绘制草图，注意其中的水平、相切、同心、对称等几何关系。

问草图上色区域的面积是多少？图中单位为 mm。

A	B	C	D	E	F	面积
29	14	70	58	139	19	2 598.56

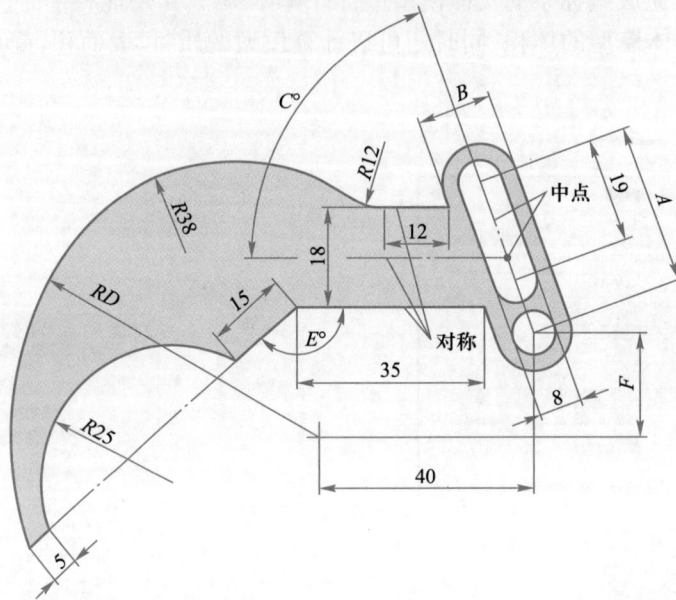

图 12.2.8.1　考点测试 1

2. 根据图 12.2.8.2 所给数据,完成草图练习。

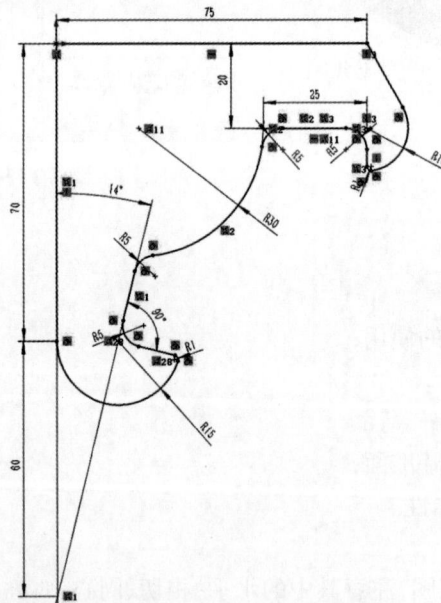

图 12.2.8.2　考点测试 2

3. 图 12.2.8.3 中零件的质量为多少 g？保留两位小数。

单位为 MMGS,材料为 1060 铝合金(密度为 2 700 kg/m³)

答案:359.12 g

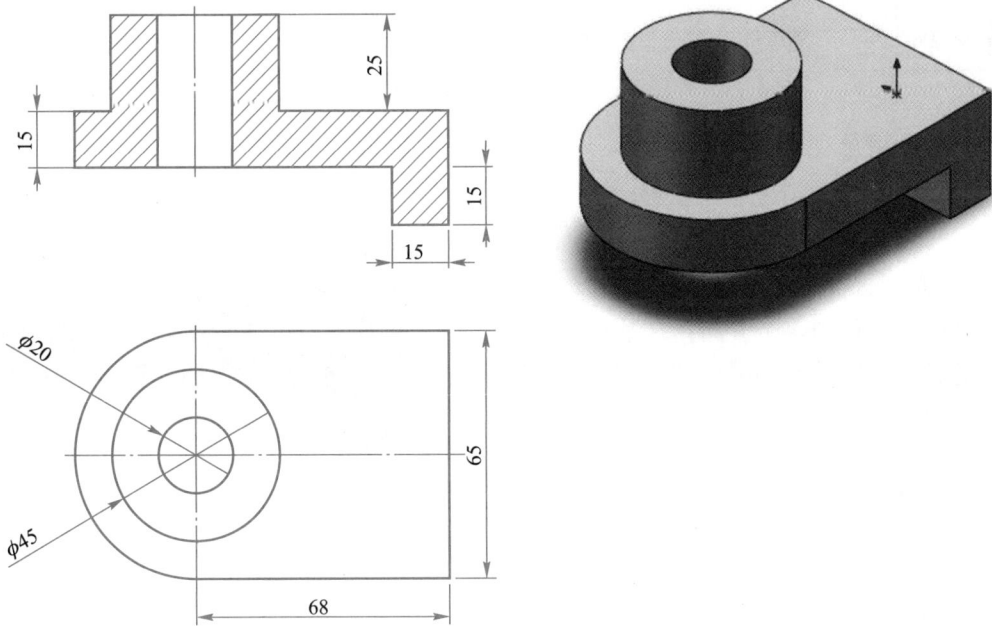

图 12.2.8.3 考点测试 3

4. 图 12.2.8.4 中零件的质量为多少 g？保留两位小数。
单位为 MMGS, 材料为 1060 铝合金（密度为 2 700 kg/m³）
答案：16.69 g

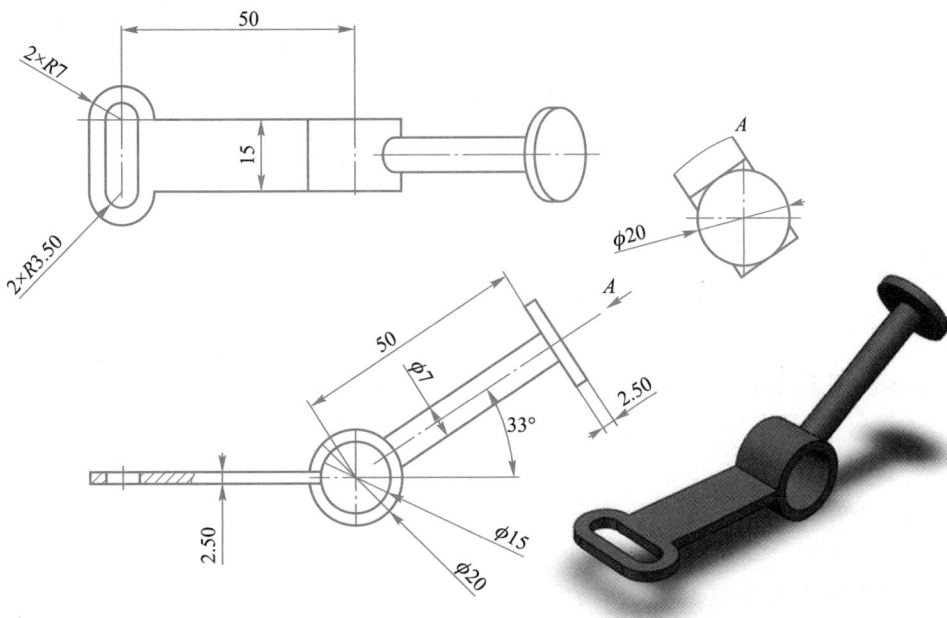

图 12.2.8.4 考点测试 4

12.3　考点三　旋转、扫描与放样特征

12.3.1　旋转特征

【掌握要点】

旋转特征是将要旋转图形的横截面绕一条轴线旋转而形成的实体特征。注意,旋转特征必须有一条绕其旋转的轴线,可以为每个方向指定独立的终止条件(从草图基准面顺时针或逆时针)。图 12.3.1.1 所示均为旋转特征模型。

【旋转要素】

• 横截面:要旋转实体的轮廓;

• 旋转轴:选择特征旋转所绕的轴(图 12.3.1.2)。

根据所生成的旋转特征的类型,旋转轴可以为中心线、直线或边线。

• 旋转方向:定义旋转特征为从草图基准面向另一个方向旋转。

图 12.3.1.1　旋转特征模型

微课

考点三　旋转、扫描与放样特征

动画

旋转特征是如何建立的

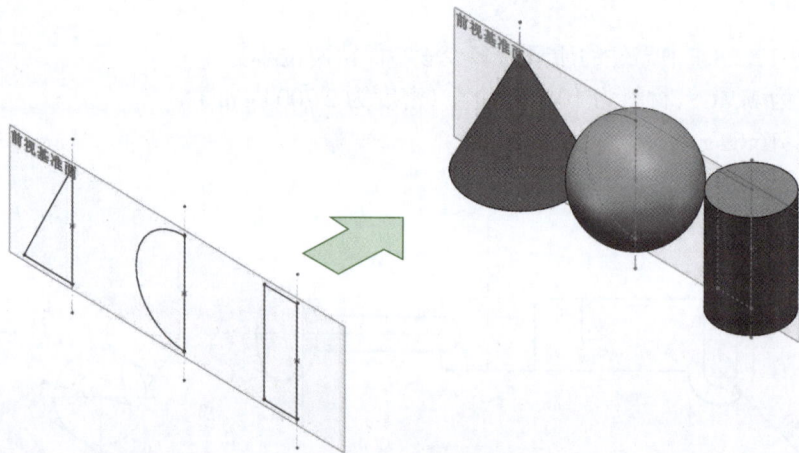

图 12.3.1.2　旋转特征

【旋转凸台 / 基体】绕轴心旋转草图或所选草图轮廓来生成一个实体特征,如图 12.3.1.3 所示。

【注意要点】

• 若草图实体有交叉部分,则不可生成实体;

• 系统默认选择构造线作为旋转中心;

• 如果有多条构造线,则需自己定义旋转中心;

• 如果构造线(旋转中心)与截面不重合,则回转体中心会出现贯穿孔,如图 12.3.1.4 所示;重合如图 12.3.1.5 所示;

• 旋转中心必须位于旋转轮廓的草图平面上。

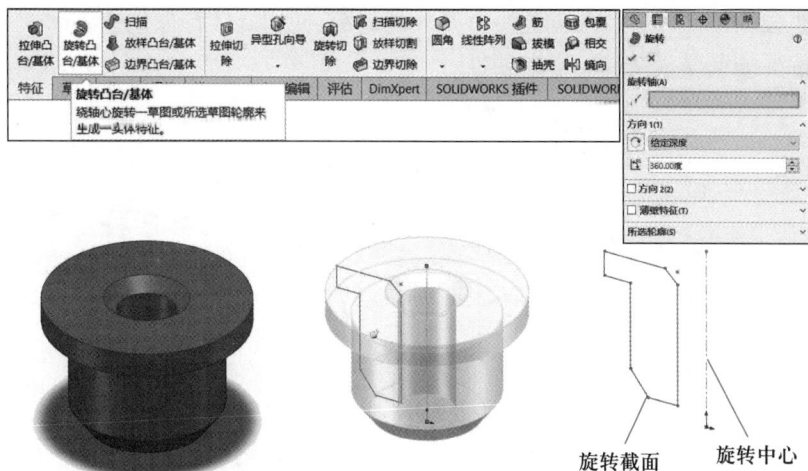

图 12.3.1.3　旋转凸台 / 基体

动画
旋转特征注
意要点

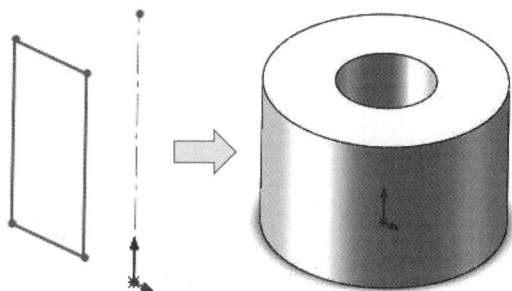

图 12.3.1.4　旋转中心与截面不重合

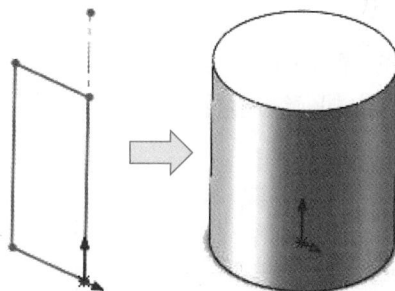

图 12.3.1.5　旋转中心与截面重合

【考点测试】

1. 根据图 12.3.1.6 中的数据编辑草图,使用旋转特征创建实体。

注:如何编辑草图?

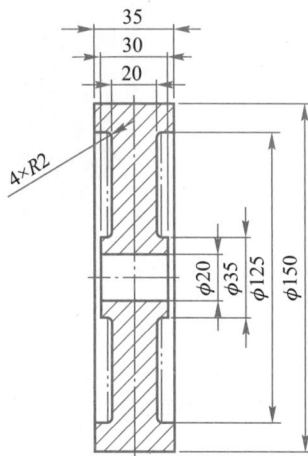

图 12.3.1.6　考点测试 1

动画
旋转练习 1

2. 根据图 12.3.1.7 中的数据，创建一个开环的轮廓，使用旋转特征创建实体。

注：薄壁特征的壁厚为 2 mm，方向朝外。

动画
旋转练习 2

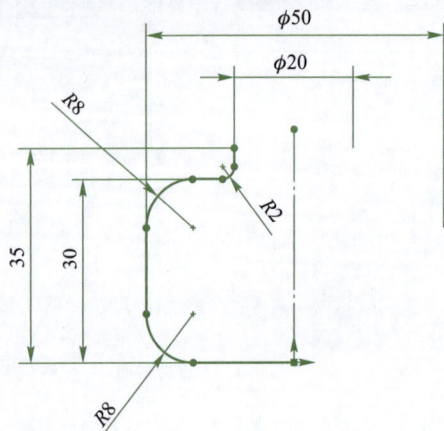

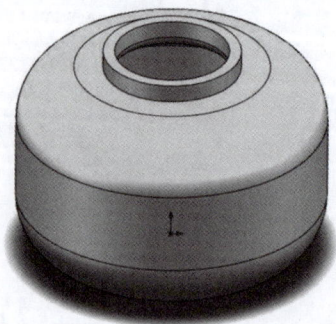

图 12.3.1.7　考点测试 2

3. 根据图 12.3.1.8 中的数据编辑草图，使用旋转特征创建实体。

注：如何绘制草图？

动画
旋转练习 3

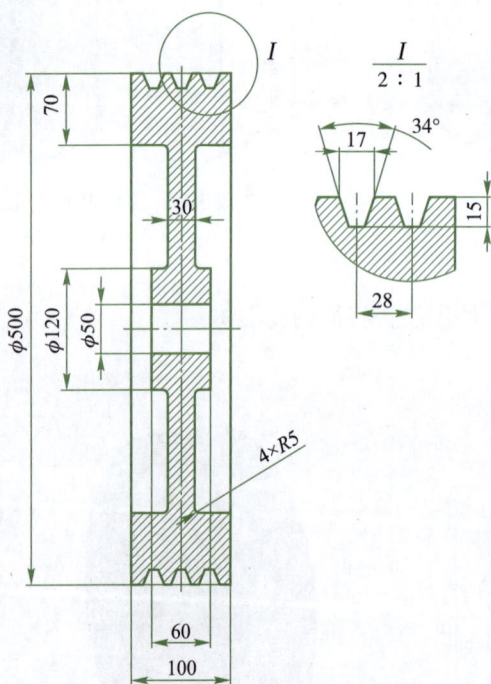

图 12.3.1.8　考点测试 3

4. 根据图 12.3.1.9 中的数据编辑草图，使用旋转特征创建实体。

注：壶柄部分如何绘制草图？

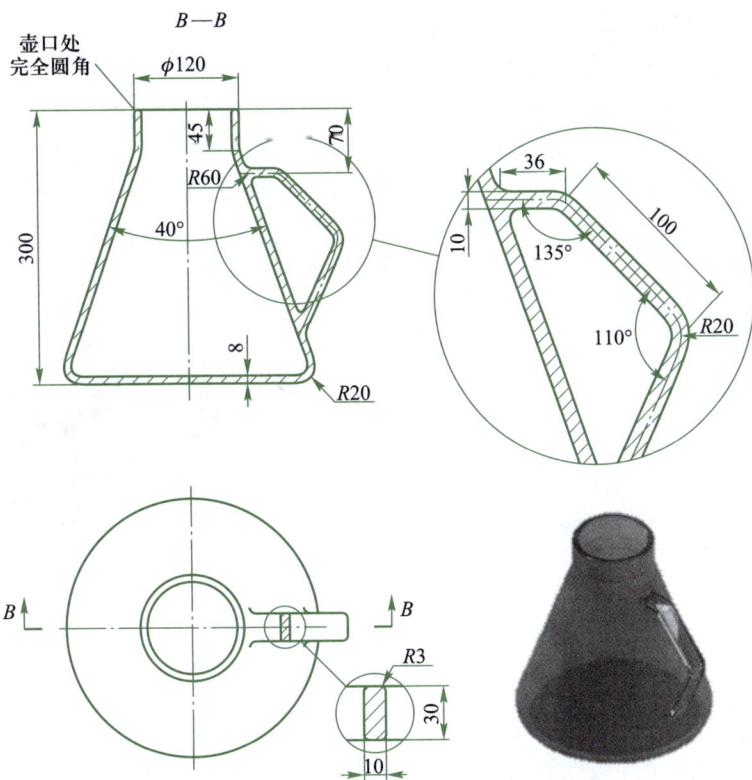

动画
玻璃杯建模练习

图 12.3.1.9 玻璃杯建模练习

12.3.2 扫描特征

【掌握要点】

扫描特征是建模中常用的一类特征,该特征是通过沿着一条路径移动轮廓(截面)来生成基体、凸台、切除实体,也可用于生成曲面。

【一般步骤】

如图 12.3.2.1 所示,扫描特征的一般步骤如下:

• 编辑扫描路径的草图(与引导线的草图);

• 在路径端点处创建与路径垂直的基准面;

动画
扫描特征是
如何建立的

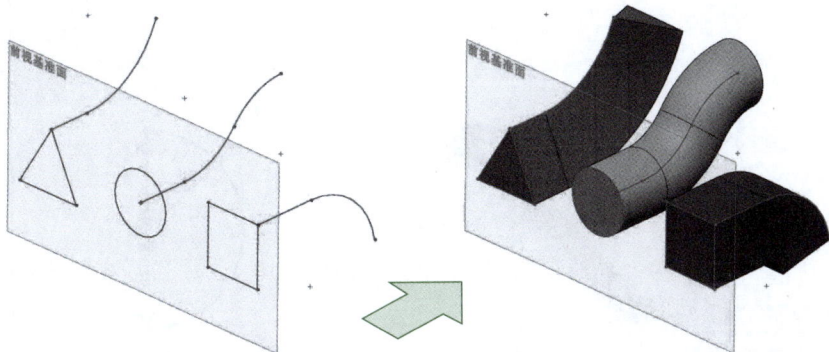

图 12.3.2.1 扫描特征

- 在新建的基准面上,编辑扫描轮廓草图;
- 使用扫描特征,选择扫描轮廓与扫描路径,生成实体。

【扫描】:沿开环或闭合路径通过扫描闭合轮廓来生成实体特征,如图 12.3.2.2 所示。

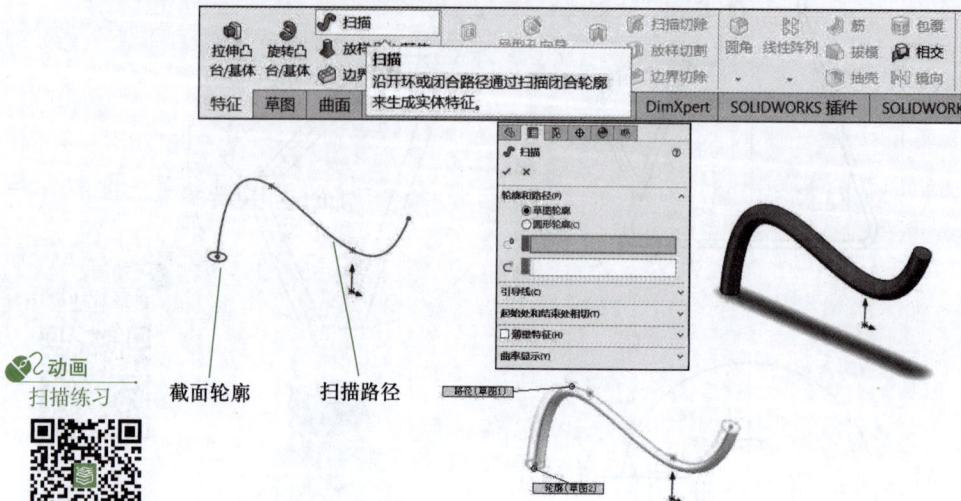

图 12.3.2.2　扫描

【扫描练习】

1. 根据图 12.3.2.3 中的数据编辑草图,使用扫描特征创建实体。

步骤一:根据图 12.3.2.3 所示的扫描 – 发夹(模型实例见"12.3.2.3 扫描 – 发夹 .SLDPRT"),观察模型的截面形状与扫描路径。

步骤二:创建截面草图,根据图 12.3.2.3 中半圆的尺寸参数,在【前视基准面】上,绘制出发夹模型的截面轮廓草图,如图 12.3.2.4(a)所示。

步骤三:在【上视基准面】上,绘制出发夹模型的路径草图,如图 12.3.2.4(b)所示。

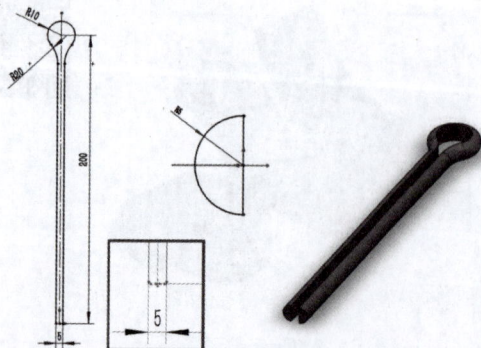

图 12.3.2.3　扫描 – 发夹

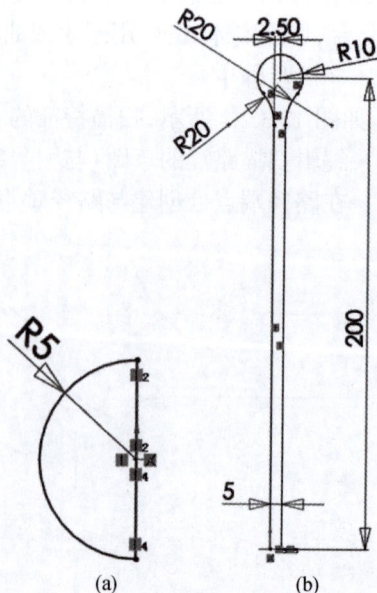

图 12.3.2.4　截面轮廓和路径草图

步骤四:将绘制完成的两个草图,视角旋转至【正轴测视图】,使用【扫描】工具,轮廓和路径选项,选择【草图轮廓】,截面轮廓选择【草图1】,路径选择【草图2】,单击【√】,完成扫描 – 发夹模型,如图12.3.2.5所示。

2. 根据图12.3.2.6中的数据编辑草图,使用扫描特征创建实体。

步骤一:根据图12.3.2.6所示的扫描 – 弹簧(模型实例见"12.3.2.6 扫描 – 弹簧.SLDPRT"),观察模型的截面形状与扫描路径,思考弹簧的扫描路径是利用什么方法绘制的。

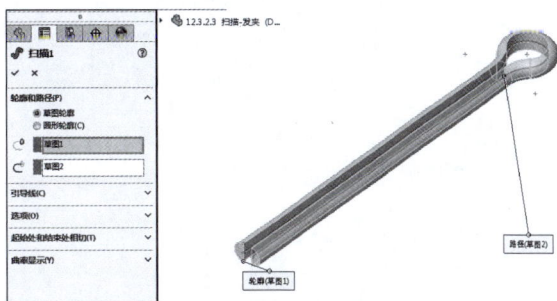

图 12.3.2.5　扫描工具

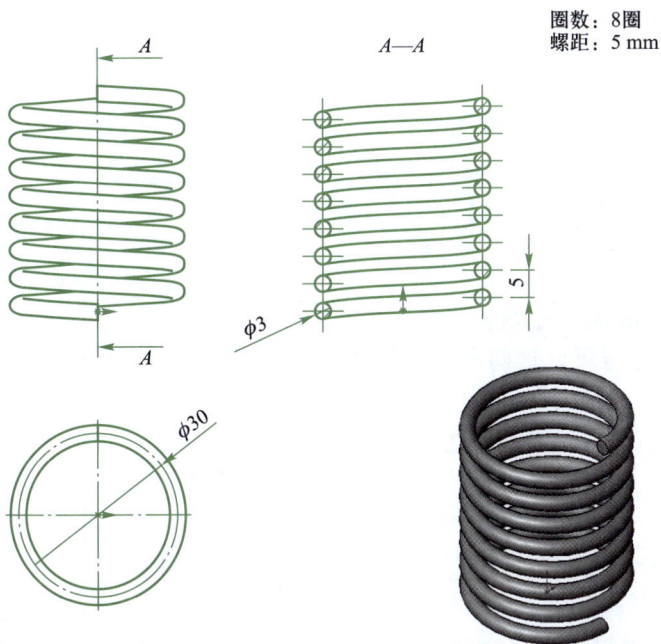

图 12.3.2.6　扫描 – 弹簧

步骤二:创建草图,根据图12.3.2.6中提供的尺寸参数和备注,在【上视基准面】上绘制出 ϕ30 mm 的圆,完成草图,利用该圆创建【特征】→【曲线】→【螺旋线/涡状线】,如图12.3.2.7所示。

步骤三:在完成的螺旋线底部端点,创建草图,需注意该处的平面是否在基准面上,可根据螺旋线的【起始角度】进行调整,此处与【右视基准面】正好平齐,选择【右视基准面】创建草图,绘制出弹簧的截面轮廓,如图12.3.2.8所示。

步骤四:将已完成的螺旋线和弹簧截面轮廓,利用【扫描】工具,选择截面轮廓和路径,完成弹簧模型,如图12.3.2.9所示。

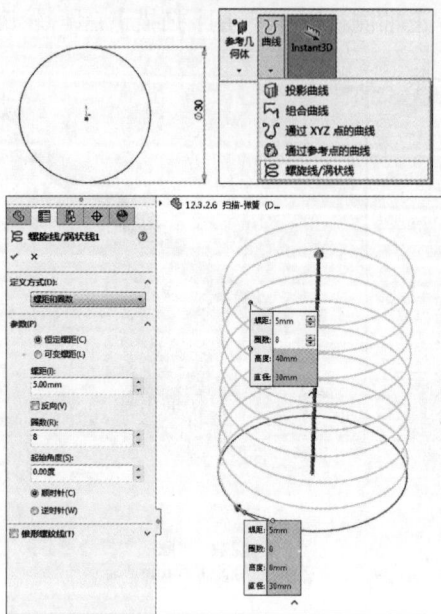

图 12.3.2.7　创建螺旋线

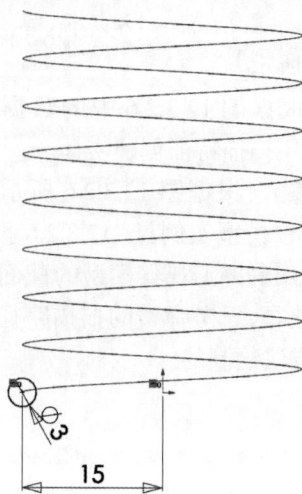

图 12.3.2.8　弹簧截面轮廓

12.3.3　放样特征（图 12.3.3.1）

【掌握要点】

使用两个或多个轮廓生成放样，仅第一个或最后一个轮廓可以是点，也可以这两个轮廓都是点。对于实体放样，第一个和最后一个轮廓必须是由分割线生成的模型面或面，或是平面轮廓或曲面。可以使用引导线或中心线参数控制放样特征的中间轮廓。放样特征可以生成薄壁特征。

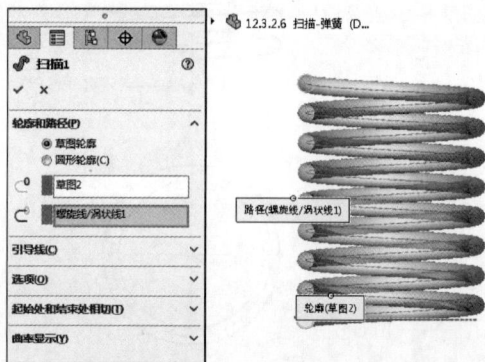

图 12.3.2.9　截面轮廓和路径的选取

放样特征可以分为下列三种类型：

• 简单放样；

• 使用平面轮廓引导线放样和使用空间轮廓引导线放样，从而得到所要的外形轮廓；

• 使用中心线放样。

【放样凸台 / 基体】：在两个或多个轮廓之间添加材质来生成实体特征，如图 12.3.3.2 所示。

【案例教学】

根据图 12.3.3.3 中的数据编辑草图，使用放样特征创建实体。

步骤一：根据图 12.3.3.3 所示的放样 - 锤头（模型实例见"12.3.3.3　放样 - 锤头 .SLDPRT"），观察模型的草图轮廓与间距尺寸，思考锤头的草图轮廓是利用什么方法绘制的。

步骤二：观察可知，该模型由 5 个不同的草图轮廓组成，分别是 ϕ 80 mm 的圆、ϕ 82 mm 的圆、ϕ 60 mm 的圆、60 mm × 60 mm 的正方形、150 mm × 15 mm 的矩形。

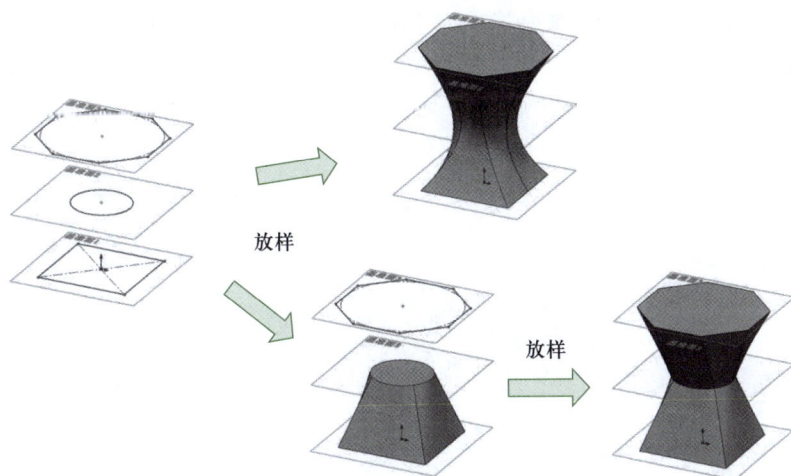

放样

放样

图 12.3.3.1　放样特征

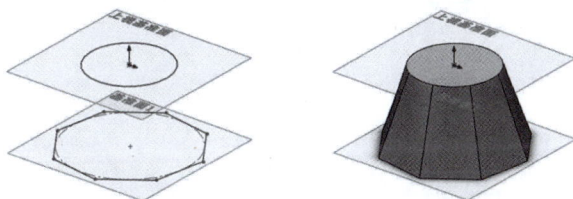

图 12.3.3.2　放样凸台 / 基体

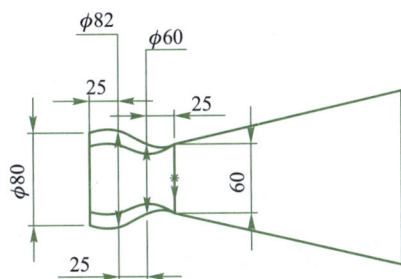

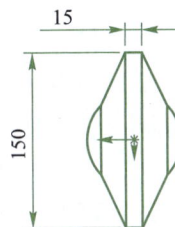

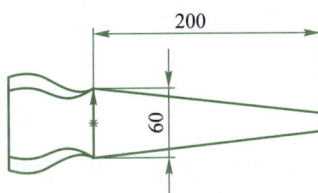

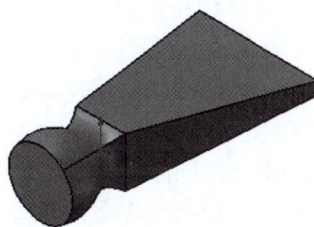

图 12.3.3.3　放样 – 锤头

步骤三：创建基准面，利用【前视基准面】作为第一参考，等距 25 mm，创建三个基准面 1、2、3，再次利用【前视基准面】作为第一参考，反转等距 200 mm，创建基准面 4，如图 12.3.3.4 所示。

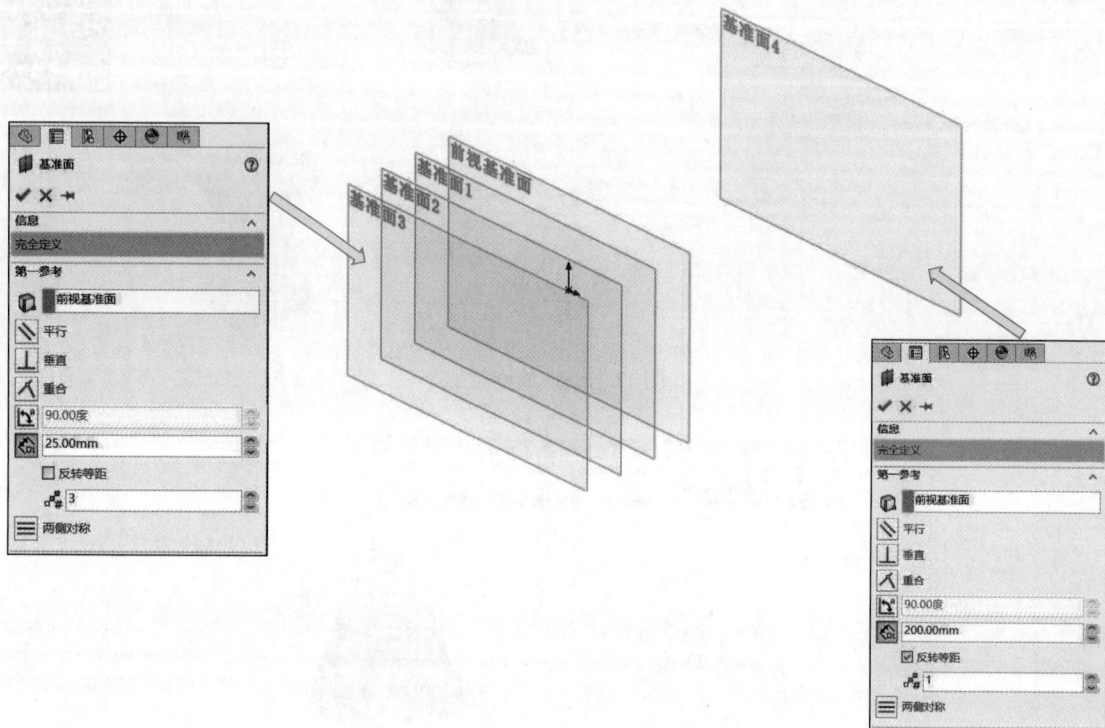

图 12.3.3.4　创建基准面

步骤四：绘制草图，分别在各个基准面上创建草图轮廓：

【基准面 3】绘制一个直径为 $\phi 80$ mm 的圆；

【基准面 2】绘制一个直径为 $\phi 82$ mm 的圆；

【基准面 1】绘制一个直径为 $\phi 60$ mm 的圆；

【前视基准面】绘制一个边长为 60 mm 的正方形；

【基准面 4】绘制一个 150 mm × 15 mm 的矩形。

草图轮廓创建结果如图 12.3.3.5 所示。

步骤五：创建放样特征，单击【放样】特征，按基准面 3→基准面 2→基准面 1→前视基准面的顺序选择草图轮廓并生成实体，效果如图 12.3.3.6 所示。

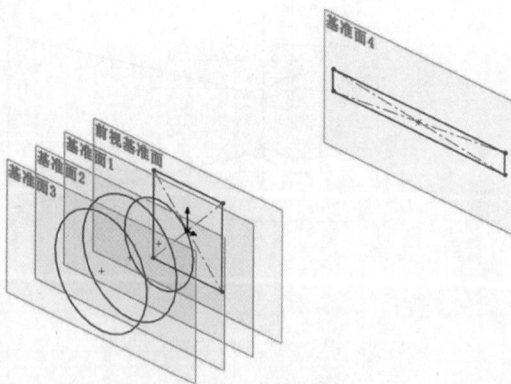

图 12.3.3.5　创建草图轮廓

步骤六：创建放样特征，按前视基准面→基准面 4 的顺序选择草图轮廓和面，生成【放样】特征，效果如图 12.3.3.7 所示，完成放样 – 锤头模型。

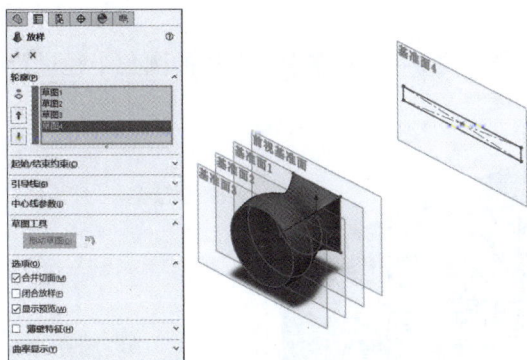

图 12.3.3.6　创建放样特征 – 草图轮廓

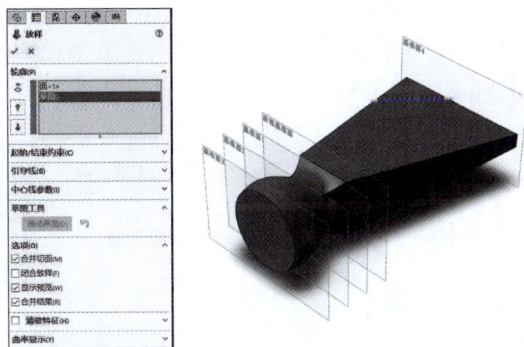

图 12.3.3.7　创建放样特征 – 面 – 草图轮廓

微课
考点四　镜像、阵列及其他特征

12.3.4　考点总结

旋转特征：中心线、旋转截面；

扫描特征：扫描路径、扫描轮廓；先绘制路径，再绘制轮廓。

放样特征：注意连接顺序及相关参数设置，只有第一个或者最后一个轮廓可以是点。

动画
恒定大小圆角

12.4　考点四　镜像、阵列及其他特征

12.4.1　圆角、倒角特征

1. 圆角类型

圆角类型如图 12.4.1.1~ 图 12.4.1.4 所示。

动画
变量大小圆角

图 12.4.1.1　恒定大小圆角

图 12.4.1.2　变量大小圆角

动画
面圆角

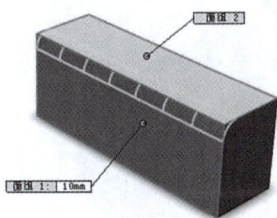

图 12.4.1.3　面圆角

图 12.4.1.4　完整圆角

动画
完整圆角

2. 多半径圆角

在一个等半径圆角特征中,选中"多半径圆角"复选框,可对实体中多条边的圆角半径进行控制,如图 12.4.1.5 所示。

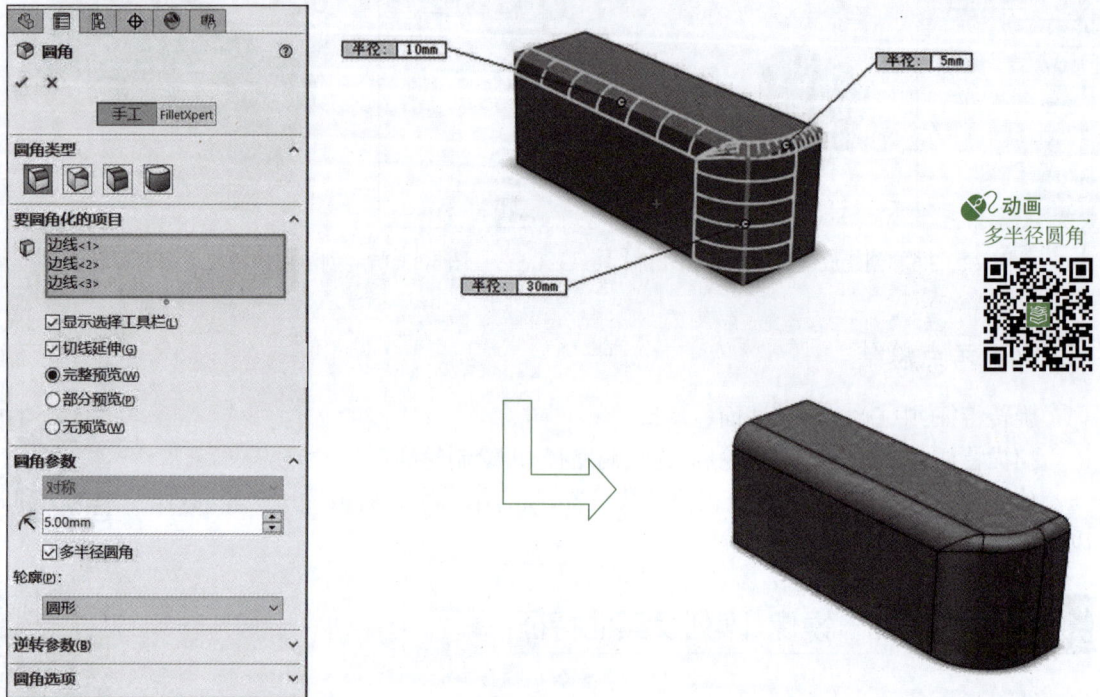

图 12.4.1.5　多半径圆角

3. 倒角类型

倒角类型如图 12.4.1.6~ 图 12.4.1.10 所示。

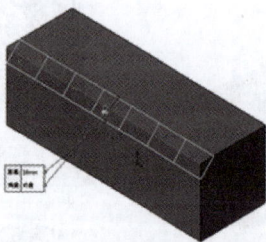

图 12.4.1.6　距离 – 角度

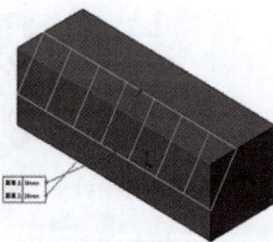

图 12.4.1.7　距离 – 距离

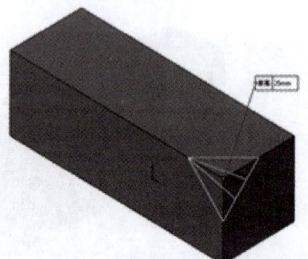

图 12.4.1.8　顶点

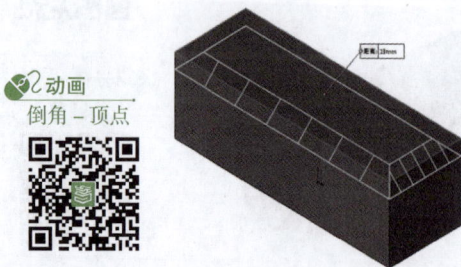

图 12.4.1.9　等距面

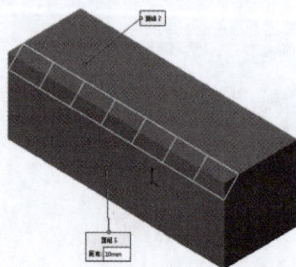

图 12.4.1.10　面 – 面

上述五种倒角类型的倒角特征如图 12.4.1.11 所示。

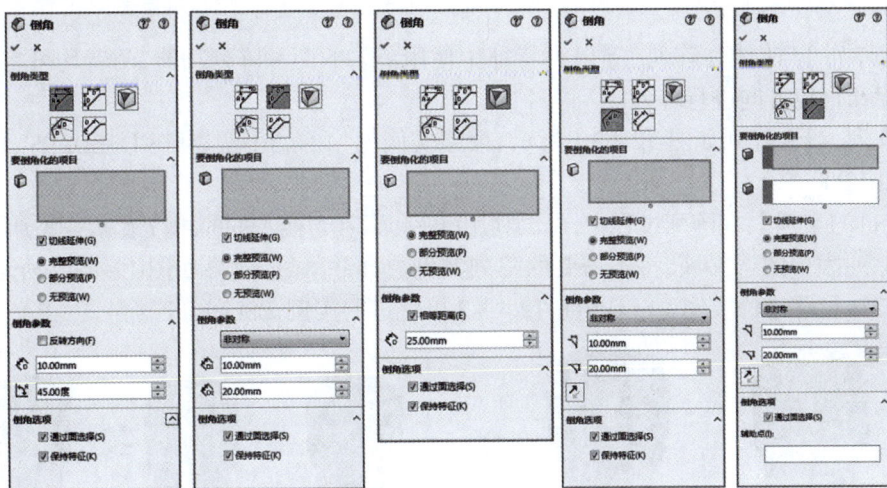

图 12.4.1.11　倒角特征

12.4.2　镜像特征

思考:镜像需要哪些条件?

步骤一:打开配置文件【12.4.2.1 镜像特征 .SLDPRT 】,观察图 12.4.2.1 所示的镜像特征,镜像后的结果与配置文件有哪些地方不同。

步骤二:创建镜像特征,利用【镜像】工具,选择【镜像面 / 基准面】【要镜像的特征】和【要镜像的面】单击【√】,完成镜像特征,如图 12.4.2.2 所示。

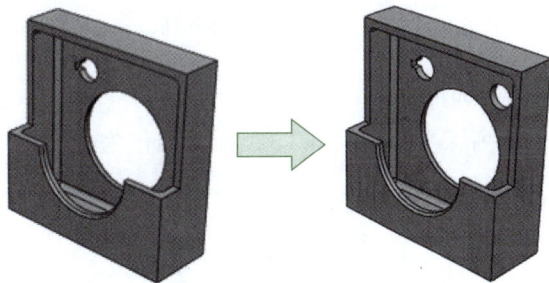

图 12.4.2.1　镜像特征

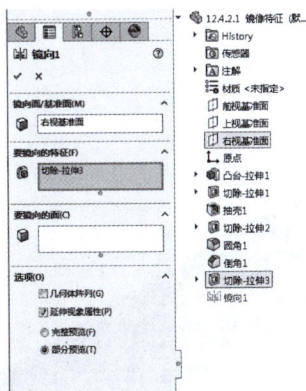

图 12.4.2.2　镜像工具

动画
特征镜像

12.4.3　阵列特征

【圆周阵列】与【线性阵列】是阵列特征中使用最多的两种阵列功能,两者均可将特征按照一定的规律和指定方向进行阵列。

圆周阵列、线性阵列如图 12.4.3.1 所示(模型实例见"12.4.3.1 圆周阵列.SLDPRT、12.4.3.1 线性阵列 .SLDPRT")。

【可跳过的实例】:在阵列过程中,可以利用框 / 套索 – 切换、Shift+ 框 / 套索 – 添加、Alt+ 框 / 套索 – 移除列表中的选择项,将不需要的阵列实例选择并跳过,效果如图 12.4.3.2 所示(模型实例见"12.4.3.2 可跳过的实例 1.SLDPRT、12.4.3.2 可跳过的实例 2.SLDPRT")。

图 12.4.3.1　圆周阵列、线性阵列　　　图 12.4.3.2　可跳过的实例 1、可跳过的实例 2

【阵列练习】

阵列练习如图 12.4.3.3 所示。单位为 MMGS;拉伸厚度为 5 mm,倒角为 C0.5。

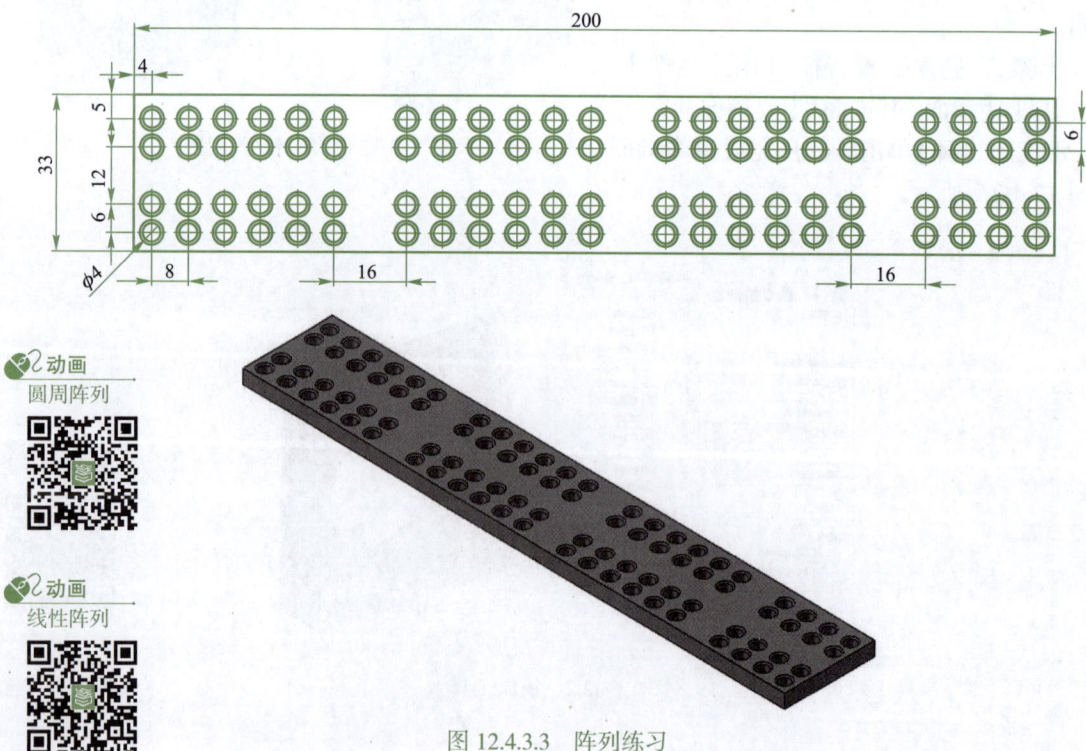

图 12.4.3.3　阵列练习

12.4.4　拔模特征

注塑件和铸件往往需要一个拔（起）模斜度，才能顺利拔模，SolidWorks 中的拔模特征就是用来创建模型的拔（起）模斜度。

拔模特征共分为三种，即中性面、分型线和阶梯拔模，如图 12.4.4.1 所示。

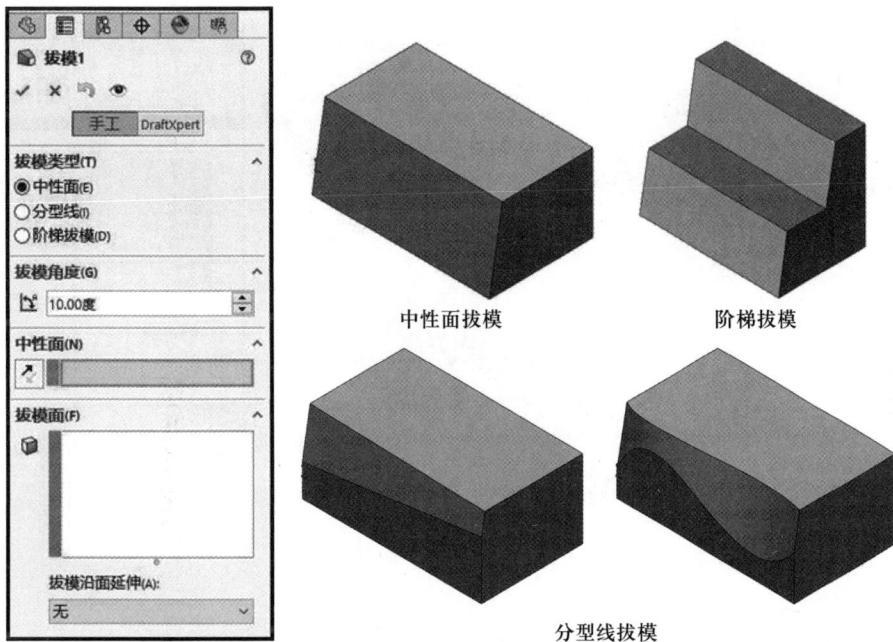

图 12.4.4.1　拔模特征

12.4.5　抽壳特征

抽壳特征是将实体模型的内部掏空，留下一定壁厚（等壁厚或多壁厚）的空腔。该空腔可以是封闭的，也可以是开放的，如图 12.4.5.1 所示。

12.4.6　筋（加强筋）特征

筋（加强筋）特征的创建过程与拉伸特征的创建过程基本相似，不同的是筋（加强筋）特征的草图是不封闭的，其截面只是一条直线。需注意的是截面两端必须与接触面对齐。

下面以图 12.4.6.1 所示的筋（加强筋）特征为例，要求生成筋特征，两侧厚度，厚度为 8 mm。

通过草图生成加强筋，注意选择适当的草图平面，并绘制正确的草图线段。此处需注意的是拉伸方向一定朝向截面端面，并且要与接触面有所接触。

12.4.7　异型孔向导

通过【异型孔向导】工具（图 12.4.7.1）可方便地添加孔特征：
- 柱形沉头孔。
- 锥形沉头孔。

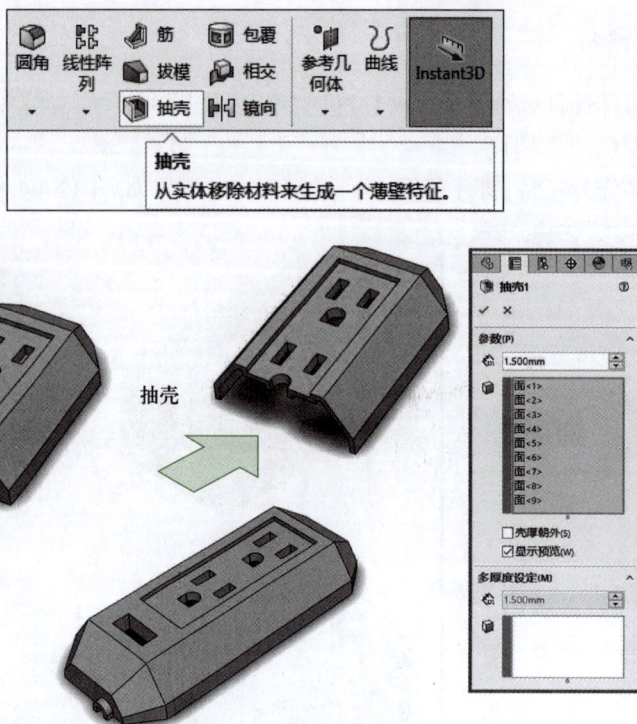

图 12.4.5.1 抽壳特征

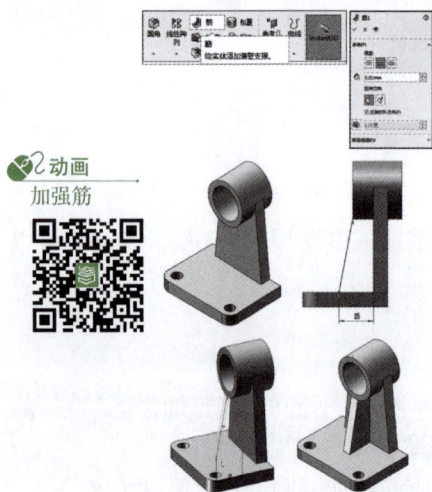

图 12.4.6.1 筋(加强筋)特征

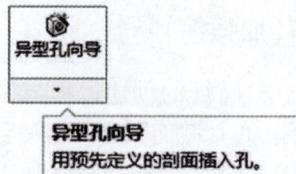

图 12.4.7.1 异型孔向导

- 孔。
- 直螺纹孔。
- 锥形螺纹孔。

"孔规格"属性管理器如图 12.4.7.2 所示。

异型孔需注意孔类型、标准、规格大小、螺纹的选项以及状态,绘图过程中均根据图纸或设计要求进行相应设置。

12.4.8 考点总结

圆角特征:等半径、变半径、面圆角以及完整圆角;

倒角特征:顶点、其他类型;

镜像特征:设置快捷键可快速绘制对称图形;

阵列特征:可跳过的实体 / 直阵列源;

拔模特征:中性面、分型线(需提前做好分割线)、阶梯拔模;

抽壳特征:注意方向,向内抽壳 / 向外抽壳;

筋特征:注意草图的画法及所在平面;

包覆特征:注意文字草图不要有自相交叉;

异型孔向导:孔的类型、孔的位置。

图 12.4.7.2 "孔规格"属性管理器

【案例教学】

思考:如何能快速建立图 12.4.8.1 所示模型(模型实例见"12.4.8 案例教学 – 排插 .SLDPRT")?

步骤一:选择【前视基准面】,绘制图 12.4.8.2 所示的草图,进行【拉伸凸台 / 基体】,设置成形条件为【给定深度】,拉伸深度为 130 mm。

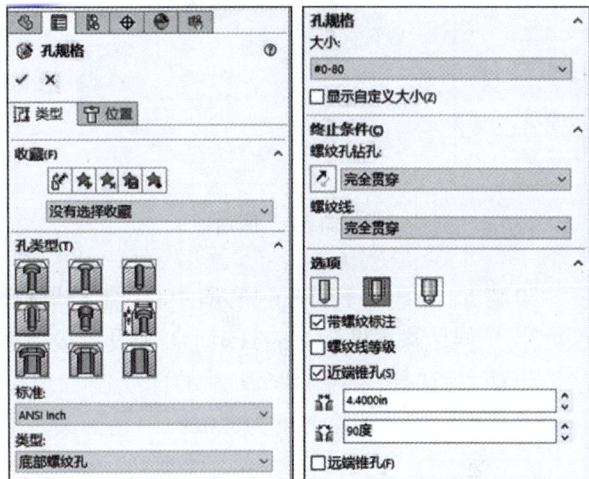

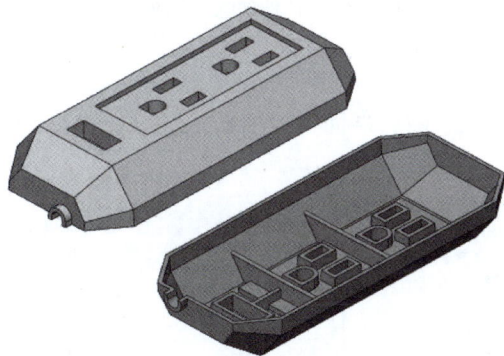

图 12.4.8.1 案例教学 – 排插

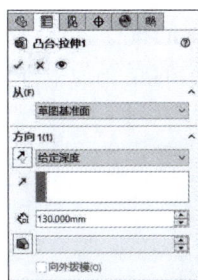

图 12.4.8.2 凸台 – 拉伸

步骤二:前后两侧边线【倒角】,设置类型为【距离 – 距离】,距离 1、距离 2 的尺寸为 14 mm 和 10 mm,如图 12.4.8.3 所示。

步骤三:选择图 12.4.8.4 所示的前端面绘制草图,进行【拉伸凸台 / 基体】,设置成形条件为【给定深度】,拉伸深度为 3 mm。

步骤四:选择图 12.4.8.5 所示的顶面绘制草图,进行【拉伸切除】,设置成形条件为【给定深度】,拉伸切除深度为 2 mm,并设置拔模角度为 3°。

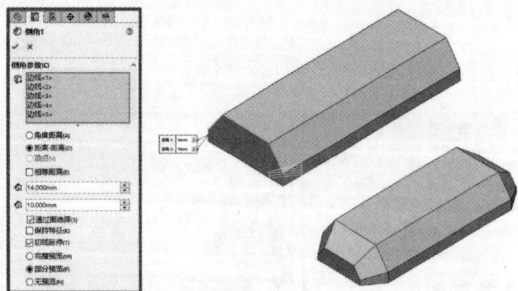

图 12.4.8.3 倒角

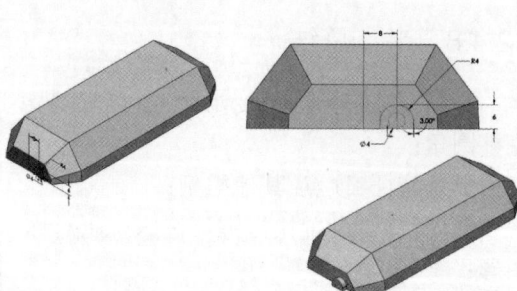

图 12.4.8.4 拉伸凸台 / 基体

步骤五：选择图 12.4.8.6 所示的面绘制矩形草图，进行【拉伸切除】，设置成形条件为【给定深度】，拉伸切除深度为 7 mm（矩形），并设置拔模角度为 3°。

步骤六：选择图 12.4.8.6 所示的面绘制三角插头草图，进行【拉伸切除】，设置成形条件为【给定深度】，拉伸切除深度为 4 mm（三角插头），并设置拔模角度为 3°。

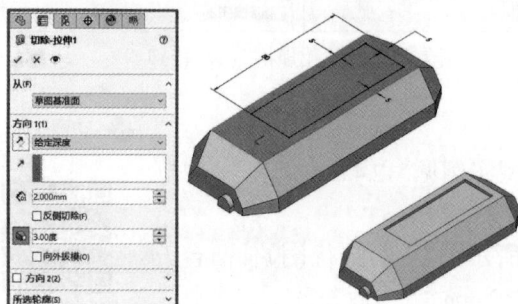

图 12.4.8.5 拉伸切除

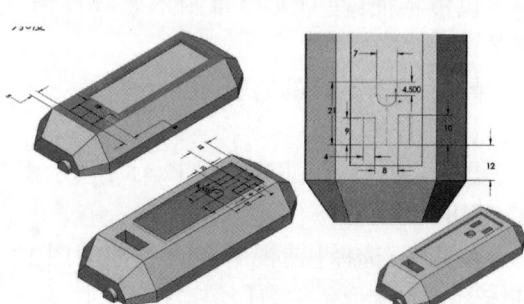

图 12.4.8.6 拉伸切除 – 插头孔位

步骤七：选择图 12.4.8.7 所示的特征，进行【线性阵列】，设置距离为 35 mm，数量为 2。

步骤八：选择图 12.4.8.8 所示的底面为中性面，前小面、前后端面为拔模面，设置"拔模类型"为【中性面】，方向向上，拔模角度为 3°。

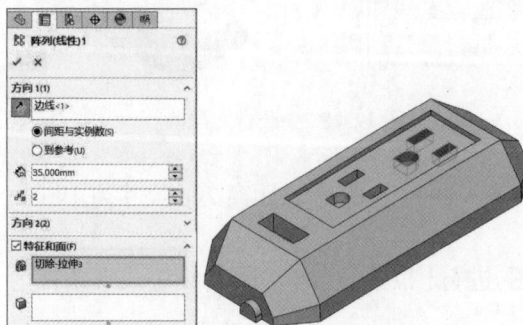

图 12.4.8.7 线性阵列 – 插头孔位

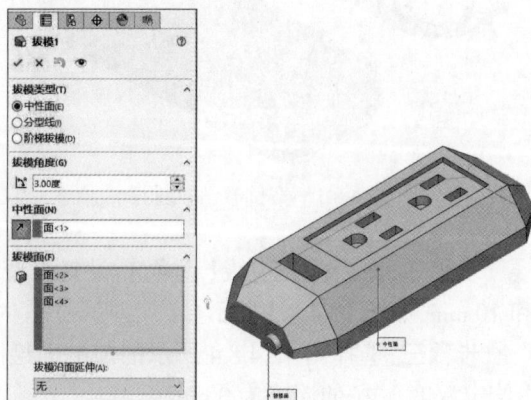

图 12.4.8.8 拔模

步骤九：选择图 12.4.8.9 所示的前小面、底面、方槽底面为开口面，进行【抽壳】，设置厚度为

1.5 mm。

步骤十：选择图 12.4.8.10 所示的面，利用【转换实体引用】绘制草图，进行【拉伸切除】，设置成形条件为【完全贯穿】，拔模角度为 3°。

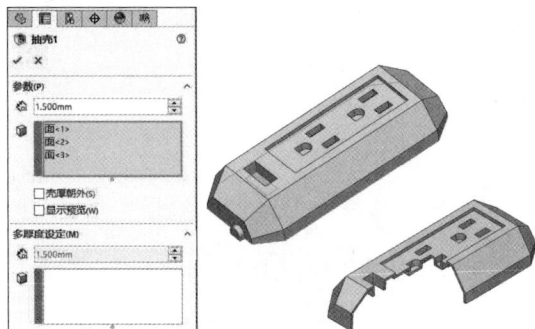

图 12.4.8.9 抽壳

图 12.4.8.10 转换实体引用 – 拉伸切除

步骤十一：选择图 12.4.8.11 所示的底面创建【基准面】，并在此基准面上绘制草图，进行【筋】创建，设置基准面距离为 10 mm，筋宽度为 1.5 mm，拔模角度为 3°。

步骤十二：选择图 12.4.8.12 所示的筋的三个面创建【圆角】，圆角类型设置为【完整圆角】。

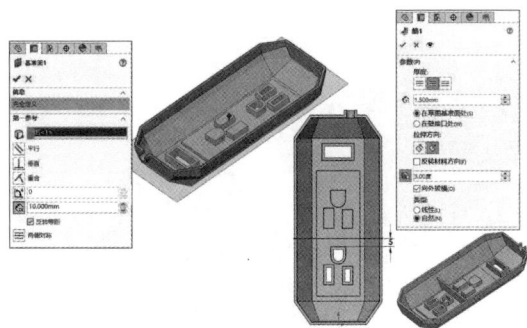

图 12.4.8.11 筋特征

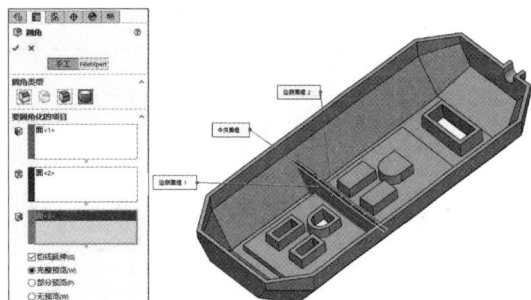

图 12.4.8.12 圆角 – 完整圆角

步骤十三：选择图 12.4.8.13 所示的特征，将【筋】【圆角】【拉伸切除】这三个特征进行【线性阵列】，设置距离为 35 mm，数量为 2。

步骤十四：选择右视基准面，采用剖面视图观察，绘制草图，创建筋宽度为 1.5 mm，并设置拔模角度为 3°。

排插模型创建完成的最终效果，如图 12.4.8.14 所示。

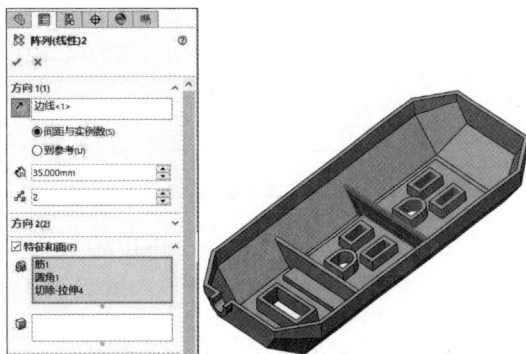

图 12.4.8.13 线性阵列

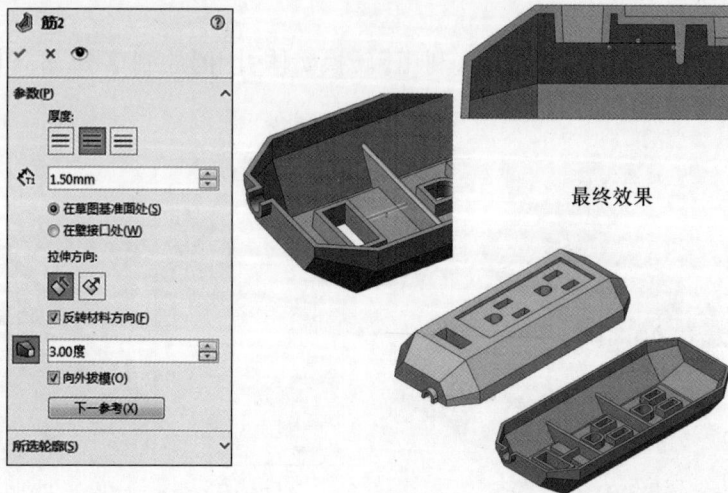

图 12.4.8.14 筋特征及最终效果

【考点测试】

1. 图 12.4.8.15 中零件的质量为多少 g？保留两位小数。

单位为 MMGS，材料为 1060 铝合金（密度为 2 700 kg/m³）

答案：640.00 g

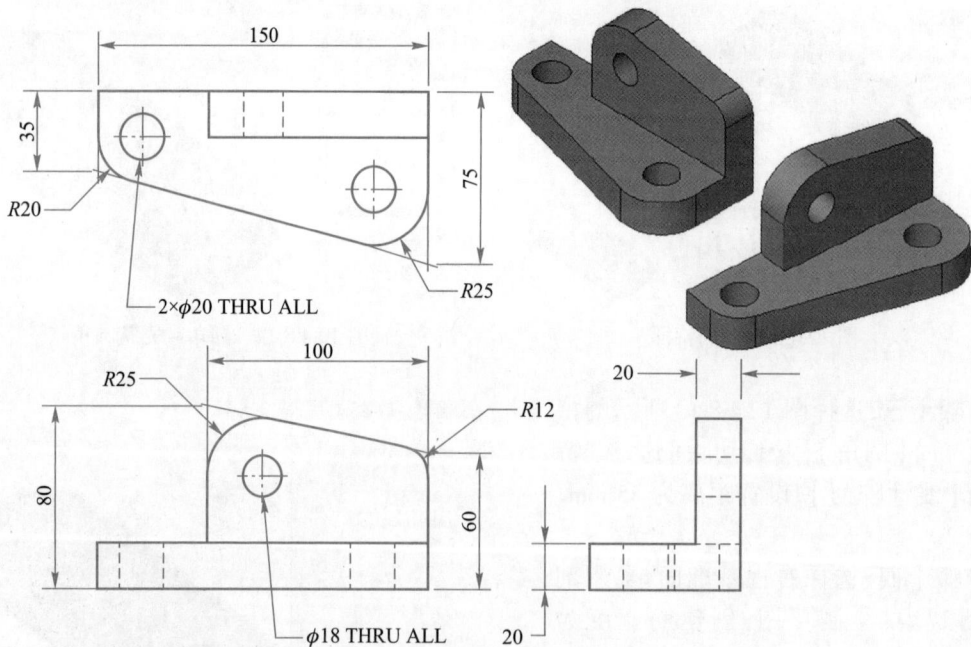

图 12.4.8.15 考点测试 1

2. 图 12.4.8.16 中零件的质量为多少 g？保留两位小数。

单位为 MMGS，材料为 1060 铝合金（密度为 2 700 kg/m³），未注圆角为 R1。

答案：131.93 g

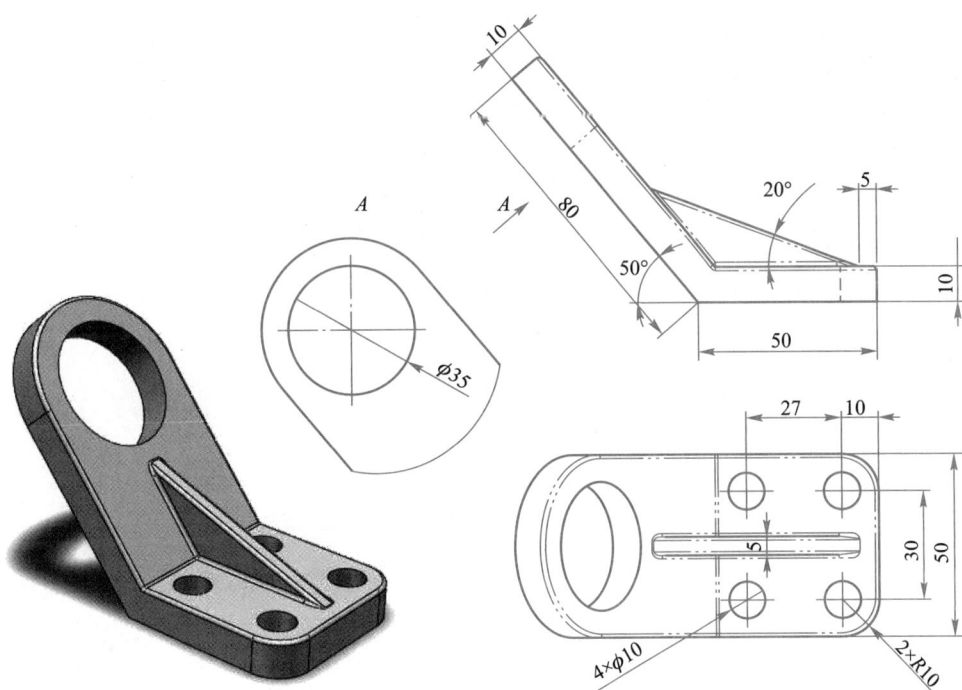

图 12.4.8.16　考点测试 2

3. 图 12.4.8.17 中零件的质量为多少 g？保留两位小数。

单位为 MMGS，材料为 AISI 4340 钢（密度为 7 850 kg/m³），热处理为退火。

答案：383.21 g

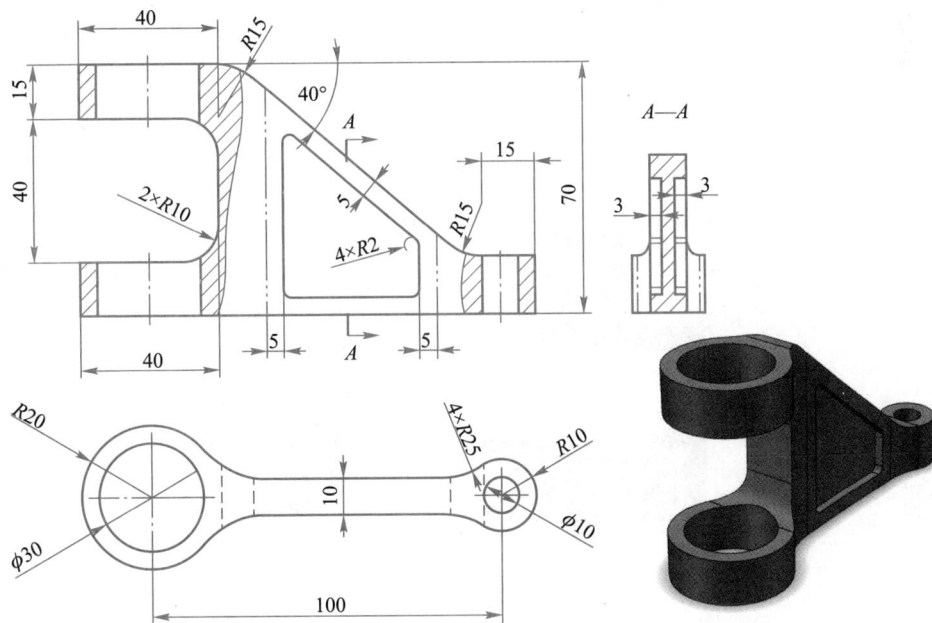

图 12.4.8.17　考点测试 3

4. 图 12.4.8.18 中零件的质量为多少 g？保留两位小数。
单位为 MMGS,材料为 ABS 塑料(密度为 1 020 kg/m³)
答案：175.79 g

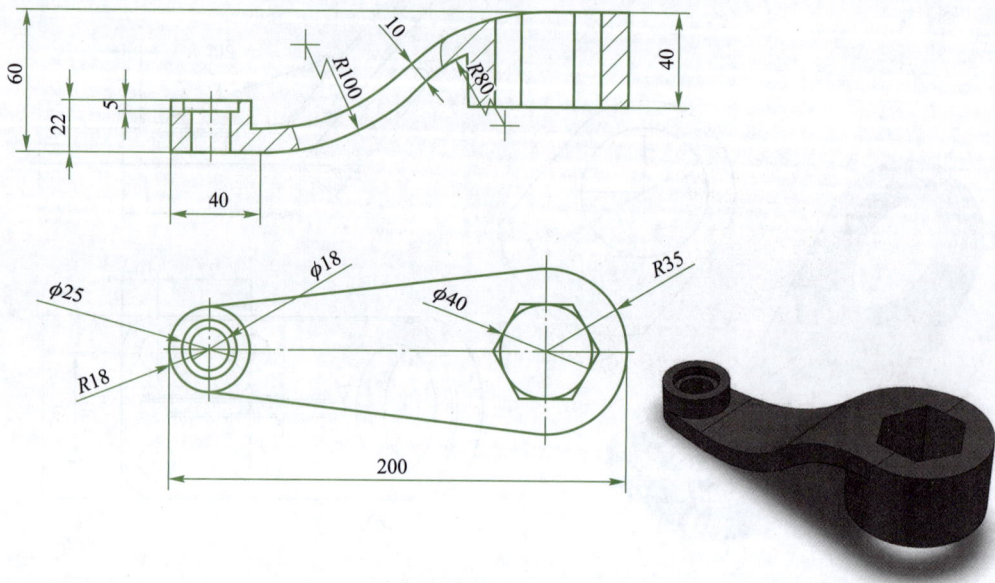

图 12.4.8.18　考点测试 4

12.5　考点五　参数化零件建模方法与思路

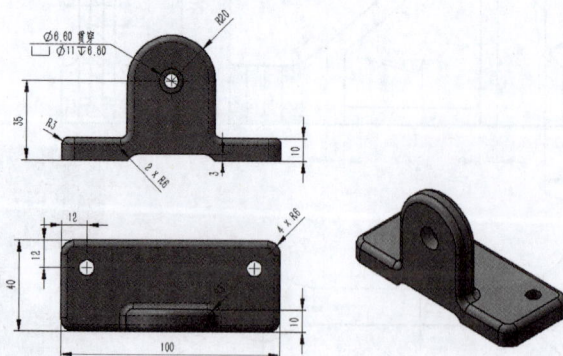

12.5.1　修改尺寸

基本零件建模练习,如图 12.5.1.1 所示。

图 12.5.1.1　基本零件建模练习

要求:将基础零件建模练习中的模型尺寸进行修改,如图 12.5.1.2 所示。

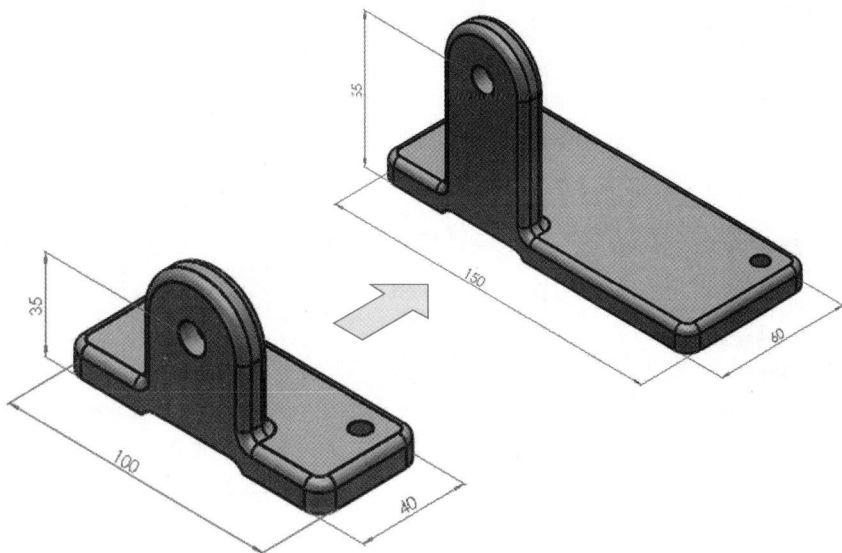

图 12.5.1.2　修改尺寸

12.5.2　方程式

SolidWorks 零件设计中方程式的应用主要是以表达式的形式将其草图和特征尺寸转化为参数,实现参数驱动。方程式能在零件的结构特征设计中控制尺寸之间的变量关系,使尺寸在一定范围内,快速地根据设计要求调整尺寸参数。

方程式命令的打开方式:

选择菜单栏中的【工具】→【方程式】命令。

方程式的添加方法如图 12.5.2.1~ 图 12.5.2.3 所示。

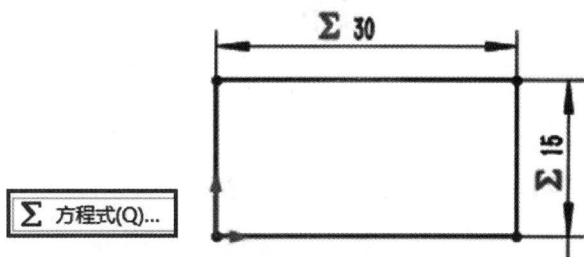

图 12.5.2.1　草图中添加方程式

- 草图中添加方程式;
- 特征中添加方程式;
- 全局变量的使用。

12.5.3　设计意图

【思考与理解】

- 什么是设计意图?
- 在修改图纸时,如何保证设计意图不会受到影响。
- 保证设计意图在设计中的好处有哪些。

如图 12.5.3.1 所示,图(a)与图(b)都是标注两个圆的水平位置尺寸,但是在加工图纸中,两个图传达的意思却完全不同:图(a)传达的含义是两圆离左右两端面要保持 20 的间距,而图(b)是告诉加工者两个圆的间距为 60 mm。

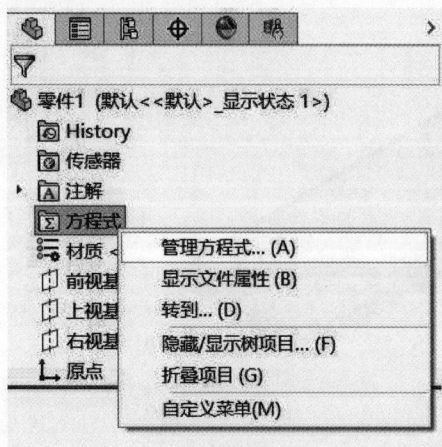

图 12.5.2.2　特征中添加方程式

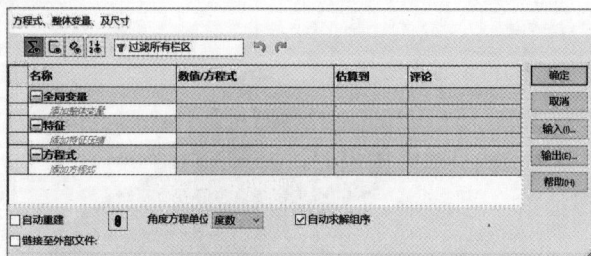

图 12.5.2.3　全局变量的使用

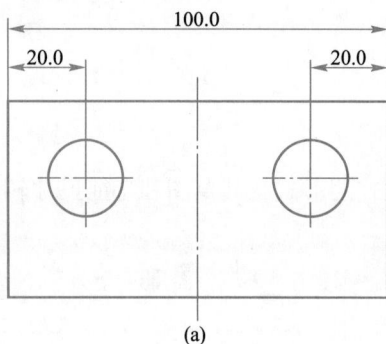

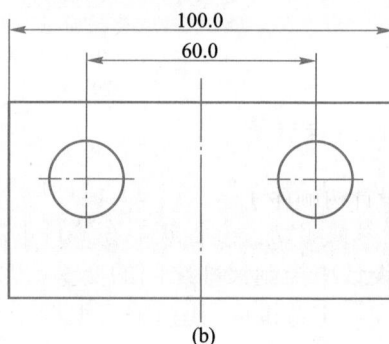

图 12.5.3.1　设计意图 – 孔间距

如图 12.5.3.2 所示，图 (a) 与图 (b) 均表达模型的高度尺寸，但是在加工过程中，会加工出两个不同的产品：图 (a) 是分别保证两段圆柱的高度，那么总高有可能不一定为 50 mm，可能偏长或者偏短；图 (b) 是保证总高为 50 mm，底端圆柱的高度为 30 mm，所有的加工误差均保留到顶端圆柱。

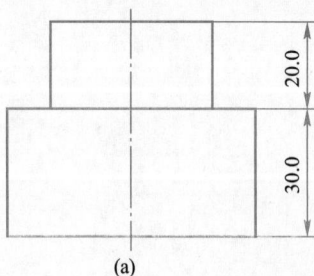

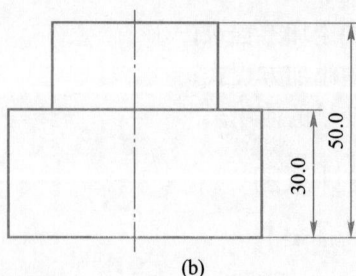

图 12.5.3.2　设计意图 – 高度距离

由此可见，不同的标注方法、图纸上修改过的信息，都会传达出不同的意图。在设计中，工程师需要传达的意图就可以通过标注图纸的方式去传达给生产制造人员，并保证加工过程中不出现错误。

【案例练习】

如图 12.5.3.3 所示,要求尺寸改变时,模型的比例不会改变。

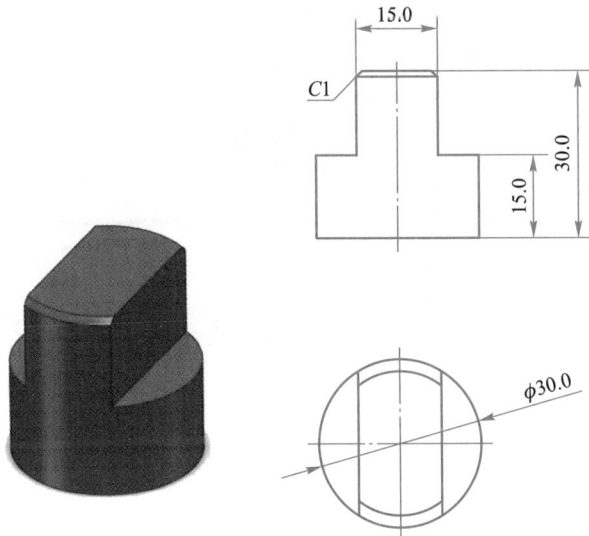

图 12.5.3.3 案例练习

【设计树顺序】

设计树的特征顺序控制建模的顺序,不同的顺序将有不同的效果,如图 12.5.3.4 所示。设计树的特征顺序是可调整的。

【父子关系】

理解设计树的父子关系,即设计的依赖关系,如图 12.5.3.5 所示。

当某个特征 / 草图 A 使用了特征 / 草图 B 的点 / 线 / 面等,那么 A 依赖于 B 的点 / 线 / 面等,即 A 是 B 的子关系(B 是 A 的父关系)。在设计树中,子关系特征 / 草图无法跨越到父关系特征 / 草图之前。

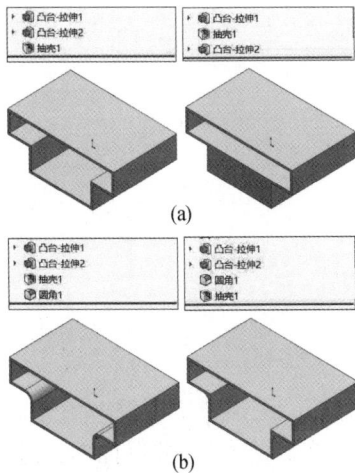

图 12.5.3.4 设计树顺序变化

图 12.5.3.5 父子关系

12.5.4 压缩与解压缩

右击特征,在弹出的快捷菜单中单击【压缩】与【解压缩】,如图 12.5.4.1 所示。压缩前、后效果如图 12.5.4.2 和图 12.5.4.3 所示。

图 12.5.4.1 压缩

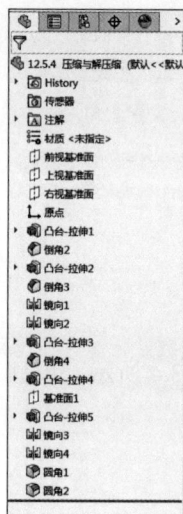

图 12.5.4.2 压缩前效果

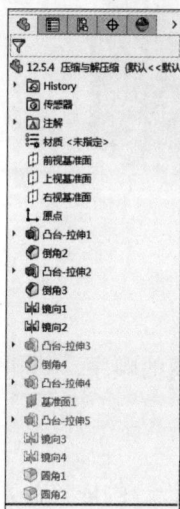

图 12.5.4.3 压缩后效果

压缩功能是为了将不需要的特征结构进行压缩,不做特征显示及应用。如需解压,被压缩的模型位置不得出现位置及基准的改变。否则,解压后会出现基准丢失错误。

12.5.5 建模技术

常用的建模技术如下:
- 特征分解(忽略小特征);
- 基础特征(确定第一个特征);
- 详细设计(尽量用简单的特征,哪怕是数量多一些);
- 细节设计(倒角、圆角、孔类的特征尽量放在最后)。

【思考与理解】

建模流程如图 12.5.5.1 所示。

如何选择特征类型(如成型特征、特征操作、草图等)?

如何建立特征关系(如尺寸、附着性、位置、时序等)?

如何利用已有的资源(如设计重用、衍生、投影等)?

【定义草图约束】

草图：

- 数据结构
- 关联参考
- 尺寸标注基准
- 全约束

【创建表达式】

特征：

- 特征选择
- 特征顺序
- 关联参考
- 父子关系

零件的建模无固定的模式,需要大量的练习,积累经验,方可熟练运用各种方法和技巧。

12.5.6 考点总结

1. 建模的方法

- 分析模型由几部分组成;
- 分析模型的建模顺序;
- 建模由整体到细节;
- 注意每绘制一幅草图,检查草图是否完全定义;
- 检查是否有遗漏的尺寸。

2. 尺寸修改

- 修改后,模型是否满足设计意图。
- 修改后,模型是否会发生错误。

3. 使用方程式的添加

- 草图尺寸间添加关联;
- 添加全局变量。

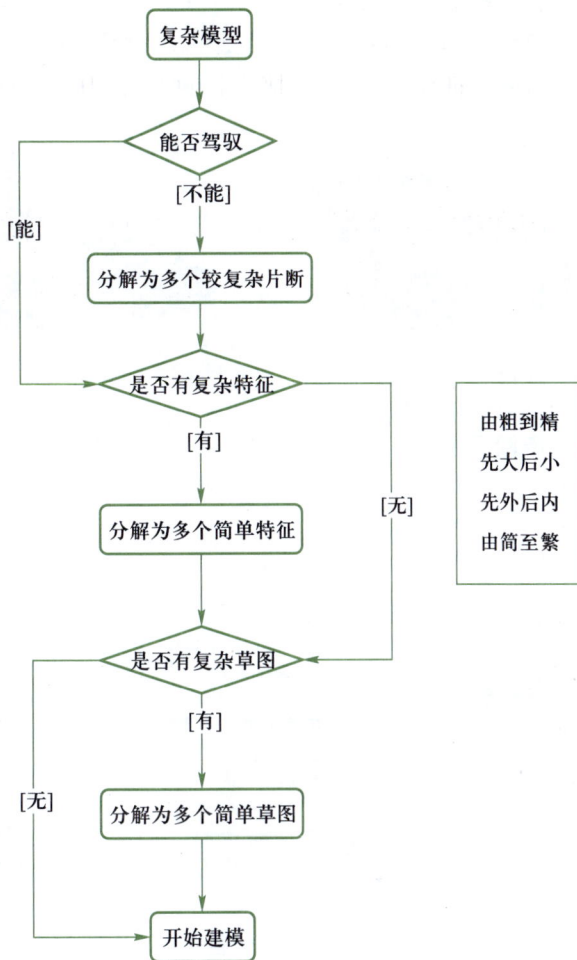

图 12.5.5.1 建模流程图

12.6 考点六 设计更改与错误修复

12.6.1 设计更改案例

【思考与理解】

什么是设计更改? 什么时候需要设计更改?

一个产品的设计难免遇到各种问题,或者突发奇想有了新的产品构思,而又想在原来的基础上进行修改。这时,就可以对产品进行【设计更改】。设计更改案例如图 12.6.1.1 所示。

【案例练习】

步骤一: 如图 12.6.1.2 所示,删除异型孔特征。

步骤二: 修改抽壳特征,移除的面只保留底面(即图中绿线框所示),如图 12.6.1.3 所示。

图 12.6.1.1　设计更改案例

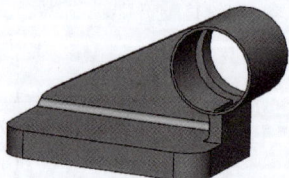

图 12.6.1.2　删除异形孔特征

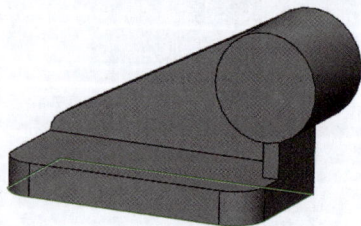

图 12.6.1.3　抽壳特征

步骤三: 对设计树顺序进行修改,将【抽壳特征】移到【圆角特征】之后,如图 12.6.1.4 所示。

动画
设计更改练习

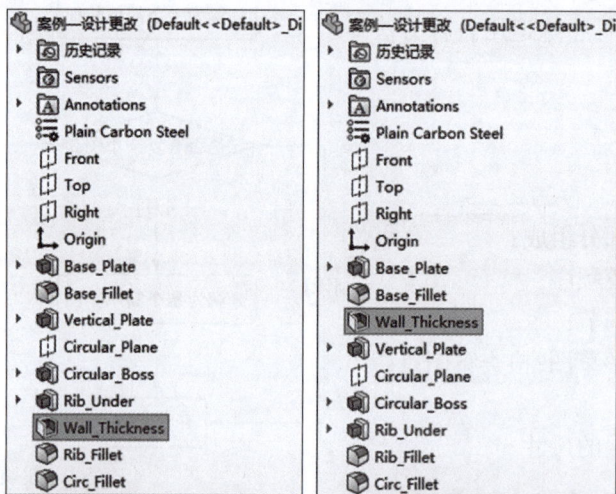

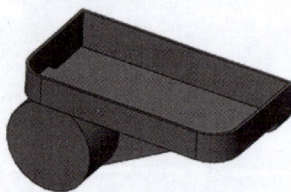

(a) 修改前

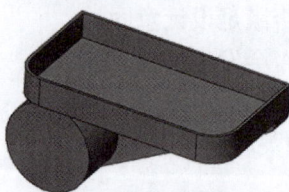

(b) 修改后

图 12.6.1.4　修改特征顺序

步骤四: 修改草图,使圆弧与竖直线相切。

可先添加相切几何关系,此时草图过定义,单击状态栏中的红字【过定义】,如图 12.6.1.5 和 12.6.1.6 所示。调出 "SketchXpert" 属性管理器,单击【诊断】按钮,进行诊断,选取如图 12.6.1.7 所示的方案,确认删除水平尺寸。修改后模型如图 12.6.1.8 所示。

注:单击 `>>` ,将显示各种可能的解决方案,每种方案包含不同的几何关系与尺寸组合。

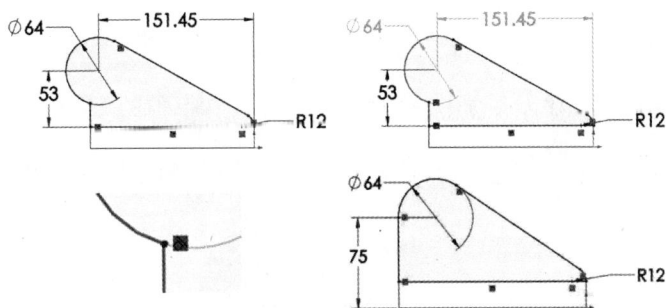

图 12.6.1.5　修改草图,使圆弧与竖直线相切

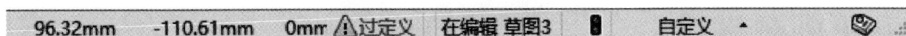

图 12.6.1.6　错误提示 – 过定义

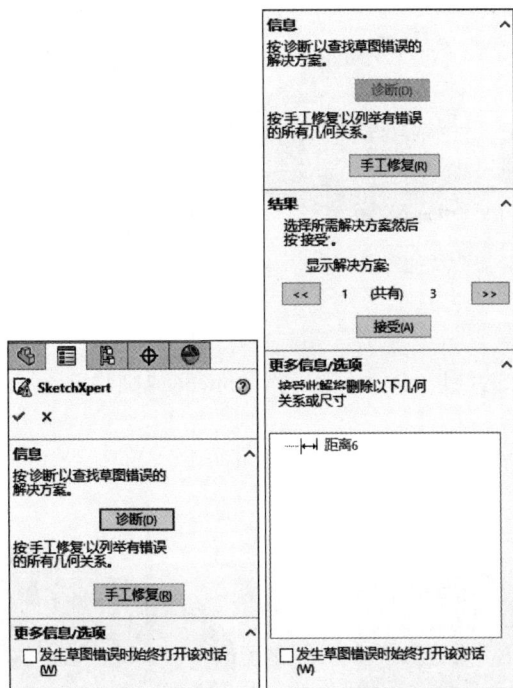

图 12.6.1.7　草图错误信息诊断

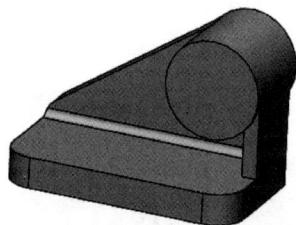

图 12.6.1.8　修改草图后模型

步骤五:按图 12.6.1.8 所示修改草图。

(1) 绘制一个矩形并删除矩形顶部的水平线,加入一条相切圆弧,标注如图 12.6.1.9 所示的尺寸(创建尺寸 2 mm 时,可使用 Shift 键选择弧线)。

(2) 添加几何关系。绘制一条中心线,选择矩形两条线段与中心线,添加【对称】几何关系。选择矩形底部线段与底座上表面线段,添加【共线】几何关系。

步骤六:修改模型的拉伸特征。

如图 12.6.1.10 所示,修改圆柱拉伸特征,将开始条件设置为等距,数值为 11 mm,长度不变。

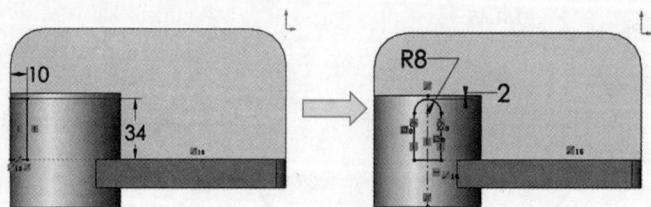

图 12.6.1.9　修改草图

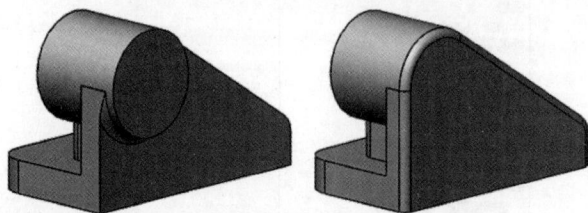

图 12.6.1.10　修改拉伸特征

步骤七:添加圆角。

选择【圆角】命令,选择如图 12.6.1.11 所示的线段,大小设置为 5 mm,完成圆角。

【设计更改练习】

(1) 打开【练习 – 设计更改练习 1】,按下面步骤对模型进行设计更改。

步骤一:移除特征,如图 12.6.1.11 所示。

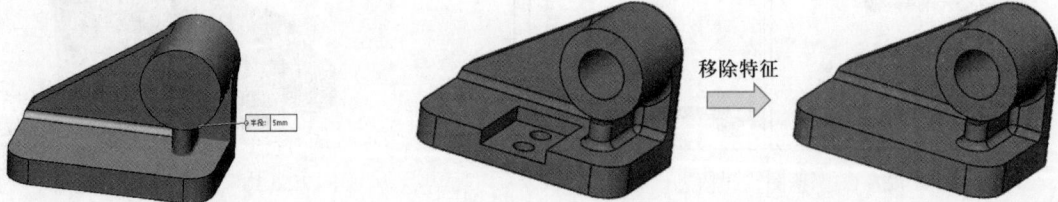

图 12.6.1.11　添加圆角

图 12.6.1.12　移除特征

步骤二:将背部薄壁拉伸厚度修改为 12 mm。

步骤三:移除薄板,如图 12.6.1.12 所示。

(2) 打开【练习 – 设计更改练习 2】,按下面步骤(图 12.6.1.13~ 图 12.6.1.18)对模型进行设计更改。

步骤一:选择【切除 – 拉伸 2】特征,拖拽尺寸为 70 mm。

步骤二:选择基准面 1,拖拽角度为 50°。

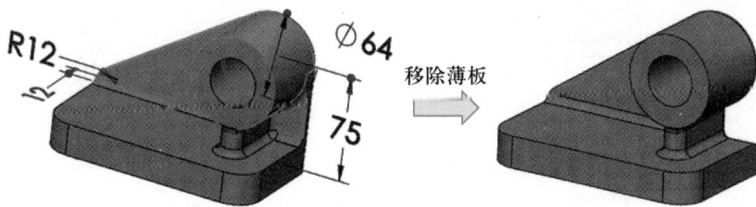

图 12.6.1.13 移除薄板

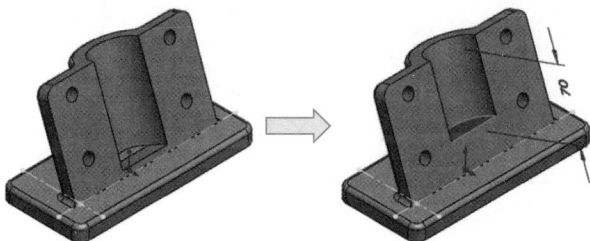

图 12.6.1.14 修改孔深度

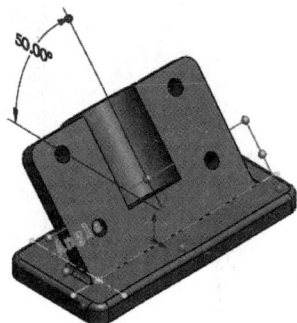

图 12.6.1.15 修改倾斜角度

步骤三:编辑【异型孔】特征,将终止条件改为【成形到下一面】。

步骤四:选择草图【Layout】,如图 12.6.1.16 所示拖拽尺寸。

步骤五:选择【异形孔】特征,修改尺寸 100 mm 为 110 mm。

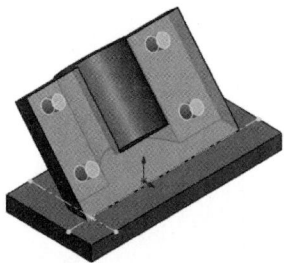

图 12.6.1.16 修改异型孔

图 12.6.1.17 修改草图

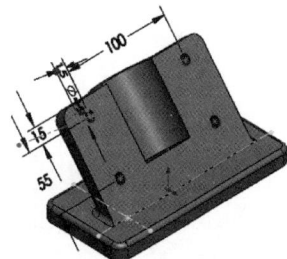

图 12.6.1.18 修改异形孔尺寸

12.6.2 错误修复

修复模型错误的一般方法:首先右击出错特征,查看【什么错? 】,然后根据错误说明解决问题,如图 12.6.2.1 所示。

以下是常见的错误说明。

(1)"此草图无法使用于此特征……",如图 12.6.2.2 所示。

解决方法:进入草图后,选择菜单栏中的【工具】→【草图工具】→【检查草图合法性】命令,对草图进行合法性检查,然后根据问题描述和放大镜功能将问题解决,如图 12.6.2.3 所示。

图 12.6.2.1　错误修复

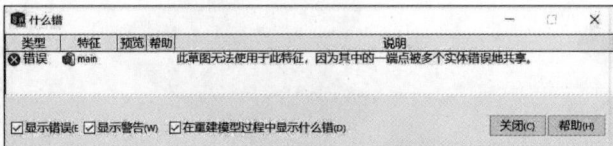

图 12.6.2.2　特征错误说明

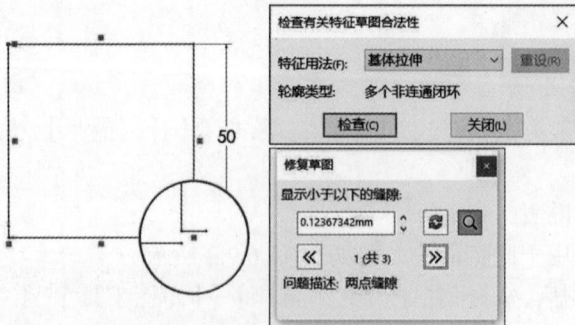

图 12.6.2.3　修复草图

（2）"此草图包含至不再存在的模型几何体的尺寸或几何关系……"，如图 12.6.2.4 所示。

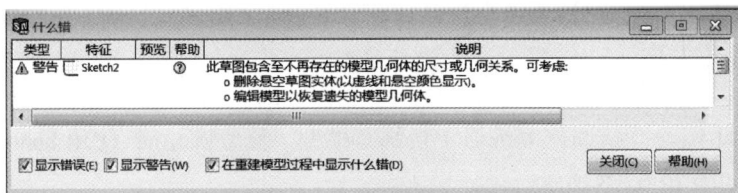

图 12.6.2.4 草图错误说明

解决方法（图 12.6.2.5）：

- 编辑此特征草图，查看是否有悬空的几何关系，并重新定义；
- 编辑此特征草图，查看是否有悬空的尺寸，并重新定义。

（3）"此草图所使用的基准面已遗失……"，如图 12.6.2.6 所示。

解决方法：

右击该草图，重新定义草图平面，如图 12.6.2.7 所示。

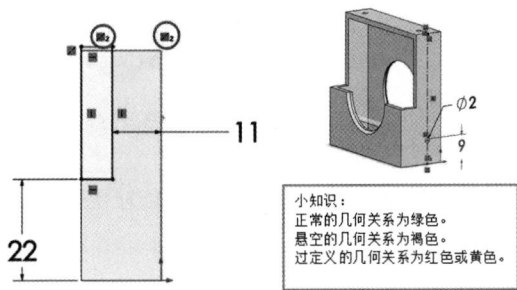

图 12.6.2.5 尺寸错误定义

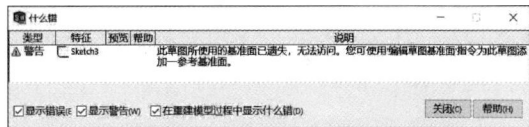

图 12.6.2.6 基准面丢失错误

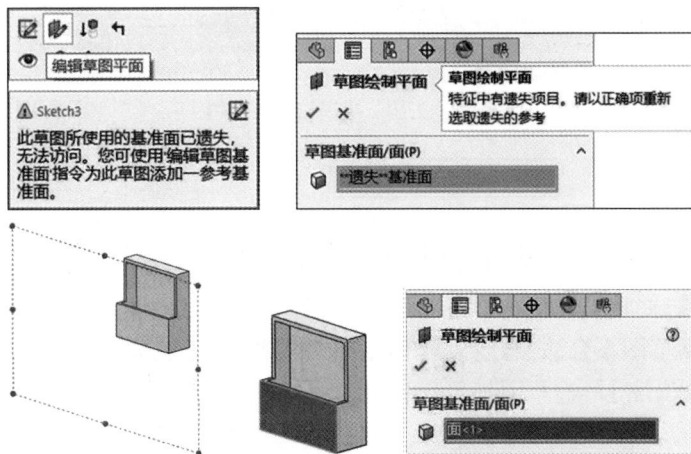

图 12.6.2.7 重新定义草图平面

（4）"无法生成圆角……"。

解决方法：

· 直接单击【FeatureXpert】，系统会自动计算修复。

· 手动修改圆角大小。

【错误修复练习】

（1）打开文件【练习 – 错误修复练习 1】，修复模型。修复圆角时，使用 FeatureXpert 功能，圆角大小改为 R5，如图 12.6.2.8 所示。

（2）打开文件【练习 – 错误修复练习 2】，修复模型，如图 12.6.2.9 所示。

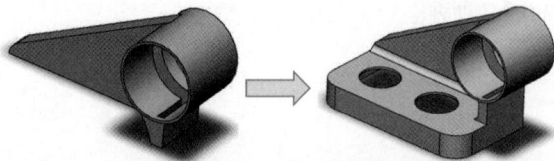

图 12.6.2.8　错误修复练习 1

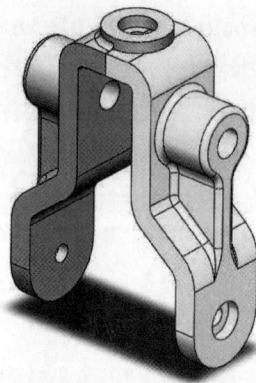

图 12.6.2.9　错误修复练习 2

（3）打开文件【练习 – 错误修复练习 3】，修复模型。修复圆角时，将圆角值改为 0.100in，如图 12.6.2.10 所示。

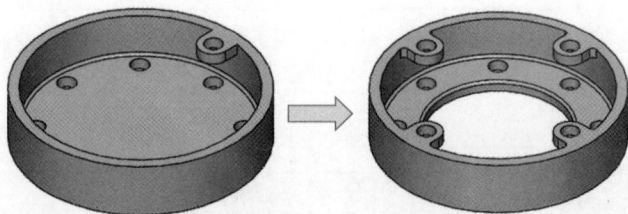

图 12.6.2.10　错误修复练习 3

12.6.3　考点总结

· 通过查看【什么错？】，了解到错误发生的原因；

· 分析错误原因，并将其修复；

· 错误原因包括草图不合法、悬空、草图平面丢失、圆角生成错误；

· 利用【草图合法性】检查草图是否合法；

· 查看父子特征、设计树的顺序；

· Instant3D 可快速生成或者修改几何模型。

12.7 考点七 装配体

在【装配体】中,可以对零部件进行组装,即通过零件之间的【配合】,将零件或子装配体组合在一起,相当于在 SolidWorks 中模拟零件的安装,如图 12.7.0.1 所示。

在【装配体】中,可以观察零件的运动情况。

通过各种检测工具,可以对装配体中的零件进行优化。

有以下两种方法创建装配体。

方法一:单击【新建】,创建装配体,如图 12.7.0.2 所示。

图 12.7.0.1 装配体

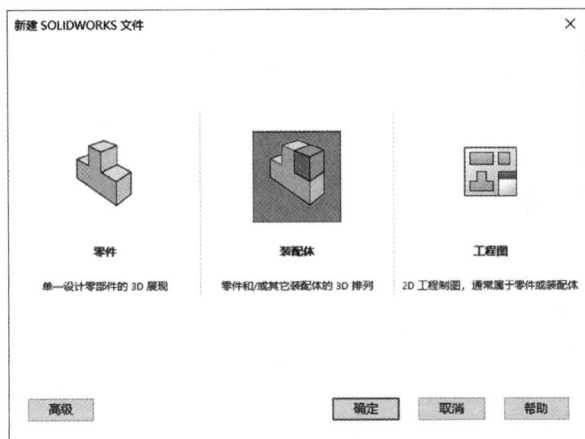

图 12.7.0.2 创建装配体

方法二:单击【从零件/装配体制作装配体】,如图 12.7.3 所示。

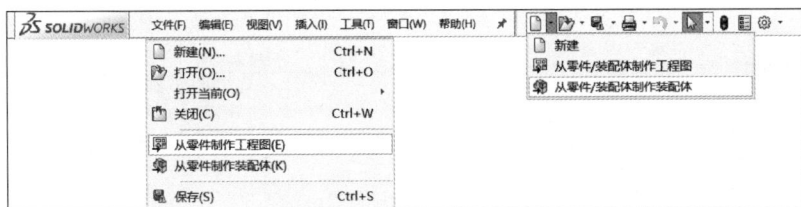

图 12.7.0.3 创建装配体

12.7.1 插入零部件

插入零部件是添加现有零件或子装配体到装配体,如图 12.7.1.1 和图 12.7.1.2 所示。

注意:装配体的第一个零部件是固定的。建议放置第一个零件时,直接单击 ✔,即把零件原点与装配体原点对齐放置。

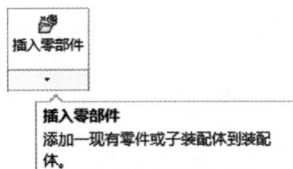

图 12.7.1.1 插入零部件

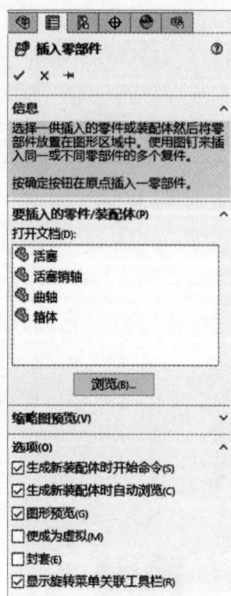

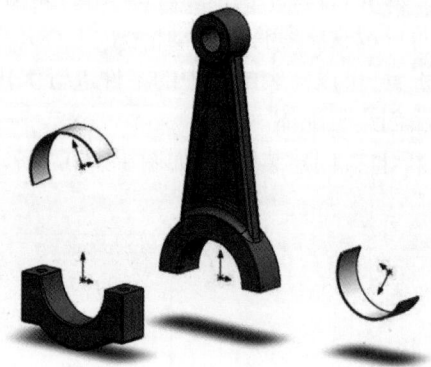

图 12.7.1.2　插入零部件工作界面

12.7.2　移动 / 固定零部件

【移动与旋转】

鼠标操作如下：

- 左键——移动零部件；
- 右键——旋转零部件；
- 滚轮——放大、缩小零部件或装配体。

单击【装配体】工具栏中的【移动零部件】按钮，如图 12.7.2.1 和图 12.7.2.2 所示。

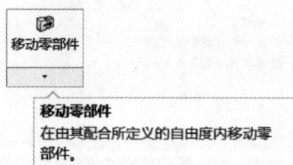

图 12.7.2.1　移动零部件

图 12.7.2.2　设置参数

【固定与浮动】

固定的零部件不能在装配体中进行移动及旋转操作。

浮动的零部件则可以自由移动、旋转。

12.7.3　配合

拖放到装配体中的零件是完全自由的，可以任意移动和旋转。通过【配合】可以定义零件的位置和零件间的装配关系，如图 12.7.3.1 所示。

配合关系包括标准配合、高级配合和机械配合。

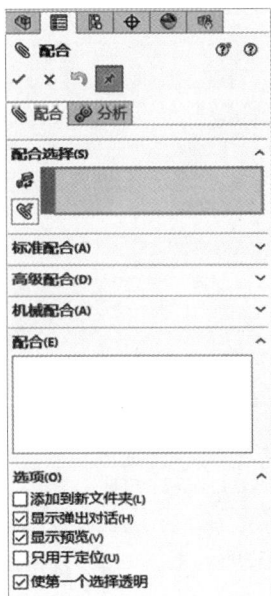

图 12.7.3.1 配合

图 12.7.3.2 标准配合

标准配合包括【重合】【平行】【垂直】【相切】【同轴心】【锁定】，如图 12.7.3.2 所示。配合效果如图 12.7.3.3 所示。

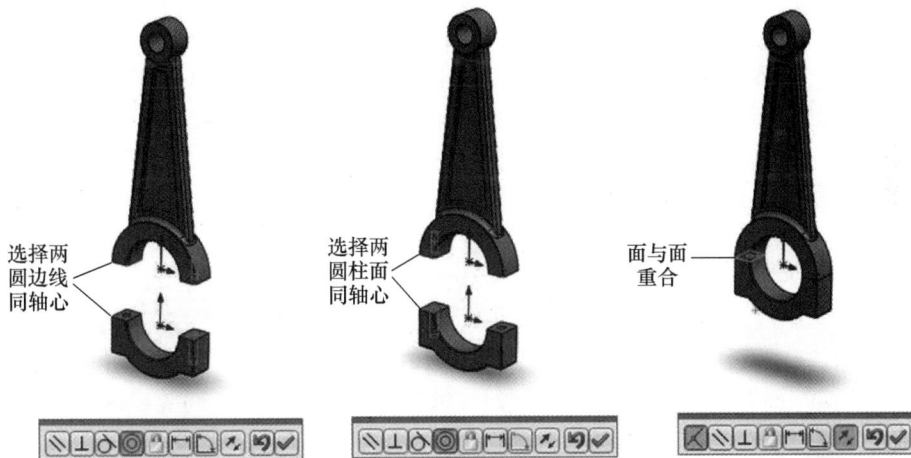

选择两圆边线同轴心

选择两圆柱面同轴心

面与面重合

图 12.7.3.3 配合效果

动画	动画	动画	动画	动画	动画	动画
重合	平行	垂直	相切	同轴心	距离	角度

12.7.4　利用草图 / 基准面添加配合

万向节模型,如图 12.7.4.1 所示。其装配步骤如下:

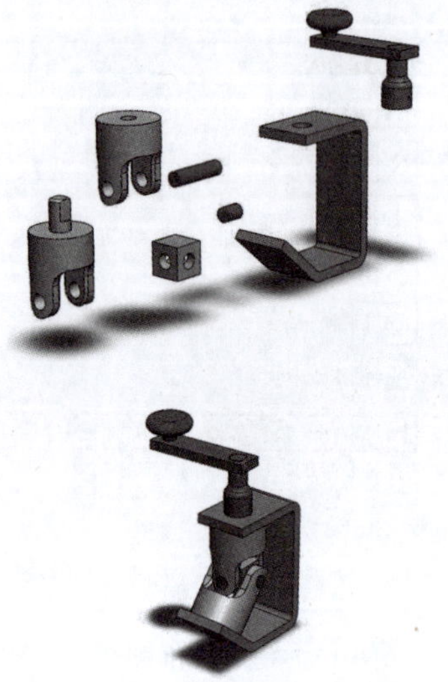

图 12.7.4.1　万向节模型

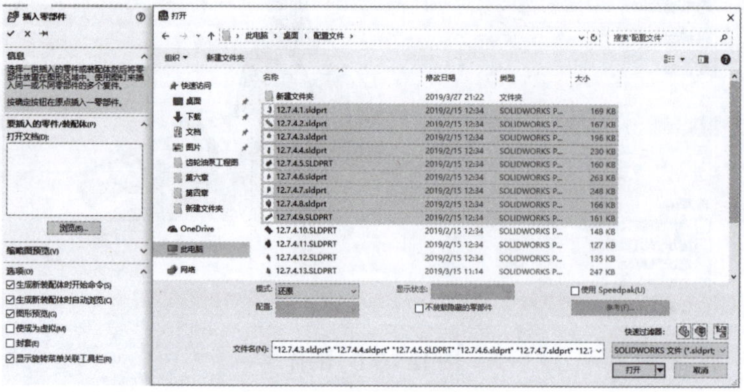

图 12.7.4.2　插入零部件

步 骤 一:新 建 装 配 体 文 件,如 图 12.7.4.2 所示,插入配置零件【12.7.4.1.SLDPRT】~【12.7.4.9.SLDPRT】,打开零件之后的界面如图 12.7.4.3 所示。

步 骤 二:定位基准体,将【12.7.4.1.SLDPRT】的三个基准面对应装配文件的三个基准面,并添加重合关系,如图 12.7.4.4 和图 12.7.4.5 所示。

步 骤 三:添加配合,将【12.7.4.2.SLDPRT】【12.7.4.3.SLDPRT】【12.7.4.4.SLDPRT】装配在一起,并添加配合关系,如图 12.7.4.6 所示。

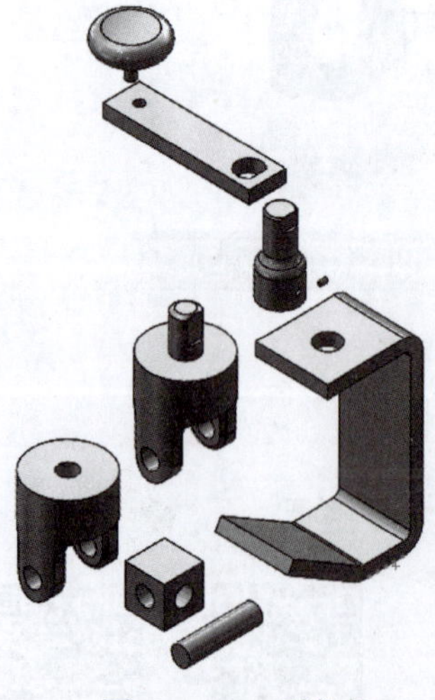

图 12.7.4.3　零部件

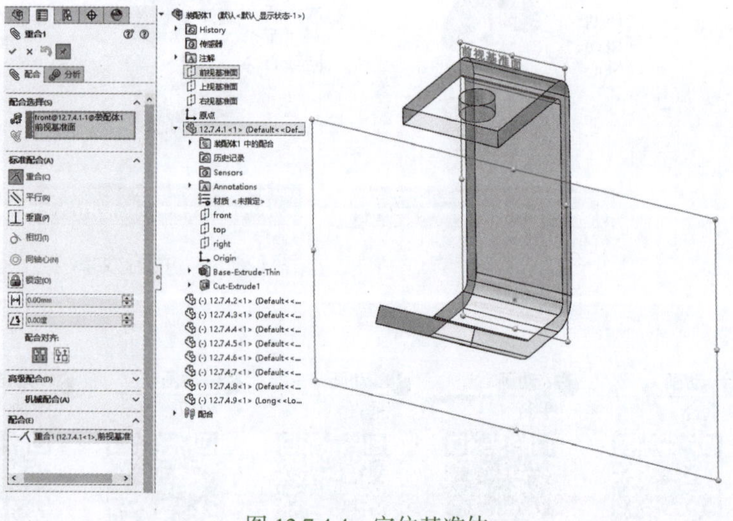

图 12.7.4.4　定位基准体

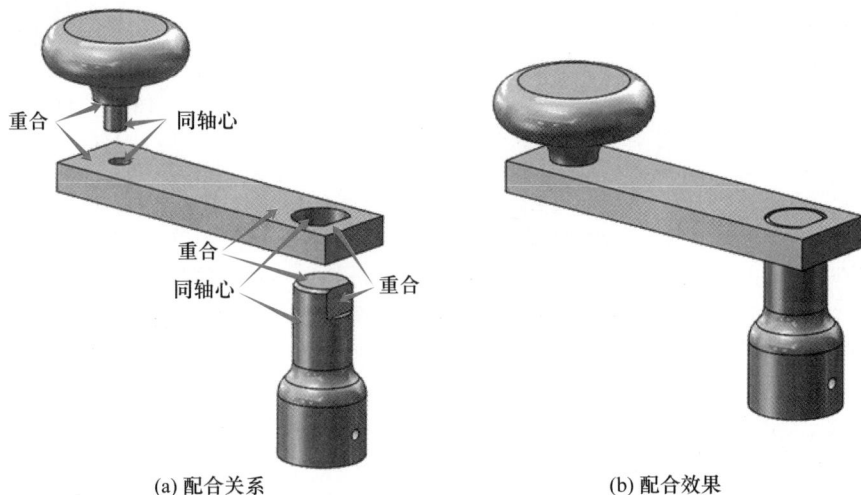

▾ 00 配合
　⦗ 重合1 (12.7.4.1<1>,前视基准面)
　⦗ 重合2 (12.7.4.1<1>,上视基准面)
　⦗ 重合3 (12.7.4.1<1>,右视基准面)

图 12.7.4.5　添加配合

(a) 配合关系　　　　　　　　　　(b) 配合效果

图 12.7.4.6　配合

步骤四:添加配合,将步骤三装配好的零件和【12.7.4.1.SLDPRT】【12.7.4.5.SLDPRT】【12.7.4.6.SLDPRT】添加配合关系,如图 12.7.4.7 和图 12.7.4.8 所示,配合效果如图 12.7.4.9 所示。

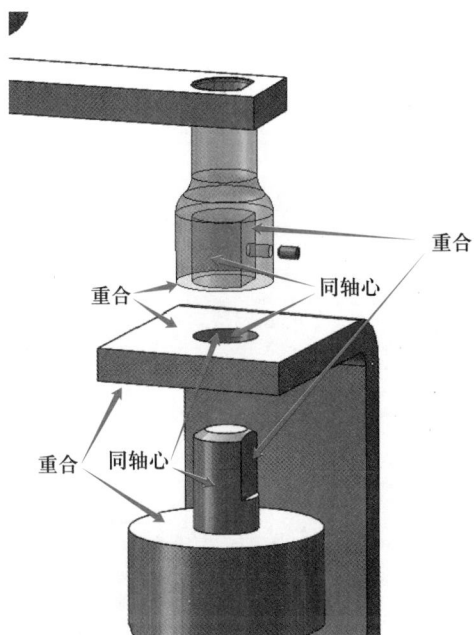

图 12.7.4.7　配合

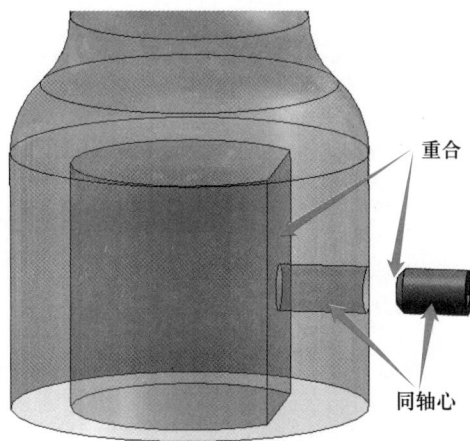

图 12.7.4.8　配合

步骤五:添加配合,将步骤四装配好的零件和【12.7.4.8.SLDPRT】【12.7.4.9.SLDPRT】添加配合关系,如图 12.7.4.10 所示。

步骤六:单击【插入零部件】,弹出如图 12.7.4.11 所示的对话框,选择零件【12.7.4.9.SLDPRT】,在下方配置栏选择【Short】,插入短轴,选中【短轴】按住 Ctrl 键,同时拖动零部件可以复制该零部件。添加配合,将步骤五装配好的零件和【12.7.4.7.SLDPRT】【12.7.4.9.SLDPRT(短轴)】添加配合关系,如图 12.7.4.12 所示。

图 12.7.4.9 配合效果

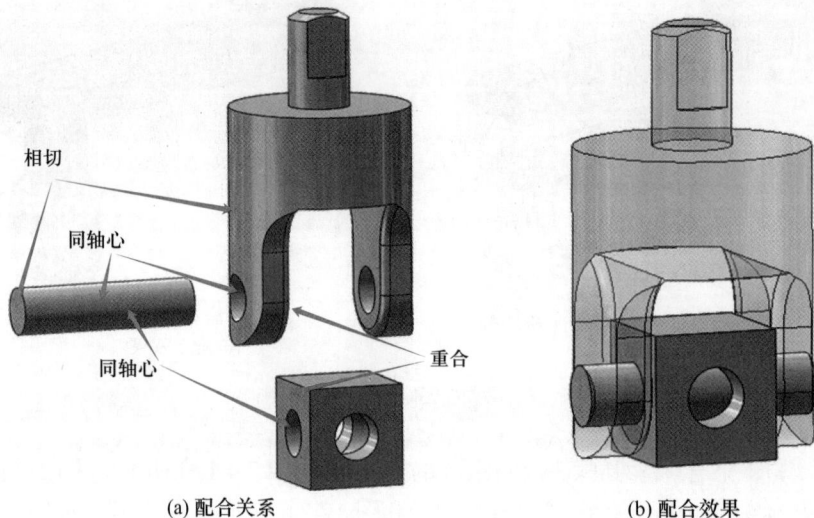

(a) 配合关系

(b) 配合效果

图 12.7.4.10 配合

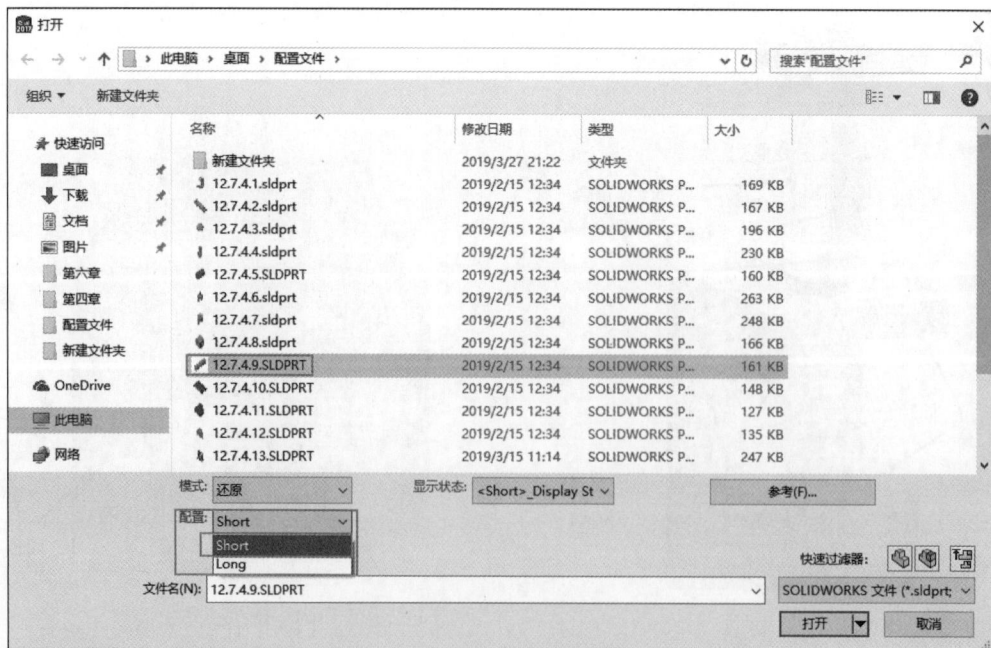

图 12.7.4.11 插入零部件

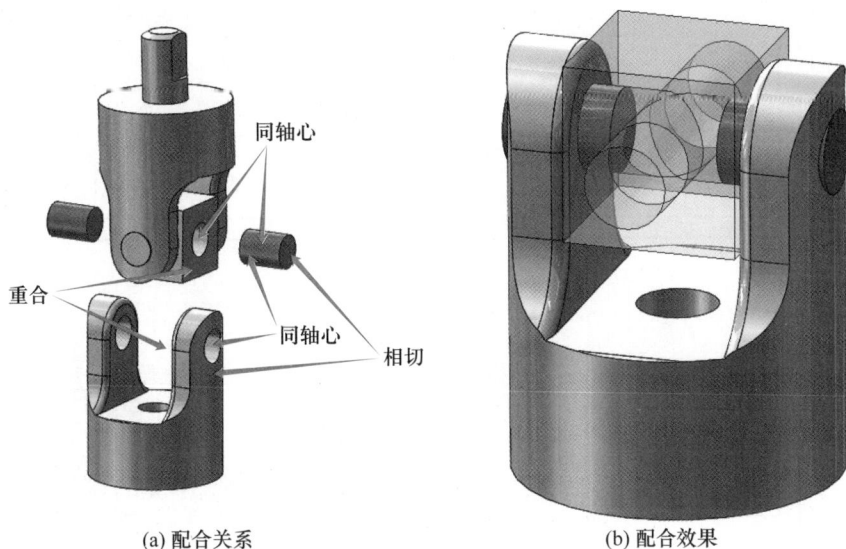

(a) 配合关系　　(b) 配合效果

图 12.7.4.12　配合

步骤七:添加配合,将步骤六装配好的零部件和【12.7.4.1.SLDPRT】添加配合关系,完成装配,如图 12.7.4.13 所示。

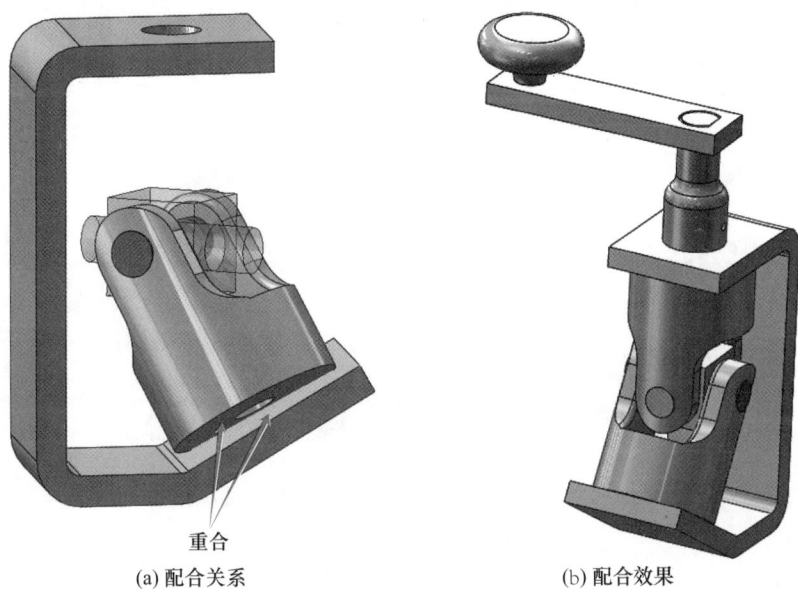

重合

(a) 配合关系　　(b) 配合效果

图 12.7.4.13　重合 - 完成装配

【案例练习】

1. 新建装配体文件,插入配置零件【12.7.4.10.SLDPRT】~【12.7.4.12.SLDPRT】。根据图 12.7.4.14 所示的工程图,为零件添加正确的配合。

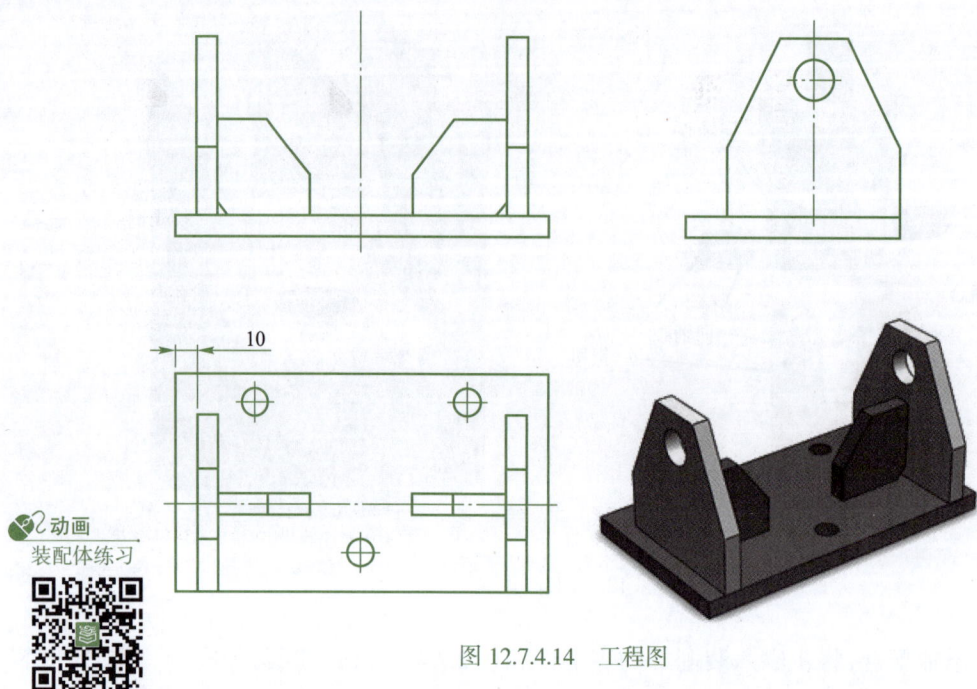

图 12.7.4.14　工程图

2. 新建装配体文件，插入配置零件【12.7.4.13.SLDPRT】~【12.7.4.18.SLDPRT】。根据图 12.7.4.15 和图 12.7.4.16 所给出的信息，为零件添加正确的配合。

图 12.7.4.15　零件

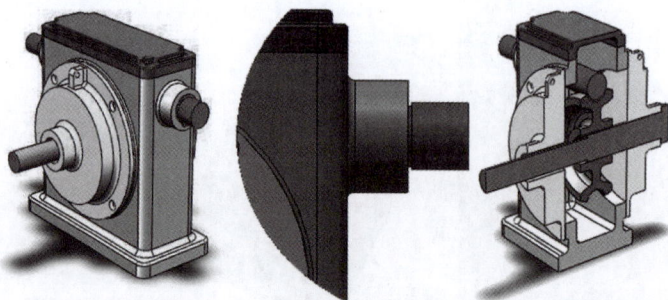

图 12.7.4.16　装配细节

12.7.5　设计分析与优化

【干涉检查】：可以检查装配体中各零部件相互之间是否存在干涉，如图 12.7.5.1 所示。设置参数界面如图 12.7.5.2 所示。

【间隙验证】：验证零部件之间的间隙，如图 12.7.5.3 所示。设置参数界面如图 12.7.5.4 所示。

【碰撞检测】：可以检查装配体在运动过程中零部件之间是否有碰撞，如图 12.7.5.5 所示。

动画
干涉检查

干涉检
查

干涉检查
检查零部件之间的任何干涉。

图 12.7.5.1　干涉检查

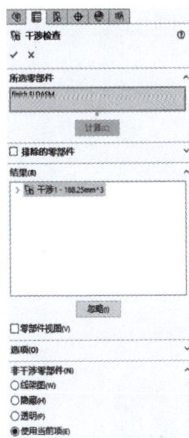

图 12.7.5.2　设置参数

间隙验
证

间隙验证
验证零部件之间的间隙。

图 12.7.5.3　间隙验证

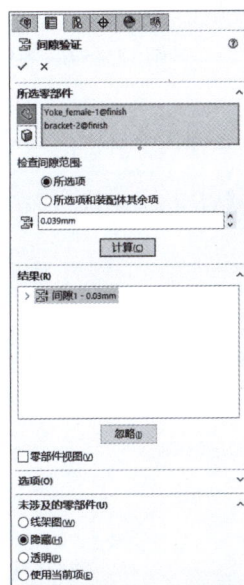

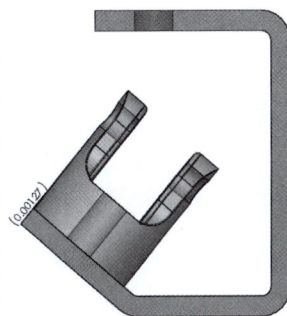

图 12.7.5.4　设置参数

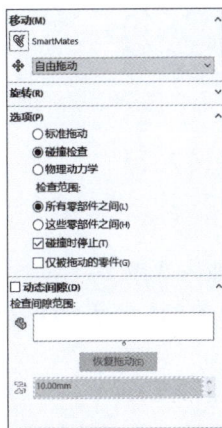

图 12.7.5.5　碰撞检测

【零件优化】：为了防止两零件之间的相互碰撞，为零件添加圆角，如图 12.7.5.6 所示。

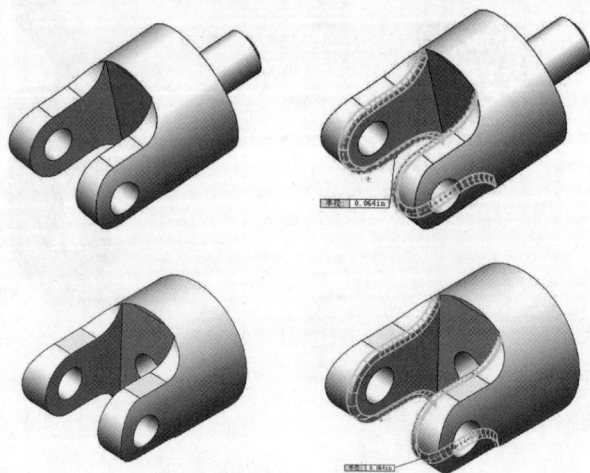

图 12.7.5.6　零件优化

打开配置文件【12.7.4.3.SLDASM】，测量两极限位置 A、B 的值，如图 12.7.5.7 和图 12.7.5.8 所示。

利用【碰撞检测】功能测量如图 12.7.5.9 所示装配体的极限转动角度。

测量
计算所选项目之间的距离。

图 12.7.5.7　测量

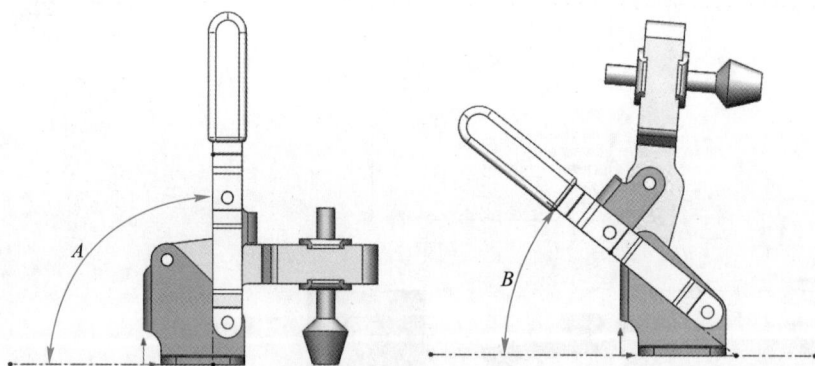

图 12.7.5.8　测量 A、B 角度

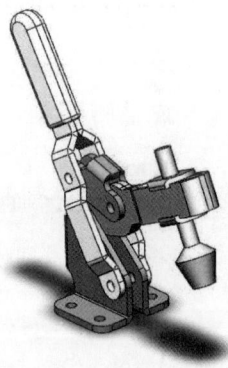

图 12.7.5.9　装配模型

12.7.6　替换零部件

【替换零部件】可以将两个具有相似特征的零件进行替换。

将图 12.7.6.1 中零件【12.7.4.22.SLDPRT】替换成零件【12.7.4.23.SLDPRT】，替换效果如图 12.7.6.2 所示。

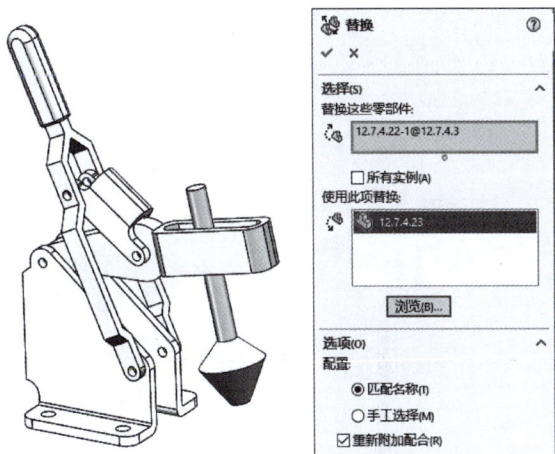

图 12.7.6.1 替换零部件

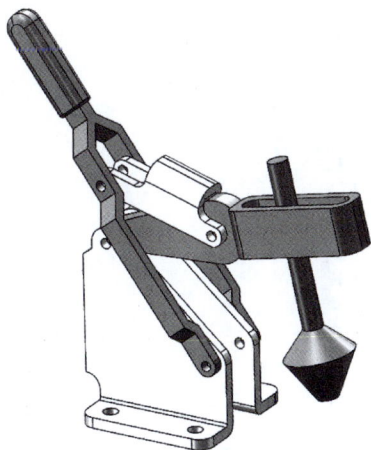

图 12.7.6.2 替换效果

12.7.7 爆炸视图

爆炸视图是将零部件分离成爆炸视图,如图 12.7.7.1 和图 12.7.7.2 所示,爆炸参数如图 12.7.7.3 所示。

创建爆炸视图的方法:

- 选择需要移动的零部件;
- 设定移动方向和距离数值或直接拖动箭头移动所选零部件。

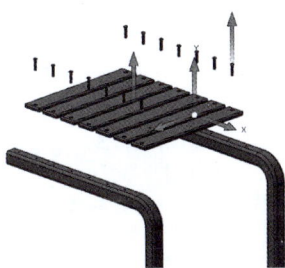

动画
爆炸视图

爆炸视图
将零部件分离成**爆炸视图**。

图 12.7.7.1 爆炸视图

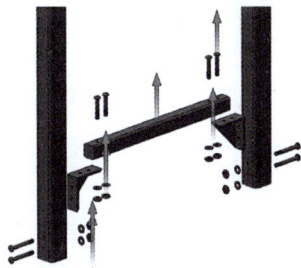

图 12.7.7.2 移动零部件视图

爆炸视图的每一步移动最好按照拆装步骤分解,爆炸效果如图 12.7.7.4 所示。

12.7.8 爆炸直线草图

爆炸直线草图能直观地显示零部件的安装方法以及安装顺序,如图 12.7.8.1~图 12.7.8.3 所示。

12.7.9 解除爆炸

在爆炸视图中右击,在弹出的快捷菜单中解除爆炸,便可返回正常视图,如图 12.7.9.1 所示。

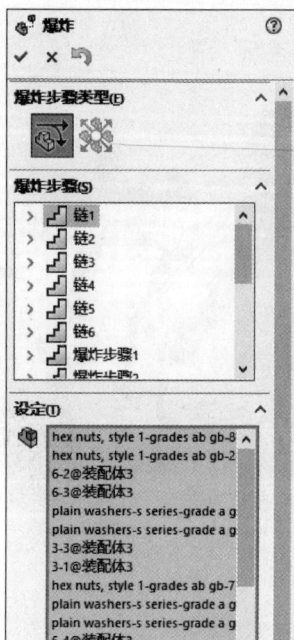

图 12.7.7.3 爆炸参数

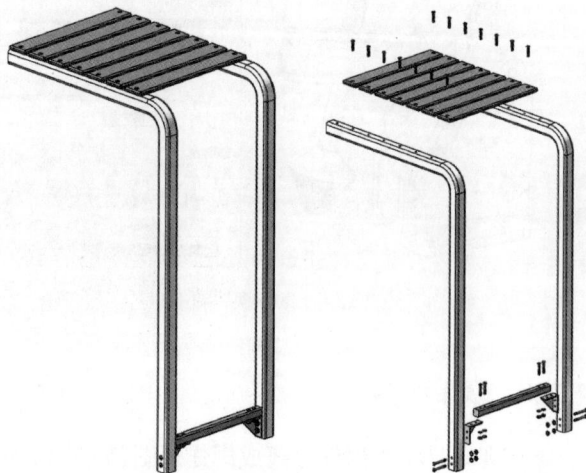

图 12.7.7.4 爆炸效果

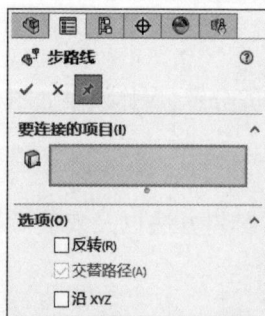

爆炸直线草图
添加或编辑显示爆炸的零部件之间几何关系的 3D 草图。

图 12.7.8.1 爆炸直线草图

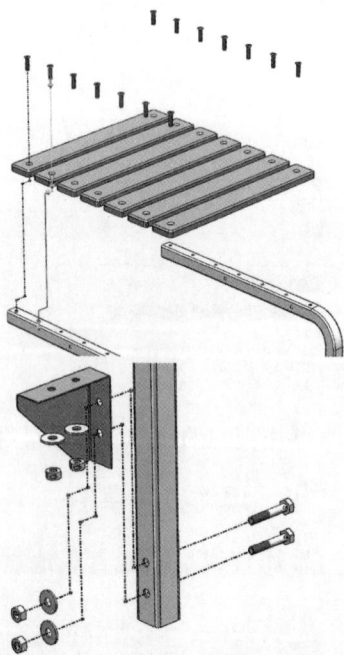

图 12.7.8.2 步路线布置

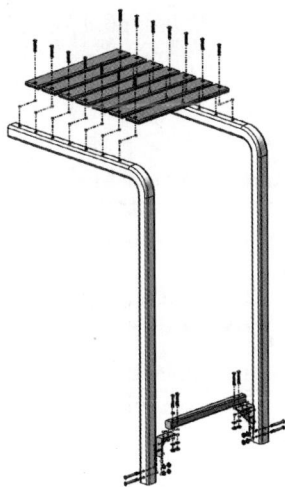

图 12.7.8.3　步路线图

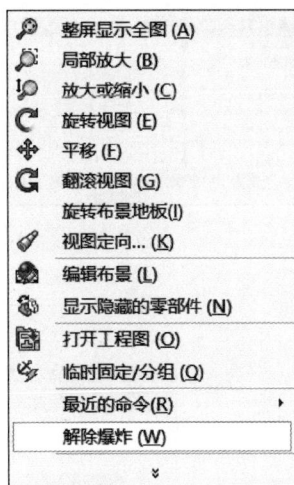

图 12.7.9.1　解除爆炸

12.7.10　动画爆炸

在配置树中找到【爆炸视图】,右击,在弹出的快捷菜单中选择【动画爆炸】,即可播放,如图 12.7.10.1 所示。

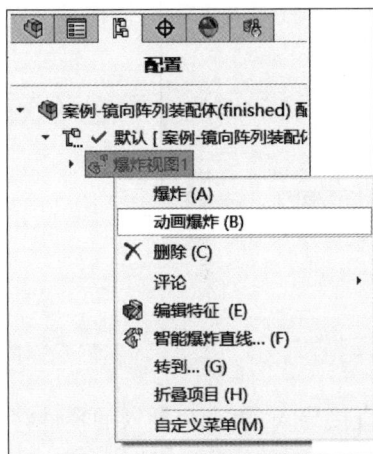

图 12.7.10.1　动画爆炸

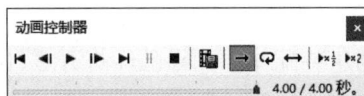

图 12.7.10.2　动画控制器

解除爆炸状态下也可播放【动画爆炸】,动画控制器如图 12.7.10.2 所示。

如图 12.7.10.3 所示单击图形区域左下角处的【运动算例 1】,进入动画编辑,如图 12.7.10.4 所示。

如图 12.7.10.5 所示,单击【动画向导】,选择【爆炸】,设定参数,即可生成爆炸动画。

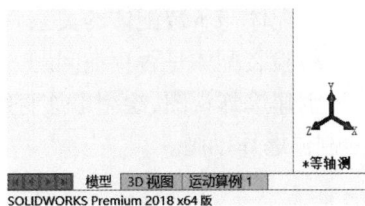

图 12.7.10.3　运动算例

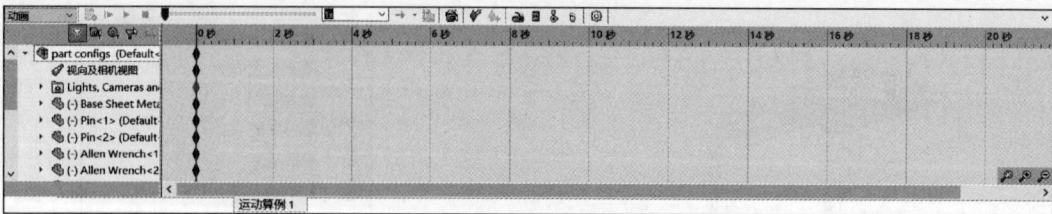

图 12.7.10.4　运动算例控制器

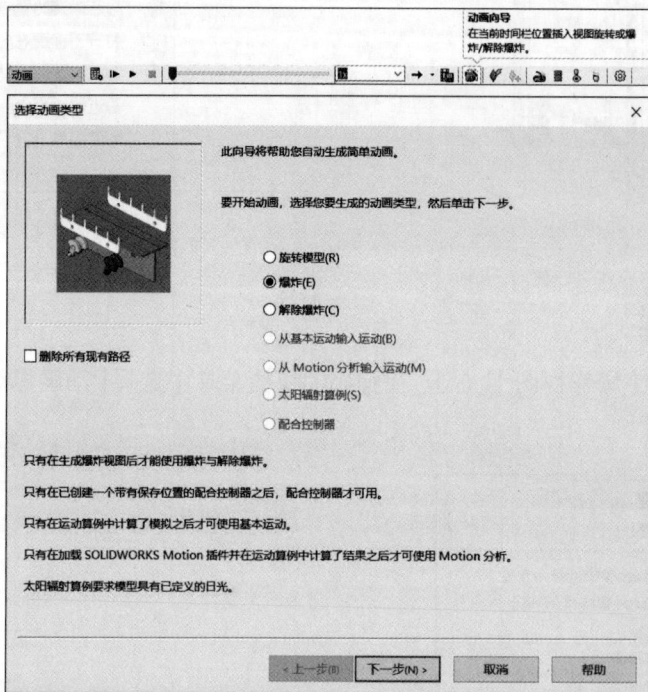

图 12.7.10.5　动画向导

12.7.11　考点总结

• 创建装配体。如果已经打开零件,新建装配体时可直接导入;第一个导入的零件将会是固定状态。

• 添加零件间的配合。注意选择正确的点、线、面进行配合,不同实体间的配合得到的效果不同。

• 装配体与子装配体的关系。在装配体中创建子装配体;子装配体的刚性/柔性设置。

• 检验装配体是否存在问题,对零件进行优化。

• 创建爆炸视图,绘制爆炸直线草图和装配体的爆炸图。制作爆炸视图时,注意爆炸的顺序,以便制作爆炸动画。

12.8　考点八　工程图

微课
考点八　工程图

【工程图入门】

步骤一：打开文件配置【12.8.1.SLDPRT】，由实体零件转换为工程图，实例如图 12.8.0.1 所示。

步骤二：选择菜单栏中的【文件】→【从零件制作工程图】命令，或者选择工具栏【文件】，如图 12.8.0.2 所示。

图 12.8.0.1　实例

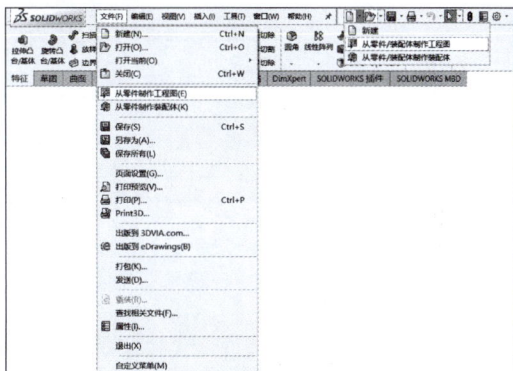

图 12.8.0.2　工具栏编辑界面

步骤三：进入工程图绘制，在右侧工具栏图标中选择【视图调色板】，弹出编辑界面，如图 12.8.0.3 所示。

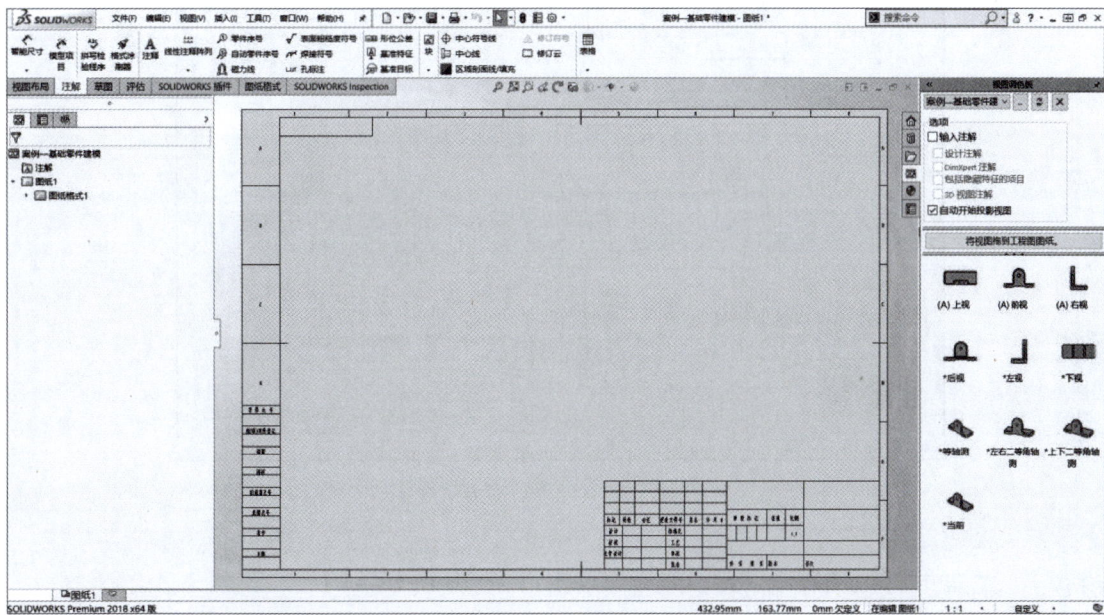

图 12.8.0.3　工程图编辑界面

步骤四：在右侧"视图调色板"中把所需视图移至工程图中，如图 12.8.0.4 所示。

步骤五：工程图完成效果如图 12.8.0.5 所示。

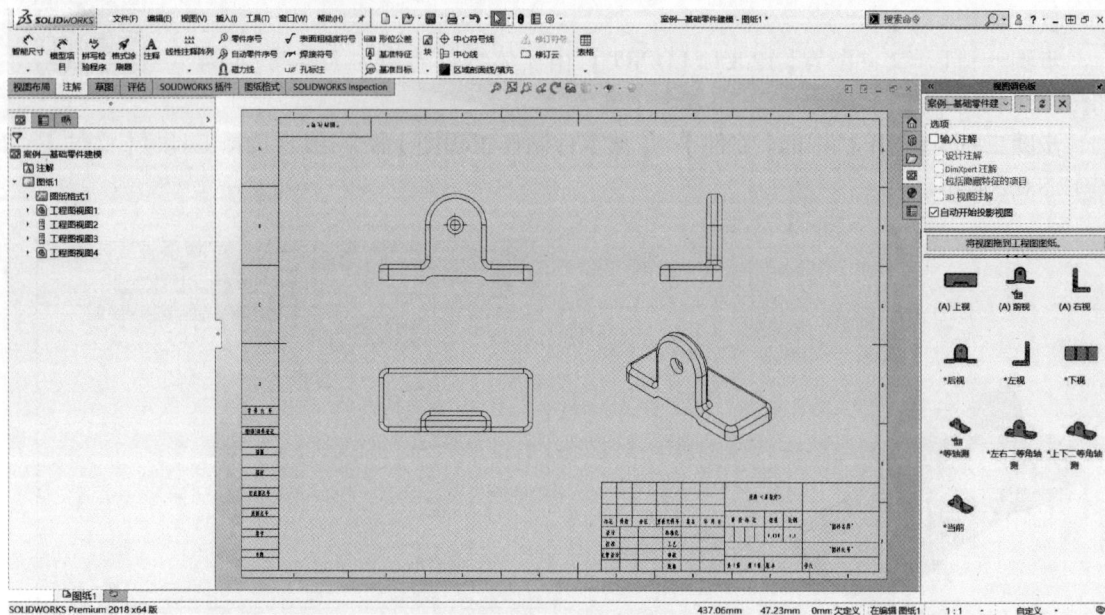

图 12.8.0.4 视图调色板界面

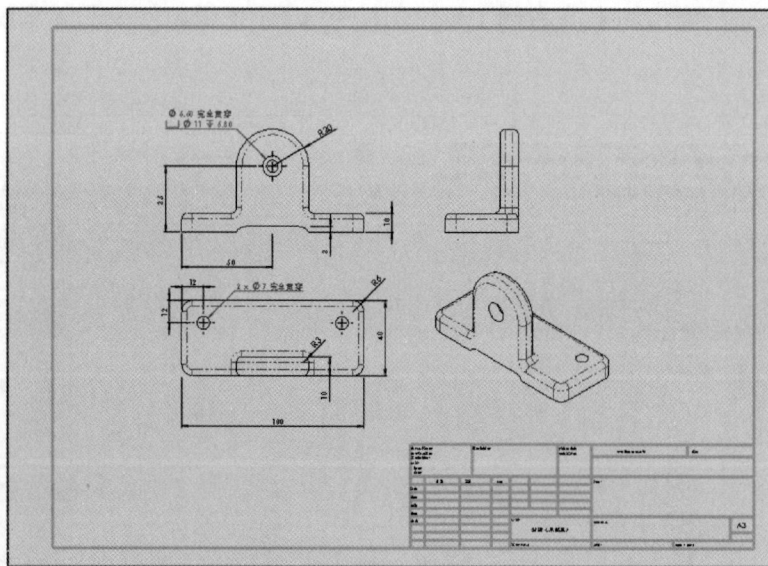

图 12.8.0.5 工程图完成效果

12.8.1 工程图快速尺寸标注

快速创建尺寸标注的步骤如下：选择工具栏中的【注解】，单击【智能尺寸】，如图 12.8.1.1

所示,标注成功,单击【√】完成。

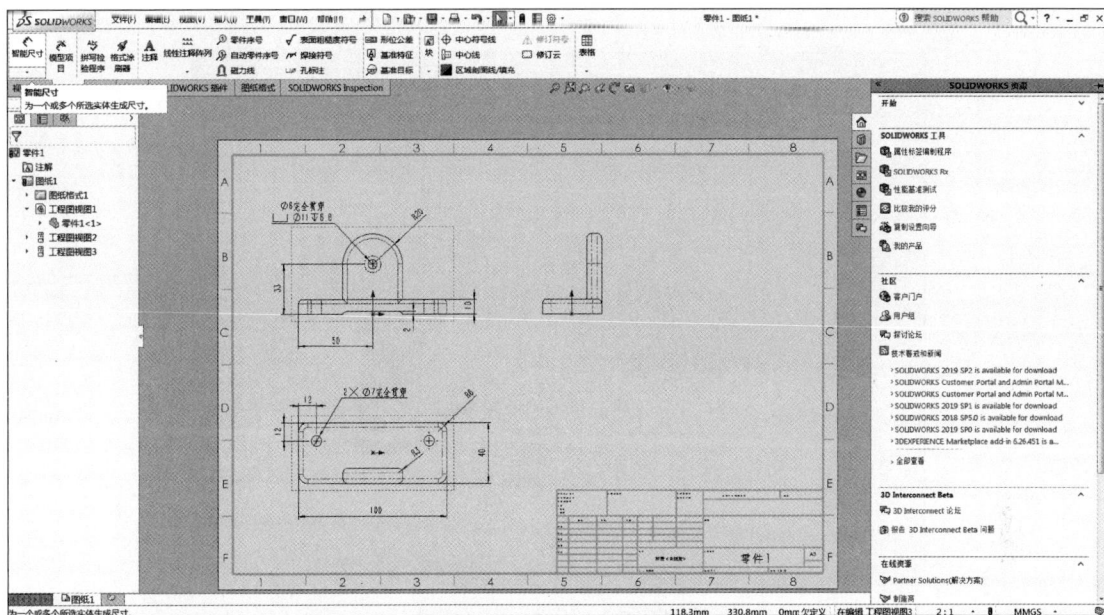

图 12.8.1.1　智能尺寸编辑标注

【智能尺寸】是根据草图进行尺寸标注(点到点、角度、圆),自动识别所需要的尺寸标注,选择放置尺寸的位置会影响所添加的尺寸类型。

尺寸标注的类型如下:

- 线性尺寸:直线与直线之间的距离或长度;
- 圆、弧的尺寸:圆的半径及直径、弧的长度;
- 角度:直线或圆之间的角度;
- 公差:在注释中标注出尺寸公差。

12.8.2　插入视图

步骤一:打开配置文件【12.8.2.SLDPRT】。

步骤二:进入工程图,在右侧工具栏中选择【视图调色板】,如图12.8.2.1所示。

步骤三:将"视图调色板"中标准三视图及等轴测视图拖入"图纸"中,完成效果如图12.8.2.2所示。

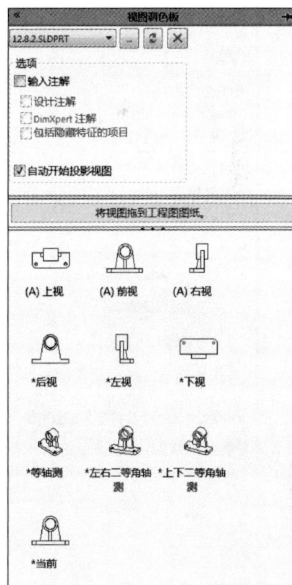

图 12.8.2.1　视图调色板编辑界面

12.8.3　图纸属性

在左侧特征管理设计树中选择【图纸】,右键选择【属性】,弹出"图纸属性"对话框,如图12.8.3.1所示。

在图纸属性中"投影类型"选择【第一视角】,如图12.8.3.2所示,设置图纸格式大小尺寸。

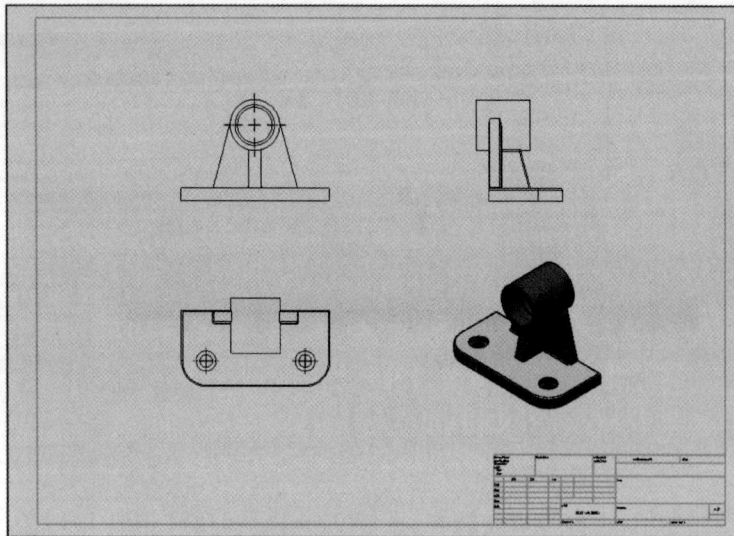

图 12.8.2.2 工程图完成效果

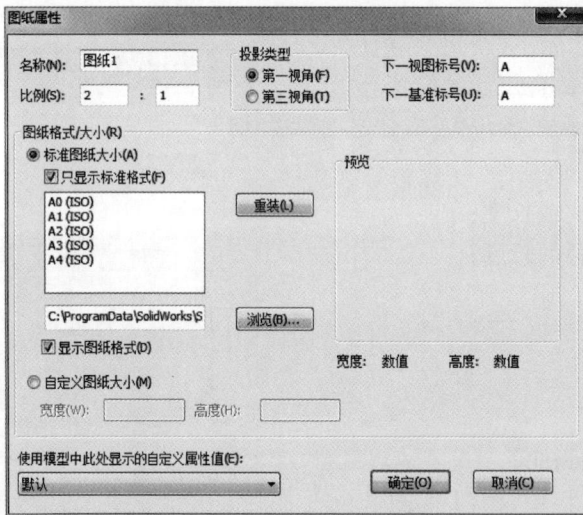

图 12.8.3.1 "图纸属性"对话框

图 12.8.3.2 选择投影类型

12.8.4 切边

在图 12.8.2.2 所示的标准三视图中右击,选择前视图,弹出视图编辑快捷菜单,如图 12.8.4.1 所示。

由上至下依次选择【切边】特征类型:切边可见、带线型显示切边、切边不可见,如图 12.8.4.2 所示。

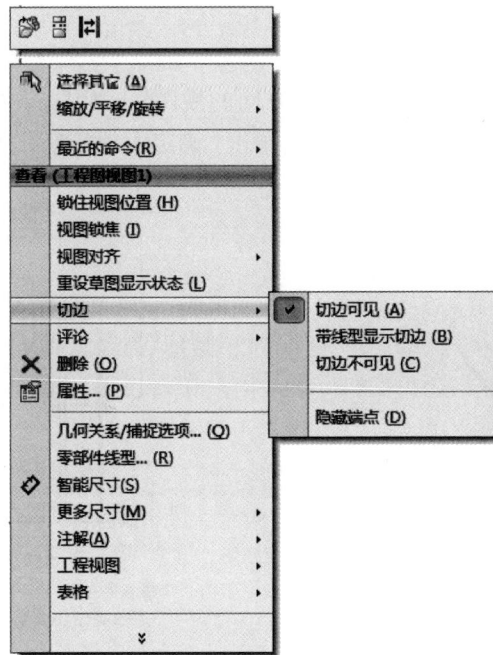

图 12.8.4.1 视图编辑快捷菜单

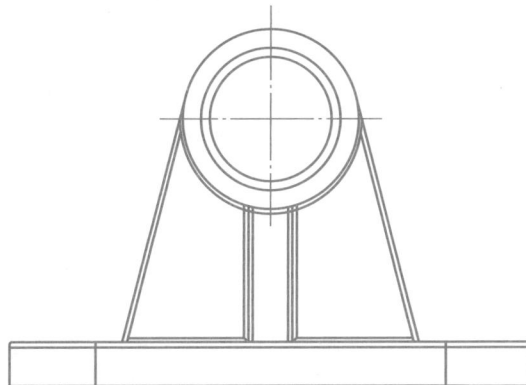

(a) 切边可见

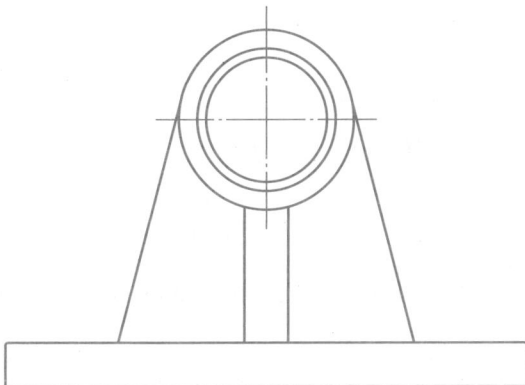

(b) 切边不可见

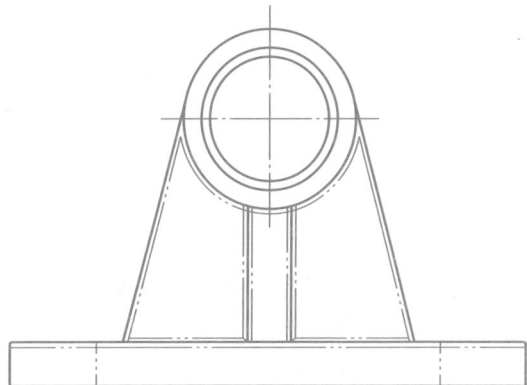

(c) 带线型显示切边

图 12.8.4.2 切边状态

12.8.5　投影视图

投影视图可以投影任意视图对应的 8 个方向的视图(上视图、下视图、左视图、右视图、4 个方向的等轴测),在工具栏中选择【投影视图】,单击【确定】完成视图,如图 12.8.5.1 所示。

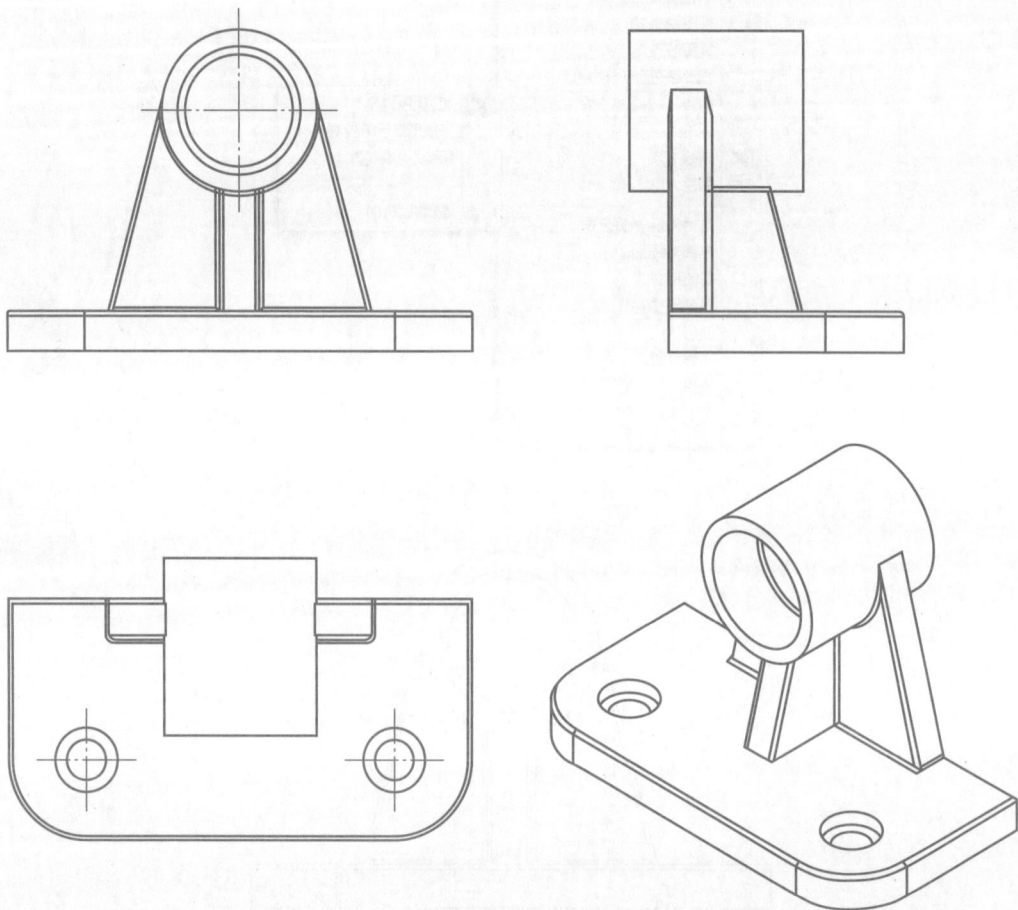

图 12.8.5.1　投影视图

12.8.6　剖视图

剖视图通过一条切线切割生成剖视图,从而直观显示零件的内部结构及形状。

1. 剖面视图

选择工具栏中【剖面视图】,弹出"剖面视图辅助"属性管理器,并出现一条跟随鼠标指针移动切割线,选择视图需要剖的位置,单击【确定】并在剖视图所需放置的位置单击,即可完成剖视图的创建,如图 12.8.6.1 所示。

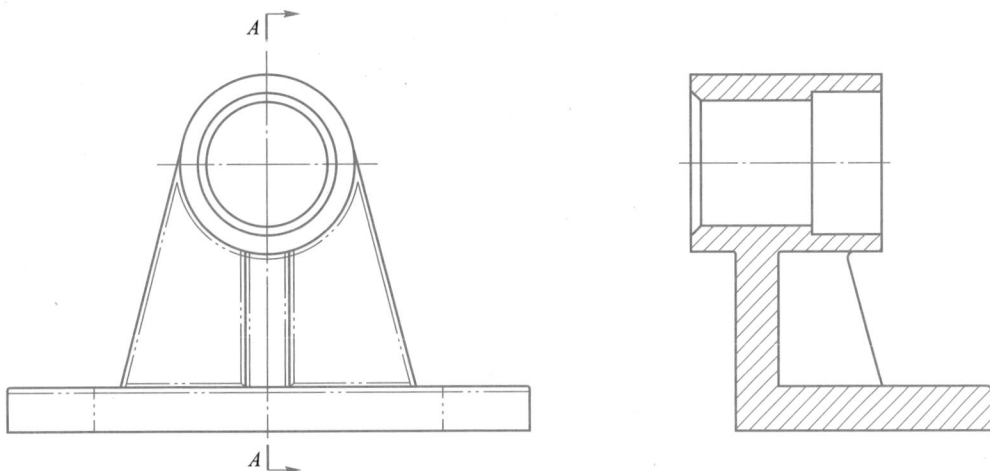

图 12.8.6.1　剖面视图

说明：制作剖视图时，弹出剖面视图剖面范围窗口，如图 12.8.6.2 所示，单击视图，选择【筋特征】，筋特征不会有剖面线。

在装配体中剖切视图需要注意：① 不同零件的剖面线的间距或角度应有所区别；② 回转体不需要剖切。在"剖面视图辅助"属性管理器中为不同零件设置不同的剖面线，如图 12.8.6.3 所示。

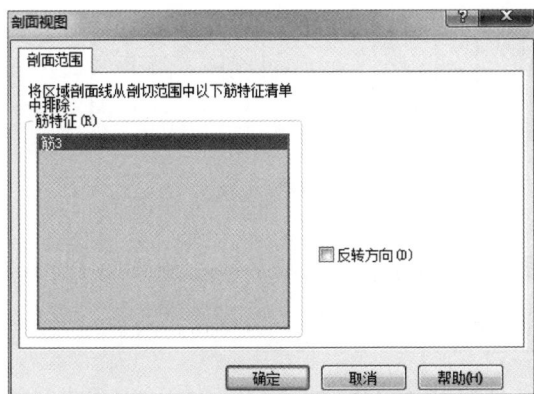

图 12.8.6.2　剖面视图剖面范围窗口

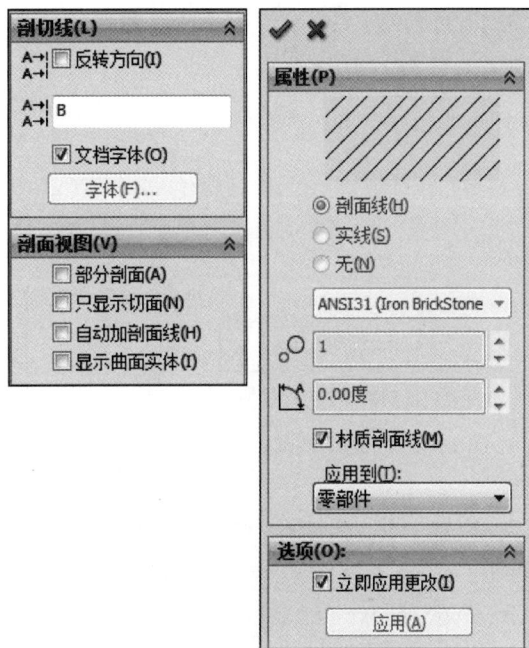

图 12.8.6.3　"剖面视图辅助"属性管理器

设置完成后，剖面视图如图 12.8.6.4 所示。

(a) 剖面线设置前　　　　　　　　　(b) 剖面线设置后

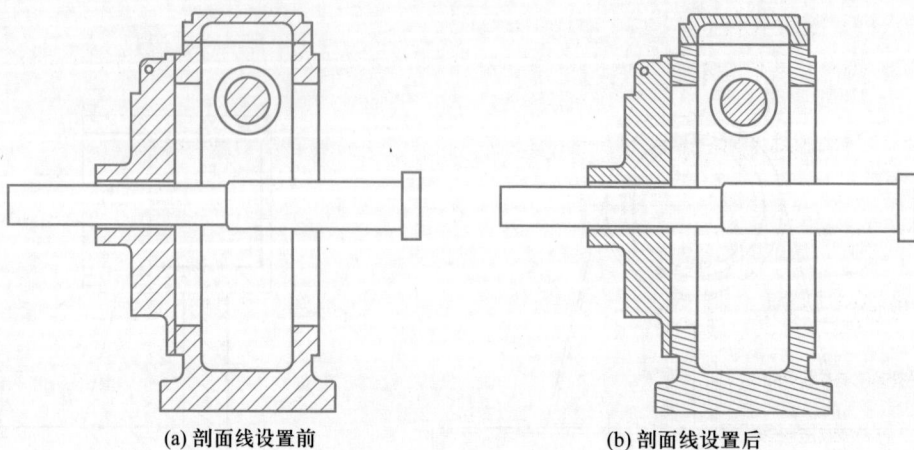

图 12.8.6.4　剖面视图

2. 阶梯剖视图

主要用于表达机件的局部结构或不宜采用全剖视图、半剖视图的地方。选择【剖面视图】，选择需要剖切的视图及剖切的位置，单击【√】后，弹出剖面视图工具栏，选择【单偏移】，如图 12.8.6.5 所示，完成阶梯剖视图 A—A，如图 12.8.6.6 所示。

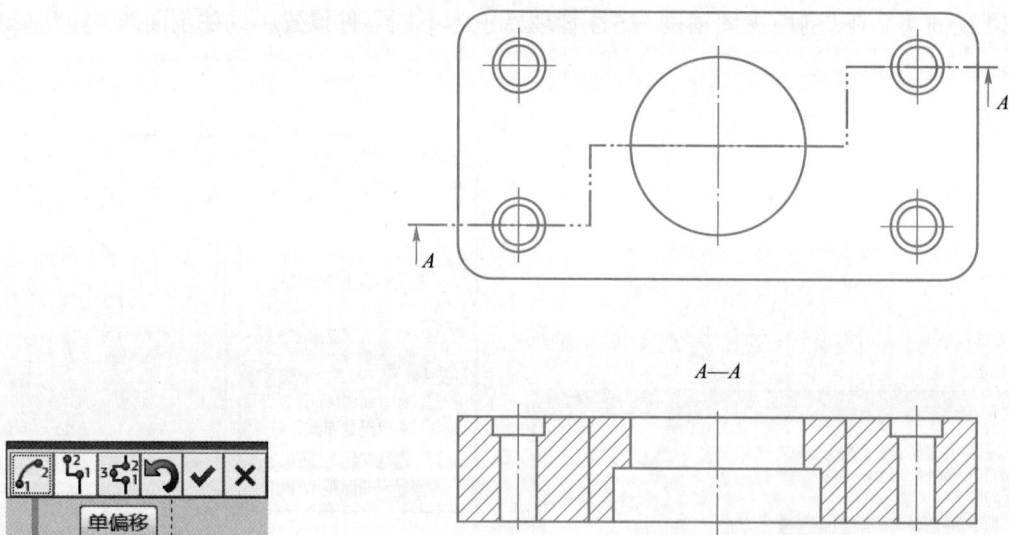

A—A

图 12.8.6.5　剖面视图工具栏　　　　　图 12.8.6.6　阶梯剖视图

说明：如果未显示隐藏线，右击边线，单击【隐藏 / 显示边线】，可隐藏多余边线，如图 12.8.6.7 所示。

3. 旋转剖视图

当用一个剖切平面不能通过机件的各内部结构，而机件在整体上又具有回转轴时，可用两个相交的剖切平面剖开机件，然后将剖面的倾斜部分旋转到与基本投影面平行，然后进行投影。

图 12.8.6.7　快捷菜单

步骤一:打开配置文件【实例12.8.6.SLDPRT】;

步骤二:选择工具栏中【剖面视图】,弹出"剖面视图辅助"属性管理器,选择【对齐】,如图12.8.6.8 所示。

步骤三:选择视图,设置分割线到需要分割的位置,完成旋转剖视图,如图12.8.6.9所示。

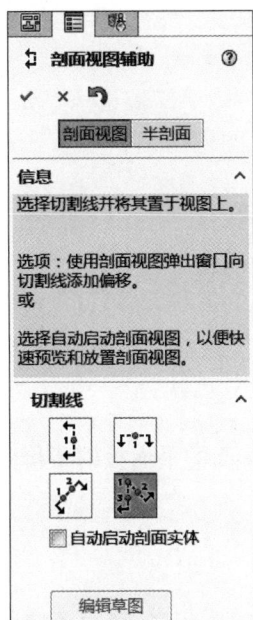

图 12.8.6.8 "剖面视图辅助"属性管理器

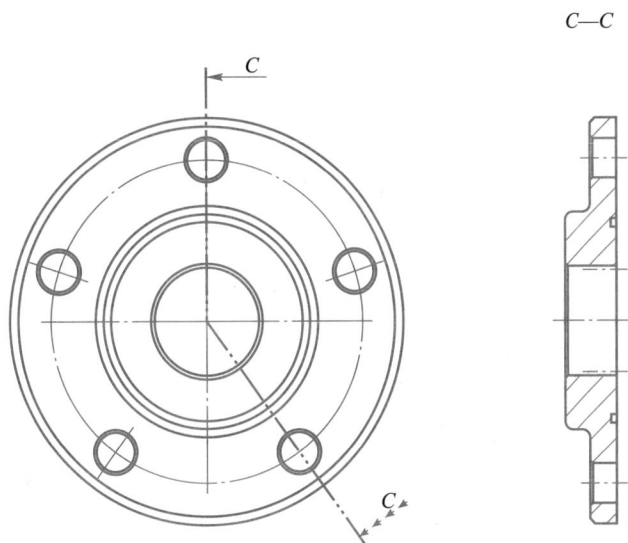

图 12.8.6.9 旋转剖视图

注意:最后选择的线段决定剖视图的方向。

4. 局部剖视图

断开的剖视图可以绘制局部剖视图。

局部剖视图主要的两个要素:① 剖视图的范围;② 需要剖视的位置。

选择工具栏中【断开的剖视图】,选择视图,在视图中选择需要剖切的位置,如图12.8.6.10 所示,弹出"断开的剖视图"属性管理器,设置剖切深度,如图12.8.6.11 所示。

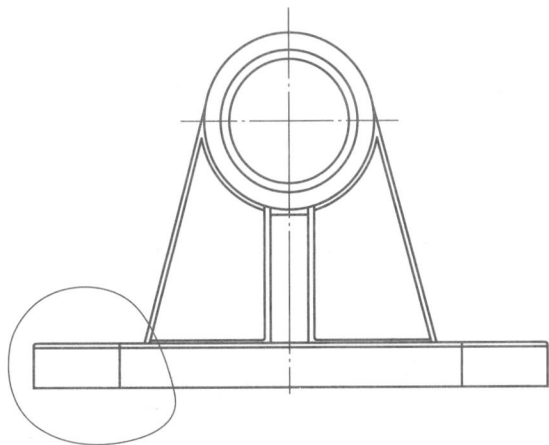

图 12.8.6.10 剖切的位置

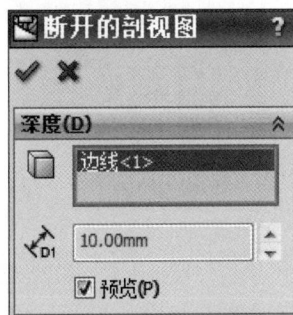

图 12.8.6.11 "断开的剖视图"属性管理器

单击【√】，完成局部剖视图，如图 12.8.6.12 所示。

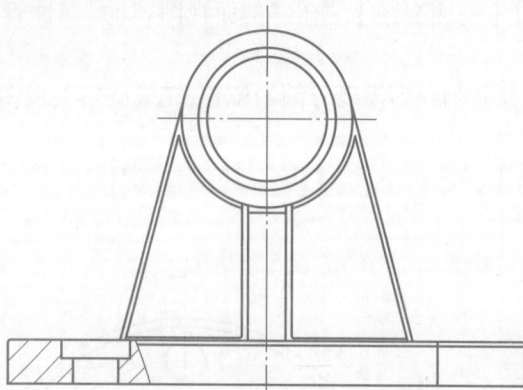

图 12.8.6.12 局部剖视图

12.8.7 辅助视图

辅助视图用于绘制工程图的斜视图，即零件向不平行于基本投影面的平面投射所得到的视图，可以与【剪裁视图】配合使用。

下面以一个实例特征讲解辅助视图，如图 12.8.7.1 所示。

步骤一：打开配置文件【实例 12.8.7.SLDPRT】。

步骤二：选择工具栏中【辅助视图】，选择视图的边线，如图 12.8.7.2 所示，单击放置辅助视图 *A*，完成辅助视图。

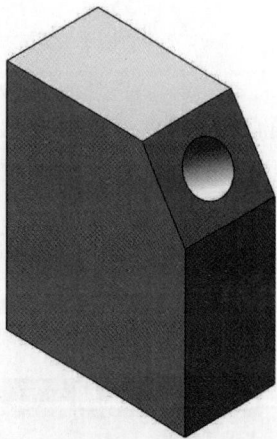

图 12.8.7.1 实例

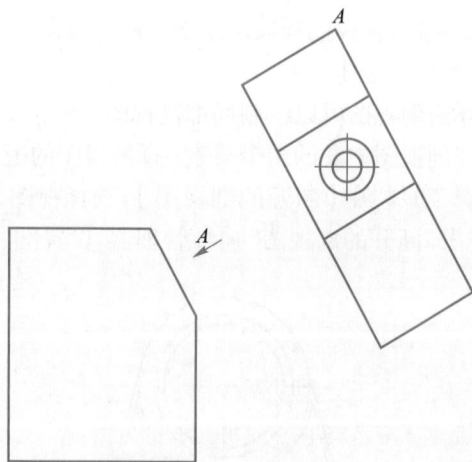

图 12.8.7.2 辅助视图

12.8.8 剪裁视图

剪裁视图可以将任意视图进行剪裁，使用此工具时需要先用草图绘制区域来决定保留的部分。

在如图 12.8.8.1 所示的辅助视图中绘制封闭草图，选择工具栏中【剪裁视图】，绘制封闭的草图,选择封闭草图,单击【剪裁视图】,完成剪裁视图,如图 12.8.8.2 所示。

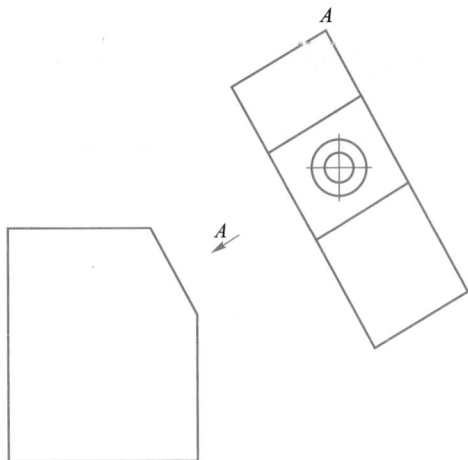

图 12.8.8.1 辅助视图   图 12.8.8.2 剪裁视图

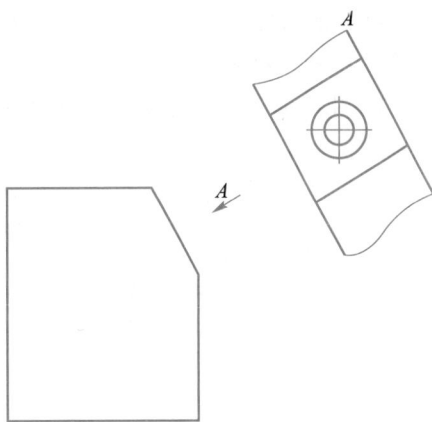

打开配置文件【实例 12.8.8.SLDPRT】,思考一下,如何制作图 12.8.8.3 中的向视图?

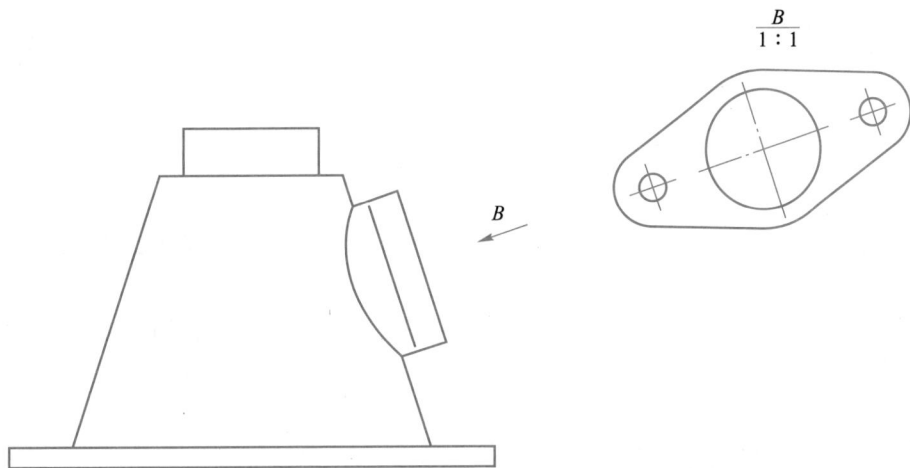

图 12.8.8.3 实例特征

12.8.9 局部视图

局部视图用于绘制视图中局部位置的放大图,而且可以设置放大的比例。

在工具栏中选择【局部视图】,单击视图中需要局部放大的位置,绘制一个圆后拖动至视图放置位置并单击设置视图,如图 12.8.9.1 所示。

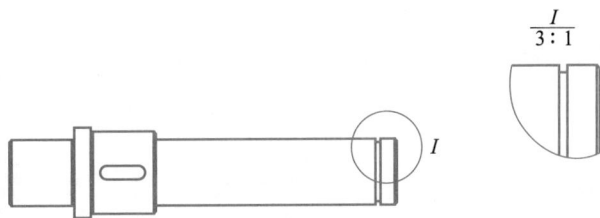

图 12.8.9.1 局部视图

12.8.10　断裂视图

断裂视图指的是从工程视图中删除选定两点之间的视图部分,将余下的两部分合并成一个带折断线的视图。过长的零件可以通过【断裂视图】缩短,断裂视图不能为局部视图、剪裁视图或空白视图。在工具栏中选择【断裂视图】,可以通过折断线样式改变折断线的形状,如图12.8.10.1 所示。

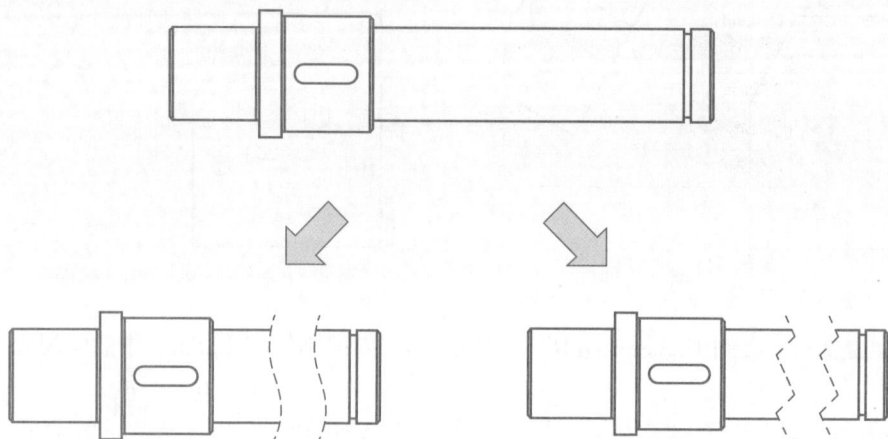

图 12.8.10.1　断裂视图

12.8.11　交替位置视图

交替位置视图可以在工程图中表达出装配体的极限位置。进入【装配体】后,通过【移动零部件】,定义交替视图的位置。

步骤一:选择菜单栏中的【插入】→【工程图视图】→【交替位置视图】命令。

步骤二:系统弹出"交替位置视图"属性管理器,此时选择图纸区域中的工程图视图,如图12.8.11.1 所示。

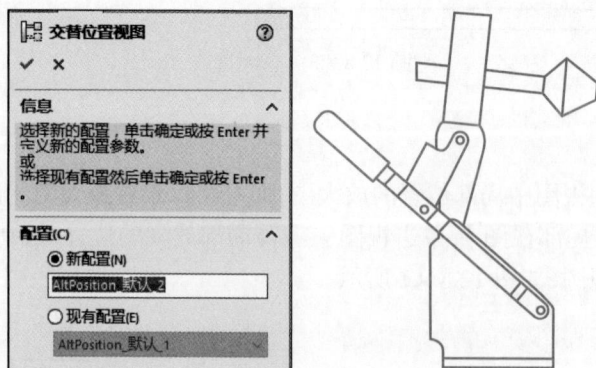

图 12.8.11.1　"交替位置视图"属性管理器

步骤三:系统进入装配体的工作界面,同时弹出"旋转零部件"属性管理器,单击【旋转】并选择自由拖动,装配体拖动至合适位置,单击 ✔ 按钮,系统返回工程图界面,完成交替位置视图,如图 12.8.11.2 所示。

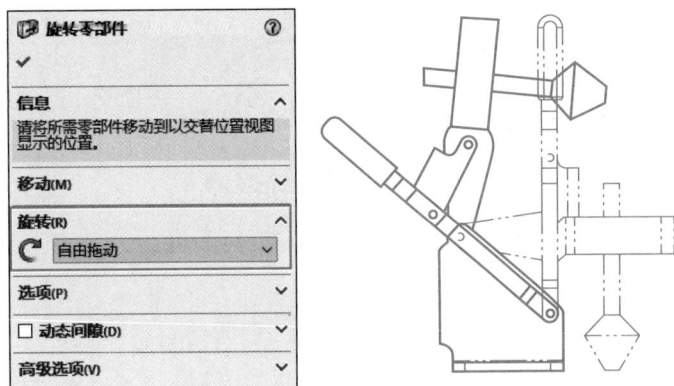

图 12.8.11.2 "旋转零部件"属性管理器及完成交替位置视图

12.8.12 工程图标注

【智能尺寸】:手动标注,为所选实体标注尺寸。

使用【智能尺寸】标注的尺寸为从动尺寸,尺寸颜色为灰色,如图 12.8.12.1 所示。

使用【模型项目】标注的尺寸为驱动尺寸,尺寸颜色为黑色,如图 12.8.12.2 所示。

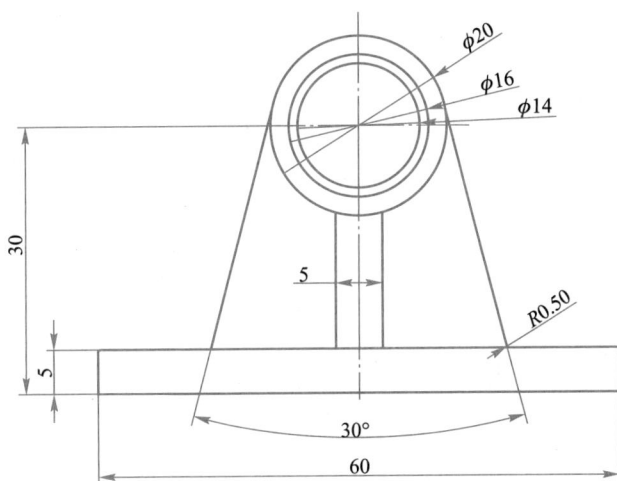

图 12.8.12.1 从动尺寸

改变驱动尺寸,零件尺寸随之改变,但不能改变从动尺寸。改变零件尺寸,其工程图中对应尺寸也会相应改变。

【智能尺寸】又分 DimXpert 工具和自动标注尺寸。

DimXpert 通过在工程图中应用尺寸以使制造特征(如阵列、槽、异型孔)完全定义而加快添加参考尺寸的过程。

DimXpert 工具可以在尺寸 PropertyManager 中访问。选择要标注尺寸的特征边线,然后 DimXpert 会在该工程视图中为特征应用所有相关的尺寸。

DimXpert 与自动标注尺寸不同,因为 DimXpert 可以识别阵列(包含实例数量、线性尺寸和极坐标尺寸)和锥形沉头孔,产生可以预测的结果。例如,当在 DimXpert 中选择边线时,只会对该边线代表的特征标注尺寸。但在自动标注尺寸时，可能会意外地对多个特征标注尺寸。

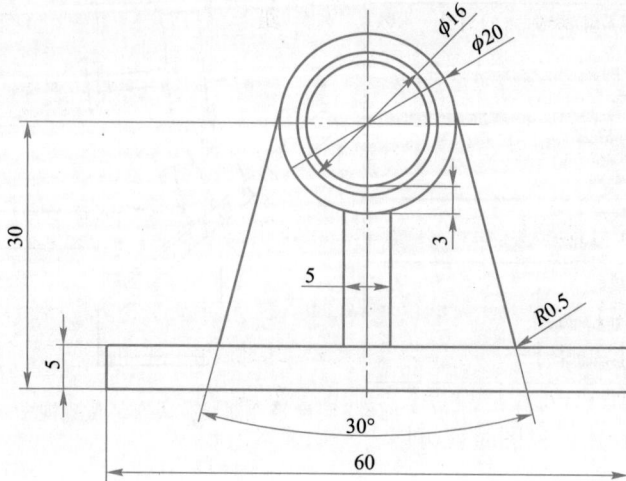

图 12.8.12.2   驱动尺寸

【模型项目】可以将模型文件（零件或装配体）中的尺寸、注解以及参考几何体插入到工程图中。

模型项目可以将项目插入到所选特征、装配体零部件、装配体特征、工程视图或者所有视图中。当插入项目到所有工程图视图时，尺寸和注解会以最适当的视图出现。显示部分视图的特征，如局部视图或剖面视图，会优先在这些视图中标注尺寸。

"尺寸"与"模型项目"属性管理器如图 12.8.12.3 所示。

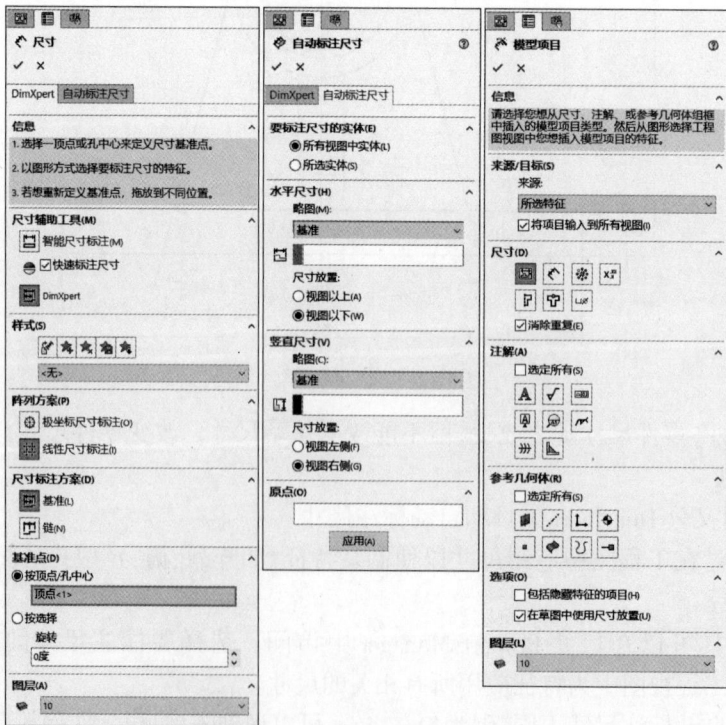

图 12.8.12.3   "尺寸"与"模型项目"属性管理器

12.8.13 编辑工程图格式

通过草图编辑,可重新绘制图纸格式。在图纸区域右击,在弹出的快捷菜单中选择【编辑图纸格式】,如图12.8.13.1所示。

选择编辑图纸格式后,就可以通过草图命令进行图纸的更改。

绘制图幅与标题栏:使用【注释】命令,进行标题栏文字的添加,如图12.8.13.2所示。

【保存工程图模板】

选择菜单栏中的【文件】→【另存为】命令,选择保存类型为【工程图模板(*.drwdot)】,单击【保存】按钮,如图12.8.13.3所示。再次新建工程图时就可以直接选择这个模板,直接使用模板中已有的图层、线型、比例等,不需要重新设置。

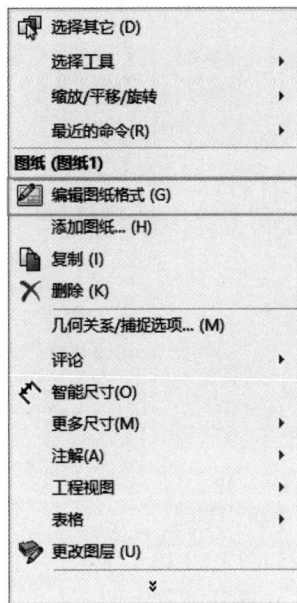

选择其它 (D)	
选择工具	▶
缩放/平移/旋转	▶
最近的命令(R)	▶
图纸 (图纸1)	
编辑图纸格式 (G)	
添加图纸... (H)	
复制 (I)	
删除 (K)	
几何关系/捕捉选项... (M)	
评论	▶
智能尺寸(O)	
更多尺寸(M)	▶
注解(A)	▶
工程视图	▶
表格	▶
更改图层 (U)	
≫	

图 12.8.13.1 快捷菜单

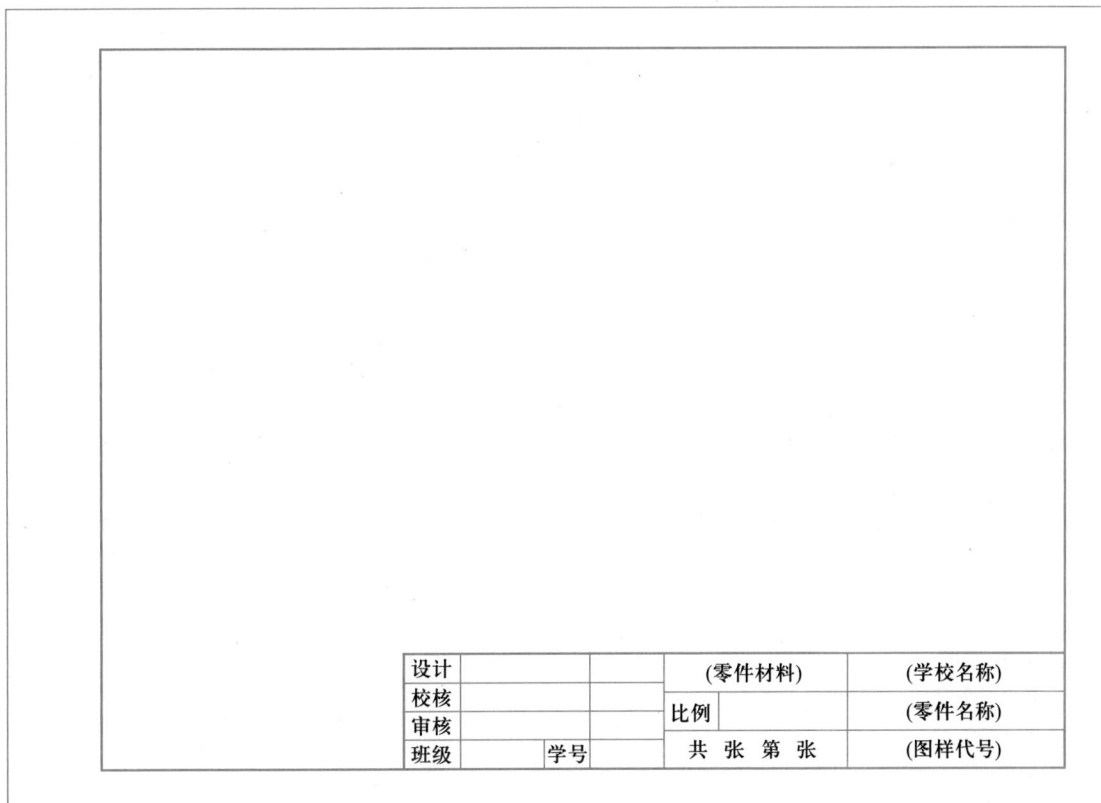

设计			(零件材料)	(学校名称)
校核			比例	(零件名称)
审核				
班级	学号		共 张 第 张	(图样代号)

图 12.8.13.2 图幅与标题栏

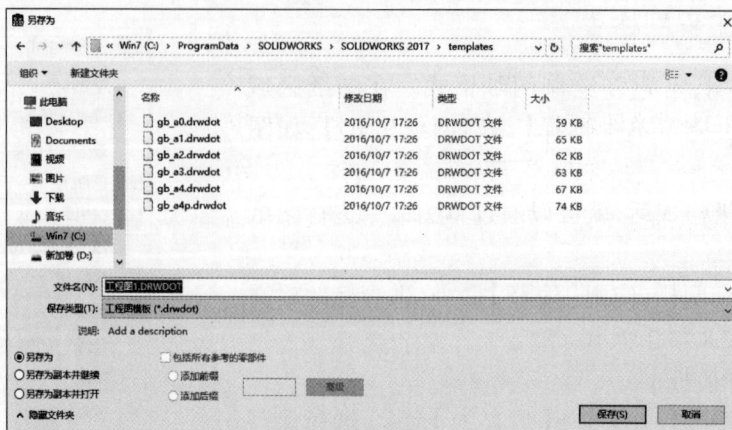

图 12.8.13.3　"另存为"对话框

【练习题】

如图 12.8.13.4 所示,为了生成视图 B,需要在视图 A 上绘制一条样条曲线,视图 B 是(　　　　)。

A. 断开的剖视图　　　　　　B. 投影视图　　　　　C. 剖面视图　　　　　D.详细视图

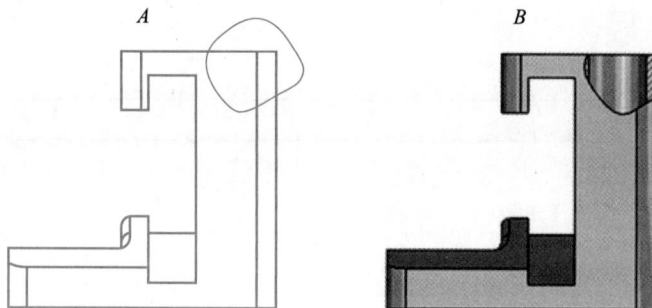

图 12.8.13.4　视图 A 和 B

12.8.14　考点总结

- 学会创建工程图,标注零件尺寸;
- 学会创建各种视图;
- 投影视图;
- 剖视图(阶梯剖、旋转剖);
- 断开的剖视图;
- 辅助视图;
- 局部视图;
- 剪裁视图;
- 断裂视图;
- 交替位置视图;
- 学会编辑图纸格式。